Rostfreie Stähle

Paul Gümpel

Alexandra Bauer, Torsten Bogatzky,
Lazar Bošković, Benedikt Henkel,
Arnulf Hörtnagl, Matthias Sorg, Jörg Straub

Rostfreie Stähle

Grundwissen, Konstruktions- und
Verarbeitungshinweise

6., überarbeitete und erweiterte Auflage

expert

Bibliografische Information der Deutschen Nationalbibliothek
Die Deutsche Nationalbibliothek verzeichnet diese Publikation in der Deutschen Nationalbibliografie; detaillierte bibliografische Daten sind im Internet über http://dnb.dnb.de abrufbar.

DOI: https://doi.org/10.24053/9783816985402

– Ein Unternehmen der Narr Francke Attempto Verlag GmbH + Co. KG
Dischingerweg 5 · D-72070 Tübingen

Internet: www.narr.de
eMail: info@narr.de

Druck: Elanders Waiblingen GmbH

ISBN 978-3-8169-3540-7 (Print)
ISBN 978-3-8169-8540-2 (ePDF)
ISBN 978-3-8169-0130-3 (ePub)

FSC
www.fsc.org
MIX
Papier | Fördert gute Waldnutzung
FSC® C016368

Inhalt

Die Gruppe der Rostfreien Stähle ist extrem vielfältig und deren wichtigste Eigenschaft, die Korrosionsbeständigkeit, wird zudem extrem durch die jeweilige Oberflächenqualität beeinflusst. Daher muss hier noch mehr als bei anderen Werkstoffgruppen auf die richtige Stahlauswahl und die optimale Verarbeitung/Oberflächenqualität für die jeweiligen Anforderungen geachtet werden. Auch bei der fachgerechten Verarbeitung ist eine große Sorgfalt gefordert. Seit der Erstauflage dieses Buches in 1996 hat sich insbesondere in der Verarbeitung und der Bauteilfertigung sehr viel verändert, daher wurde die nun 6. Auflage dieses Buches um den Bereich der modernen Fertigungsmethoden und der Oberflächengestaltung inkl. den Möglichkeiten zur Oberflächenhärtung ergänzt.

Der Überblick über die metallkundlichen Grundlagen und das Einsatzverhalten der rostfreien Stähle wurde in dem neu aufgelegten Buch überarbeitet und an die aktuellen Regelwerke angepasst.

Für Konstrukteure und Verarbeiter von nichtrostenden Stählen werden in einem klar strukturierten Aufbau die notwendigen Hinweise und Tipps zu den möglichen Anforderungen und zur fehlerfreien Verarbeitung gegeben. Als ein Schwerpunkt wird hierbei das Korrosionsverhalten dieser Stähle behandelt.

Das Buch vermittelt die notwendigen Grundlagen und das Wissen über den Umgang mit nichtrostenden Stählen in anschaulicher und leicht verständlicher Sprache. Die mehr als 230 Abbildungen und 20 Tabellen, die enthalten sind, unterstützen den Leser in ausgezeichneter Weise. Wenn man einen überschaubaren Einstieg in die Welt der rostfreien Werkstoffe und deren Verarbeitung zu Bauteilen sucht, findet man mit diesem Buch die richtige Lösung. Aber auch für die Praktiker ist es unentbehrlich, denn es bietet noch zahlreiche Hinweise für die tägliche Arbeit und eignet sich zudem als schnelles Nachschlagewerk.

1 Einführung in die Werkstoffkunde der nichtrostenden Stähle

Paul Gümpel und Torsten Bogatzky

1.1 Einleitung

Metallatome, wie z. B. Eisenatome streben den oxidierten Zustand an, da dieser den thermodynamisch günstigsten Energiezustand aufweist. Eisenatome gehen daher bei Kontakt mit Oxidationsmitteln, wie z. B. Sauerstoff in die oxidierte Form über. Dieser als Korrosion bezeichnete Vorgang steht unserem Wunsch nach der Langlebigkeit von Stahlprodukten entschieden entgegen. Große Aufwendungen wie z. B. Beschichtungen werden notwendig, um zu verhindern, dass Eisenwerkstoffe, wie z. B. die Stähle in den Zustand zurückkehren, aus dem sie unter Aufwendung großer Energiemengen aus den Erzen erzeugt wurden, nämlich in stabile Oxide so wie sie auch in der Natur als Eisenerz vorliegen. Da hochlegierte nichtrostende Stähle immer noch zu 60–80 % aus Eisenatomen bestehen, sollten auch diese Materialien korrodieren. Verhindert wird dies alleinig durch die Bildung einer stabilen, fest haftenden oxidischen Deckschicht, der sogenannten Passivschicht. Dieser Umstand zeigt, dass die Oberflächenqualität für die Korrosionsbeständigkeit der rostfreien Stähle extrem wichtig ist. Wird Eisen mit Chrom legiert, kann der Vorgang der Metalloxidation, die Korrosion der Eisenlegierung, verringert und ab einem bestimmten Chromgehalt sogar völlig verhindert werden (Abb. 1.1).

Dieses, rein phänomenologisch beobachtete Verhalten konnte später durch die spontane Bildung einer äußerst stabilen und chemisch beständigen Metalloxidschicht erklärt werden und stellt die Grundlage für die Entwicklung der rostfreien Stähle dar. Diese Stahlgruppe wird heute meist als nichtrostende Stähle bezeichnet, wobei diese Stähle durchaus auch rosten/korrodieren können und die Korrosionsbeständigkeit von der Bildung und Beständigkeit der Passivschicht abhängig ist. Im Gegensatz zu sonstigen Werkstoffkennwerten, wie Härte, Festigkeit usw. ist die Korrosionsbeständigkeit eine Systemeigenschaft und wird durch das Zusammenspiel zwischen der Werkstoffoberfläche mit der Umgebung geprägt.

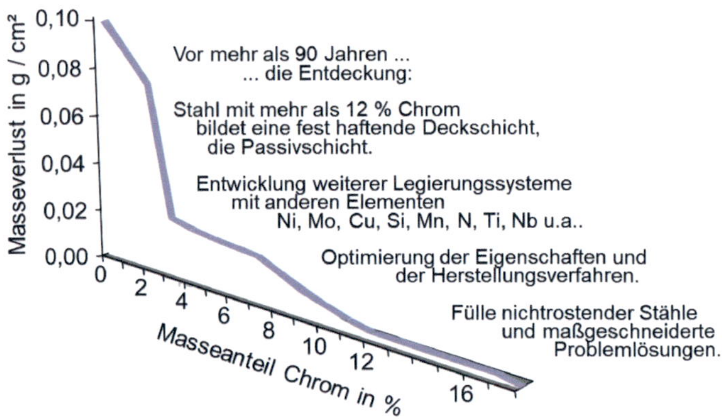

Abb. 1.1: Korrosion von Chromstählen in Industrieluft

Die Passivschicht nichtrostender Stähle ist undurchlässig und schützt im Gegensatz zur Rostschicht beim Eisen so vor weiterem Korrosionsangriff (Abb. 1.2). Sie ist etwa 10 bis 50 Atomlagen dick und wird nach einer potentiellen Zerstörung bzw. Perforation innerhalb von Millisekunden erneuert.

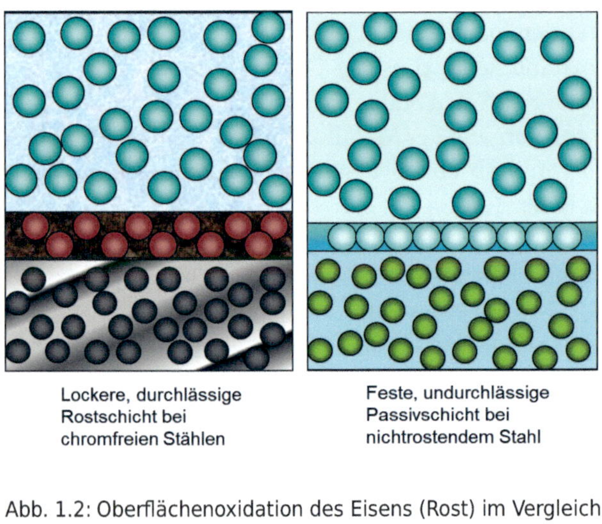

Abb. 1.2: Oberflächenoxidation des Eisens (Rost) im Vergleich zur Oberflächenoxidation des nichtrostenden Stahles (Passivschicht), nach [2, S. 2]

Die stabile, dicht gepackte, undurchlässige Passivschicht beim nichtrostenden Stahl besteht überwiegend aus Chromoxid, während die Gehalte anderer Legierungselemente wie Nickel und auch Eisen vergleichsweise niedrig sind (Abb. 1.3).

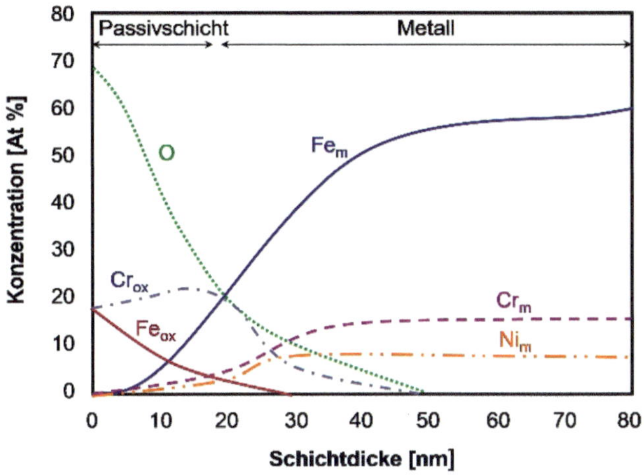

Abb. 1.3: Elementkonzentration in der Passivschicht eines nichtrostenden Stahles, nach [2, S. 2]

Nach der Entdeckung des Passivierungsverhaltens von chromlegiertem Eisen wurde 1912 der erste nichtrostende Stahl des Typs 18/8 CrNi der Firma Krupp patentiert. Es folgten dann schnell Weiterentwicklungen durch Erweiterung der Legierungssysteme mit anderen Elementen, Optimierung der Eigenschaften und der Herstellungsverfahren. Während lange Zeit die Werkstoffentwicklung im Vordergrund stand, sind heute die Verbesserung der Gebrauchs- und Verarbeitungseigenschaften und insbesondere kostengünstigere Herstellungsverfahren Gegenstand der Forschungsarbeiten auf dem Gebiet der nichtrostenden Stähle.

1.2 Anforderungen an die Gebrauchseigenschaften

1.2.1 Anwendungsgebiete

Nichtrostende Stähle werden überall dort eingesetzt, wo es auf beständige, inerte Oberflächen ankommt. Entsprechend der breiten Eigenschaftsprofile dieser Stähle betreffen die Einsatzfelder viele Bereiche unseres täglichen Lebens. Beispielhaft sind folgende Anwendungsbereiche zu nennen:

- Chemische Industrie
- Meerestechnik, Offshoretechnik
- Umwelttechnik (Rauchgasentschwefelung)
- Architektur
- Haushalt, Großküchen
- Fahrzeugbau
- Medizintechnik

Bei der Auswahl des nichtrostenden Stahles steht immer die Erhaltung der Oberfläche, d. h. die chemische Beständigkeit im Vordergrund und hat Priorität vor den sonstigen Eigenschaften des Werkstoffes.

1.2.2 Beständigkeit gegen Korrosion

Die Anforderungen an die Korrosionsbeständigkeit nichtrostender Stähle ergeben sich aus den Umgebungsbedingungen, z. B. den umgebenden Stoffen und den Einsatzbedingungen wie Temperatur und mechanische Belastung. Aus dem Zusammenwirken der Einflussfaktoren korrosives Medium, Temperatur und mechanische Beanspruchung stellen sie vielfältige Anforderungen, die bei der Werkstoffwahl zu beachten sind.

Die Ansprüche an das Korrosionsverhalten der nichtrostenden Stähle lassen sich dabei in einer grundsätzlichen Forderung zusammenfassen:

> „Bei möglichst geringem und gleichmäßigem Flächenabtrag wird vornehmlich die Beständigkeit gegen örtlich begrenzte Korrosionserscheinungen gefordert."

In der Regel werden die Stähle im passiven Zustand eingesetzt, was einem Flächenabtrag von nahezu 0 entspricht. Bei Verwendung in einigen Säuren (Schwefelsäure, Salzsäure), insbesondere bei erhöhter Temperatur, ist dies nicht immer möglich. In diesen Fällen müssen bei bekannten Abtragsraten Korrosionszuschläge berücksichtigt werden.

Für viele Anwendungen wie z. B. in der Nahrungsmittelindustrie, Medizintechnik und Pharmaindustrie verbieten sich bereits geringste Metallablösungen, da dies zu Kontaminationen führen würde. Hier müssen die Werkstoffe im passiven Zustand vorliegen und es besteht die Forderung nach Beständigkeit gegen die bekannten Arten von selektiver Korrosion, d. h. gegen

- Lochfraß
- Spaltkorrosion
- Interkristalline Korrosion (IK) und
- Spannungsrisskorrosion (SRK)

1.2.3 Mechanische und technologische Eigenschaften

Von den mechanischen Eigenschaften sind für den Anwender im Wesentlichen die Festigkeit und die Zähigkeit von Bedeutung:

- Dehngrenze Rp
- Zugfestigkeit Rm
- Bruchdehnung A5
- Kerbschlagzähigkeit Av

Bei der optimalen Stahlauswahl müssen dabei die Beanspruchungsarten wie ruhende, wechselnde oder auch schlagartige Belastung sowohl im Tieftemperaturbereich als auch bei erhöhter Betriebstemperatur betrachtet werden. Hier bieten die verschiedenen Stahlsorten (siehe Kapitel 1.3) viele Variationsmöglichkeiten. Auch bei dem Be- und Verarbeitungsverhalten der verschiedenen Stahlsorten gibt es erhebliche Unterschiede, d. h. die

- Umformbarkeit
- Schweißbarkeit
- Zerspanbarkeit

muss bei der Stahlauswahl berücksichtigt werden. Grundsätzlich gibt es vier verschiedene Typen an nichtrostenden Stählen, die sich grundsätzlich in den oben aufgeführten Eigenschaften unterscheiden (siehe Kapitel 1.3).

1.3 Einteilung der nichtrostenden Stähle

Für die Entstehung und zur Stabilisierung der Passivschicht enthalten alle nichtrostenden Stähle einen hohen Chromgehalt, der zusammen mit weiteren Legierungselementen wie Nickel, Molybdän u.s.w. Einfluss auf die Gefügeausbildung und auch auf die Eigenschaften nichtrostender Stähle nimmt. Dabei bestimmen Legierungselemente in unterschiedlicher Weise den Gefügeaufbau der Stähle, durch den die Gebrauchs- und auch die Verarbeitungseigenschaften festgelegt werden.

Bei reinem Eisen existieren im festen Zustand in Abhängigkeit von Temperatur und Druck zwei Gitterformen. Bei Normaldruck und tiefen Temperaturen existiert im Gleichgewichtszustand der kubisch-raumzentrierte Ferritkristall (α-Eisen) und bei höheren Temperaturen > 906 °C bis < 1392 °C der kubisch-flächenzentrierte Austenitkristall (γ-Eisen). Bei Temperaturen > 1392 °C wird das Austenitgitter dann wieder in ein kubisch-raumzentriertes Gitter, dem sogenannten δ-Ferrit, umgewandelt, bevor es dann bei 1592 °C schmilzt. Diese Umwandlungstemperaturen werden durch die hohen Legierungsgehalte in den nichtrostenden Stählen verschoben, was dazu führt, dass bei den meisten hochlegierten nichtrostenden Stählen zwischen Raum- und Schmelztemperatur keine Umwandlung mehr eintritt und man in diesem Fall von austenitischen oder ferritischen Stählen spricht. In der Konsequenz einer fehlenden Gitterumwandlung können diese Werkstoffe, anders als Konstruktions- und Werkzeugstähle, nicht über eine klassische Wämebehandlung gehärtet werden.

Je nach Legierungsgehalt und daraus resultierender Gitter- bzw. Gefügestruktur lassen sich die nichtrostenden Stähle in folgende vier Hauptgruppen unterteilen:

- ferritische Stähle
- martensitische Stähle
- austenitische Stähle
- ferritisch-austenitische Stähle

Diese Gefügezustände sind exemplarisch in Abb. 1.4 dargestellt. Von diesen Gruppen sind nur die martensitischen Stähle härtbar. Insgesamt lassen sich bei allen Gruppen die Gefüge und auch die Eigenschaften der Werkstoffe durch Wärmebehandlungen beeinflussen und der Anwender hat damit viele Möglichkeiten die Eigenschaften des eingesetzten Werkstoffes optimal an den jeweiligen Anwendungsfall anzupassen.

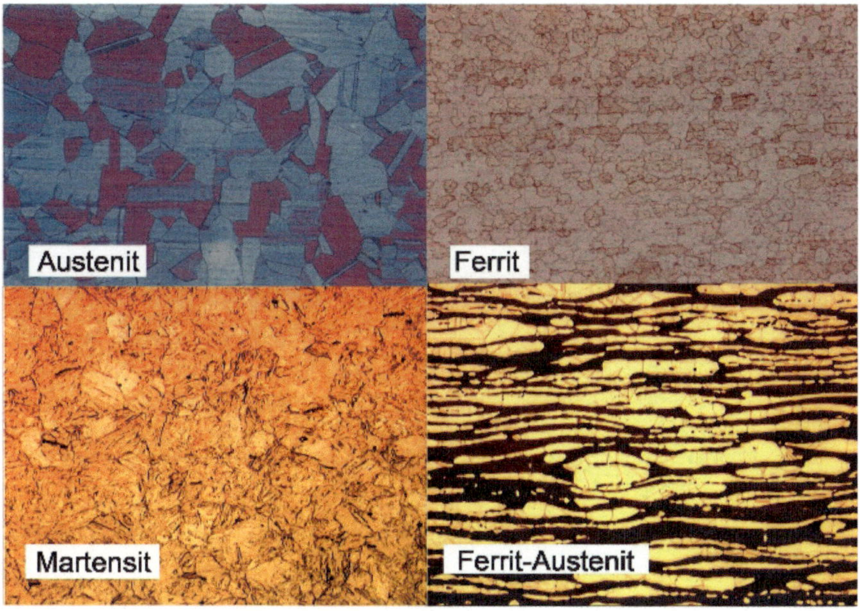

Abb. 1.4: Beispiele für typische Gefügeausbildungen verschiedener Stahlsorten, nach [2, S. 5]

Den unterschiedlichen Gefügen können kennzeichnende Eigenschaften zugeordnet werden. Die Einteilung der nichtrostenden Stähle wird daher auch aufgrund dieser sortentypischen Merkmale vorgenommen.

1.3.1 Abhängigkeit der Gefügeart von den Legierungselementen

Entsprechend der Wirkung von den einzelnen Legierungselementen auf den Kristallaufbau wird zwischen ferritbildenden und austenitbildenden Elementen unterschieden.

Chrom, das in den gebräuchlichen nichtrostenden Stählen mit etwa 10 bis 30 % enthalten ist, gehört zu den Ferritbildnern. Im Zustandsschaubild Eisen-Chrom (Abb. 1.5) nimmt die α-Phase einen breiten Raum ein, während das Austenitgebiet (γ-Phase) eingeschnürt wird (Abb. 1.6).

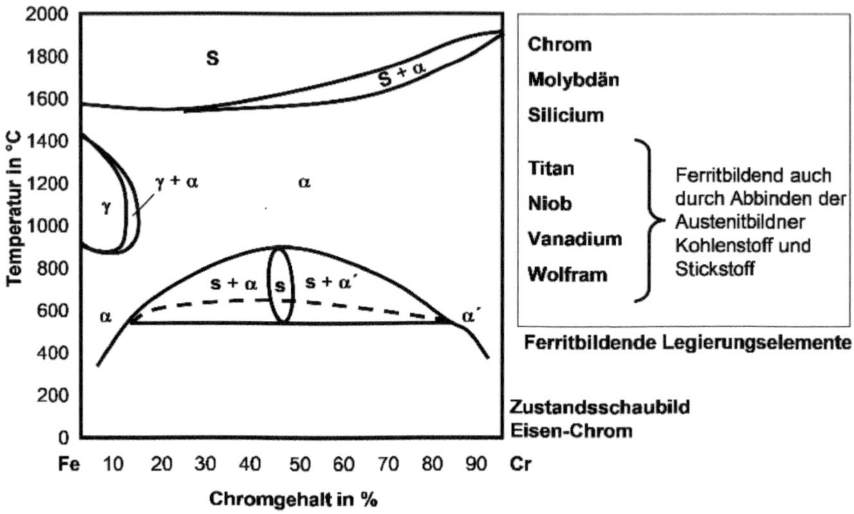

Abb. 1.5: Das Zustandsschaubild Eisen-Chrom mit Auflistung der ferritbildenden Legierungslemente, nach [2, S. 6]

Molybdän, das die Korrosionsbeständigkeit in reduzierenden Medien und insbesondere gegen Lochkorrosion in halogenidhaltigen Lösungen verbessert, wirkt ebenso wie Chrom ferritbildend.

Wolfram wirkt ähnlich wie Molybdän und wird einigen Stählen zugegeben.

Silicium, ein weiterer Ferritbildner, ist in den Stählen üblicherweise unter 1 % enthalten. In hitzebeständigen Stählen erhöht Silicium die Zunderbeständigkeit (Gehalte ca. 2 % Si). Höhere Siliciumgehalte bis rd. 5 % Si sind in Sonderstählen, z. B. für den Einsatz in hochkonzentrierter Salpetersäure, zu finden.

Die Carbid- und Nitridbildner Titan, Niob, Vanadin und Wolfram stabilisieren den ferritischen Mischkristall in zweifacher Weise, indem sie selbst ferritbildend wirken und indirekt, in dem sie die starken Austenitbildner Kohlenstoff und Stickstoff binden.

Nickel, neben Chrom das wichtigste Legierungselement in austenitischen Stählen, bildet mit Eisen eine lückenlose Reihe von γ-Mischkristallen (Abb. 1.6) und zeigt damit eine ausgeprägte austenitbildende Wirkung.

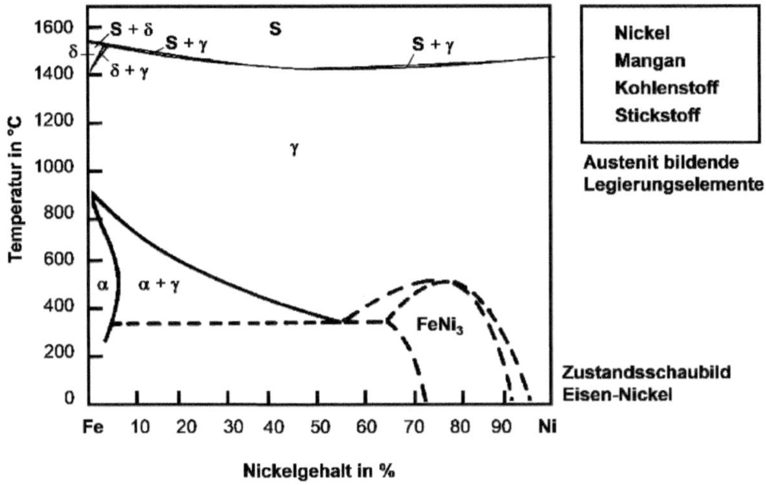

Abb. 1.6: Zustandsschaubild Eisen-Nickel mit Auflistung der wichtigsten austenitbildenden Legierungselemente, nach [2, S. 7]

Mangan wird bis zu Gehalten von etwa 2 % eine leicht austenitstabilisierende Wirkung zugeschrieben. Bei höheren Gehalten z. B. über 5 % wirkt es bei der Erstarrung eher ferritbildend, stützt dagegen im festen Zustand den austenitischen Mischkristall gegen die diffusionslose Umwandlung in Martensit.

Kohlenstoff und Stickstoff erweitern als starke Austenitbildner ebenso wie Nickel die Ausdehnung des γ-Gebietes im System Eisen-Chrom (Bilder 1.7a bis 1.7c). Aufgrund der starken Wirkung von Kohlenstoff und Stickstoff können übliche ferritische Stähle auch schon bei relativ niedrigen Gehalten an diesen Elementen (0,1 % C+N), aber auch an Nickel, bei höheren Temperaturen ein Mischgefüge aus Ferrit und Austenit aufweisen. Nach der Abkühlung liegt dann durch die Umwandlung von Austenit in Martensit bei Raumtemperatur neben dem ferritischen Grundgefüge auch eine entsprechende Menge an Umwandlungsgefüge vor. So entstehen härtbare Stähle, die je nachdem wie das Austenitgebiet erweitert wurde als kohlenstoff-, stickstoff- oder nickelmartensitische Stähle bezeichnet werden.

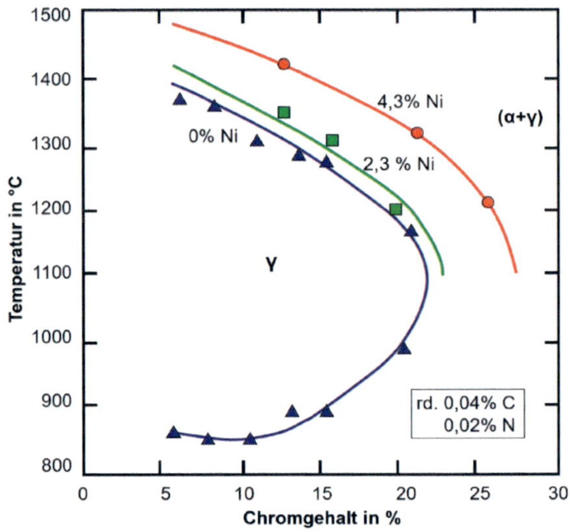

Abb. 1.7a: Verschiebung der (α+γ)/ γ -Grenzlinie im System Eisen-Chrom durch Nickel, nach [2, S. 8]

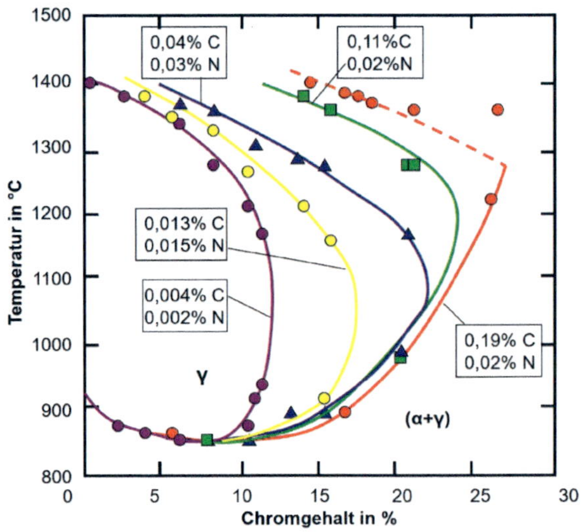

Abb. 1.7b: Verschiebung der (α+γ)/ γ -Grenzlinie im System Eisen-Chrom durch Kohlenstoff, nach [2, S. 8]

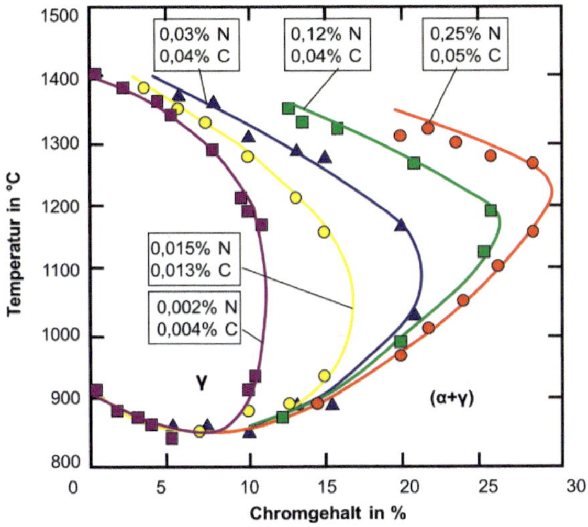

Abb. 1.7c: Verschiebung der (α+γ)/ γ -Grenzlinie im System Eisen-Chrom durch Stickstoff, nach [2, S. 9]

Im Bestreben, die unterschiedlichsten Einflüsse der Legierungselemente auf den zu erwartenden Gefügezustand des Vielstoffssystems nichtrostender Stähle abschätzbar zu machen, hat es nicht an Versuchen gefehlt, die Zusammenhänge in einem einfachen Diagramm darzustellen. Das Gefügeschaubild von Strauss und Maurer (Abb. 1.8) und die darin vorgenommene Einteilung für Chrom-Nickel-Stähle mit etwa 0,2 % C hat sich dabei als guter Ansatz erwiesen.

Ein verfeinertes Werkzeug zur Einordnung des Gefügezustandes in Abhängigkeit vom Legierungsgehalt der Stähle liefert das Schaeffler-Diagramm (Abb. 1.9). Im Schaeffler-Diagramm wird die kombinierte Wirkung der Legierungselemente als Äquivalente von Chrom und Nickel in ihrer ferrit- und austenitbildenden Wirkung berücksichtigt. Der Gefügezustand nach der Abkühlung von hohen Temperaturen kann dann abgeschätzt werden. Das Schaeffler-Diagramm wird insbesondere in der Schweißtechnik zur Abschätzung der Gefügebestandteile vom niedergeschmolzenen Schweißgut verwendet.

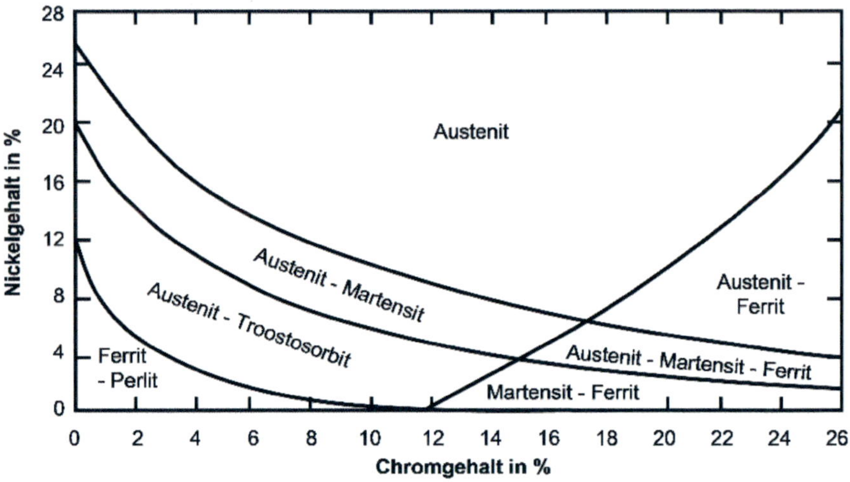

Abb. 1.8: Gefügeschaubild nach Strauss und Maurer für Cr-Ni-Stähle mit 0,2 % C, nach [2, S. 9]

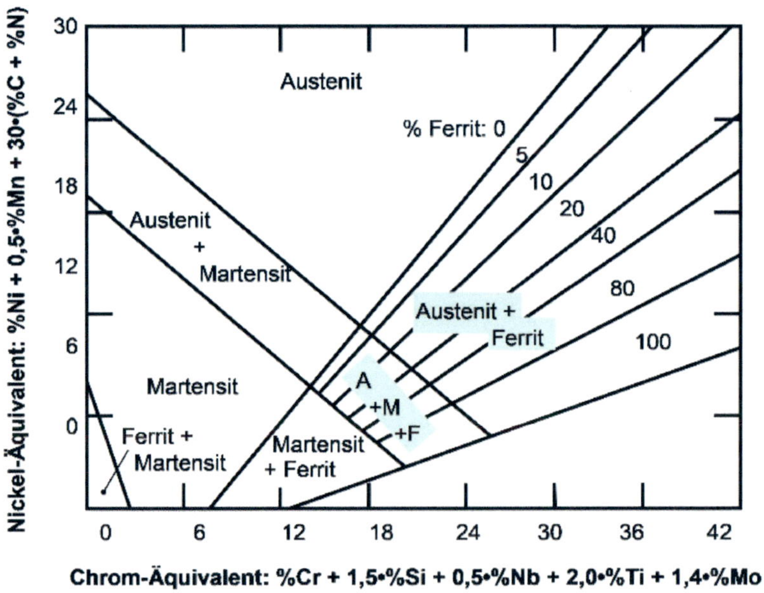

Abb. 1.9: Gefüge-Diagramm nach Schaeffler für Schweißgut, nach [2, S. 10]

1.3.2 Einfluss der Wärmebehandlung auf die Einstellung des Gefüges

Die Einstellung eines rein ferritischen Gefüges durch eine Wärmebehandlung setzt niedrigste Gehalte an Stickstoff und Kohlenstoff voraus. Wie schon gezeigt, hinterlassen Gehalte um 0,1 % C+N nach dem Erwärmen immer dann Spuren von Umwandlungsgefügen, wenn bei der Herstellung/Verarbeitung der γ-Phasenraum oder das Zweiphasengebiet (α+γ) erreicht wird. Der Ferrit wird dort teilweise oder mit zunehmendem Kohlestoffgehalt nahezu vollständig in Austenit umgewandelt, dieser wird bei der Abkühlung in Martensit umgewandelt.

Daher sind superferritische Stähle als Stähle mit sehr hohen Chromgehalten und rein ferritischem Gefüge nur durch Zugabe von Molybdän und bei niedrigsten Kohlenstoff- und Stickstoffgehalten von höchstens je 0,015 % und zusätzlicher Stabilisierung durch Niob oder Titan herstellbar.

Andererseits ist eine vollständige Austenitisierung bei hohen Temperaturen zur Erzielung eines reinen martensitischen Gefüges erst bei höheren Gehalten an Kohlenstoff, Stickstoff und/oder Nickel möglich (Abb. 1.10).

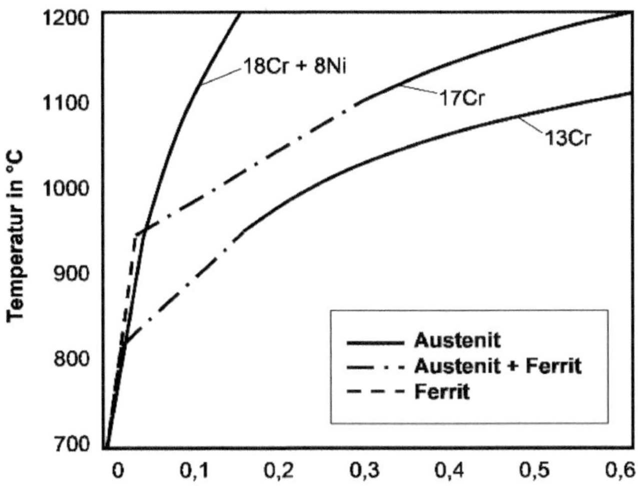

Abb. 1.10: Korrelation der Gehalte an Chrom, Kohlenstoff und Nickel sowie Glühtemperatur, Kohlenstofflöslichkeit und Gefügeausbildung, nach [2, S. 11]

So hat ein 13 %-Chromstahl mit 0,15 % C bei 950 °C einen vollständig austenitischen Zustand. Ein 17 %-Chromstahl muss mindestens 0,30 % gelösten Kohlenstoff enthalten und auf 1100 °C erhitzt werden, um vollständig zu austenitisieren. Dies ist die Voraussetzung für das Härten und Vergüten der 13–17%igen Chromstähle. Bei diesen als martensitische Chromstähle bezeichneten Werkstoffen mit Kohlenstoffgehalten von 0,10–0,45 % kann durch Vergüten (Härten und Anlassen) eine hohe Festigkeit bei gleichzeitig guter Zähigkeit eingestellt werden. Stähle mit Kohlenstoffgehalten von mehr als 0,40 % werden nach dem Härten bei 200–350 °C nur entspannt, um ein Mindestmaß an Zähigkeit unter Beibehaltung großer Härte zu erhalten. Grundsätzlich haben die kohlenstoffhaltigen Stähle mit hohem Chromgehalt das Problem, dass sich Chromcarbide bilden können und durch lokale Chromverarmung die Korrosionsbeständigkeit erheblich reduziert werden kann, daher ist beim Einsatz und bei der Wärmebehandlung dieser Stähle besondere Vorsicht geboten.

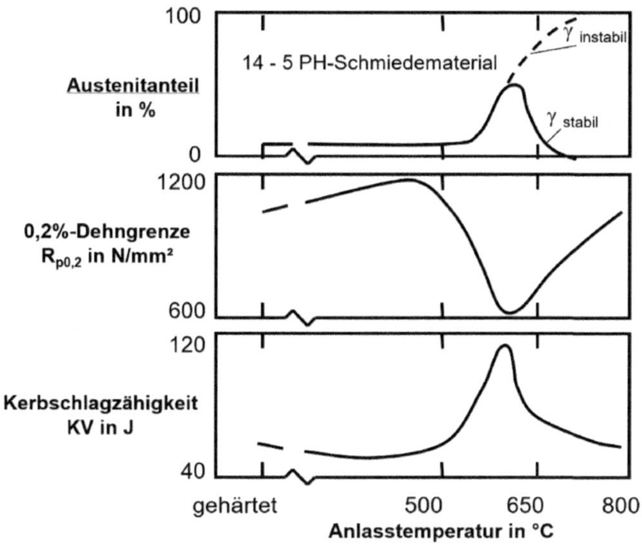

Abb. 1.11: Schematisches Anlassschaubild nickelmartensitischer Stähle, nach [2, S. 12]

Ein weiterer Nachteil dieser kohlenstoffhaltigen martensitischen Stähle ist die ungenügende oder gänzlich fehlende Schweißeignung. Durch Zugabe von Nickel und Senken des Kohlenstoffgehaltes unter 0,1 % bleibt die Vergütbarkeit erhalten. Die nickelhaltigen Stähle sind aufgrund der durch niedrige Kohlenstoffgehalte deutlich geringeren Aufhärtung gut schweißbar. Je nachdem, welches Element die Martensitbildung letztlich bewirkt, werden die Stähle als kohlenstoff-, stickstoff- oder nickelmartensitische bzw. weichmartensitische Stähle bezeichnet (Abb. 1.11).

Eine Besonderheit des Nickelmartensits erlaubt es, durch Anlassen bei 500–620 °C, hohe Zähigkeit bei noch relativ hoher Festigkeit einzustellen. Im genannten Temperaturbereich findet eine Bildung von neuem Austenit statt, der bei einer anschließenden Abkühlung nicht in Martensit umwandelt. Dieser stabile Austenit bietet die Gewähr für die Zähigkeit. Erst oberhalb 620 °C erfolgt eine Neuhärtung durch instabilen, d. h. bei der Abkühlung umwandelnden Austenit.

Die Gruppe der martensitischen nichtrostenden Stähle wird durch eine Untergruppe an nickelhaltigen, ausscheidungshärtenden Stählen ergänzt, die im Markt als PH (precipitation hardening) verfügbar sind. Bei diesen Stählen wird durch die Zugabe von ausscheidungsbildenden Elementen wie z. B. Kupfer, Titan, Niob und/oder Aluminium eine Aushärtung durch die Ausscheidung von metallischen und intermetallischen Phasen erreicht. Ausscheidungshärtbare Stähle können in einem „lösungsbehandelten“, gut bearbeitbaren Zustand geliefert werden. Nach der Bearbeitung kann die Festigkeit des Stahls durch Erhitzen auf eine niedrige Temperatur erhöht werden (Abb. 1.12). Dieses Verfahren wird als Aushärtung oder Alterung bezeichnet.

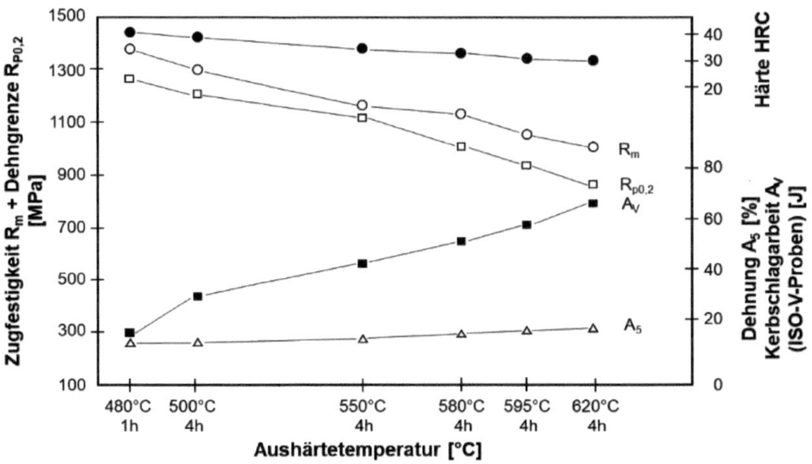

Abb. 1.12: Aushärtungsschaubild des aushärtbaren nickelmartensitischen Stahles X 5 CrNiCuNb 17 4 (1.4542), nach [5, S. 17]

Austenitische Stähle werden im lösungsgeglühten und abgeschreckten Zustand eingesetzt. Die Lösungsglühtemperatur liegt bei 1000–1150 °C je nach Stahlsorte. Die am meisten verwendeten Austenite mit z. B. 18 %-Chrom und 8 %-Nickel befinden sich bei den üblichen Anwendungstemperaturen im metastabilen Zustand. Aus thermodynamischer Sicht kann hier eine Gitterumwandlung stattfinden, die aber erst aktiviert werden muss. Wird zum Beispiel durch eine Tiefkühlung oder durch eine Kaltverformung dieser Umwandlungsmechanismus aktiviert, kann der Austenit durch ein diffusionsloses Umklappen in α-Martensit umwandeln. Die Martensitstarttemperatur, d. h. die Umwandlung $\gamma \rightarrow \alpha$ ist sowohl legierungs- als auch temperaturabhängig (Abb. 1.13 bzw. Abb. 1.14). Der Einfluss der Legierungszusammensetzung auf die Martensitbildung kann verschiedenen Formeln zur rechnerischen Ermittlung der Martensitstarttemperatur Ms oder der Martensitbildungsmenge Md30 entnommen werden (Abb. 1.15). Md30 ist die Temperatur, bei der nach 30%iger Umformung 50 % Martensit gebildet werden.

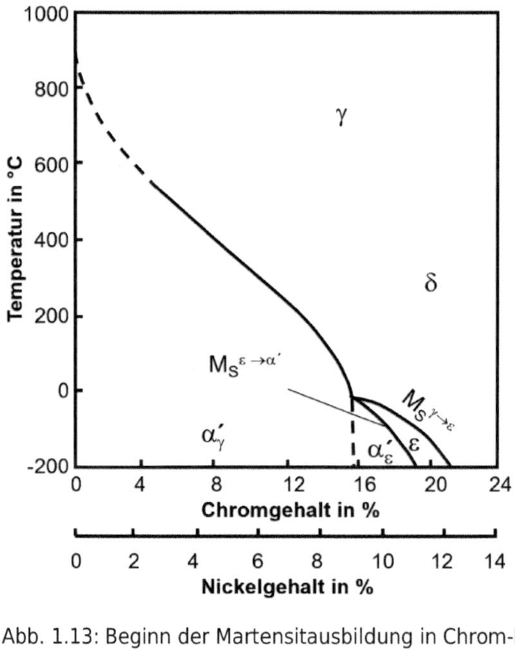

Abb. 1.13: Beginn der Martensitausbildung in Chrom-Nickel-Stählen nach dem Abkühlen von 1050 °C [2, S. 13]

Die Umwandlung in Martensit kann durch Tiefkühlen und/oder Kaltverformen aktiviert werden (Abb. 1.14). Einer Martensitbildung kann durch Erhöhung der Legierungsbestandteile begegnet werden, wobei ferrit- und austenitbildende Elemente in gleicher Weise den austenitischen Mischkristall stabilisieren. Für eine gegebene Legierungszusammensetzung kann die bestehende Neigung zur Bildung von Umformmartensit berechnet werden (Abb. 1.15). Da ferritische und martensitische Gefügebestandteile im Gegensatz zum austenitischen Gefüge magnetisierbar sind, kann das Gefüge mittels der Anziehungskraft eines Magneten einfach eingeordnet werden. Bei einer Kaltumformung liefert die Veränderung in der Magnetisierbarkeit, gemessen durch die Sättigungspolarisation, ein direktes Maß für die Martensitmenge. Die Gefügeveränderung kann somit in einfacher Weise auch zerstörungsfrei bestimmt werden. Durch Zugabe von Kupfer und/ oder Nickel kann der Austenit vollständig stabilisiert und die Bildung von Umformmartensit bei der Kaltformgebung verhindert werden (Abb. 1.16).

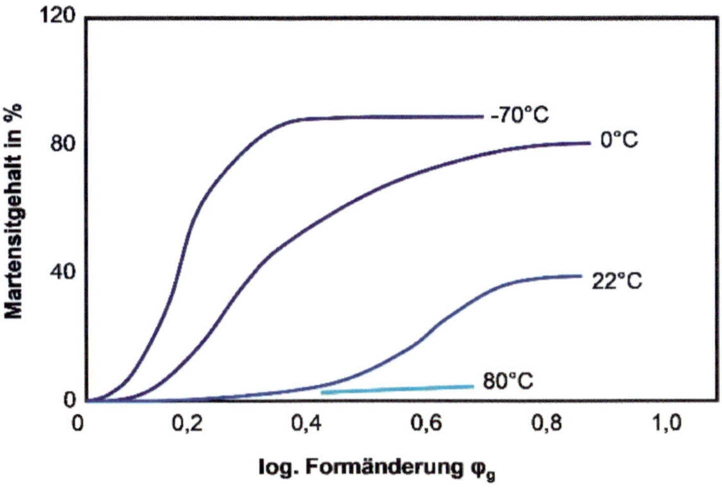

Abb. 1.14: Martensitbildung bei plastischer Verformung eines metastabil austenitischen Werkstoffes bei verschiedenen Verformungstemperaturen, nach [2, S. 13]

M_{d30} = 413-462%(C+N)-9,2(% Si)-8,1(% Mn)-13,7(% Cr)-9,5(% Ni)-18,5(% Mo) °C

⇨ M_{d30} ist die Temperatur,
bei der nach 30%iger Umformung 50% Martensit gebildet wird.

M_s = 1305-1665%(C+N)-28(%Si)-33(%Mn)-42(%Cr)-61(%Ni) °C

⇨ Martensitpunktberechnung nach *Hull* und *Eichelmann*

Abb. 1.15: Formeln zur Berechnung von Martensittemperaturen, nach [2, S. 14]

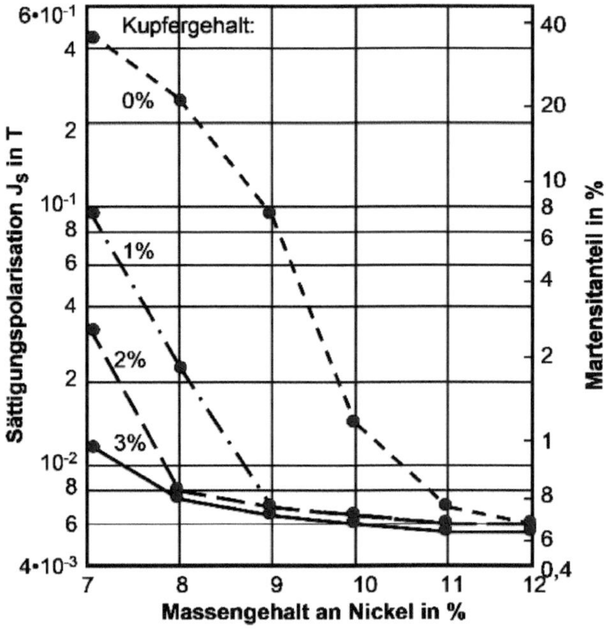

Abb. 1.16: Einfluss des Nickel- und Kupfergehalts auf den Martensitanteil am Gefüge von Stählen mit 0,02 % C und 18 % Cr nach Tiefkühlung auf -269 °C. Wärmebehandlung: 1050 °C, 10 min/Wasser + -196 °C, 10 min + -269 °C, 10 min + Erwärmung auf RT, Prüftemperatur: + 25 °C, nach [2, S. 14]

Die jüngste Gruppe der nichtrostenden Stähle sind die sogenannten Duplexstähle, bei denen das Gefüge zu etwa gleichen Teilen aus ferritischen und austenitischen Anteilen besteht. Die Grundlage für diese auch ferritisch austenitisch genannten Stähle bietet ein Zweiphasenfeld aus Hochtemperaturferrit δ + Austenit γ, das sich über einen weiten Temperaturbereich mit etwa gleicher Mengenverteilung erstreckt (Abb. 1.17). Während das Lösungsglühen der Austenite im γ-Gebiet stattfindet, werden die Duplexstähle, die mit 5–10 % Nickel und mehr als 20 % Chrom legiert sind, im Zweiphasengebiet geglüht (Abb. 1.17). Diese ferritisch-austenitischen Stähle wandeln nach zunächst ferritischer Erstarrung nicht mehr vollständig in Austenit um und liegen bei Raumtemperatur zweiphasig vor. Das Gefüge dieser Duplexstähle wird durch die Legierungszusammensetzung und Wärmebehandlung auf etwa gleiche Gehalte an Ferrit und Austenit eingestellt. Ähnlich wie die austenitischen Stähle befinden sich diese Stähle nach dem Lösungsglühen und schnellen Abschrecken im metastabilen Zustand. Bei einer Temperaturbelastung zwischen 400 und 800 °C kommt es beispielsweise zur Ausscheidungsbildung durch σ-Phase (Abb. 1.17).

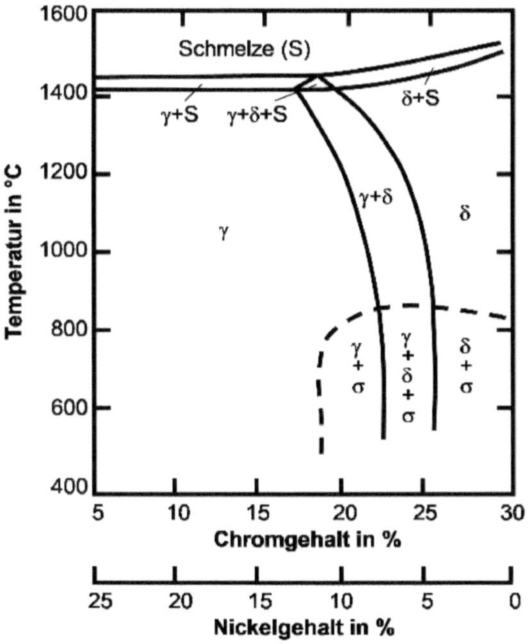

Abb. 1.17: Konzentrationsschnitt durch das Zustandsschaubild Eisen-Chrom-Nickel bei 70 % Eisen, nach [5, S. 21]

Bei erhöhten Anwendungstemperaturen, die Diffusionsvorgänge erlauben, können dann Eigenschaftsveränderungen wie beispielsweise Verlust der Zähigkeit durch die Bildung spröder Ausscheidungen stattfinden. Bei der Vorstellung der kennzeichnenden Stahlsorten wird hierauf näher eingegangen.

1.4 Kennzeichnende Stahlsorten

1.4.1 Ferritische Stähle

Ferritische Stähle (Tabelle 1.1) mit Chromgehalten ab 11 % bieten in feuchter Umgebung bereits einen Schutz gegen Rostbefall (Abb. 1.1). Der Stahl X 2 Cr 11 (1.4003) beispielsweise besitzt mit guten Festigkeits- und Zähigkeitseigenschaften und guter Verarbeitbarkeit, auch durch Schweißen, eine brauchbare Stahlbaufähigkeit. Da er in der unbelasteten Atmosphäre rostbeständig ist, sind höchstens einfache Schutzanstriche zu seiner Pflege nötig.

Grundtyp	Typische Stähle nach Norm EN 10088 (ASTM A 240)	Anwendungsbereiche Komponenten
11-13 % Chrom	1.4003 (S40977) 1.4512 (S40900)	Schienen- und Straßenfahrzeuge Maschinen- und Anlagenbau Agrartechnik Haushalt Abgasanlagen / Gasturbine Containerbau
16-18 % Chrom	1.4016 (S43000) 1.4509 (S43940) 1.4520	
16-18 % Chrom + 1-2,5 % Molybdän	1.4521 (S44400) 1.4113 (S43400)	Wärmetauscher Automobilindustrie
28 % Chrom +4 % Molybdän + (Ni) (Superferrite)	1.4575 1.4592	Handhabung hochkonzentrierter Schwefelsäure

Tab. 1.1: Nichtrostende ferritische Stähle; Grundtypen und ihre Anwendung, nach [2, S. 16]

Einfache Gegenstände des täglichen Lebens und wenig beanspruchte Apparaturen werden aus Stählen des Typs X 6 Cr 13 mit Chromgehalten bis 15 % hergestellt.

Im Automobilbau hat sich für den Bau der Abgasanlagen der ferritische Stahl X 6 CrTi 12 (1.4512) bewährt. Dieser Stahl wird in großen Mengen für die Rohre und die Katalysatorgehäuse verwendet. Er besitzt zufriedenstellende Warmfestigkeit und ist ausreichend korrosionsbeständig bei den herrschenden Betriebstemperaturen. Für anspruchsvolle Gegenstände werden Stähle mit höheren Chromgehalten bis 17 % eingesetzt, von denen der X 6 Cr 17 (1.4016) den größten Anteil einnimmt.

Die ferritischen rostfreien Stähle besitzen gute Festigkeitseigenschaften bei moderater Zähigkeit (Tabelle 1.2). Sie besitzen nicht die hervorragende Duktilität der austenitischen Stähle, wie später noch gezeigt wird, was sie von einigen Anwendungsbereichen ausschließt. Eine weitere Einschränkung für die ferritischen Stähle stellt eine Versprödung bei Temperaturen zwischen ca. 400 und 500 °C dar, der sogenannten 475°-Versprödung, die nur in Stählen mit ferritischen Gefügeanteilen auftritt (siehe Abb. 1.21 und 1.42).

Werkstoffnummer Kurzname	**Rp 0,2 in N/mm² (quer)**	**Rm In N/mm²**	**A5 In %**
1.4003 X2CrNi12	280 bis 320	450 bis 650	18 bis 20
1.4000 X6Cr13	230	400 bis 600	19
1.4016 X6Cr17	260	430 bis 630	18 bis 20
1.4512 X2CrTi12	220	380 bis 560	25
1.4509 X2CrTiNb18	250	430 bis 630	18
1.4510 X3CrTi17	240	420 bis 600	23
1.4520 X2CrTi17	200	380 bis 530	24
1.4521 X2CrMoTi18-2	300 bis 320	420 bis 600	20

Tab. 1.2: Kennzeichnende mechanische Eigenschaften einiger ferritischer Stähle, nach [2, S. 17]

Stähle aus dieser Gruppe sind oftmals nicht rein ferritisch, erst durch eine Wärmebehandlung mit Bildung von Carbidausscheidungen wird eine ferritische Grundstruktur eingestellt. Die Glühtemperaturen liegen dabei üblicherweise zwischen 750 und 900 °C (Abb. 1.18).

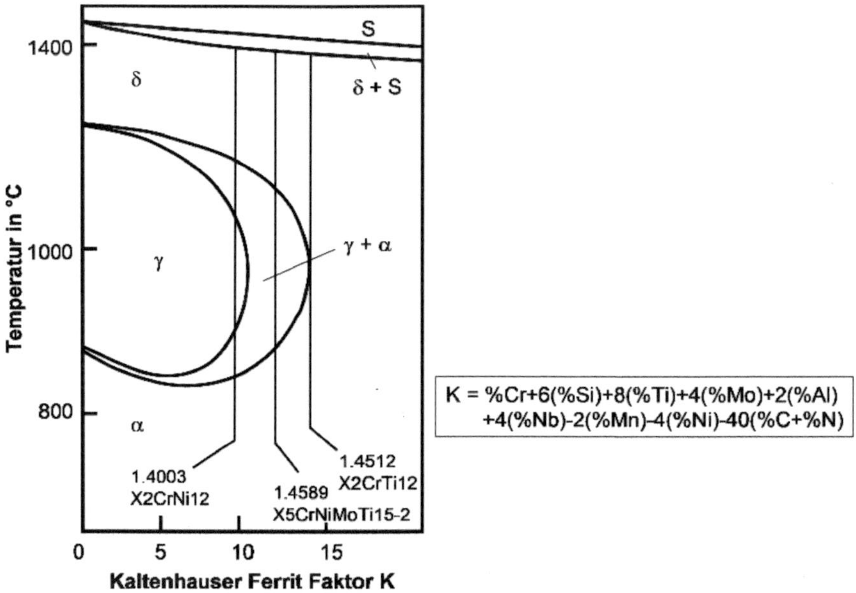

Abb. 1.18: Legierungslage im Schaubild Eisen-Chrom bestimmt durch den Kaltenhauser Ferrit-Faktor, nach [2, S. 17]

Das zeit- und temperaturabhängige Umwandlungsverhalten von Stählen ist in deren Zeit-Temperatur-Umwandlungsschaubildern (ZTU) festgehalten und kann sowohl nach isothermer als auch kontinuierlicher Versuchsführung aus diesen Diagrammen entnommen werden. Das Umwandlungsverhalten insbesondere die Umwandlungsgeschwindigkeit, die Art und Menge des Umwandlungsgefüges sind von Stahl zu Stahl recht unterschiedlich und verändern die Stahleigenschaften erheblich. Informationen hierzu geben die Hersteller z. B. durch ZTU-Schaubilder für ihre Stahlsorten (Abb. 1.26).

Der Stahl X2CrNi12(1.4003) wandelt beispielsweise nur bei sehr langsamer Abkühlung teilweise in Ferrit um und der bei höheren Temperaturen vorliegende Austenit wandelt bei der Abkühlung in Martensit um. Im

Einsatzzustand liegt dann ein Gefüge aus Ferrit und Martensit vor. Wegen des hohen Legierungsgehaltes findet eine diffusionsgesteuerte Umwandlung des Austenits, wie beispielsweise die Perlitbildung, erst nach langen Verweildauern in dem Temperaturbereich um die 600 °C statt. Daher kann auch nach langsamer Abkühlung noch eine hohe Härte vorliegen, die auf einen hohen Martensitgehalt hinweist.

Dagegen wandelt der Stahl X6Cr17 (1.4016) bei isothermer Glühung schon nach 1 h Haltedauer nicht mehr in Martensit um, da durch Carbidbildung ($\gamma \rightarrow \alpha$+Carbid) Kohlenstoff abgebunden und die austenitbildende Wirkung von Kohlenstoff nicht mehr wirksam ist. Dieser Effekt kann ebenso durch langsame Abkühlung erreicht werden. Es ist zu beachten, dass die Diffusionsgeschwindigkeit im Ferrit bis zu 1000-fach höher ist als im austenitischen Stahl. Diffusionsgesteuerte Vorgänge wie Ausscheidungsbildung und Kornwachstum laufen deshalb auch entsprechend schneller ab.

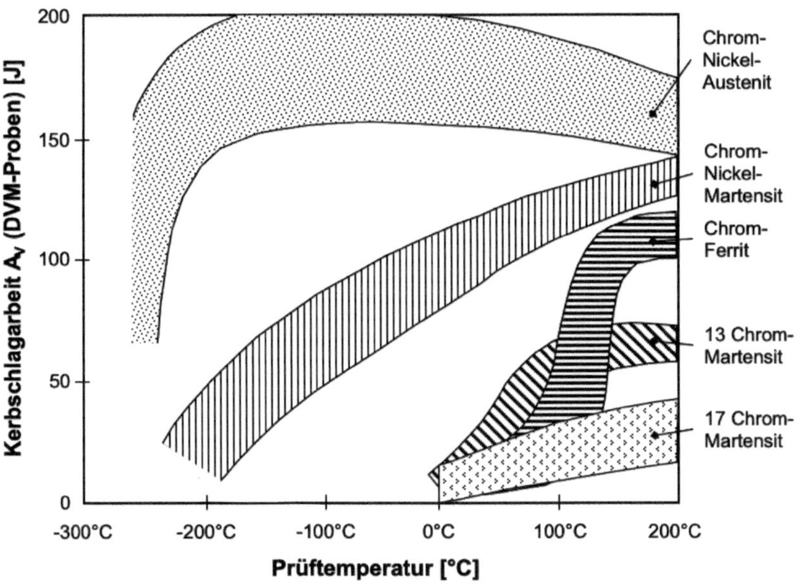

Abb. 1.19: Schematische Darstellung typischer Kerbschlagarbeitswerte für nichtrostende Stähle mit unterschiedlichem Legierungs-/Gefügeaufbau, nach [5, S. 12]

Im Vergleich zu den übrigen Nichtrostenden weisen die ferritischen nichtrostenden Stähle eher moderate Zähigkeitswerte auf (Abb. 1.19), die außerdem noch eine ausgeprägte Abhängigkeit von der Temperatur zeigen (Abb. 1.20). Falls eine Grobkornbildung als Folge unsachgemäßer Wärmebehandlung oder Wärmeführung bei Fertigungs- oder Verarbeitungsprozessen eintritt, fallen die Festigkeitswerte deutlich ab und die für diese Stahlgruppe typische Kerbschlagarbeits-Übergangstemperatur wird zu deutlich höheren Temperaturen verschoben (Abb. 1.20).

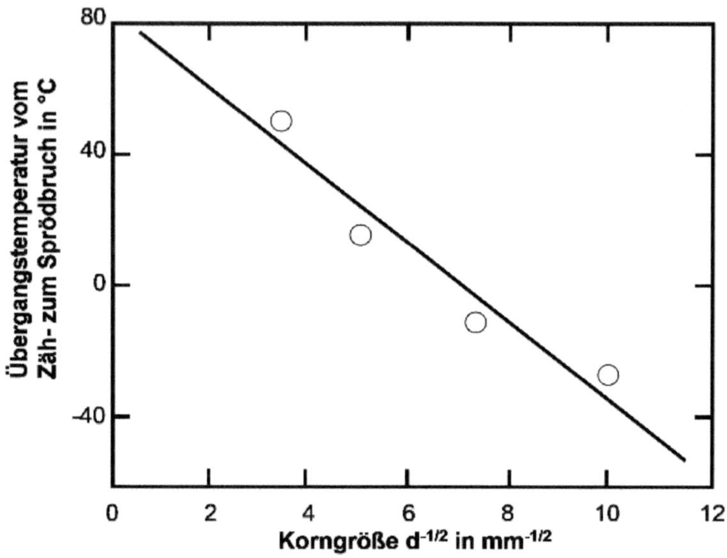

Abb. 1.20: Beispiel für den Einfluss der Korngröße auf die Kerbschlagarbeits-Übergangstemperatur bei einem ferritischen Stahl, nach [5, S. 12]

Die schon erwähnte hohe Diffusionsgeschwindigkeit bei ferritischem Gefüge fördert nicht nur das Kornwachstum, sondern mit zunehmendem Legierungsgehalt auch die Ausscheidungsbildung in diesen Stählen (siehe Abb. 1.21 und 1.22). Während die Neigung zur Bildung von intermetallischen Phasen bei den 13–17%igen Chromstählen noch gering ist, nimmt diese mit steigenden Legierungsgehalten stark zu (Abb. 1.21).

		Auscheidungungsbildung durch Wärmezufuhr		
Hoch Chrom	⇨	*σ-Phase (FeCr); tetragonal*	⇨	~ 30 - 35 % Cr
Hoch Molybdän	⇨	*χ-Phase ($Fe_{36}Cr_{12}Mo_{10}$); kubisch*	⇨	~ 15 - 25 % Cr
		Lavesphase (Fe_2Mo)		bis zu 45 % Mo
+ Kohlenstoff	⇨	*Carbid ($M_{23}C_6$); kubisch*	⇨	~ 65 % Cr
+ Stickstoff	⇨	*Nitrid Cr_2N; hexagonal*	⇨	≈ 90 % Cr
+ Stickstoff + Niob	⇨	*z-Phase; tetragonal*	⇨	≈ 25 % Cr

Abb. 1.21: Einfluss von Legierungszusätzen auf das Ausscheidungsverhalten korrosionsbeständiger Stähle, nach [2, S. 19]

Insbesondere beschleunigen Chrom und Molybdän die Bildung der Sigma (σ)- und Chi (χ)-Phase (Abb. 1.22). Dieses Verhalten begrenzt die Möglichkeit der Steigerung der Korrosionsbeständigkeit durch Zulegieren von Cr und Mo und schränkt die Verarbeitbarkeit durch Schweißen stark ein. Hochlegierte ferritische Stähle, so genannte Superferrite, werden deshalb auch nur für einige Sonderfälle eingesetzt. Am Beispiel eines isothermischen Zeit-Temperatur-Ausscheidungsschaubildes (ZTA) für einen superferritischen Stahl zeigt sich welche Ausscheidungen nach welchen Zeiten in diesem sehr hoch legierten ferritischen Stahl nachgewiesen werden konnten. In dem Diagramm ist auch der Beginn der sogenannten 475 °C-Versprödung eingezeichnet.

Im Temperaturbereich von 400 bis 500 °C wird bei ferritischen Stählen mit zunehmenden Gehalten an Chrom und Molybdän verstärkt die Neigung zur Versprödung durch eine spinodale Entmischung in einen chromreichen und einen chromarmen Mischkristall der 475 °C-Versprödung beobachtet (Abb. 1.22). Diese führt neben Einschränkungen bei der Herstellung und Verarbeitung auch zu einer Begrenzung der Anwendungsmöglichkeiten. Für die Beständigkeit gegen interkristalline Korrosion ist die Chromdiffusion bei der Carbidbildung von ausschlaggebender Bedeutung. Die Chromverarmung im korngrenzennahen Bereich geht dabei bis unter die Passivitätsgrenze (Abb. 1.23). Nachdem die Carbidbildung abgeschlossen ist, erfolgt bei längeren Glühdauern ein Diffusionsausgleich (Abb. 1.24). In früheren Zeiten, als die Einstellung von sehr geringen Kohlenstoffgehalten noch nicht möglich war,

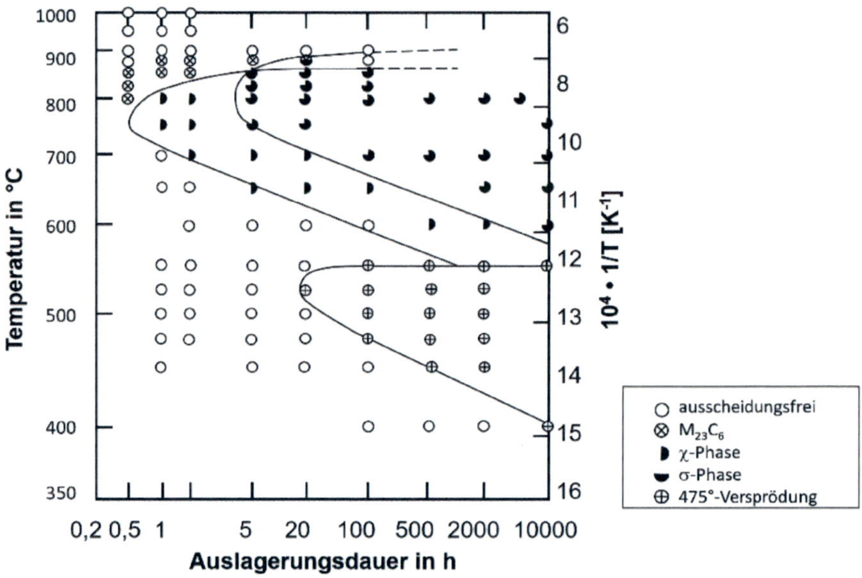

Abb. 1.22: Isothermes Zeit-Temperatur-Ausscheidungsschaubild eines superferritischen Versuchsstahles mit 28 % Cr und 3,5 % Mo, nach [5, S. 13]

wurde der Ausgleich des Chromgehaltes bei dem sogenannten „Stabilglühen" genutzt, heute ist diese Art der Vorgehensweise aber nicht mehr relevant.

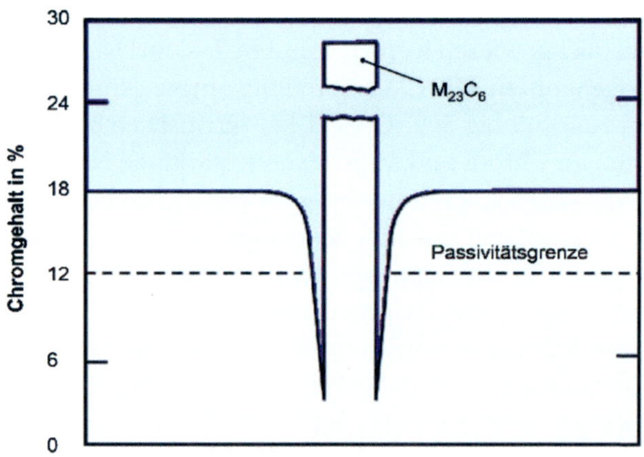

Abb. 1.23: Schematische Darstellung der Chromverarmung in der Umgebung von $M_{23}C_6$-Ausscheidungen, nach [5, S. 3]

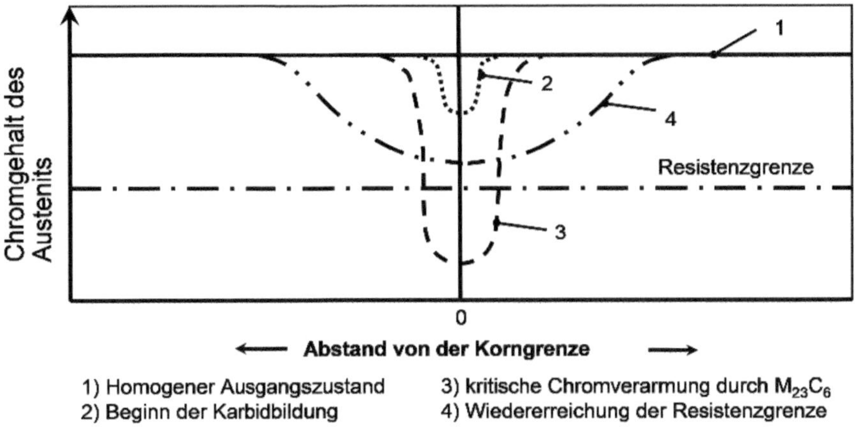

Abb. 1.24: Zeitlicher Ablauf der Chromverarmung bei der Carbidausscheidung von austenitischen CrNi-Stählen, nach [2, S. 20]

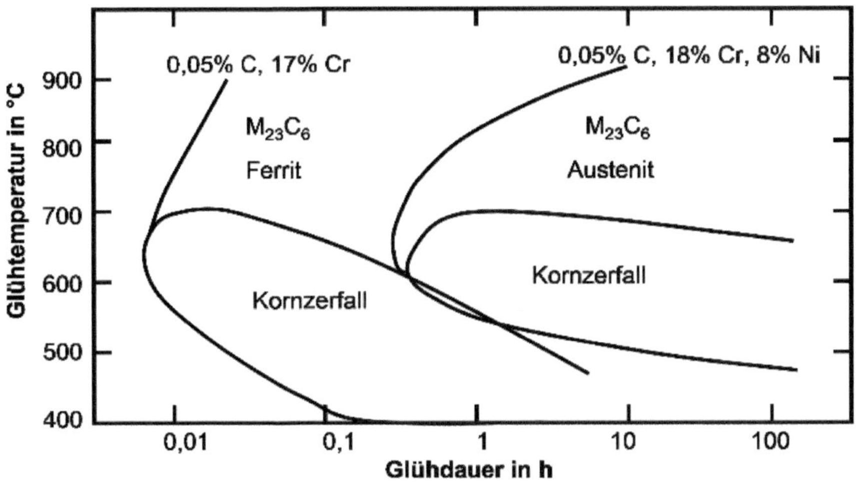

Abb. 1.25: Einfluss von Gefüge und Legierungselementen auf die $M_{23}C_6$-Ausscheidungen und den Kornzerfall infolge interkristalliner Korrosion im Strauss-Test bei ferritischen Cr- und bei austenitischen CrNi-Stählen, nach [5, S. 131]

1.4.2 Martensitische Stähle

Die Gebrauchseigenschaften der martensitischen Chromstähle (Tabelle 1.3), die sich von allen anderen Gruppen der nichtrostenden Stähle durch höhere Härte- und Festigkeitskennwerte unterscheiden, hängen sehr stark von dem durch eine Wärmebehandlung eingestellten Gefügezustand ab und lassen sich daher in einem weiten Maß beeinflussen. Mit Hilfe der stahleigenen ZTU-Schaubilder kann das Gefüge der martensitischen Stähle gezielt durch das Austenitisieren und die Abkühlungsgeschwindigkeit eingestellt werden, wie beispielsweise beim 1.4021 (Abb. 1.26). Nach diesem Härten erfolgt dann das Anlassen, bei dem die finalen Eigenschaften der Werkstoffe wie z. B. Festigkeit, Zähigkeit u.s.w. eingestellt werden.

<table>
<tr><th>Grundtyp</th><th>Typische Stähle nach Norm
DIN EN 10088(ASTM A 240)</th><th>Anwendungsbereiche
Komponenten</th></tr>
<tr><td>Kohlenstoffmartensitische Stähle
bis 0,50 % Kohlenstoff
13 % Chrom

bis 0,50 % Kohlenstoff
17 % Chrom
1 % Molybdän

über 0,50 % Kohlenstoff
14-17 % Chrom
1 % Molybdän</td><td>1.4006 (S41000)
1.4034 (S42000)
1.4021
1.4122
1.4057
1.4109
1.4112</td><td rowspan="3">Wellen, Spindeln
Ventile

Pressbleche
Bremsscheiben

Messer
Chirurgische Instrumente

Konstruktionsteile in Wasserkraftwerken

Wälzlager

Pumpen, Verdichter
Wasserturbinen
Erdöltechnik
Kältetechnik

Schrauben
Wellen
Spindeln</td></tr>
<tr><td>Nickelmartensitische Stähle
bis 0,10 % Kohlenstoff
mit 13 % Chrom
4 % Nickel

mit 16 % Chrom
5 % Nickel + (Mo)</td><td>1.4313 (S41500)
1.4418</td></tr>
<tr><td>Aushärtbare nickelmartensitische Stähle
mit 13-17 % Chrom
4-8 % Nickel +Mo+ (Cu)</td><td>1.4542
Custom 450
Custom 455
Custom 465</td></tr>
</table>

Tab. 1.3: Nichtrostende martensitische Stähle – eingeteilt in Gruppen gleicher Gefügeausbildung, nach den Normen DIN EN 10088 und ASTM A 240, nach [2, S. 22]

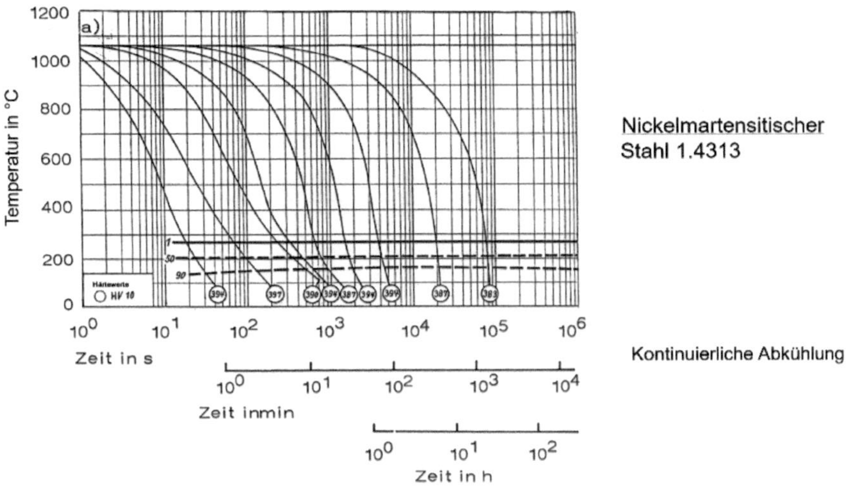

Abb. 1.26a: Zeit-Temperatur-Umwandlungsverhalten nichtrostender martensitischer Stähle nach [2, S. 21 / 22]

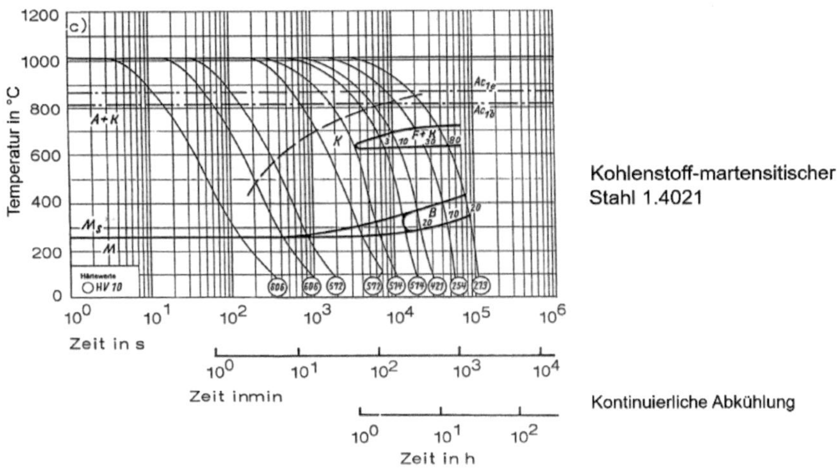

Abb. 1.26b: Zeit-Temperatur-Umwandlungsverhalten nichtrostender martensitischer Stähle nach [2, S. 21 / 22]

Während die hoch kohlenstoffhaltigen Messerstähle, z. B. X46Cr13 (1.4034), zur Erhaltung größtmöglicher Härte beim Anlassen nur entspannt werden, müssen Vergütungsstähle wie der X20Cr13 (1.4021) zur Steigerung der Zähigkeit bei höheren Temperaturen angelassen werden. Ein Überblick über die im wärmebehandelten Zustand vorliegenden typischen Eigenschaften zeigt Tabelle 1.4. Diese martensitischen nichtrostenden Stähle werden für Maschinenteile wie Wellen, Spindeln, Ventile und auch für Werkzeuge zur Strukturierung von Kunststoffoberflächen verwendet:

Werkstoff-Nr. **Kurzname**	**Rp0,2** **N/mm²** (min.)	**Rm** **N/mm²**	**A5** (quer) **%** (min.)	**KV** (quer) **J** (min.)
1.4021 X20Cr13	450 550	650 - 850 750 - 950	12 10	30
1.4024 X15Cr15	450	650 - 800	14	30
1.4028 X30Cr13	600	800 - 1000	10	-
1.4034 X46Cr13	ca. 55 HRC (gehärtet)			
1.4057 X20CrNi17-2	550	750 - 950	14	20
1.4109 X65CrMo14	ca. 57 HRC (gehärtet)			
1.4120 X20CrMo13	550	750 - 900	14	28
1.4122 X35CrMo17-1	600	800 - 900	12	20

Tab. 1.4: Mechanische Eigenschaften einiger kohlenstoffmartensitischer Stähle, nach [2, S. 23]

Selbstverständlich werden durch die Wärmebehandlung auch die übrigen Eigenschaften wie das Korrosions- und oder das tribologische Verhalten der Werkstoffe beeinflusst. Aus korrosionschemischer Sicht bietet der nur gehärtete Stahl den günstigeren Gefügezustand, da alle wichtigen Elemente weitestgehend in Lösung sind und somit schützend wirksam werden können. Im Anlassbereich zwischen 500 und 600 °C findet bei den kohlenstofflegierten Stählen eine Carbidausscheidung mit lokaler Chromverarmung statt (siehe Abb. 1.23), was zu verminderter Korrosionsbeständigkeit führt (Abb. 1.27). In den kohlenstoffärmeren nickelmartensitischen Stählen findet diese Absenkung der Korrosionsbeständigkeit nicht statt und die Korrosionsbeständigkeit bleibt erhalten. Im Vergütungsschaubild ist der Bereich des Anlassens durch den Abfall der Festigkeit und einer Zunahme der Zähigkeit gekennzeichnet (Abb. 1.28).

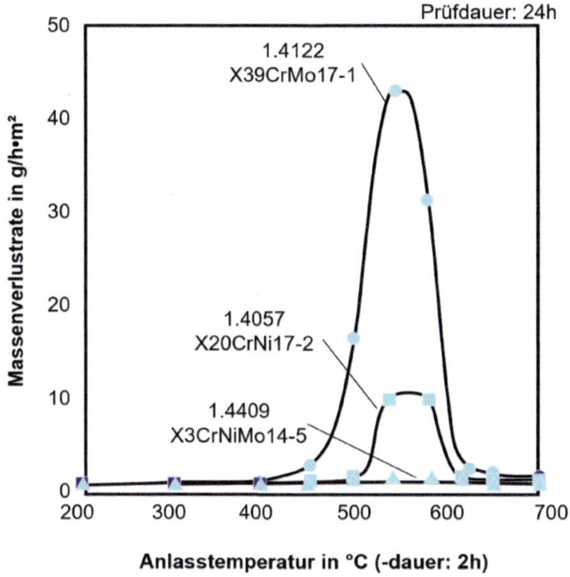

Abb. 1.27: Einfluss der Anlasstemperatur auf die Korrosionsbeständigkeit nichtrostender kohlenstoff- bzw. nickelmartensitischer Stähle bei der Prüfung in siedender 20%iger Essigsäure, nach [5, S. 164]

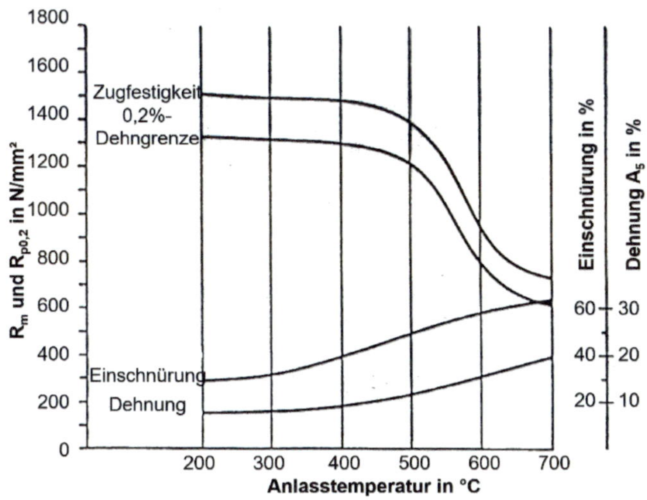

Abb. 1.28: Vergütungsschaubild des martensitischen Stahles X20Cr13(1.4021), nach [2, S. 24]

Die nickelmartensitischen Stähle wie X3CrNiMo13-4 (1.4313) und X4CrNiMo16-5-1 (1.4418) werden ähnlich wie die kohlenstoffhaltigen martensitischen Stähle gehärtet (950 bis 1050 °C) und angelassen. Der Anlassbereich erstreckt sich von etwa 450 °C bis zu 640 °C je nach angestrebter Kombination von Festigkeit und guter Zähigkeit (Abb. 1.29). Wie bereits erwähnt, stellt die Bildung von stabilem Austenit bei rd. 550 bis 640 °C eine Besonderheit dieser Stähle dar, hierdurch kann die Zähigkeit gezielt angehoben werden. Die Messung der magnetischen Eigenschaften lässt über den Abfall der Sättigungspolarisation in diesem Bereich deutlich das Auftreten des nichtmagnetisierbaren Austenits erkennen (Abb. 1.29). Ein Verlust an Korrosionsbeständigkeit analog zu den martensitischen Stählen tritt aufgrund des niedrigen Kohlenstoffgehaltes in keinem Anlassbereich auf (Abb. 1.27).

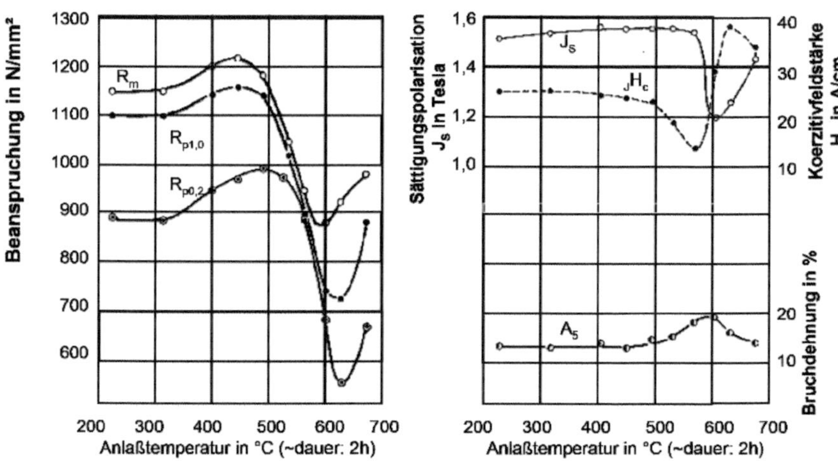

Abb. 1.29: Einfluss der Wärmebehandlung auf die mechanischen und magnetischen Eigenschaften des nickelmartensitischen Stahles X3CrNiMo14-5-2, nach [2, S. 25]

Zwei typische Stähle dieser Gruppe wurden mit X3CrNiMo13-4 (1.4313) und X4CrNiMo16-5-1 (1.4418) bereits genannt. Neben diesen nickelmartensitischen Stählen gehören dazu aber auch noch die bereits erwähnten PH-Stähle, deren Gefüge durch Zulegieren von z. B. Kupfer gut aushärtbar gemacht wird (Tabelle 1.3). Dabei wird die geringe Löslichkeit des Nickelmartensits für Kupfer genutzt, das beim Aushärten metallisch ausgeschieden wird. Auf Härtetemperatur im Austenitgebiet ist es dagegen gut löslich. Es lassen sich auch bei diesen Stählen vergleichbar gute Kombinationen von Festigkeit und Zähigkeit einstellen (Tabelle 1.5).

Werkstoffnummer **Kurzname**	0,2 %-Dehngrenze $R_{p0,2}$ N/mm²	Zugfestigkeit R_m N/mm²	Bruchdehnung A_5 %	Kerbschlagarbeit KV J
1.4313 X3CrNiMo 13-4 Wärmebehandlungszustand: QT900, vergütet	800	900 bis 1100	15	70
1.4418 X4CrNiMo 16-5-1 Wärmebehandlungszustand: QT840, vergütet	660	840 bis 1100	14	55
1.4542 X5CrNiCuNb 16-4 Wärmebehandlungszustand: P950, ausscheidungsgehärtet	800	950 bis 1150	12	

Tab. 1.5: Kennzeichnende Eigenschaften nickelmartensitischer Stähle; nach [2, S. 26]

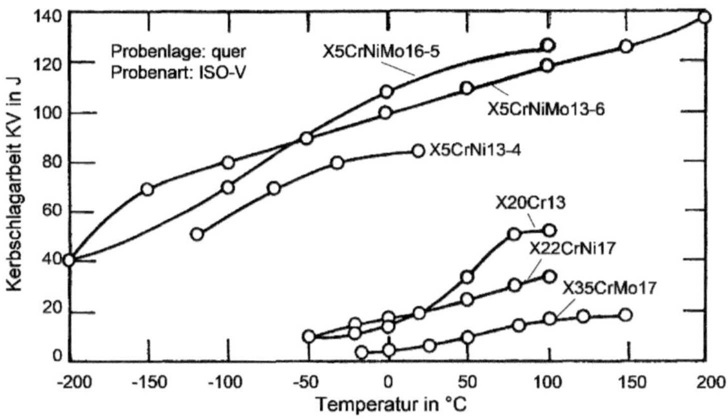

Abb. 1.30: Einfluss der Prüftemperatur auf die Kerbschlagarbeit bei kohlenstoff- bzw. nickelmartensitischen Stählen, nach [2, S. 26]

Vergleicht man die Kerbschlagzähigkeit beider martensitischen Grundtypen, so wird die überlegene Zähigkeit der Nickelmartensite deutlich (Abb. 1.30). Während die Stähle, deren Härte auf der Bildung von Kohlenstoffmartensit beruht, schon bei Raumtemperatur in der Tieflage sind, zeigen Nickelmartensite durchaus akzeptable Tieftemperatureigenschaften.

1.4.3 Austenitische Stähle

Die austenitischen Stähle, die mengenmäßig mit dem größten Anteil am Verbrauch nichtrostender Stähle beteiligt sind, werden mit unterschiedlichem Legierungsaufbau hergestellt (Abb. 1.31). Am Beginn der Entwicklung stand zunächst der X5CrNi18-10 (1.4301). Darauf aufbauend sind durch Zugabe weiterer Legierungsbestandteile wie Molybdän, Kupfer, Wolfram und Stickstoff Stähle mit hervorragenden Korrosionseigenschaften entstanden, die mit ihrem Eigenschaftsspektrum in den Bereich der Nickellegierungen eingedrungen sind. Sie werden aufgrund ihrer guten Verarbeitungs- und Gebrauchseigenschaften in allen Bereichen der modernen Technik und des täglichen Lebens eingesetzt (Tabelle 1.6). Von Sonderstählen abgesehen haben die austenitischen nichtrostenden Stähle mit 200–300 N/mm² eine relativ niedrige 0,2-Grenze (Tabelle 1.7), weisen aber mit rd. 50 % Bruchdehnungswerte auf, die doppelt so hoch sind wie bei den Ferriten.

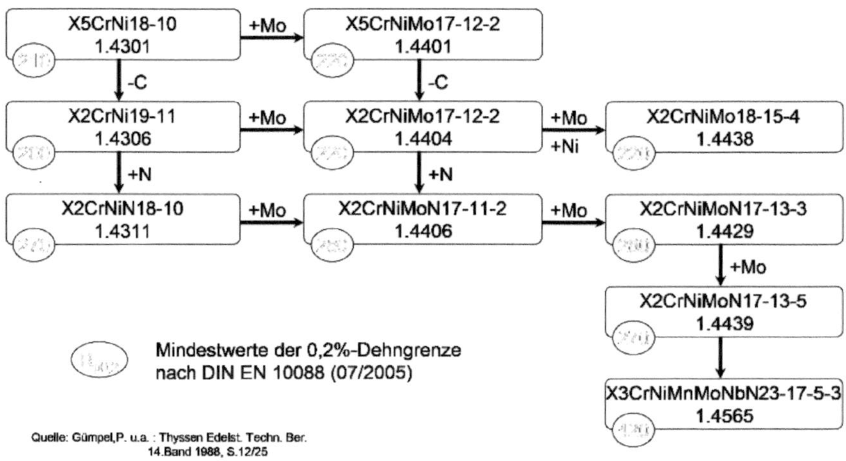

Abb. 1.31: Legierungsaufbau mit den zugehörigen Mindestwerten für die 0,2 %-Dehngrenzen bei nichtrostenden austenitischen Stählen [2, S. 27]

Grundtyp	**Typische Stähle** nach Norm EN 10088 (ASTM A 240)	**Anwendung** **Anwendungsbereiche bzw.** **-komponenten**
18% Chrom 8–10% Nickel	1.4301 (S30400) 1.4306 (S30403) 1.4541 (S32100)	Chemische Industrie Haushalt Nahrungsmittelindustrie Apparate- und Behälterbau Rohrleitungen Umwelttechnik Rauchgasentschwefelung Wasseraufbereitung Offshoretechnik Meerestechnik/ Meerwasserentsalzung Bauwesen
17% Chrom 12–14% Nickel 2% Molybdän	1.4401 (S31600) 1.4435 (S31603) 1.4571 (S31635)	
Sonderstähle: bis 25% Chrom bis 25% Nickel bis 7% Molybdän bis 0,50% Stickstoff (Kupfer)	1.4565 (S34565) 1.4547 (S31254) 1.4529 (N08926) 1.4563 (N08028)	

Tab. 1.6: Typische nichtrostende austenitische Stähle nach Norm und beispielhafte Anwendungen, nach [2, S. 27]

Stahl	**Kurzname**	**Rp 0,2 (min) in N/mm^2**	**Rm in N/mm^2**	**A5 (min. quer) in %**
1.4301	X5CrNi18-10	210	520-720	45
1.4306	X2CrNi19-11	200	500-700	45
1.4311	X2CrNiN18-10	270	550-750	40
1.4315	X5CrNiN19-9	270	500-750	40
1.4371	X2CrNiMnN17-7-5	280	630-830	35
1.4541	X6CrNiTi18-10	200	500-700	40
1.4404	X2CrNiMo17-12-2	220	520-670	45
1.4571	X6CrNiMoTi17-12-2	220	520-670	45
1.4429	X2CrNiMoN17-13-3	280	580-780	40
1.4439	X2CrNiMoN17-13-5	270	580-780	40
1.4539	X1NiCrMoCu25-20-5	220	520-720	35
1.4529	X1NiCrMoCuN25-20-7	300	650-850	40
1.4547	X1CrNiMoCuN20-18-7	300	650-850	40
1.4565	X2CrNiMnMoN25-18-6-5	420	800-950	30

Tab. 1.7: Kennzeichnende mechanische Eigenschaften einiger austenitischer Stähle, nach [2, S. 28]

Austenitische Stähle werden bekanntlich im lösungsgeglühten Zustand eingesetzt. Hierdurch sind ihre Eigenschaften genau definiert und die Gewähr für den optimalsten Zustand ist gegeben. Die Festigkeit und auch die übrigen mechanischen Eigenschaften der austenitischen Stähle kann nicht wie bei den martensitischen Stählen durch eine Wärmebehandlung verändert werden. Diese Stähle sind wegen der fehlenden Umwandlung nicht härtbar, was in Anwendungsfällen mit tribologischer Beanspruchung durchaus ein Nachteil sein kann.

Unter Ausnutzung ihrer starken Neigung zur Kaltverfestigung können jedoch die Festigkeitskennwerte austenitischer Stähle gesteigert werden (Abb. 1.32 und 1.33). Nur müssen verminderte Zähigkeit und der Verzicht auf Fügen durch Schweißen hingenommen werden.

Bei einer Kaltverformung erfolgt die Verfestigung sowohl nach bekannten metallkundlichen Mechanismen (z. B. Erhöhung der Versetzungsdichte) als auch durch Bildung von Verformungsmartensit. Welcher Mechanismus wirksam wird, hängt im Wesentlichen von der Stabilität des Austenits ab. Hier gilt je höher der Legierungsgehalt ist, desto stabiler ist der Austenit. Mittels magnetischer Messung der Permeabilität und/oder der Polarisation kann die Bildung von ferromagnetischem Martensit gut nachgewiesen werden, und somit die Verfestigung erklärt werden. So muss die Verfestigung beim Stahl X2CrNi19-11 (1.4306) aufgrund eines starken Anstiegs der Permeabilität der Martensitbildung zugeschrieben werden (Abb. 1.32). Der Stahl X2CrNiMo18-15-4 (1.4438) zeigt dagegen ein stabil austenitisches Gefüge (Abb. 1.33).

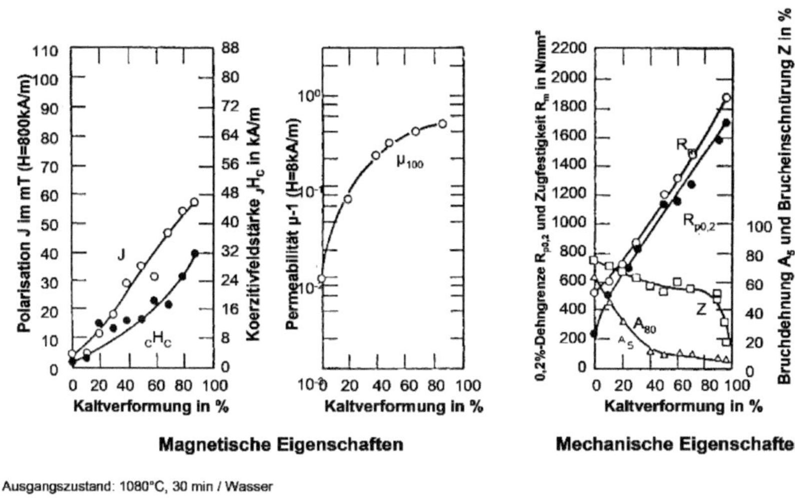

Abb. 1.32: Einfluss einer Kaltverformung auf die magnetischen und mechanischen Eigenschaften des Stahles X2CrNi19-11 (1.4306), nach [5, S. 18]

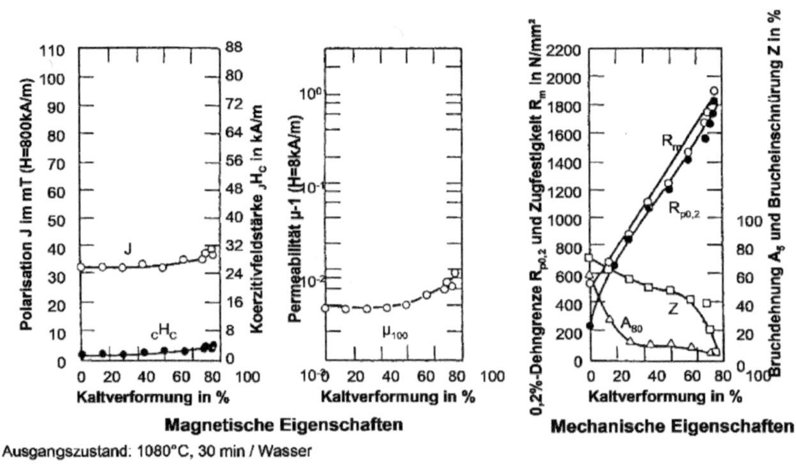

Abb. 1.33: Einfluss einer Kaltverformung auf die magnetischen und mechanischen Eigenschaften des Stahles X2CrNi18-15-4 (1.4438), nach [5, S. 18]

Eine weitere Möglichkeit, die Dehngrenzen und Festigkeitswerte anzuheben, besteht durch die Zugabe von Legierungselementen bzw. über die Mischkristallverfestigung, die sowohl durch Substitution als und insbesondere durch Einlagerung von Fremdatomen in das Kristallgitter des Eisens erfolgt (Abb. 1.34).

Die austenitischen Stähle werden häufig auch für den Einsatz im Tieftemperaturbereich eingesetzt. Ihr Tieftemperaturverhalten ist gekennzeichnet durch eine mit sinkender Temperatur zunehmende Festigkeit ohne starken Zähigkeitsverlust (Abb. 1.35).

Ähnlich wie bei den ferritischen Stählen fördern höhere Legierungsgehalte an Chrom und Molybdän die Bildung intermetallischer Phasen im Austenit, jedoch ist die Bildungsgeschwindigkeit durch die geringere Diffusionsgeschwindigkeit im austenitischen Gitter verlangsamt. Durch Zulegieren von Stickstoff wird die Neigung zur Bildung intermediärer Phasen wie Chi- und besonders Sigma-Phase sowie Carbidbildung (Abb. 1.36) vermindert.

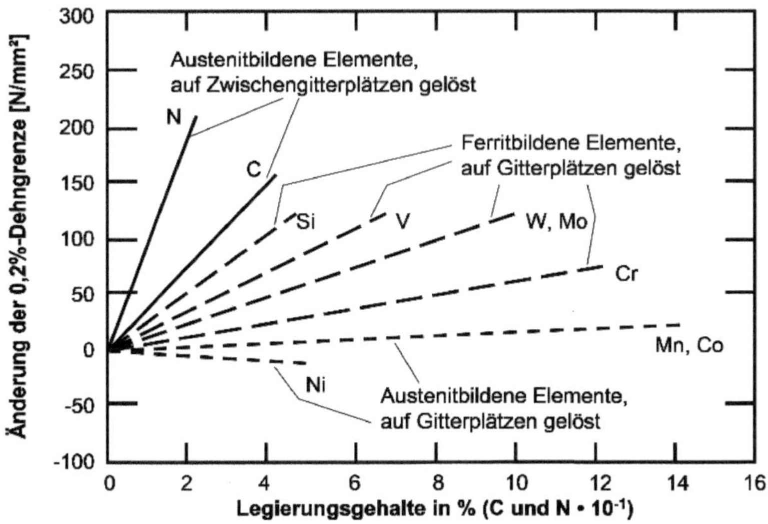

Abb. 1.34: Einfluss einiger Legierungselemente auf die 0,2 %-Dehngrenze von austenitischen Stählen, nach [5, S. 19]

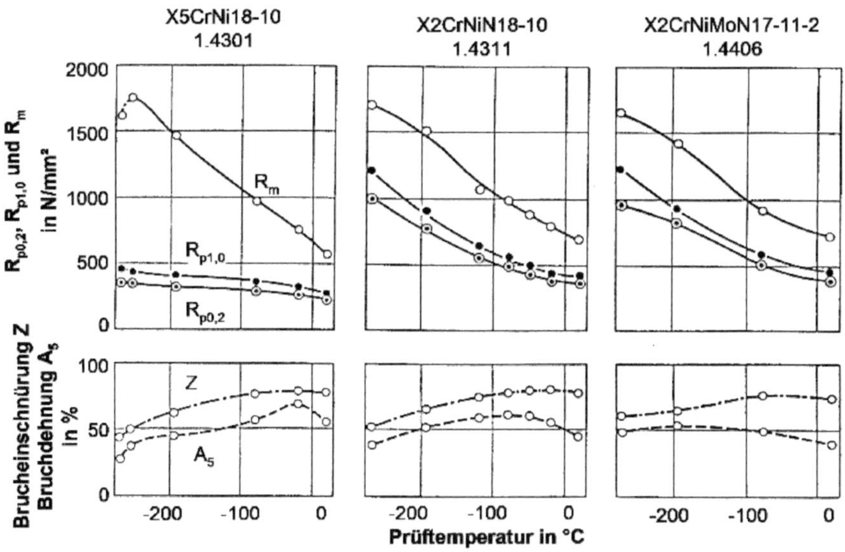

Abb. 1.35: Mechanische Eigenschaften von nichtrostenden Chrom-Nickel-Stählen bei tiefen Temperaturen, nach [2, S. 30]

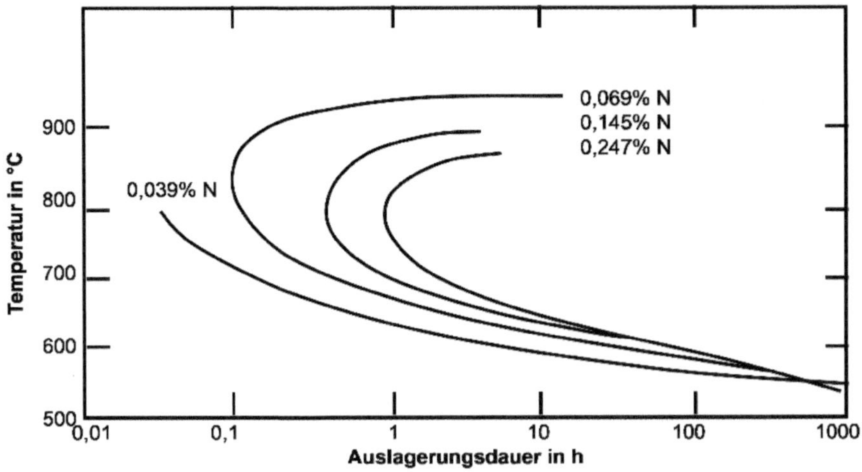

Abb. 1.36: Einfluss des Stickstoffgehaltes auf die Carbidausscheidung, hier von (M23C6) bei dem Stahl X5CrNiMo17-13-5 (heute: X2CrNiMoN17-13-5; 1.4439), nach [2, S 31]

1.4.4 Ferritisch-austenitische Stähle

Die Eigenschaften der ferritisch-austenitischen Stähle, die auch als Duplexstähle bekannt sind, werden wesentlich von dem Mengenverhältnis der beiden Hauptgefügebestandteile und deren Zusammensetzung bestimmt. Eine Wärmebehandlung hat wie bei den austenitischen Stählen das Ziel, unerwünschte Phasen aufzulösen, ist aber gleichzeitig ein Mittel, um eine ausgewogene Verteilung von Ferrit/Austenit, rd. 50/50 %, einzustellen (Abb. 1.37).

Es hat eine Reihe von Entwicklungen ferritisch-austenitischer Stähle, auch Duplex-Stähle genannt, in der Vergangenheit gegeben, von denen mittlerweile eine Güte aufgrund eines ausgewogenen Eigenschaftsspektrums große Bedeutung im Anlagenbau erlangt hat. Dieser Stahl X2CrNiMoN22-5-3 (1.4462) hat in den siebziger Jahren die Entwicklung der sogenannten Duplex-Familie eingeleitet.

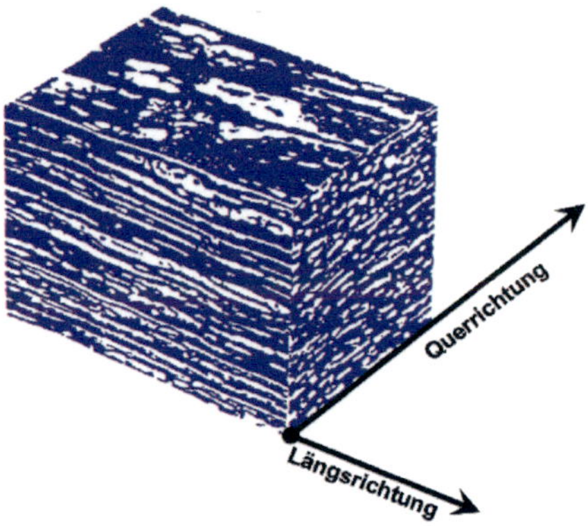

Abb. 1.37: Gefügeausbildung eines ferritisch-austenitischen Stahles in den drei Raumrichtungen eines gewalzten Bleches, (Austenit erscheint hell), nach [2, S. 31]

Grundtyp	Typische Stähle nach Norm EN 10088 (ASTM A 240)	Anwendungsbereiche Komponenten
21% Cr; 1,5% Ni; 4% Mn; 0,2% N	1.4162 (S32101)	Chemische Industrie Onshore- / Offshoretechnik Chemikalientankerbau Meerestechnik / Meerwasserentsalzung Behälter Apparate Rohrleitungen
23% Cr; 4% Ni; 0,10% N	1.4362 (S32304)	
22% Cr; 5% Ni; 3% Mo; 0,15% N	1.4462 (S31803/S32205)	
25% Cr; 7% Ni; 3% Mo; 0,25% N; (Cu; W)	1.4501 (S32760) 1.4410 (S32750)	

Tab. 1.8: Nichtrostende ferritisch-austenitische Stähle, Grundtypen nach Norm und wesentliche Anwendungsgebiete, nach [2, S. 32]

Der Stahl X2CrNiMoN22-5-3 (1.4462) hat als erster Vertreter der Duplexstähle ein weites Anwendungsspektrum gefunden und ist international auch der bekannteste Vertreter dieser Stahlgruppe. Mittlerweile ist dieser Stahl sowohl im höherem als auch im niedrigeren Legierungsbereich durch gezielte Legierungsentwicklung sinnvoll ergänzt worden (Tabelle 1.8). Im höher legierten Bereich sind die so genannten Superduplex-Stähle angesiedelt, die mit hoher Korrosionsbeständigkeit für manche Anwendungen im Wettbewerb zu hoch legierten Austeniten stehen. Niedriger legierte Duplex-Stähle wie 1.4162 besitzen das Potential aufgrund ihrer Korrosionsbeständigkeit und insbesondere wegen einer doppelt so hohen 0,2 %-Dehngrenze, austenitische Stähle wie 1.4401/1.4404 zu verdrängen. Die deutlich geringere Bruchdehnung ist dabei im Anlagen- und Apparatebau selten von Nachteil (Tabelle 1.9).

So hat der Stahl 1.4462 im Chemiekalientankerbau den austenitischen Stahl 1.4429 nahezu vollständig ersetzt. Seine hohe 0,2 %-Dehngrenze erlaubt dünnere Behälterwände, was zu höherer Wirtschaftlichkeit in zweifacher Hinsicht führt: Kosteneinsparung beim Werkstoff und über die Gewichtsreduzierung die Möglichkeit mehr Fracht zu befördern.

Stahl	**Kurzname nach Norm: EN 10088 (ASTM A 240)**	**Rp 0,2 in N/mm² (min)**	**Rm in N/mm²**	**A5 in % (quer, min)**
1.4162	(S32101)	450	650	30
1.4362	X2CrNi23-4 (S32304)	400	630-800	25
1.4462	X2CrNiMoN22-5-3 (S31803/S32205)	460	640-840	25
1.4501	X2CrNiMoWN25-7-4 (S32760)	530	730-930	25(längs)
1.4410	X2CrNiMoN25-7-4 (S32750)	530	730-930	20

Tab. 1.9: Kennzeichnende mechanische Eigenschaften typischer ferritisch-austenitischer Stähle für warm gewalzte Bleche nach Norm DIN EN 10088, nach [2, S. 33]

Die ferritisch-austenitischen Stähle besitzen ein gutes Verarbeitungsverhalten. Bei der Verarbeitung muss aber den hohen Festigkeitskennwerten durch höheren Kraftaufwand Rechnung getragen werden. Auch die schweißtechnische Verarbeitung nach allen gängigen Verfahren ist problemlos möglich, wobei auch hier einige Besonderheiten beachtet werden müssen (siehe auch Abb. 1.38).

Die Wärmebehandlung der Duplex-Stähle findet in der Regel bei etwa 1050 bis 1100 °C mit einer Haltedauer von 30 min. statt (Abb. 1.38). Die Stähle befinden sich bei diesen Temperaturen im Zweiphasenraum ($\delta+\gamma$) mit etwa gleichen Gefügeanteilen. Bei deutlich höheren Temperaturen, wie sie beim Schweißen in der wärmebeeinflussten Zone (WEZ) auftreten, wird mehr Ferrit gebildet. Aufgrund geringer Löslichkeit für Kohlenstoff im Ferrit tritt mit höheren Ferritgehalten an den Phasengrenzen und im Ferrit eine rasche Carbidbildung auf. Dies kann schon bei der Abkühlung auftreten und damit eine verminderte Korrosionsbeständigkeit zur Folge haben.

Die Gefügebalance im Schweißgut wird durch höhere Nickelgehalte erreicht. Der Nickelgehalt im Schweißgut muss so gewählt werden, dass etwa gleiche Anteile an Austenit und Ferrit in dem niedergeschmolzenen Schweißgut vorliegen (Abb. 1.38)

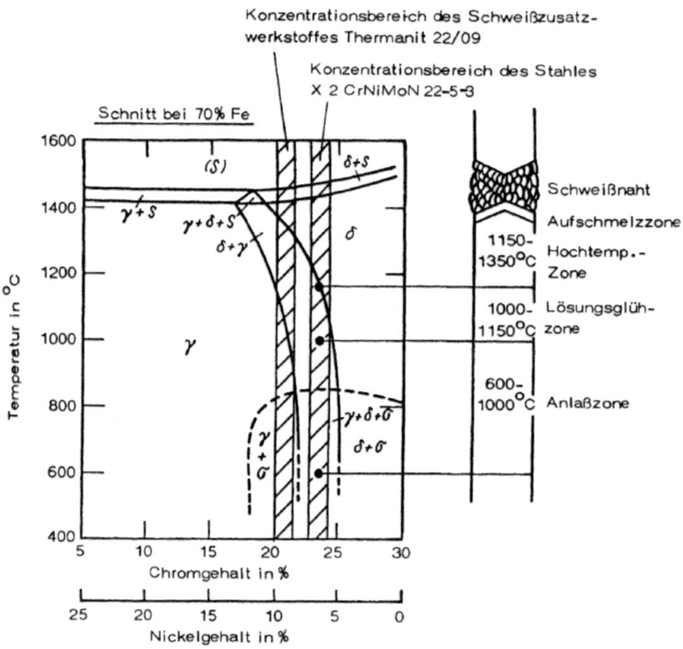

Abb. 1.38: Konzentrationsschnitt durch das Zustandsschaubild Eisen-Chrom-Nickel bei 70 % Eisen im Legierungsbereich des Stahles X2CrNiMoN22-5-3 (1.4462); Zuordnung des Legierungsbereichs von Grundwerkstoff und Schweißzusatz, nach [5, S. 28]

Durch Verwendung eines höher nickelhaltigen Schweißzusatzes (Abb. 1.38) und der Zugabe von Stickstoff wird der Zweiphasenraum bei hohen Temperaturen deutlich erweitert (Abb. 1.39) und dieser Nachteil beseitigt. Diese

Maßnahme war entscheidend für den Durchbruch der ferritisch-austenitischen Stähle. Zusätzlich wird durch Stickstoff die Korrosionsbeständigkeit des austenitischen Gefügebestandteils erhöht, da Stickstoff fast ausschließlich hierin gelöst ist. Dadurch wird der höhere Gehalt der ferritbildenden Elemente Chrom und Molybdän der ferritischen Phase aus korrosionschemischer Betrachtung ausgeglichen (Tabelle 1.10).

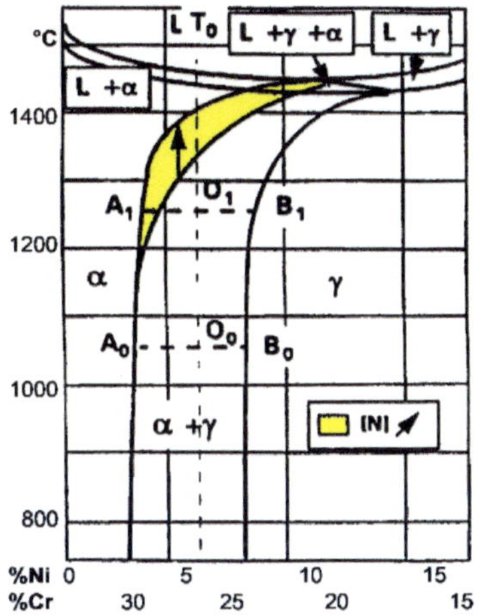

Abb. 1.39: Schematischer Einfluss von Stickstoff auf den Phasenraum Ferrit(α/δ)+Austenit(γ) im quasibinären Schnitt Chrom-Nickel-68 % Eisen, nach [2, S. 35]

Zusammensetzung der Legierung in Gewichts-%

	C	Si	Mn	Cr	Ni	Mo	N	Cu	S
Legierung 1	0,015	0,19	0,91	29,26	8,00	2,07	0,31	0,025	0,0043
Legierung 2	0,016	0,16	1,01	28,81	7,48	2,50	0,37	0,035	0,0032
Legierung 3	0,016	0,16	0,87	30,51	6,20	2,08	0,44	0,034	0,0042

Legierungsanteile in den Gefügebestandteilen in Gewichts-%

		Cr	Ni	Mo	N
Legierung 1	Ferrit	32,59 ± 0,48	5,47 ± 0,18	2,60 ± 0,14	0,00 ± 0,03
	Austenit	27,88 ± 0,31	9,24 ± 0,20	1,58 ± 0,14	0,62 ± 0,03
Legierung 2	Ferrit	31,78 ± 0,42	5,27 ± 0,32	3,16 ± 0,12	0,00 ± 0,02
	Austenit	28,15 ± 0,48	8,48 ± 0,18	1,93 ± 0,08	0,75 ± 0,03
Legierung 3	Ferrit	32,31 ± 0,31	4,58 ± 0,13	2,40 ± 0,11	0,00 ± 0,03
	Austenit	30,16 ± 0,25	6,99 ± 0,20	1,64 ± 0,13	0,98 ± 0,04

Tab. 1.10: Elementverteilung in Duplex-Stählen, beispielhaft, nach [2, S. 35]

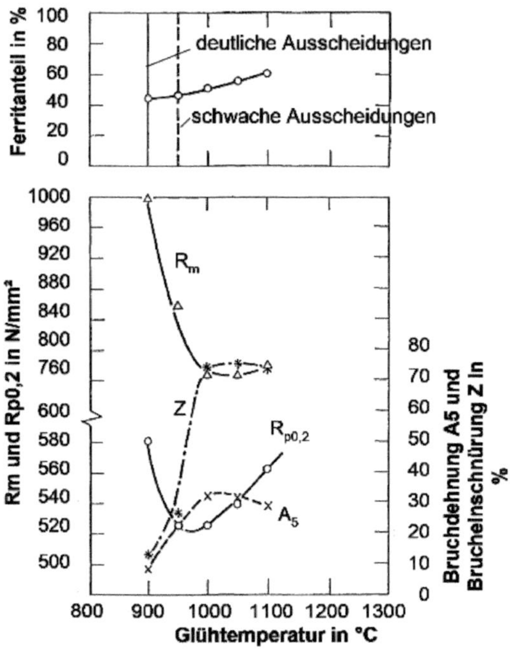

Abb. 1.40: Einfluss der Wärmebehandlung auf Gefüge und mechanische Eigenschaften des Stahles X2CrNiMoN22-5-3 (1.4462); Ausgang 15 mm vkt, schmiederoh, nach [5, S. 21]

Beim Lösungsglühen wird durch das Abschrecken die eingestellte Gefügeausbildung weitgehend eingefroren und die mechanischen Eigenschaften bestimmt (Abb. 1.40). Nach Wärmebehandlungen muss insbesondere bei dickeren Abmessungen für eine rasche Abkühlung gesorgt werden. Der Übergang der Kerbschlagarbeit von der Hochlage zur Tieflage, was ja ein kennzeichnendes Verhalten des ferritischen Gefügebestandteils darstellt (siehe Abb. 1.41), wird auch beim Duplexstahl bei einer niedrigeren Abkühlgeschwindigkeit zu höheren Temperaturen verschoben (Abb. 1.41). Trotz dieses ferrit-typischen Verhaltens besitzt dieser ferritisch-austenitische Stahl eine relativ gute Tieftemperaturzähigkeit.

Die Duplexstähle mit Gehalten von über 20 % Chrom und rd. 3-5 % Molybdän erleiden in Abhängigkeit von Temperatur und Auslagerungsdauer ebenso wie die hochlegierten Ferrite und Austenite Zähigkeitsverluste durch Ausscheidungsbildung (Abb. 1.41 und 1.42). Von allen bekannten Ausscheidungen, die bisher erkannt wurden, sind im wesentlichen Sigma und Chi, Carbide und Nitride bei höheren Temperaturen sowie unter ca. 500 °C die á-Phase (475°-Versprödung) zu beachten (Abb. 1.41 und 1.42).

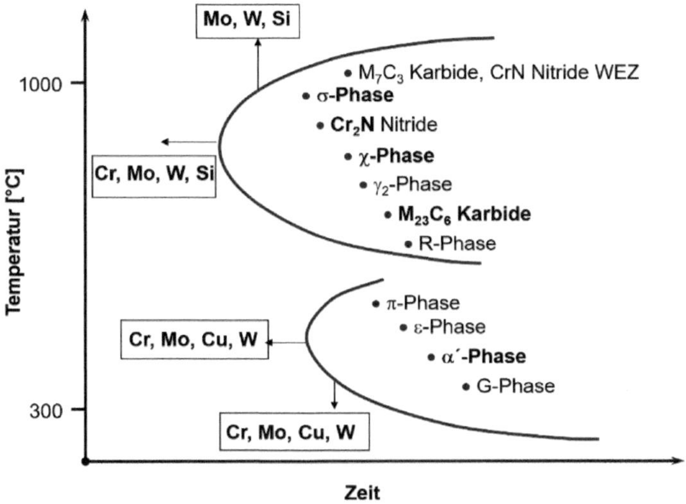

Abb. 1.41: Ausscheidungsbildung in Duplexstählen, schematisch, nach [2, S. 37]

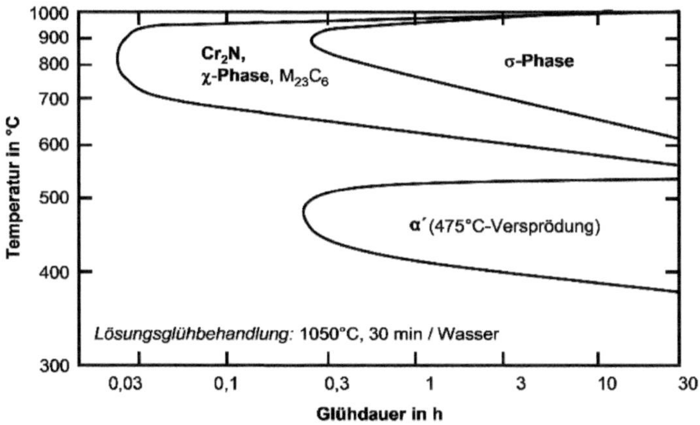

Abb. 1.42: Zeit-Temperatur-Ausscheidungsschaubild des Stahles X2CrNiMoN22-5-3 (1.4462); Ausgangszustand: lösungsgeglüht 1050 °C, 30 min/Wasser, nach [5, S. 22]

1.5 Normung

Die Anzahl der Werkstoffnormen ist vor allem durch die Harmonisierung in Europa reduziert worden. Alle nationalen Normen wurden durch eine für ganz Europa verbindliche Norm ersetzt. Dies ist die

EN 10088 mit den Teilen 1 bis 3.

Hinzu kommt aus den USA die international gebräuchliche Norm

ASTM A 240.

Dadurch wurde die Verständigung auf europäischer und internationaler Ebene ganz wesentlich vereinfacht.

1.6 Literatur

[1] Heimann, W., Oppenheim, R., Weßling, W.: Nichtrostende Stähle. In: Werkstoffkunde Stahl, Band 2: Anwendung, Springer Verlag, Verlag Stahleisen GmbH, Düsseldorf 1984

[2] Heimann, W., Gümpel, P.: Einführung in die Werkstoffkunde der nichtrostenden Stähle. In: Rostfreie Stähle, 5. Auflage, expert verlag, Renningen 2016

[3] Gümpel, P., Ladwein, T., Michel, E., Strom F. H.: Entwicklungstendenzen bei austenitischen Stählen mit erhöhten Festigkeitseigenschaften im chemischen Apparatebau, Thyssen Edelst. Techn. Ber. 14, 1989, S. 12–25

[4] Gümpel, P., Arlt, N.: Aufbau und Eigenschaften in: Nichtrostende Stähle, 2. Auflage, Verlag Stahleisen mbH, Düsseldorf 1989

[5] Arlt, N., Fleischer, H.-J., Gebel, W., Grundmann, R., Gümpel, P.: Stand und Entwicklungstendenzen auf dem Gebiet der nichtrostenden Stähle, Thyssen Edelst. Techn. Ber. 15, 1989, S. 1–39

[6] DIN EN 10088-1: 2014-12, Nichtrostende Stähle. Teil 1: Verzeichnis der nichtrostenden Stähle, Beuth-Verlag, Berlin

[7] DIN EN 10088-2: 2014-12, Nichtrostende Stähle. Teil 2: Technische Lieferbedingungen für Blech und Band aus korrosionsbeständigen Stählen für allgemeine Verwendung, Beuth-Verlag, Berlin

[8] DIN EN 10088-3: 2014-12, Nichtrostende Stähle. Teil 3: Technische Lieferbedingungen für Halbzeug, Stäbe, Walzdraht, gezogenen Draht, Profile und Blankstahlerzeugnisse aus korrosionsbeständigen Stählen für allgemeine Verwendung, Beuth-Verlag, Berlin

[9] ASTM A 240, Ausgabe 2020: Standard Specification for Chromium and Chromium-Nickel Stainless Steel Plate, Sheet, and Strip for Pressure Vessels and for General Applications, Beuth-Verlag, Berlin

2 Passivität & Korrosion

Matthias Sorg

2.1 Einleitung

Korrosion bezeichnet nach DIN EN ISO 8044 die

> *„physikochemische Wechselwirkung zwischen einem metallenen Werkstoff und seiner Umgebung, die zu einer Veränderung der Eigenschaften des Metalls führt und die zu erheblichen Beeinträchtigungen der Funktion des Metalls, der Umgebung oder des technischen Systems, von dem diese einen Teil bilden, führen kann“* [1, S. 8].

Laut der Weltkorrosionsorganisation (The World Corrosion Organization) beträgt der jährliche, weltweite Schaden über 3 % der jährlichen Bruttoinlandprodukte. Rund ein Viertel der Schäden könnte bereits durch Anwendung des bestehenden Wissens verhindert werden [2].

Da es sich bei Korrosion um eine Wechselwirkung von einem Werkstoff mit seiner Umgebung handelt, ist diese nicht als eine Werkstoffeigenschaft anzusehen sondern als eine **Systemeigenschaft**, s. Abbildung 1.

Die Tatsache, dass Korrosion als eine Systemeigenschaft anzusehen ist, erklärt auch, warum in einem Buch zu „rostfreien“ Stählen ein Kapitel über Korrosion notwendig ist. Das umgebende System entscheidet schlussendlich darüber, ob ein rostfreier Stahl auch wirklich korrosionsbeständig ist oder nicht.

Als rostfrei gelten gemeinhin Stähle, welche einen bestimmten Chromgehalt aufweisen, welcher mindestens 10,5 % beträgt. Die Entdeckung, dass Chrom die Korrosionsbeständigkeit erhöht, führte zur Entwicklung von einer Vielzahl von Legierungen in diesem Bereich, die bis heute auch noch anhält. Die Korrosionsbeständigkeit wird durch die Ausbildung einer sogenannten Passivschicht erreicht, deren Qualität maßgeblich für die korrosionsverhindernden Eigenschaften verantwortlich ist. Kommt es zu Korrosion bei rostfreien Stählen, so tritt diese in den allermeisten Fällen als lokale Erscheinung auf, s. Abbildung 2.

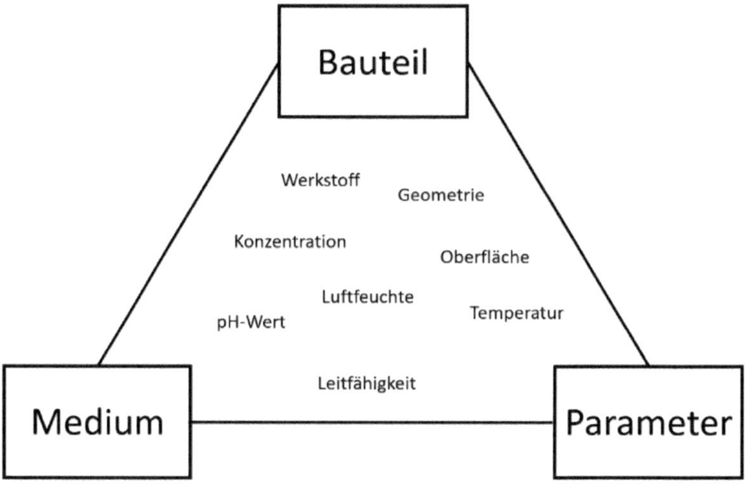

Abb. 1: Korrosion als Systemeigenschaft mit den hauptsächlichen Einflussfaktoren

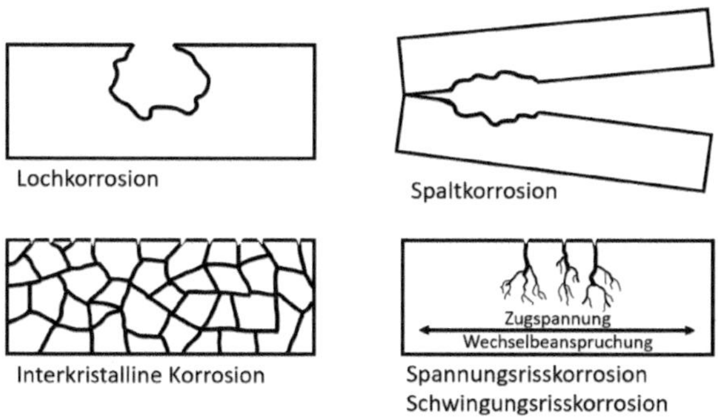

Abb. 2: Verschiedene Erscheinungsformen der lokalen Korrosion bei rostfreien Stählen

2.2 Elektrochemische Korrosion

Die in der Einleitung bereits beschriebene Definition wird in der Norm DIN EN ISO 8044 um eine weitere Anmerkung ergänzt: Diese Wechselwirkung ist oft elektrochemischer Natur [1]. Diese Anmerkung trifft vor allem bei Metallen auf den größten Teil der Korrosionsvorgänge zu. Bei der elektrochemischen Korrosion fließt immer ein galvanischer Strom in einem Korrosionssystem, bestehend aus Anode, Kathode, Elektrolyt und elektrischer

Verbindung von Anode und Kathode. Die Korrosionsgeschwindigkeit wird dabei durch elektrische Kenngrößen wie Potential, Austauschstromdichte und Widerstand bestimmt [3, 4].

An der Anode kommt es zur Auflösung bzw. zur Oxidation des Metalls:

$$Me \longrightarrow Me^{z+} + ze^- \quad (1)$$

Die dabei entstehenden Elektronen werden an der Kathode wiederum reduziert:

$$\frac{1}{2}O_2 + H_2O + 2e^- \longrightarrow 2OH^- \quad (2)$$

$$2H^+ + 2e^- \longrightarrow H_2 \quad (3)$$

Die kathodische Teilreaktion kann, je nach Elektrolytsystem, verschiedene Reaktionspartner haben. In wässrigen Elektrolyten sind je nach Sauerstoffgehalt die Reaktion in Gleichung 2 (Sauerstoffkorrosion) oder 3 (Säurekorrosion, Sauerstoffmangel) maßgeblich. Bei beiden Reaktionen muss auf Grund der elektrischen Neutralität die gleiche Anzahl an Ladungsträgern umgesetzt werden.

Die bei der Oxidation frei gesetzten Elektronen fließen über die elektrisch leitende Verbindung von der Anode zur Kathode, die aufgelösten Metallionen werden durch den Elektrolyten „abtransportiert".

Der Elektronenfluss zwischen Anode und Kathode kann als Strom gemessen werden. Als treibende Kraft wirkt die Spannung, diese entspricht der Differenz der Redoxpotentiale der Teilreaktionen. Ein Redoxpotential beschreibt vereinfacht gesagt das Maß der Bereitschaft der Ionen zur Aufnahme von Elektronen. Da ein Redoxpotential nicht einzeln gemessen werden kann, sondern nur als Potentialdifferenz, wurde die elektrochemische Spannungsreihe unter Standardbedingungen eingeführt, bei der alle aufgeführten Potentiale gegen die Normalwasserstoffelektrode (Bezugselektrode) unter Standardbedingungen (25 °C; 101,3 kPa; pH = 0; Ionenkonzentration 1 mol/l) gemessen wurden. Ein Auszug der wichtigsten Metalle und der zwei oben aufgeführten kathodischen Teilreaktionen in der elektrochemischen Spannungsreihe ist in Tabelle 1 dargestellt. Je positiver ein Potential ist, desto „edler" ist der Ausgangsstoff. Je größer der Potentialunterschied zwischen zwei Teilreaktionen, desto größer ist die „Triebkraft" hinter der Reaktion.

Elektrode	Normalpotential [V]
$Na \longrightarrow Na^{+} + e^{-}$	-2,714
$Mg \longrightarrow Mg^{2+} + 2e^{-}$	-2,37
$Al \longrightarrow Al^{3+} + 3e^{-}$	-1,66
$Ti \longrightarrow Ti^{2+} + 2e^{-}$	-1,63
$Zr \longrightarrow Zr^{4+} + 4e^{-}$	-1,53
$Mn \longrightarrow Mn^{2+} + 2e^{-}$	-1,18
$Zn \longrightarrow Zn^{2+} + 2e^{-}$	-0,763
$Cr \longrightarrow Cr^{3+} + 3e^{-}$	-0,74
$Sn \longrightarrow Sn^{2+} + 2e^{-}$	-0,136
$Fe \longrightarrow Fe^{2+} + 2e^{-}$	-0,44
$Co \longrightarrow Co^{2+} + 2e^{-}$	-0,277
$Ni \longrightarrow Ni^{2+} + 2e^{-}$	-0,25
$Pb \longrightarrow Pb^{2+} + 2e^{-}$	-0,126
$Fe \longrightarrow Fe^{3+} + 3e^{-}$	-0,036
$H_2 \longrightarrow 2H^{+} + 2e^{-}$	0,0
$Cu \longrightarrow Cu^{2+} + 2e^{-}$	+0,337
$4OH^{-} \longrightarrow O_2 + 2H_2O + 4e^{-}$	+0,44
$Cu \longrightarrow Cu^{+} + e^{-}$	+0,521
$Hg \longrightarrow Hg^{2+} + 2e^{-}$	+0,789
$Ag \longrightarrow Ag^{+} + e^{-}$	+0,799
$Pd \longrightarrow Pd^{2+} + 2e^{-}$	+0,987
$Pt \longrightarrow Pt^{+} + e^{-}$	+1,2
$2H_2O \longrightarrow O_2 + 4H^{+} + 4e^{-}$	+1,23
$Au \longrightarrow Au^{3+} + 3e^{-}$	+1,5

Tab. 1: Standardpotentiale ausgewählter Metalle sowie der kathodischen Teilreaktion

Auftretende Potentialunterschiede können unterschiedliche Ursachen haben, wie z. B. der Kontakt mit unterschiedlichen Metallen oder Inhomogenitäten in einem Metall (Seigerungen, Einschlüsse etc.). Auch Konzentrationsunterschiede im Elektrolyten, wie z. B. Belüftungselemente oder lokal variierende Salzkonzentrationen können Potentialunterschiede verursachen. Abbildung 3 zeigt einige Möglichkeiten, wie es zu Potentialunterschieden kommen kann.

Da diese Potentiale auch von der Konzentration der Ionen im Elektrolyten abhängig sind und in der Praxis häufig Legierungen zum Einsatz kommen, gibt es inzwischen auch verschiedene „praktische" Spannungsreihen von Metallen und Legierungen in bestimmten Elektrolyten, wie z. B. Meerwasser oder Trinkwasser. Bereits Mitte des letzten Jahrhunderts wurden dazu Werte veröffentlicht, wie z. B. auszugweise in Tabelle 2 dargestellt. Hier ist bereits gut zu erkennen, dass eigentlich sehr unedle Metalle, wie z. B. Titan, in der Praxis deutlich edler erscheinen. Dies hängt mit der Bildung von Deckschichten, sogenannten Passivschichten, zusammen, welche im nächsten Kapitel genauer beschrieben werden.

Elektrode	Ruhepotential [V]
Aluminium 99,5	-0,667
AlCuMg	-0,339
Stahl St4	-0,335
Titan	-0,111
V2A-Stahl	-0,045
Kupfer	+0,010
Messing Ms 63	+0,013
Silber	+0,149

Tab. 2: Potentiale ausgewählter Metalle in bewegtem, luftgesättigtem, künstlichem Meerwasser [5, S. 738]

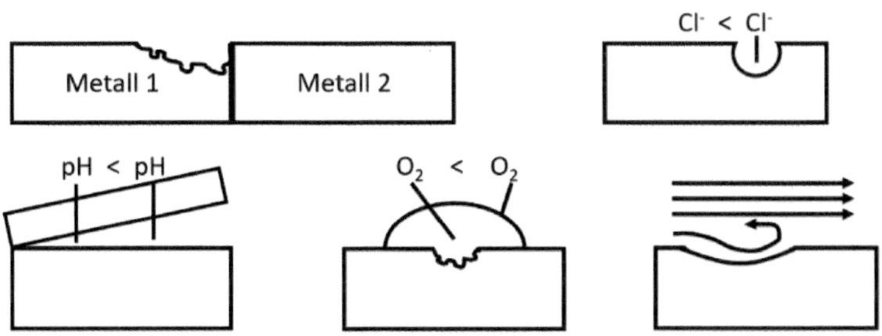

Abb. 3: Schematische Darstellung der Entstehung von Potentialunterschieden (nach [3, S. 9])

2.3 Passivität

Die Passivschichtbildung bei Metallen sorgt dafür, dass zahlreiche technische Legierungen auch ohne zusätzliche Korrosionsschutzmaßnahmen eine ausreichende Beständigkeit in bestimmten Systemen aufweisen. Dieses Phänomen tritt neben den rostfreien Stählen auch bei anderen Metallen bzw. deren Legierungen, wie z. B. Aluminium oder Titan, auf. Bei der Passivierung eines Metalls kommt es zur Bildung eines sehr dünnen (wenige nm) und dichten Oxidfilmes (Abbildung 4), welcher das Metall vor der äußeren Umgebung schützt. Diese Schutzschichtbildung setzt voraus, dass das Metall mit Sauerstoff reagiert. Die Passivschichtbildung findet deswegen hauptsächlich bei Metallen mit „unedlem" Charakter statt. Es ist aber zu beachten, dass nur einige bestimmte Metalle eine schützende Oxidationsschicht ausbilden. Bei Eisen z. B. findet unter atmosphärischen Bedingungen keine Passivierung statt, da die Oxidschichten porös und lose sind und somit keinen ausreichenden Schutz gegen die umgebende Witterung bietet.

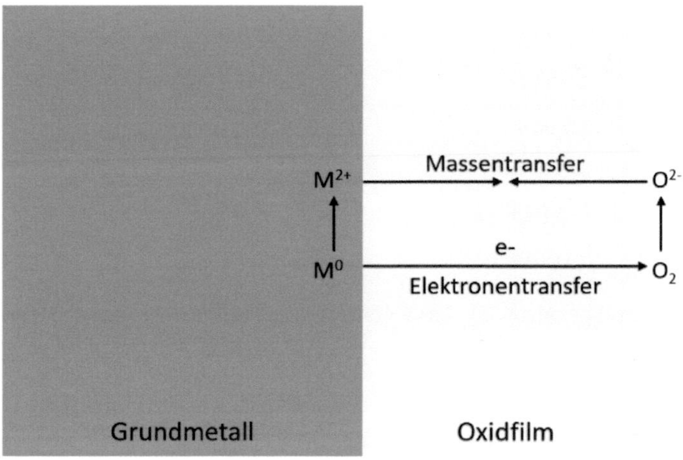

Abb. 4: Wachstum eines Oxidfilms auf einer Metalloberfläche, nach [6, S. 147]

Bei den rostfreien Stählen wird die Bildung einer Passivschicht maßgeblich vom Legierungselement Chrom beeinflusst. Dieses ist im eigentlichen Sinne unedler als das Eisen und damit oxidationsfreudiger, was zur Bildung von chromreichen Oxidschichten auf dem Stahl führt. Ab einem Anteil von rund

10,5 Gewichts% Chrom im Eisen ist diese Schicht soweit dicht, dass der Stahl weitestgehend gegen atmosphärische Bedingungen geschützt ist.

Ein gutes Instrument zur Beschreibung der Passivität sind die sogenannten Stromdichte-Potential-Kurven. Diese Kurven werden in einem definierten Elektrolyten mit Hilfe eines Potentiostaten aufgenommen und erlauben eine Charakterisierung der Passivschicht. Dabei wird der Probe ein Potential aufgezwungen und dieses wird kontinuierlich erhöht. Der sich einstellende Strom wird gemessen und erlaubt eine Aussage über den Zustand der Passivschicht. Das Startpotential für solch eine Messung ist meistens das sogenannte „freie Korrosionspotential“, welches sich ohne äußere Spannungsquelle gegenüber der Referenzelektrode einstellt, wenn die Probe in den Elektrolyten eintaucht.

Abbildung 5 zeigt eine schematische Stromdichte-Potential-Kurve eines passivierbaren Metalls. Ausgehend vom freien Korrosionspotential U_F, das in diesem Fall im aktiven Bereich liegt, steigt in positiver Potentialrichtung die Stromdichte zunächst an bis zur Passivierungsstromdichte i_P, die beim Passivierungspotential U_P erreicht wird. Danach beginnt das Metall zu passivieren und die Stromdichte fällt wieder ab bis zum Aktivierungspotential U_A, ab dem die Oberfläche passiv ist. Im passiven Zustand wird trotzdem immer eine kleine Stromdichte, die sogenannte Passivstromdichte i_P, messbar sein, da die Passivschicht ein dynamisches Verhalten zeigt und es weiterhin zu einem, allerdings sehr geringen Ladungsaustausch zwischen Passivschicht und Elektrolyt kommt. D. h. die Passivschicht wird ständig erneuert, da es auch weiterhin zu einer minimalen Reaktion kommt. Der letzte Teil der Kurve ist im Fall einer optimalen Passivität vom Durchbruchspotential U_D geprägt, bei dem es zu der sogenannten transpassiven Auflösung, einem flächigen Abtrag kommt. In Abhängigkeit von der Qualität der Passivschicht kann es beispielsweise in chloridhaltigen Medien bereits beim Lochkorrosionspotential U_L zu Lochkorrosion kommen ($U_L < U_D$). Hier kommt es dann auf Grund von einer Perforation der Passivschicht zu örtlicher Korrosion und damit zu einem Anstieg der Stromdichte. Wenn man nach dem Überschreiten des Lochkorrosionspotentials U_L, d. h. nach Beginn der Lochkorrosion, die Potentialvorschubrichtung umkehrt, dann kommt es zu einer Repassivierung, welche durch das Repassivierungspotential U_{RP} charakterisiert wird.

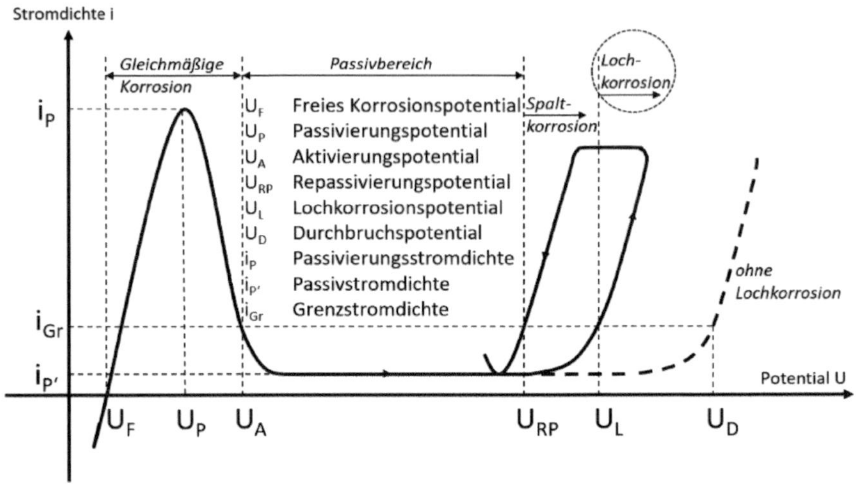

Abb. 5: Schematische Stromdichte-Potential-Kurve von passivierbaren Metallen

2.4 Lochkorrosion

„Örtliche Korrosion, die zu Löchern führt, d. h. zu Hohlräumen, die sich von der Oberfläche in das Metallinnere ausdehnen" [1, S. 18].

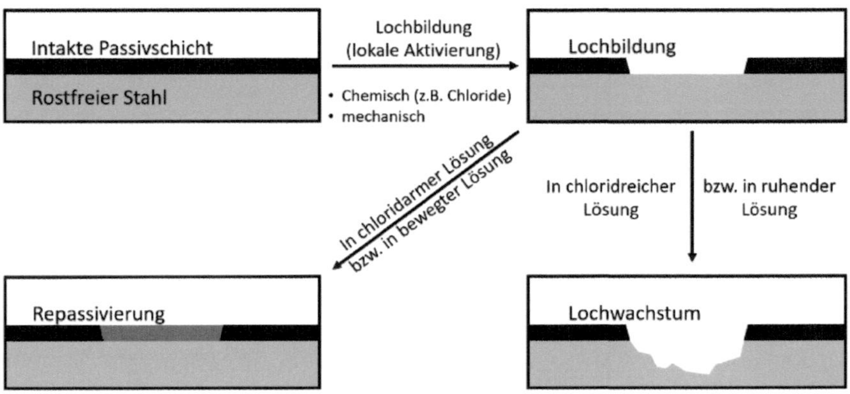

Abb. 6: Teilvorgänge der Lochkorrosion

Bei Lochkorrosion (Lochfraß oder engl. pitting corrosion) handelt es sich um einen lokal begrenzten Korrosionsangriff, welcher ausgehend von der Oberfläche zu Löchern führt, die sich stark ins Metallinnere ausdehnen können. Diese Art von Korrosionsangriff setzt eine Deckschicht auf der Metalloberfläche voraus. Dies ist vor allem bei den passiven Metallen gegeben. Die Teilvorgänge der Lochkorrosion sind schematisch in Abbildung 6 dargestellt.

Der Angriff erfolgt an Schwachstellen in der Passivschicht. Dies können z. B. Einschlüsse, Ausscheidungen oder Verunreinigungen im Grundmaterial sein. Aber auch Schwächungen der Passivschicht durch externe Einflüsse wie z. B. Reibung oder Verschleiß können einen Angriff begünstigen. Bei den passivierbaren Metallen können solche lokalen Angriffe auch wieder repassivieren, z. B. wenn eine lokale Schwachstelle durch den Angriff beseitigt wurde (s. auch Abbildung 5).

Damit ein Angriff zu einem stabilen Lochwachstum führt, ist vor allem die Anwesenheit von Halogenid-Ionen, in der Realität fast immer Chloride, erforderlich. Sind hier kritische Werte erreicht, führt dies zu einem stabilen Lochwachstum und eine Repassivierung wird verhindert. Die Chloridionen können die Passivschicht verändern und mit dem Grundmetall reagieren. Hier kommt es zu komplexen Reaktionen am aktiven Lochgrund, welche eine Repassivierung verhindern. Der pH-Wert im Loch fällt durch die Überführung von Chloridionen (Ladungsausgleich der sich bildenden Metallionen) und Hydrolyse stark ab. Abbildung 7 zeigt eine vereinfachte Darstellung der Lochkorrosion. Durch den aktiven Lochgrund kommt es weiterhin zu einen Potentialabfall, so dass der Lochgrund zur Anode wird, die intakte Passivschicht fungiert dabei als Kathode. Das Potentialgefälle zwischen Anode und Kathode wird stark von der Temperatur, der Chloridkonzentration und dem Abfall des pH-Werts im Loch beeinflusst. Umso größer dieses Gefälle ist, desto stärker ist die Metallauflösung im Loch. Die große kathodische Fläche (Passivschicht) im Vergleich zur anodischen Fläche (Lochgrund) beschleunigt die Metallauflösung zusätzlich massiv. In Abbildung 8 sind Beispiele von Lochkorrosion aufgeführt.

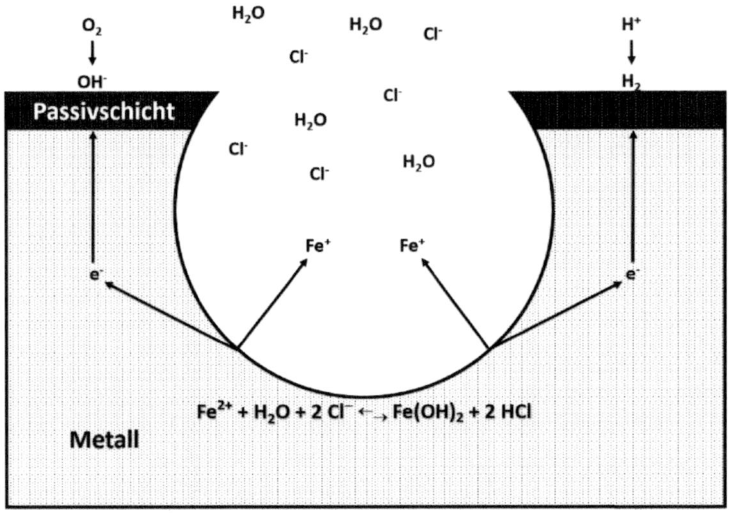

Abb. 7: Schematische Darstellung von Lochkorrosion

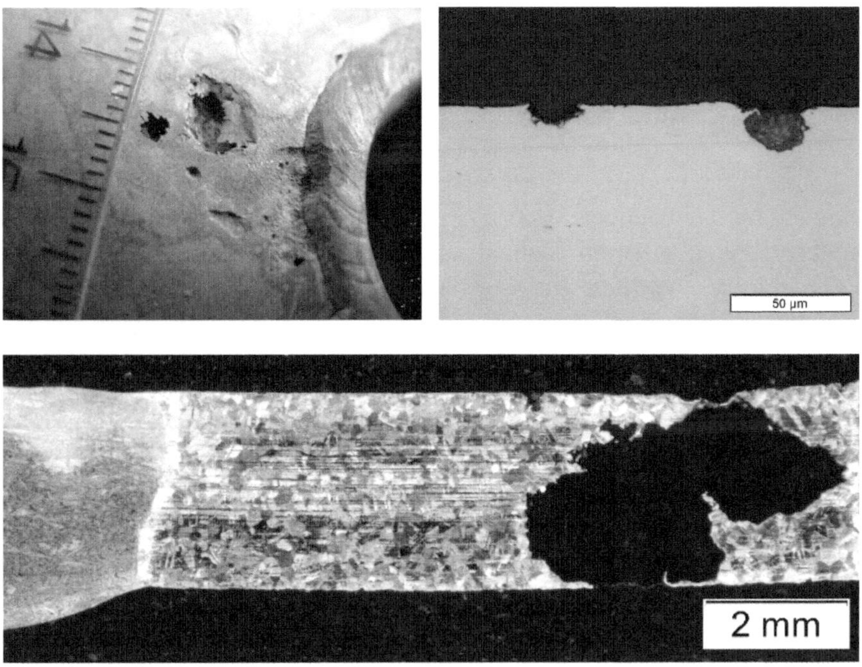

Abb. 8: Beispiele von Lochkorrosion

Das Verhalten eines rostfreien Stahles hinsichtlich Lochkorrosion kann über verschiedene Labormethoden untersucht werden. Die gängigsten Methoden sind hierbei die Bestimmung des kritischen Lochkorrosionspotentials (Critical Pitting Potential, CPP) oder der kritischen Lochkorrosionstemperatur (Critical Pitting Temperature, CPT). Vor allem die Bestimmung des kritischen Lochkorrosionspotentials erlaubt Untersuchungen unter Bedingungen, welche oft sehr gut an die realen Einsatzbedingungen angepasst werden können.

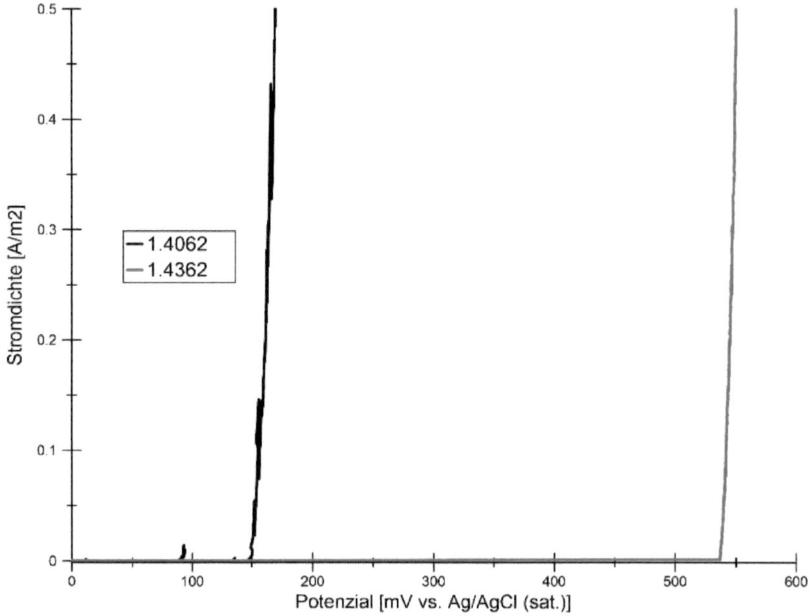

Abb. 9: Stromdichte-Potential-Kurven, Vergleich von kaltgezogenem Draht, 1.4062 & 1.4362 bei 40 °C in 5 %-NaCl-Lösung [9]

Bei der Bestimmung des kritischen Lochkorrosionspotentials wird eine Stromdichte-Potential-Kurve aufgenommen. Daraus wird der Potentialwert ermittelt, bei welchem es zu einem stabilen Lochwachstum kommt. Je höher dieses Potential liegt, desto besser die Beständigkeit gegenüber Lochkorrosion. Abbildung 9 zeigt zwei reale Messkurven von Drähten aus verschiedenen Duplex-Qualitäten in 5 %-NaCl-Lösung bei 40 °C. Der starke, abrupte Anstieg der Stromdichte markiert den Bereich des kritischen Lochkorrosionspotentials. Im Vergleich zur theoretischen Kurve in Abbildung 5 zeigt sich in der Realität kein aktiver Bereich, da die Proben vor Messbeginn in einem stabilen passiven Zustand waren.

Mit Hilfe dieser Untersuchungsmethode lassen sich verschiedene Einflüsse auf die Beständigkeit von rostfreiem Stahl gegenüber Lochkorrosion darstellen. Nachfolgend wird auf die wichtigsten Parameter eingegangen:

- Chloridkonzentration im umgebenden System:
  Je höher die Konzentration von Chloriden im umgebenden System, desto anfälliger ist ein rostfreier Stahl gegenüber Lochkorrosion (Abbildung 10)
- Temperatur:
  Mit steigender Temperatur nimmt auch die Anfälligkeit gegenüber Lochkorrosion zu (Abbildung 10)
- Oberflächenzustand:
  Anlauffarben aus Schweiß- oder Glühprozessen vermindern die Beständigkeit gegenüber Lochkorrosion (Abbildung 11)
  Auch der Fertigungszustand der Oberfläche (Schleifgrad, Poliergrad, chemische/elektrochemische Behandlung) hat einen großen Einfluss auf die Korrosionsbeständigkeit (Abbildung 12)
- Gefügezustand:
  Die beste Korrosionsbeständigkeit liegt im lösungsgeglühten (bei martensitischen rostfreien Stählen im gehärteten) Zustand vor

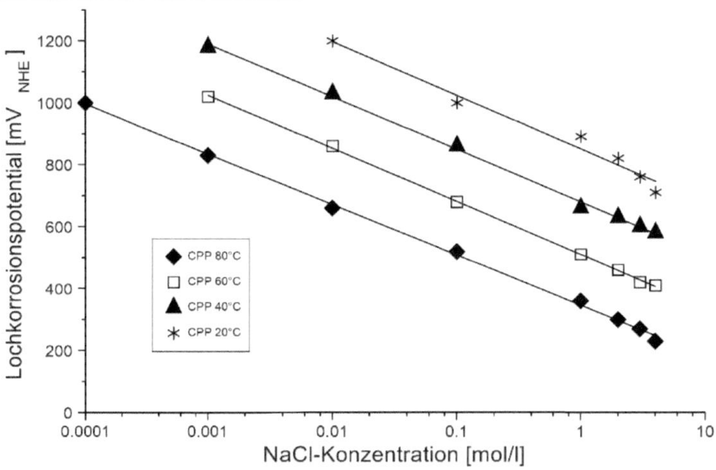

Abb. 10: Einfluss der NaCl-Konzentration und der Temperatur auf das kritische Lochkorrosionspotential bei einem lösungsgeglühten 1.4439 (nach [7, S. 22])

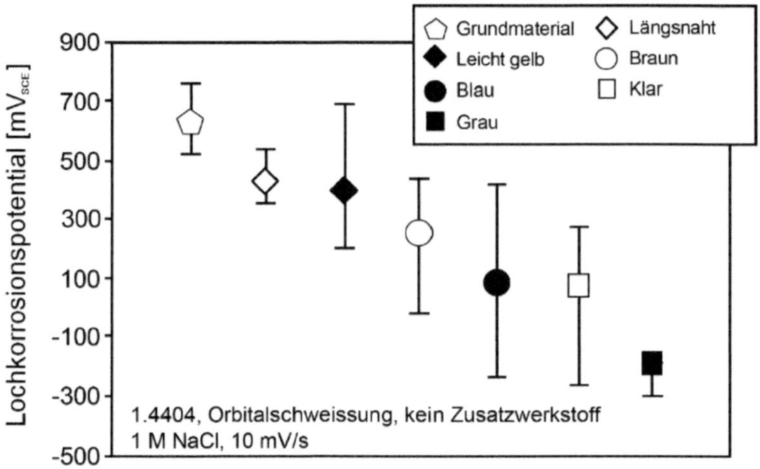

Abb. 11: Einfluss von Anlauffarben auf das Lochkorrosionspotential an orbital, ohne Zusatzwerkstoff geschweißten Rohren aus 1.4404, gemessen in 1 M NaCl-Lösung (nach [8, S. 6])

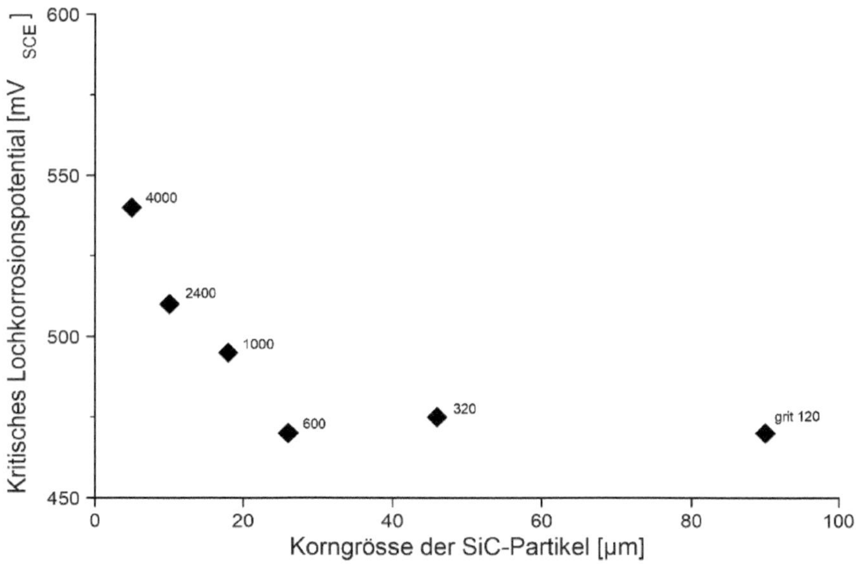

Abb. 12: Einfluss vom Schleifen mit verschiedenen Körnungen auf das Lochkorrosionspotential (nach [12, S. 89])

Einen maßgeblichen Einfluss auf die Korrosionsbeständigkeit hat auch die chemische Zusammensetzung des rostfreien Stahles. Eine Verbesserung der Korrosionsbeständigkeit wird hierbei hauptsächlich mit der Erhöhung der Anteile von Chrom, Molybdän und Stickstoff erreicht. Diese drei Elemente können auch in einem Wert zusammengefasst werden, der sogenannten Wirksumme oder PREN (Pitting Resistance Equivalent Number):

$$\text{PREN} = \%\,\text{Cr} + 3,3\,^* \,\%\,\text{Mo} + 30\,^* \,\%\,\text{N}$$

Für den Faktor beim Stickstoff gibt es für diesen empirisch ermittelten Zusammenhang in der Literatur unterschiedliche Zahlenwerte. Oft wird dieser auch mit 16 angegeben. Bei vielen rostfreien Stählen spielt der Stickstoff aber eher eine untergeordnete Rolle. Abbildung 13 zeigt die Abhängigkeit der kritischen Lochkorrosionstemperatur (CPT) von der Wirksumme.

Die Wirksumme betrachtet nur die Legierungsbestandteile. Da die Korrosionsbeständigkeit aber von vielen weiteren Faktoren beeinflusst wird (Systemeigenschaft), darf diese nur als Richtwert angesehen werden.

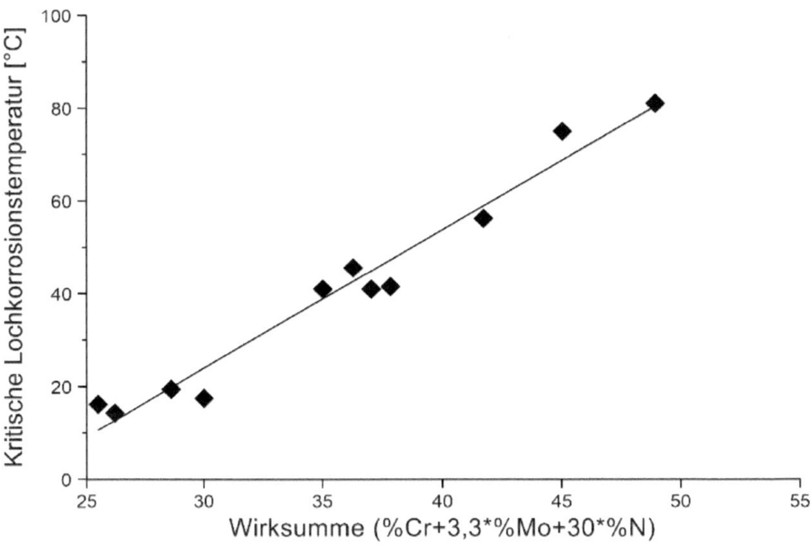

Abb. 13: Abhängigkeit der kritischen Lochkorrosionstemperatur von der Wirksumme (nach [7, S. 25])

2.5 Spaltkorrosion

„Örtliche Korrosion in Zusammenhang mit Spalten, die in bzw. unmittelbar neben einem Spaltbereich abläuft, der sich zwischen der Metalloberfläche und einer anderen Oberfläche (metallene oder nichtmetallene) ausgebildet hat" [1, S. 19].

Bei der Spaltkorrosion kommt es zur Bildung von Konzentrationselementen in geometrisch bedingten Spalten, welche einen Austausch des umgebenden Elektrolyten erschweren. Diese Spalten können konstruktionsbedingt auftreten, z. B. bei Dichtflächen, Verschraubungen etc. Es kann aber auch unter Ablagerungen oder Verzunderungen zu Spaltkorrosion kommen. Auch die Bearbeitungsqualität, z. B. beim Schleifen, kann zu Mikrospalten führen, welche einen Korrosionsangriff begünstigen.

Durch die ständig, wenn auch sehr langsam ablaufenden Passivierungsreaktionen an der Oberfläche kommt es weiterhin zu einem Verbrauch des Sauerstoffes im Elektrolyten. Wird ein Diffusionsausgleich des Sauerstoffes durch einen Spalt verhindert, verarmt der Elektrolyt im Spalt an Sauerstoff, was ein Konzentrationselement zur Folge hat, welches sich in einer Potentialdifferenz bemerkbar macht; die Oberfläche im Spalt wird zur Anode. Erreicht die Potentialdifferenz einen kritischen Wert, kommt es zur aktiven Korrosion im Spalt. Der weitere Fortschritt ist vergleichbar mit den Vorgängen bei der Lochkorrosion. Sind Chloridionen im Elektrolyten vorhanden, so können sich diese durch Überführung im Spalt aufkonzentrieren und zu einer Absenkung des pH-Wertes führen, was die Korrosion weiter begünstigt. In Abbildung 14 sind die Vorgänge der Spaltkorrosion vereinfacht schematisch dargestellt.

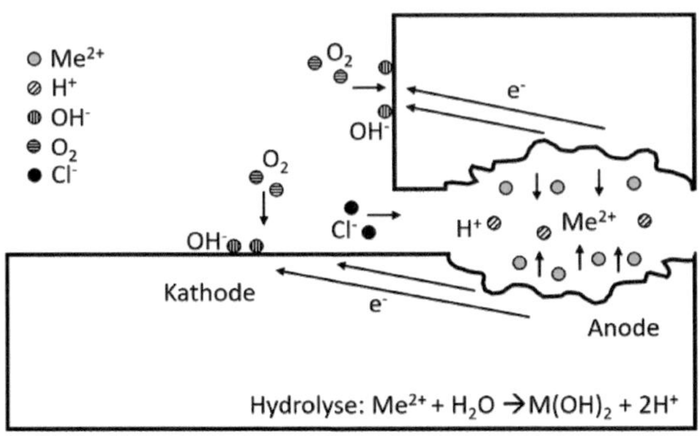

Abb. 14: Schematischer Mechanismus der Spaltkorrosion

Wie bei der Lochkorrosion tritt Spaltkorrosion erst bei einem kritischen Potential auf. Das kritische Spaltkorrosionspotential liegt im Allgemeinen niedriger als das kritische Lochkorrosionspotential. Somit ist die Spaltkorrosion kritischer als die Lochkorrosion zu bewerten. Allerdings kann Spaltkorrosion leichter vermieden werden, in dem die Bildung von Spalten verhindert wird. Auch die Spaltgeometrie (Spaltmaße und Spaltform) kann dementsprechend angepasst werden, sodass ein Austausch von Elektrolyt bzw. der Zutritt von Sauerstoff erleichtert wird.

Eine Beurteilung des Spaltkorrosionsverhalten kann, wie bei der Lochkorrosion, mittels der Aufnahme von Stromdichte-Potential-Kurven oder der Bestimmung der kritischen Spaltkorrosionstemperatur vorgenommen werden. Hierbei wird auf der Probe ein künstlicher Spalt erzeugt, welcher während der Messung aufrechterhalten wird. Dies wird z. B. mit einem Spaltkörper aus Kunststoff erreicht, wie in Abbildung 15 dargestellt. Abbildung 16 und 17 zeigen Spalt- und Lochkorrosionspotential bzw. -temperatur im Vergleich.

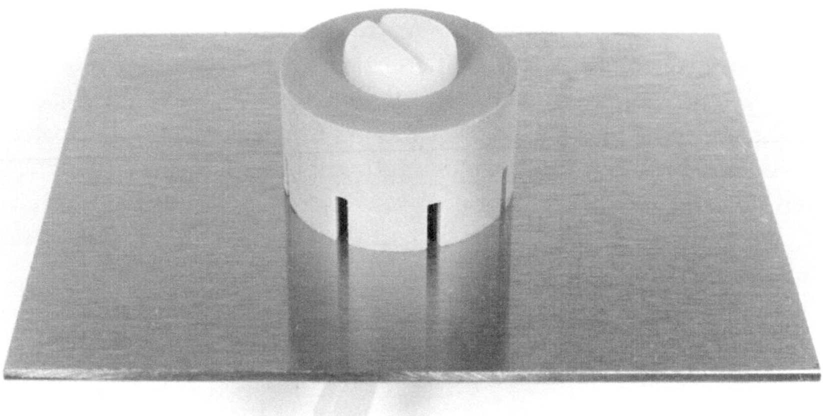

Abb. 15: Typischer Spaltkörper zur Erzeugung von künstlichen Spaltbereichen für die Korrosionsprüfung (nach ASTM G48)

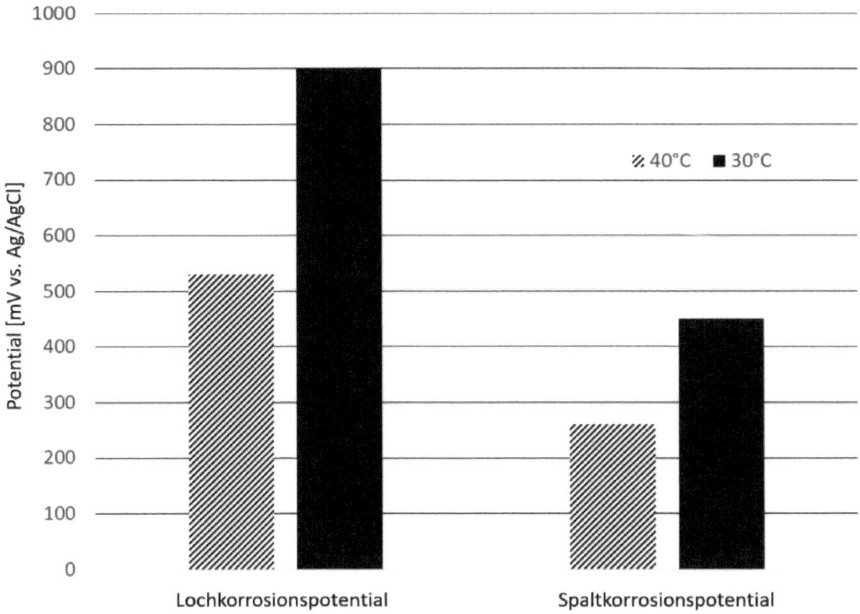

Abb. 16: Kritisches Loch- und Spaltkorrosionspotential bei kaltverfestigten Drähten aus 1.4362 in 5 %-NaCl-Lösung [9]

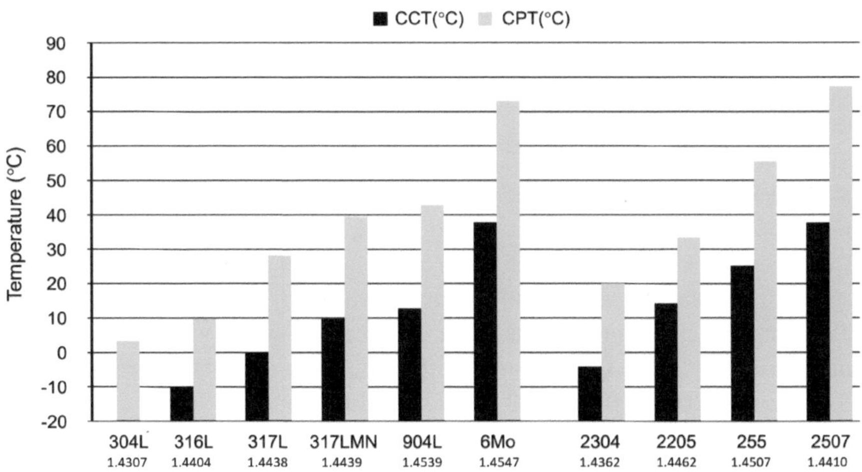

Abb. 17: Kritische Loch- und Spaltkorrosionstemperatur, bestimmt nach ASTM G48 in 10 % Eisen(III)-Chlorid-Lösung [13, S. 12]

2.6 Spannungsrisskorrosion

„Rissbildung als Folge von Spannungskorrosion“
„Vorgang, bei dem Korrosion und Dehnung des Metalls als Folge von Eigen- und/oder aufgebrachter Spannung beteiligt sind“ [1, S. 22].

Bei der Spannungsrisskorrosion handelt es sich um eine Rissbildung im Werkstoff unter Zugspannungen, ausgelöst durch einen korrosiven Vorgang. Damit Spannungsrisskorrosion auftreten kann, braucht es also eine Kombination von mehreren kritischen Bedingungen. Zum einen muss der Werkstoff anfällig für Spannungsrisskorrosion sein. Des Weiteren müssen Zugspannungen vorliegen. Diese können als Eigenspannung, z. B. durch Fertigungsschritte, vorliegen oder von außen eingebracht werden. Schlussendlich muss auch noch ein Korrosionsangriff vorliegen. Abbildung 18 stellt diese Kombination von kritischen Bedingungen schematisch dar.

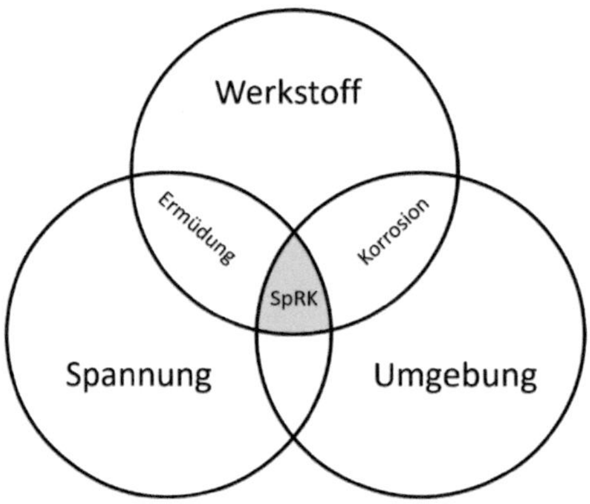

Abb. 18: Schematische Darstellung der Faktoren für das Auftreten von Spannungsrisskorrosion (SpRK)

Bei den rostfreien Stählen tritt Spannungsrisskorrosion hauptsächlich bei den austenitischen Sorten auf. Dies ist vor allem auf den Nickelgehalt zurückzuführen, der bei den austenitischen rostfreien Stählen in einem besonders kritischen Bereich liegt (s. Abbildung 19).

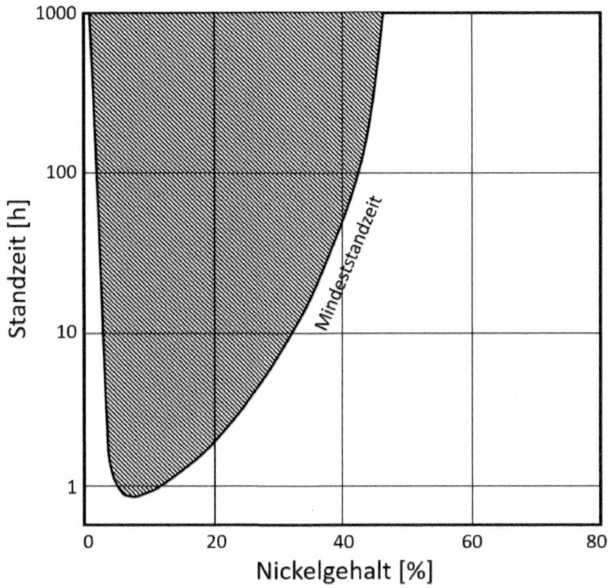

Abb. 19: Einfluss des Nickelgehaltes auf Beständigkeit gegen Spannungsrisskorrosion in siedender 42 %-$MgCl_2$-Lösung (nach [10, S. 108])

Die bei den austenitischen rostfreien Stählen auftretende Spannungsrisskorrosion verläuft meist transkristallin. Damit es zu einem Rissbeginn kommt, braucht es die Ausbildung lokaler Anoden. Dies kann z. B. am Grund eines durch Lochkorrosion verursachten Loches sein. Ein weiterer Grund für die Ausbildung lokaler Anoden kann die örtliche Verletzung der Passivschicht sein, welche z. B. durch plastische Verformung (Ausbildung von Gleitstufen) an der Oberfläche stattfinden kann. An der Lokalanode kommt es zu fortschreitender Metallauflösung (ähnliche Vorgänge wie bei der Lochkorrosion), welche im Zusammenspiel mit den Spannungen eine Kerbwirkung entfalten und somit zur Rissbildung führen. Durch eine Repassivierung der oberen Rissflanken wird diese Reaktion der Metallauflösung weiter vorangetrieben. Atomarer Wasserstoff, welcher an den kathodischen (passiven) Bereichen gebildet wird, kann in den Werkstoff eindringen und die Rissbildung bzw. das Risswachstum weiter beschleunigen. In Abbildung 20 sind die Vorgänge bei der Spannungsrisskorrosion schematisch dargestellt.

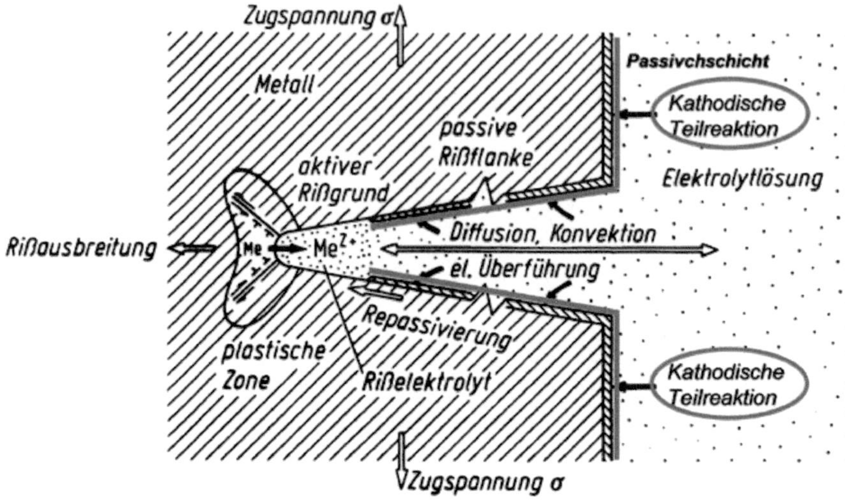

Abb. 20: Schematische Darstellung der Rissausbreitung und Vorgänge bei der Spannungsrisskorrosion (nach [14, S. 68])

Während die Dauer, bis es zu einer Rissbildung kommt, durchaus auch eine längere Zeit betragen kann, kann die Risswachstumsgeschwindigkeit bei einem stabilen Zustand auf mehrere mm/h ansteigen. Da die Risse von außen nur schwer erkennbar sind, werden Schäden durch Spannungsrisskorrosion oft erst bemerkt, wenn es zu spät ist (Abbildung 21 zeigt Querschliffe durch Spannungsrisskorrosion). Dies geschah bspw. bei einer Schwimmhalle in Uster, Schweiz, wo es 1985 zu einem Deckeneinsturz mit mehreren Todesopfern kam. Auslöser waren Elemente der Deckenaufhängung aus rostfreiem Stahl, welche äußerlich kaum angegriffen schienen, innerlich aber zum größten Teil durch Spannungsrisskorrosion zerstört waren. Grund hierfür war die Aufkonzentration von Chloriden aus der Schwimmhallenatmosphäre, welche erst zu Lochkorrosion führte, die dann unter der mechanischen Belastung zu Spannungsrisskorrosion führte.

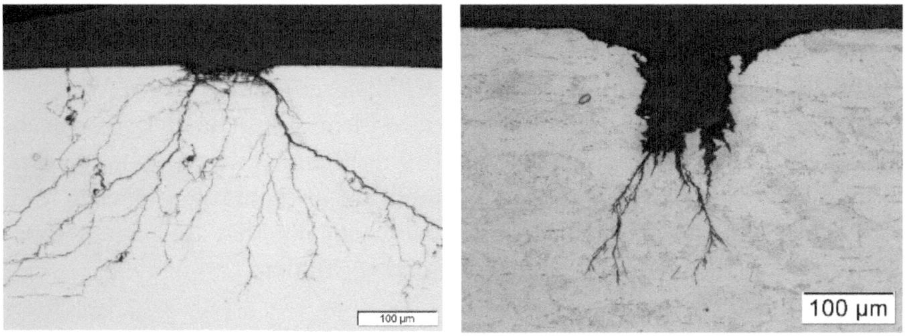

Abb. 21: Transkristalline Spannungsrisskorrosion, Querschliff; 1.4401 (links), kaltverformter 1.4404 (rechts)

Solche Aufkonzentrationen entstehen z. B. wenn Wassertropfen mit enthaltenen Chloriden eintrocknen. Kommt es anschließend dazu, dass die eingetrockneten Beläge durch die Luftfeuchtigkeit wieder leicht Feuchtigkeit annehmen, entstehen lokal sehr hochkonzentrierte Bereiche, welche zu Lochkorrosion bei rostfreien Stählen führen können. Dies hängt maßgeblich auch von den hygroskopischen Eigenschaften der in den Belägen enthaltenen Chloridverbindungen ab.

2.7 Interkristalline Korrosion

„Korrosion in oder neben den Korngrenzen eines Metalls“ [1, S. 20].

Bei der interkristallinen Korrosion handelt es sich um eine selektive Korrosion im Bereich der Korngrenzen. Anfällig für solch einen Korrosionsangriff sind vor allem die rostfreien austenitischen Stähle. Diese liegen normalerweise in einem lösungsgeglühten Zustand vor, in welchem der Kohlenstoff homogen verteilt ist. Bei höheren Temperaturen kann es zur Ausscheidungsbildung kommen und dabei können Molybdän- oder Chromkarbide entstehen, in denen hohe Gehalte an wichtigen Legierungselementen abgebunden werden. Diese Ausscheidungen werden bevorzugt an Gitterfehlern im Metall und insbesondere an Korngrenzen gebildet. Das dabei gebundene Chrom- oder Molybdän fehlt folglich in der Matrix und führt lokal zu einer Verarmung und einer höheren Korrosionsanfälligkeit (Abbildung 22 und 23).

Die kritischen Temperaturen für die Bildung von solchen Ausscheidungen und den sie umgebenden Verarmungen an Legierungselementen, dieser

Vorgang wird auch als Sensibilisierung bezeichnet, liegen im Bereich 500–800 °C (siehe Abbildung 24). Beispielsweise kann es beim Schweißen von austenitischen rostfreien Stählen zu sensibilisierten Zonen in der Wärmeeinflusszone der Schweißnaht kommen, welche dann lokal korrodieren können. Abhilfe dagegen kann ein Lösungsglühen mit anschließendem Abschrecken oder das Verwenden von stabilisierten Stahlgüten sein. Hierbei wird der Kohlenstoff mit Titan oder Niob abgebunden und somit eine Verarmung von Chrom und oder Molybdän verhindert.

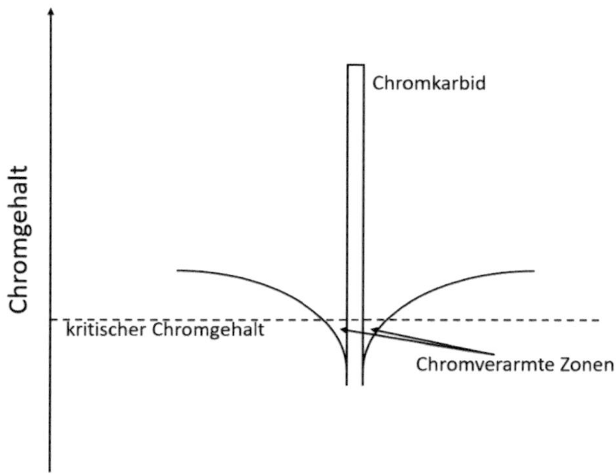

Abb. 22: Schematische Darstellung einer Chromverarmung im Bereich eines Chromkarbids

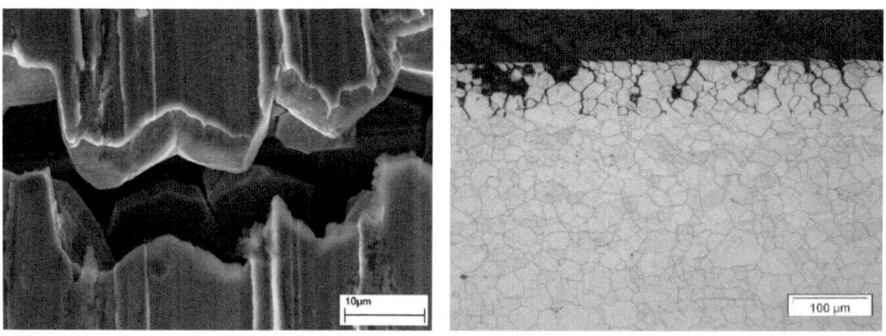

Abb. 23: Interkristalline Korrosion an einem austenitischen rostfreien Stahl an der Oberfläche (links) und im Querschliff (rechts)

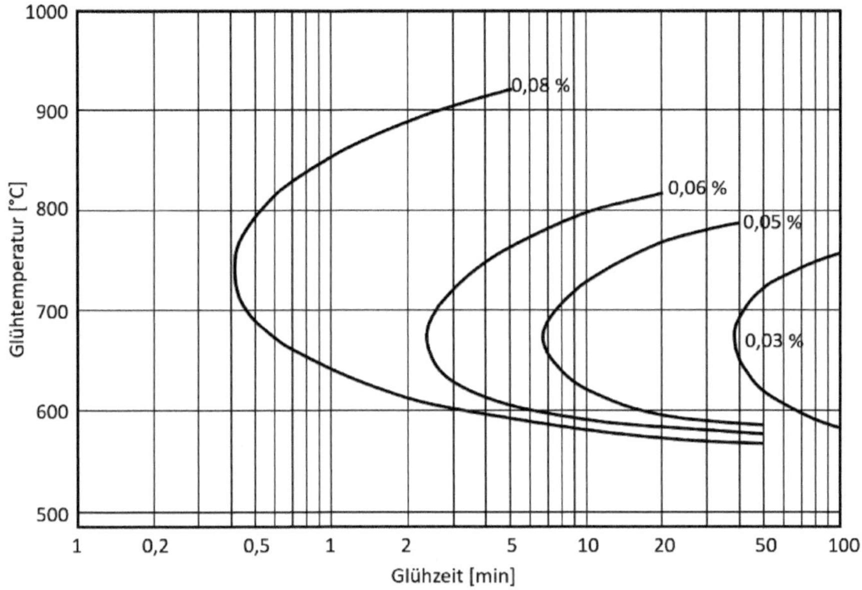

Abb. 24: Zeit-Temperatur-Diagramm für das Auftreten einer Sensibilisierung bei unstabilisierten rostfreien Stählen (18 % Cr, 9 % Ni) mit unterschiedlichen Kohlenstoffgehalten (nach [14, S. 73])

2.8 Bimetall- oder Kontaktkorrosion

„Galvanische Korrosion, bei der die Elektroden von unterschiedlichen Metallen gebildet werden“ [1, S. 18].

Bei dieser Art von Korrosion kommt es zur Bildung eines galvanischen Elementes zwischen einem edleren und unedleren Metall. Das unedlere Metall korrodiert in diesem Fall schneller als üblich, während das edlere Metall dadurch geschützt wird und somit langsamer korrodiert (Abbildung 25). Voraussetzung dafür ist eine elektrisch leitende Verbindung der beiden Metalle und ein umgebendes, ionenleitendes Medium.

Meist sind bei dieser Art von Korrosion nicht die rostfreien Stähle, sondern die mit diesen elektrisch leitend verbundenen Werkstoffe von Korrosion betroffen. Gute Anhaltspunkte für die Verträglichkeit verschiedener Werkstoffe untereinander geben sogenannte praktische Spannungsreihen

(Abbildung 26). Je größer die Differenz der Potentiale, desto größer ist die Gefahr für galvanische Korrosion.

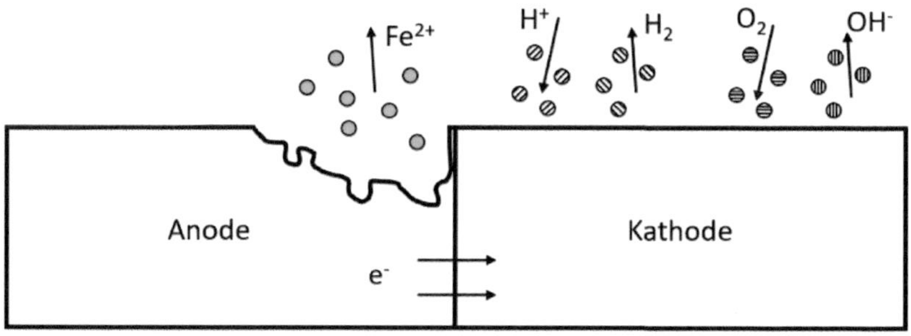

Abb. 25: Schematische Darstellung von galvanischer Korrosion

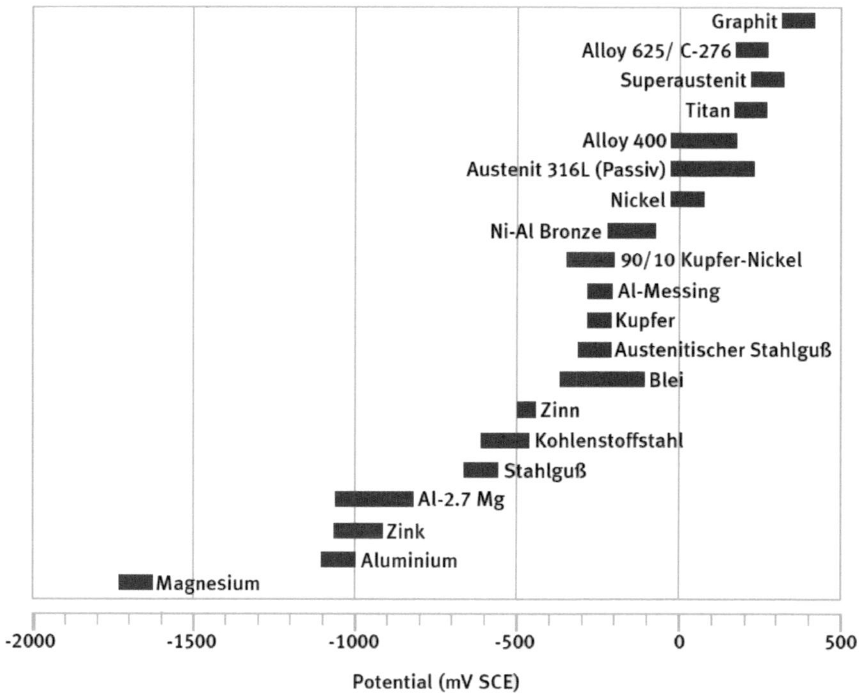

Abb. 26: Praktische Spannungsreihe verschiedener Metalle in Meerwasser [11, S. 3]

2.9 Mikrobiologisch beeinflusste Korrosion

> *„(en: microbiologically influenced corrosion, MIC) Durch die Tätigkeit von Mikroorganismen beeinflusste Korrosion“ [1, S. 24].*

Mikrobiologisch induzierte Korrosion kann sehr vielfältig erscheinen und je nach Werkstoff und Umgebung auch unterschiedliche Korrosionsmechanismen zur Folge haben. Bei den rostfreien Stählen ist eine häufige Erscheinungsform das sogenannte „Ennoblement“.

Dabei wird das freie Korrosionspotential, welches sich bei einem rostfreien Stahl in einer Umgebung einstellt, durch einen Biofilm auf der Oberfläche in positivere (edlere) Bereiche verschoben, s. Abbildung 27. Wird der Bereich des kritischen Lochkorrosionspotentiales erreicht, kommt es zu Lochkorrosion. Auch hier sind bevorzugt Bereiche betroffen, welche eine geminderte Korrosionsbeständigkeit aufweisen, bespielsweise Anlauffarben bei Schweißungen.

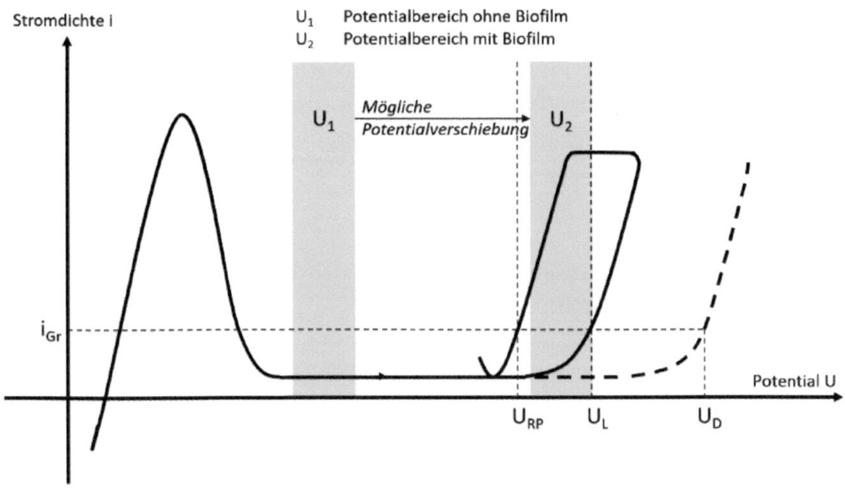

Abb. 27: Potentialverschiebung auf Grund von Biofilmen

2.10 Korrosionsprüfung

Generell gibt es viele Möglichkeiten, Werkstoffe auf ihr Korrosionsverhalten zu überprüfen:

- Einsatz bzw. Freibewitterung unter realen Bedingungen:
  Sehr aussagekräftige Prüfung, allerdings mit sehr hohem Zeitaufwand verbunden (z. T. mehrere Jahre)
- Auslagerung in künstlichen Atmosphären/Umgebungen:
  Prüfung im Labor unter künstlich erzeugten Bedingungen, welche nur bedingt mit der Realität übereinstimmen. Der Vorteil ist, dass man viele Proben in relativ kurzen Prüfzeiten miteinander vergleichen kann. Ein Bezug zur Realität ist nur bedingt möglich, kann aber durch angepasste Parameter verbessert werden
- Elektrochemische Korrosionsprüfung:
  Prüfung im Labor mit Hilfe von elektrochemischen Versuchseinrichtungen. Damit lassen sich Werkstoffe, Werkstoffzustände und Umgebungsbedingungen überprüfen und vergleichen. Die Prüfungen können dabei oft sehr schnell durchgeführt werden. Typische Bewertungsparameter, die damit bei den rostfreien Stählen ermittelt werden, sind z. B. die kritische Lochkorrosionstemperatur oder das kritische Lochkorrosionspotential

Nachfolgend aufgeführt (Tabelle 3) einige Normen zur Überprüfung des Korrosionsverhalten von Werkstoffen mit Bezug auf die rostfreien Stähle (ohne Anspruch auf Vollständigkeit):

Norm	**Titel**	**Bezug**
DIN 50918	Korrosion der Metalle; Elektrochemische Korrosionsuntersuchungen	LK, SK, IK
DIN 50919	Korrosion der Metalle; Korrosionsuntersuchungen der Kontaktkorrosion in Elektrolytlösungen	GK
DIN EN ISO 3651-1	Ermittlung der Beständigkeit nichtrostender Stähle gegen interkristalline Korrosion – Teil 1: Nichtrostende austenitische und ferritisch-austenitische (Duplex)-Stähle; Korrosionsversuch in Salpetersäure durch Messung des Massenverlustes (Huey-Test)	IK
DIN EN ISO 3651-2	Ermittlung der Beständigkeit nichtrostender Stähle gegen interkristalline Korrosion – Teil 2: Nichtrostende austenitische und ferritisch-austenitische (Duplex)-Stähle; Korrosionsversuch in schwefelsäurehaltigen Medien	IK

Norm	Titel	Bezug
DIN EN ISO 3651-3	Ermittlung der Beständigkeit nichtrostender Stähle gegen interkristalline Korrosion – Teil 3: Nichtrostende ferritischer Stähle mit niedrigem Cr-Gehalt – Korrosionsprüfung bei in einer Lösung mit Schwefelsäure	IK
DIN EN ISO 7384	Korrosionsprüfungen in künstlicher Atmosphäre – Allgemeine Anforderungen	LK, SK, GK, SpRK
DIN EN ISO 7441	Korrosion von Metallen und Legierungen – Bestimmung der Kontaktkorrosion durch Freibewitterungsversuche	GK
DIN EN ISO 7539-1	Korrosion der Metalle und Legierungen – Prüfung der Spannungsrisskorrosion – Teil 1: Allgemeiner Leitfaden für Prüfverfahren	SpRK
DIN EN ISO 7539-2	Korrosion der Metalle und Legierungen – Prüfung der Spannungsrisskorrosion – Teil 2: Vorbereitung und Anwendung von Biegeproben	SpRK
DIN EN ISO 7539-3	Korrosion der Metalle und Legierungen – Prüfung der Spannungsrisskorrosion – Teil 3: Vorbereitung und Anwendung von Bügelproben	SpRK
DIN EN ISO 7539-4	Korrosion der Metalle und Legierungen – Prüfung der Spannungsrisskorrosion – Teil 4: Vorbereitung und Anwendung von einachsig belasteten Zugproben	SpRK
DIN EN ISO 7539-5	Korrosion der Metalle und Legierungen – Prüfung der Spannungsrisskorrosion – Teil 5: Vorbereitung und Anwendung von C-Ring-Proben	SpRK
DIN EN ISO 7539-6	Korrosion der Metalle und Legierungen – Prüfung der Spannungsrisskorrosion – Teil 6: Vorbereitung und Anwendung von angerissenen Proben für die Prüfung unter konstanter Kraft oder konstanter Verformung	SpRK
DIN EN ISO 7539-7	Korrosion von Metallen und Legierungen – Prüfung der Spannungsrisskorrosion – Teil 7: Prüfung mit langsamer Dehngeschwindigkeit	SpRK
DIN EN ISO 7539-8	Korrosion der Metalle und Legierungen – Prüfung der Spannungsrisskorrosion – Teil 8: Vorbereitung und Anwendung von Proben zur Bewertung von Schweißverbindungen	SpRK

Norm	Titel	Bezug
DIN EN ISO 7539-9	Korrosion von Metallen und Legierungen – Prüfung der Spannungsrisskorrosion – Teil 9: Vorbereitung und Anwendung von angerissenen Proben für die Prüfung mit zunehmender Kraft oder zunehmender Verformung	SpRK
DIN EN ISO 7539-10	Korrosion der Metalle und Legierungen – Prüfung der Spannungsrisskorrosion – Teil 10: Vorbereitung und Anwendung von reversierten Bügelproben	SpRK
DIN EN ISO 7539-11	Korrosion der Metalle und Legierungen – Leitfäden für die Prüfung der Resistenz von Metallen und Legierungen gegen Wasserstoffversprödung und wasserstoffverursachten Brüchen	SpRK
DIN EN ISO 8565	Metalle und Legierungen – Korrosionsversuche in der Atmosphäre – Allgemeine Anforderungen	LK, SK, SpRK, GK
DIN EN ISO 9227	Korrosionsprüfungen in künstlichen Atmosphären – Salzsprühnebelprüfungen	LK, SK, GK
DIN EN ISO 11782-1	Korrosion von Metallen und Legierungen – Prüfung der Schwingungskorrosion – Teil 1: Prüfung unter Anwendung von Bruch-Schwingspielen	
DIN EN ISO 11782-2	Korrosion von Metallen und Legierungen – Prüfung der Schwingungskorrosion – Teil 2: Rissausbreitungsprüfung an angerissenen Proben	
DIN EN ISO 12732	Korrosion von Metallen und Legierungen – Verfahren für die elektrochemische Potentiodynamische Reaktivierungsmessung mit dem Doubleloop-Verfahren (Cihal-Verfahren)	IK
DIN EN ISO 17475	Korrosion von Metallen und Legierungen – Elektrochemische Prüfverfahren – Leitfaden für die Durchführung potentiostatischer und potentiodynamischer Polarisationsmessungen	LK, SP
DIN EN ISO 17864	Korrosion von Metallen und Legierungen – Bestimmung der kritischen Lochkorrosionstemperatur unter potentiostatischer Kontrolle	LK
ASTM G 48	Standard Test Methods for Pitting and Crevice Corrosion Resistance of Stainless Steels and	LK, SK

Norm	Titel	Bezug
	Related Alloys by Use of Ferric Chloride Solution	
ASTM A 262	Standard Practices for Detecting Susceptibility to Intergranular Attack in Austenitic Stainless Steels	IK
ASTM A 763	Standard Practices for Detecting Susceptibility to Intergranular Attack in Ferritic Stainless Steels	IK
ASTM G 78	Standard Guide for Crevice Corrosion Testing of Iron-Base and Nickel-Base Stainless Alloys in Seawater and Other Chloride-Containing Aqueous Environments	SK
ASTM G 150	Standard Test Method for Electrochemical Critical Pitting Temperature Testing of Stainless Steels and Related Alloys	LK, SK
LK – Lochkorrosion, SK – Spaltkorrosion, IK – Interkristalline Korrosion, SpRK – Spannungsrisskorrosion, GK – Galvanische Korrosion		

Tab. 3: Übersicht über einen Teil der Normen, welche zur Korrosionsprüfung von rostfreien Stählen verwendet werden können.

2.11 Literatur

[1] DIN EN ISO 8044:2020 – Korrosion von Metallen und Legierungen – Grundbegriffe, Berlin: Beuth Verlag , 2020

[2] The World Corrosion Organisation, verfügbar unter https://corrosion.org/

[3] Tostman, Karl-Helmut: Korrosion – Ursachen und Vermeidung, Weinheim: Wiley-VCH Verlag, 2001

[4] Ahmad, Zaki: Principles of Corrosion Engineering and Corrosion Control, Oxford, UK: Butterworth-Heinemann, 2006

[5] Elze, J.: Spannungsreihe der Metalle im praktischen Korrosionsmittel. In: Werkstoffe und Korrosion, 10. Jahrgang, Heft Nr. 12, S. 737-738, 1959

[6] Schmuki, Patrick: From Bacon to barriers: a review on the passivity of metals and alloys. In: Journal of Solid State Electrochemistry 6, Springer-Verlag, 2002, S. 145–164

[7] Gräfen, H. und Kuron, D.: Lochkorrosion an Nichtrostenden Stählen. In: Materials and Corrosion 47, Weinheim: VCH Verlagsgesellschaft mbH, 1996, S. 16–26

[8] Morach, R. und Büchler, M.: Analysis of Welded Stainless Steels and Nickel Base Alloys Using a Locally Resolving Electrochemical Sensor, Corrosion 2004, New Orleans, LouisianaPaper No. 04232

[9] Entwicklung eines Material-Systems aus hochfestem rostfreiem Stahldraht mit umweltverträglichen Antifouling-Eigenschaften für den Einsatz als Fish-farming-Gehege im offshore-Bereich, Forschunsprojekt KTI, KTI-Nr. 13398.1 PFFLR-IW

[10] Lexikon der Korrosion, Band 1, Mannesmannröhren-Werke, Mannesmann AG, Düsseldorf, 1970

[11] Merkblatt 829: Edelstahl Rostfrei in Kontakt mit anderen Werkstoffen, Informationsstelle Edelstahl Rostfrei, 2005

[12] Morach, R.: Zur Entstehung lokaler Korrosionsangriffe auf passiven Metallen metastabile Korrosionsprozesse und ihre Einflussgrössen bei nicht rostenden, austenitischen Stählen, Dissertation ETH Zürich, 1994

[13] Practical Guidelines for the Fabrication of Duplex Stainless Steels, IMOA International Molybdenum Association, 2001

[14] Gümpel, P. et al.: Rostfreie Stähle, expert verlag, Renningen, 5. Durchgesehene Auflage, 2016

3 Be- und Verarbeitung von rostfreien Edelstählen

Arnulf Hörtnagl

Das vorliegende Kapitel hat zum Ziel, dem Leser einen Einblick in die Be- und Verarbeitung von rostfreien Edelstählen zu geben. Mit Bezug auf die Einteilung der Fertigungsverfahren nach DIN 8580 wird auf die Hauptgruppen Urformen, Umformen, Trennen und Fügen eingegangen. Die Stahlherstellung sowie die Herstellung von Halbzeugen werden dabei nur oberflächlich behandelt. In der Hauptgruppe des Urformens wird der Fokus auf ausgewählte Fertigungsverfahren gelegt, denen bei der vorliegenden Werkstoffgruppe eine besondere Bedeutung zukommt.

Bei der Ver- und Bearbeitung von rostfreien Edelstählen gilt für alle Verfahren, dass eine unsachgemäße Anwendung zur negativen Beeinflussung der Werkstoffeigenschaften führen kann. Insbesondere die gewünschte Korrosionsbeständigkeit und der optisch ansprechende metallische Glanz am Beispiel von dekorativen Anwendungen können nur gewährleistet werden, wenn die wenige Nanometer dicke Passivschicht des Werkstoffes intakt ist bzw. deren Bildung nicht behindert wird. Ebenfalls gilt es, die mechanischen oder auch magnetischen Eigenschaften von nichtrostenden Stählen infolge von Umformprozessen oder Fügeprozessen zu berücksichtigen. Hierzu orientiert sich das vorliegende Kapitel an ausgesuchten Verfahren zur Ver- und Bearbeitung von rostfreien Stählen, um deren Beeinflussung auf die technischen Eigenschaften darzustellen. Der Verarbeitung von Blech bzw. Flachstahl wird infolge der hohen Bedeutung besondere Aufmerksamkeit gewidmet.

3.1 Urformen

Die Erzeugung von Halbzeugen und Formaten für die Weiterverarbeitung aus nichtrostendem Edelstahl kann allgemein als Stand der Technik angesehen werden. Dabei erfolgt die Erschmelzung in der Regel mittels Elektrolichtbogenöfen. Der Abguss kann sowohl in Form von Blöcken oder in Form von Strangguss vorgenommen werden. Dünnbandgießen stellt im

Zusammenhang mit der Verarbeitung und Formgebung von nichtrostenden Edelstählen eine äußerst effiziente, aber auch anspruchsvolle Technologie dar. Die technologische Begrenzung auf vergleichsweise dünne Wandstärken sowie die anspruchsvolle Prozesssteuerung sind entscheidende Aspekte dafür, dass dieses Verfahren zwar technologisch reizvoll, aber wirtschaftlich nur begrenzt anwendbar ist.

Die unterschiedlichen Erzeugungsarten haben einen entscheidenden Einfluss auf die Eigenschaften des Endproduktes. So treten Unterschiede beispielsweise in Abhängigkeit der angewendeten Walzverfahren bei der Herstellung von Bandmaterial (Warmwalzen vs. Kaltwalzen) auf. Das Eigenschaftsbild eines Kaltbandes (mittels Kaltwalzen hergestelltes Bandmaterial) kann sich aber auch hinsichtlich der Anzahl der Schritte und der damit verbundenen Umformgrade unterscheiden. Insbesondere wenn Schritte der Weiterverarbeitung im Sinn einer effizienten Fertigung bezüglich Taktzeit und Standzeit von Werkzeugen optimiert sind, ist es sehr wichtig, über die vorangegangenen Fertigungsschritte des verarbeiteten Materials ausreichend Bescheid zu wissen.

3.1.1 Herstellung von Flach- und Langprodukten

Flachprodukte repräsentieren mit ca. 80 % bis 85 % den Großteil der jährlich weltweit hergestellten Menge an rostfreiem Edelstahl. Davon wird wiederum der Großteil in Form von kaltgewalzten Blechen angewendet. Langprodukte stehen für ca. 15 % der jährlich produzierten Menge. Alle weiteren Urformverfahren stellen trotz ihrer teils spezifischen Bedeutung in Bezug auf die reinen Maße an verarbeitetem Stahl keine große Menge dar. [1]

Sowohl für Flach- als auch für Langprodukte erfolgt die Erschmelzung des Stahls im Elektrolichtbogenofen. Es folgt die Einstellung der gewünschten Eigenschaften der Schmelze und der Legierungslage mittels Konverter und Sekundärmetallurgie. Der Abguss findet meist mittels Stranggießanlage statt. Für Flachprodukte schließt sich an das Stranggießen in der Regel eine erste Oberflächenbearbeitung in Form von Schleifen an, bevor das Blech durch Warmwalzen auf die gewünschte Dicke gebracht wird. Langprodukte werden in der Regel ohne Oberflächenbearbeitung durch Warmwalzen bzw. Pressen in die gewünschte Geometrie gebracht.

Rohre aus rostfreiem Stahl sind in Bezug auf die Geometrie als auch in Bezug auf die Anwendung in Verbindung mit korrosiven oder aggressiven

Medien von besonderer Bedeutung. Kontinuierlich geschweißte Rohre, hergestellt aus Bändern, stellen hier mengenmäßig die größte Gruppe dar. Die wichtigsten Anwendungen sind Rohre zum Transport von Flüssigkeiten oder Gasen – „Transportrohre“ –, dekorative Zwecke – „Dekorative Rohre“ – und die Verwendung als Konstruktionselemente. Rohre aus rostfreiem Stahl werden in der Regel mit dem WIG-Verfahren (Wolfram-Inertgas) oder auch mit dem Plasma- oder Laserverfahren kontinuierlich geschweißt. Transportrohre haben praktisch immer einen runden Querschnitt, während Zierrohre je nach Kundenwunsch auch runde, elliptische, quadratische oder rechteckige Querschnitte haben können.

Nahtlose gezogene Rohre stellen mengenmäßig zwar eine untergeordnete Kategorie dar, bieten aber eine hohe Maßgenauigkeit und für die Weiterverarbeitung ein homogeneres Umformverhalten.

Beim Dünnbandgießen wird durch das direkte Abgießen von sehr dünnen Bändern eine signifikante Verkürzung der Prozessroute mit dem Wegfallen von Walz- und Wärmebehandlungsschritten möglich. Dadurch können kleinere Anlagen mit geringeren Investitionskosten und einem deutlich reduzierten Energieverbrauch realisiert werden. Als ungewünschte Schädigungen können allerdings Mikro- und Makrorisse sowie Oberflächenverunreinigungen durch Ansammlungen von Oxidablagerungen auftreten. Da sich bereits geringe Schwankungen der Prozessparameter auf die Abkühlgeschwindigkeit und die Erstarrung des Bandes auswirken, ist die Temperatur- und Prozessführung vergleichsweise anspruchsvoll. [2]

3.1.2 Gießen von rostfreien Edelstählen

Auch wenn die durch Gießen verarbeiteten Mengen an rostfreien Edelstählen im direkten Vergleich zu den oben aufgeführten Verfahren sehr gering sind, ist dieses Urformverfahren von hoher fertigungstechnischer Bedeutung. Mittels Stahlguss lassen sich ferritische, austenitische, martensitische und auch ferritisch-austenitische Duplexstähle verarbeiten und somit direkt die gewünschte Bauteilgeometrie oder zumindest endkonturnahe Geometrien erzeugen.

Die technologischen Herausforderungen in Bezug auf Temperatur und mögliche Volumenveränderung bei der Abkühlung sind grundsätzlich vergleichbar zum konventionellen Stahlguss. Die Gießtemperatur von Stahlguss liegt bei bis zu 1650 °C, was entsprechende Anforderungen an die Ofenverkleidung und den Formenbau mit sich bringt. Die Schwindung ist bei Stahlguss vergleichsweise groß, wobei im Rahmen der Erstarrung und Abkühlung die jeweiligen Phasenübergänge zu berücksichtigen sind. Je nach Bauteilgröße und Bauteilgeometrie liegt bei Gussbauteilen partiell eine kritische Abkühlgeschwindigkeit vor, was bei den hochlegierten rostfreien Stählen zur Bildung von ungewünschten intermetallischen Phasen oder beispielsweise auch der 475 °C-Versprödung führt. Deshalb ist häufig eine nachgeschaltete Wärmbehandlung nötig.

Die Anwendungsgebiete mittels Formguss hergestellter Bauteile aus nichtrostendem Stahl sind vielfältig. Die teils hohe Festigkeit in Verbindung mit der Korrosionsbeständigkeit eignet sich besonders für Automobil-Komponenten. So werden beispielsweise Elemente von Abgasanlagen aus rostfreiem Stahl im Feingussverfahren hergestellt. Weitere Anwendungen von rostfreiem Stahlguss im Automobilbau sind sowohl im Bereich von hohen mechanischen Belastungen (z. B. Getriebekomponenten) als auch aus ästhetischen Gründen (z. B. für Fahrzeuginnenraum) zu finden.

Im Bereich der Medizintechnik werden ebenfalls häufig Komponenten aus rostfreiem Stahl im Feinguss hergestellt. Eine anschließende mechanische und chemische Nachbearbeitung sorgt dafür, dass die hohen Anforderungen an die Oberflächenqualität erfüllt werden. Weitere Anwendungen finden sich im Bereich des allgemeinen Maschinen- und Anlagenbaus, für Bauteile der chemischen und petrochemischen Industrie sowie für Offshore-Anwendungen. Dabei kommen mit Feinguss hergestellte Bauteile aus rostfreiem Stahl, aber beispielsweise auch als Wasserarmaturen im Haushalt aufgrund des optischen Erscheinungsbildes und dem geometrischen Gestaltungsspielraum zur Anwendung.

Bei den angewendeten Verfahren liegen bei rostfreien Stählen keine Einschränkungen gegenüber dem konventionellen Stahlguss vor; wichtige Verfahren sind zum Beispiel Druckguss und Schleuderguss.

Ergänzend zu den konventionellen Knetlegierungen, die bei der Herstellung von Flach- und Langprodukten genutzt werden, existieren eigene rostfreie Gusslegierungen mit auf die Verarbeitung optimierter Lage der Legierung (vgl. Tabelle 1).

Grundsätzlich gilt zu beachten, dass bei mittels Stahlguss hergestellten Bauteilen ein besonderes Augenmerk auf die durchgeführte Wärmebehandlung zu legen ist. Diese sollte nach Möglichkeit zwischen Besteller und Hersteller der Bauteile abgestimmt werden.

In Bezug auf die erzielten mechanischen Eigenschaften bei gegossenen Bauteilen gilt zu beachten, dass die mechanischen Eigenschaften zwischen der Bauteiloberfläche und dem Kern stark voneinander abweichen können. Dies ist auf die unterschiedliche Abkühlgeschwindigkeit und damit verbundene Effekte (z. B. Korngröße, inhomogene Verteilung von Legierungselementen, intermetallische Phasen etc.) zurückzuführen. Auch um diesen Effekt zu mindern, sind entsprechende Wärmebehandlungsschritte vorzusehen.

	Bezeichnung		$R_{p0,2}$ Mpa	R_m Mpa	A %	
	Namen	Nummer	min.	min.	min.	Anmerkung
Ferritische und martensitische Sorten	GX8CrNi12	1.4107	355	-	18	+QT (Abschrecken)
	GX3CrNi13-4	1.6982	500	-	16	+QT (Abschrecken)
	GX4CrNi13-4	1.4317	550	-	15	+QT (Abschrecken)
	GX12CrMoVNbN9-1	1.4955	460	-	15	+QT (Abschrecken)
	GX23CrMoV12-1	1.4931	540	-	15	+QT (Abschrecken)
	GX4CrNiMo16-5-1	1.4405	540	-	15	+QT (Abschrecken)
Ferritische und austenisch-ferritische Sorten	GX2CrNi19-11	1.4309	210	440	30	+AT (Lösungsglühen+Abschrecken)
	GX5CrNi19-10	1.4308	200	440	30	+AT (Lösungsglühen+Abschrecken)
	GX5CrNiNb19-11	1.4552	200	440	25	+AT (Lösungsglühen+Abschrecken)
	GX2CrNiMo19-11-2	1.4409	220	440	30	+AT (Lösungsglühen+Abschrecken)
	GX5CrNiMo19-11-2	1.4408	210	440	25	+AT (Lösungsglühen+Abschrecken)
	GX5CrNiMoNb19-11-2	1.4581	210	440	30	+AT (Lösungsglühen+Abschrecken)
	GX2NiCrMo28-20-2	1.4458	190	430	25	+AT (Lösungsglühen+Abschrecken)
	GX2CrNiMoN22-5-3	1.4470	420	-	20	+AT (Lösungsglühen+Abschrecken)
	GX2CrNiMoCuN25-6-3-3	1.4517	480	-	22	+AT (Lösungsglühen+Abschrecken)
	GX2CrNiMoN25-7-3	1.4417	480	-	22	+AT (Lösungsglühen+Abschrecken)
	GX2CrNiMoN26-7-4	1.4469	480	-	22	+AT (Lösungsglühen+Abschrecken)

Tab. 1: Auswahl an rostfreien Gusslegierungen nach DIN EN 10213

Darüber hinaus werden die in den Normen festgelegten mechanischen Eigenschaften nur für maximale Bauteildicken bzw. Wandstärken gefordert, beispielsweise nach Norm DIN EN 10283 nur bis zu einer maximalen Dicke von 150 mm. Für dickwandigere Strukturen werden in der Regel Minderungsfaktoren in Abhängigkeit der Bauteildicke berücksichtigt. Hier wird eine engere Abstimmung zwischen Kunden und Bauteil-Hersteller empfohlen.

Für die Anwendung bei hohen Temperaturen sind mittels Stahlguss hergestellte Bauteile aus nichtrostendem Stahl ebenfalls anwendbar. Die dort eingesetzten Werkstoffe müssen je nach Anwendung sowohl möglichst gute mechanische Eigenschaften bei hohen Temperaturen sowie eine hohe Oxidationsbeständigkeit bei den Betriebsbedingungen mit sich bringen. Tabelle 2 zeigt eine Auswahl geeigneter Gusslegierungen.

	Bezeichnung		$R_{p0,2}$ Mpa	R_m Mpa	A %	
	Name	Nummer	min.	min.	min.	Anmerkung
Ferritische und ferritische-austenitische Sorten	GX30CrSi7b	1.4710	-	-	-	Wärmebehandlung erforderlich
	GX40CrSi13	1.4729	-	-	-	Wärmebehandlung erforderlich
	GX40CrSi17	1.4740	-	-	-	Wärmebehandlung erforderlich
	GX40CrSi24	1.4745	-	-	-	
	GX40CrSi28	1.4776	-	-	-	
	GX130CrSi29	1.4777	-	-	-	
	GX160CrSi18	1.4743	-	-	-	
	GX40CrNiSi27-4	1.4823	250	550	3	
Austenitische Sorten	GX25CrNiSi18-9	1.4825	230	450	15	
	GX40CrNiSi22-10	1.4826	230	480	8	
	GX25CrNiSi20-14	1.4832	230	450	10	
	GX25CrNiSi25-12	1.4837	220	450	6	
	GX40CrNiSi25-20	1.4848	220	450	8	
	GX40CrNiSiNb24-24	1.4855	220	450	4	
	GX35NiCrSi25-21	1.4805	220	430	8	
	GX40NiCrSi35-17	1.4806	220	420	6	
	GX40NiCrSiNb35-18	1.4807	220	420	4	
	GX40NiCrSi38-19	1.4865	220	420	6	
	GX40NiCrSiNb38-19	1.4849	220	420	4	
	GX10NiCrSiNb32-20	1.4859	180	440	20	
	GX30NiCrSi35-26	1.4857	220	440	6	
	GX40NiCrSiNb35-26	1.4852	220	440	4	
	GX50NiCrCo20-20-20	1.4874	-	-	-	

Tab. 2: Rostfreie Gusslegierungen für erhöhte Anwendungstemperatur / Hitzebeständiger Stahlguss nach DIN EN 10295

Die höchsten in Betracht kommenden Anwendungstemperaturen werden gem. DIN EN 10295 unter Luft als wirkendes Medium bestimmt. Da hohe Temperaturen häufig in Verbindung mit Abgasen bzw. verfahrenstechnischen Anlagen und somit aggressiven Atmosphären bzw. Medien auftreten, können die maximal ertragbaren Anwendungstemperaturen stark variieren. Eine passende Werkstoffauswahl kann nur getroffen werden, wenn die chemische Zusammensetzung der Atmosphäre und die Betriebsbedingungen bei der Auslegung möglichst schon im Detail bekannt sind.

3.1.3 Heißisostatisches Pressen / Hot Isostatic Pressing (HIP)

Das Fertigungsverfahren des heißisostatischen Pressens, engl. Hot Isostatic Pressing (HIP), ist ein Verfahren, das sowohl zur Reduktion der Porosität von Bauteilen als auch zur grundsätzlichen Erzeugung bzw. Formgebung von pulvermetallurgisch hergestellten Bauteilen genutzt werden kann. In beiden

Fällen erfolgt durch gezieltes Einwirken von Temperatur und Druck auf den Werkstoff bzw. das Werkstück ein Kompaktieren, sodass Hohlräume bzw. Poren geschlossen werden. Damit einher geht eine entsprechende Volumenreduktion, was bei der klassischen pulvermetallurgischen Anwendung im Vorfeld miteinkalkuliert wird.

Das Verfahren kann sowohl für metallische als auch für keramische Werkstoffe eingesetzt werden, wobei die Prozesstemperatur stets unterhalb der Schmelztemperaturen gehalten wird. Je nach gewähltem Temperatur- und Druckprofil können die mechanischen Eigenschaften gezielt beeinflusst werden.

Während des Verfahrens wird in einem mit dem Werkstück bzw. den Werkstücken bestückter Druckbehälter mit einem inerten Gas gefüllt und der Druck bis zu einem gewünschten Wert erhöht. Anschließend oder parallel dazu wird die Temperatur im Behälter erhöht. Es folgt das Halten der Temperatur bei isostatischen Gasdruck. Je nach Bauart sind dabei Temperaturen zwischen 500 °C bis 2000 °C und Drücke von bis zu 100 MPa ≙ 1000 bar gängig. Die Abkühlung erfolgt in der Regel ebenfalls im Behälter, da das System weiterhin unter hohem Druck steht. Die Bauteile bleiben dabei stets in der festen Phase, es kommt nicht zu einem Aufschmelzen. Bedingt durch Druck und Temperatur werden allerdings Poren und Hohlräume durch Diffusion geschlossen. Eine Interaktion mit dem umgebenden Inertgas ist in der Regel unerwünscht. Je nach Volumen der zu schließenden Poren und Hohlräume erfahren die bearbeiteten Werkstücke eine relativ gleichmäßige Schrumpfung.

Eine Erweiterung in Richtung der Pulvermetallurgie stellt die Anwendung von near-net shape hot isostatic pressing dar. Hierbei wird eine Kapsel, beispielsweise als Schweißkonstruktion aus Blechelementen gefertigt und anschließend mit Metallpulver gefüllt. Die Geometrie der Kapsel ist dabei so gewählt, dass diese unter Berücksichtigung der Schrumpfung im HIP-Prozess nur ein sehr geringes Übermaß gegenüber der gewünschten Endgeometrie des Bauteiles aufweist. Während des anschließenden heißisostatischen Pressens werden die Hohlräume zwischen den Pulverpartikeln geschlossen, wodurch sich je nach Verteilung und Geometrie der Pulverpartikel eine Schrumpfung um mindestens 26 % einstellt [3]. Durch Anwendung der Near-net-shape-Technologie lassen sich Geometrien realisieren, die mit konventionellen zerspanenden Verfahren nicht herstellbar wären. Gleichzeitig kann der Zerspanungsaufwand und das Zerspanvolumen deutlich reduziert werden. Ebenfalls möglich ist die Nutzung der Technologie, um

Verbundstrukturen aus unterschiedlichen Werkstoffen (Kapsel und ein oder mehrere Pulver) zu erzeugen, die beispielsweise lokal deutlich höhere Verschleiß- oder Korrosionsbeständigkeit ermöglichen.

Insbesondere durch die gestiegene Bedeutung der additiven Fertigungsverfahren für metallische Werkstoffe hat auch HIP an Bedeutung gewonnen. Eine verbleibende Porosität in additiv gefertigten Strukturen muss aus Gründen der gewünschten technischen Eigenschaften reduziert bzw. vermieden werden. Dies kann durch eine Nachbehandlung mittels HIP erreicht werden.

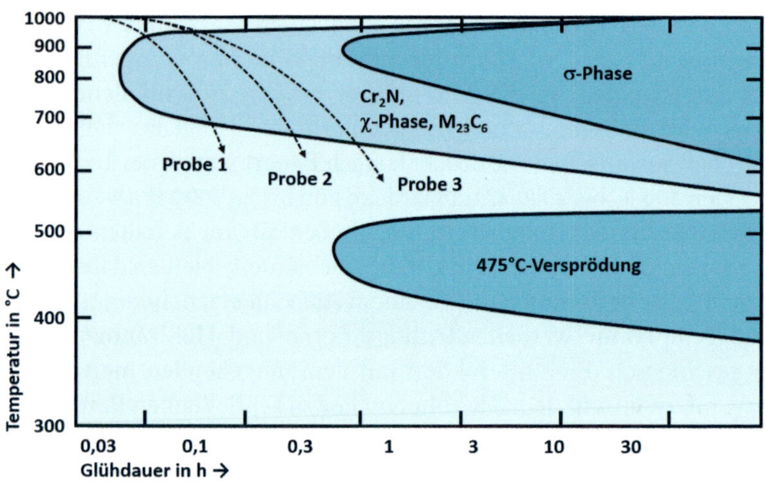

Abb. 1: Kontinuierliches Zeit-Temperatur-Ausscheidungsschaubild für den Werkstoff 1.4462 / X2CrNiMo22-5-3 zur schematischen Darstellung von drei unterschiedlichen Abkühlgeschwindigkeiten bei unterschiedlicher Wandstärke der Proben ($s_3 > s_2 > s_1$)

Für die Gruppe der nichtrostenden Stähle und die erzielten Eigenschaften spielt die Temperaturführung und die begrenzte Abkühlgeschwindigkeit eine wichtige Rolle, da sowohl die Haltetemperatur als auch die Verweildauer in bestimmten Temperaturbereichen beim Abkühlen teils ungewünschte Auswirkungen auf das Gefüge haben können. Um intermetallische Phasen und eine lokale Verarmung von Legierungselementen zu vermeiden, beispielsweise durch die Bildung von Chromkarbiden, ist eine möglichst schnelle Abkühlung durch die kritischen Temperaturbereiche erforderlich. Anhand des kontinuierlichen Zeit-Temperatur-Ausscheidungsschaubildes lassen sich die Bereiche erkennen, die nach Möglichkeit gemieden werden sollten (vgl. Abbildung 1). Für dickwandige Bauteile ist die schnelle Abkühlung während des HIP-Prozesses technologisch allerdings nur stark eingeschränkt möglich. Nachfolgende Abbildungen zeigen anhand des Zeit-Temperatur-Ausscheidungsschaubildes des Duplexstahles 1.4462 / X2CrNiMoN22-5-3 exemplarisch, wie sich die Abkühlgeschwindigkeit auf das erzielte Gefüge auswirken kann.

Erfolgt die Abkühlung verhältnismäßig schnell, beispielsweise wie im Rahmen einer konventionellen Wärmebehandlung, lassen sich ungewünschte intermetallische Phasen und eine negative Beeinflussung der Korrosionsbeständigkeit und der mechanischen Eigenschaften vermeiden. Abbildung 2 zeigt das Gefüge nach einer schnellen Abkühlung gem. Probe 1 in Abbildung 1. In dem kritischen Temperaturbereich zwischen 1000 °C und 700 °C wird eine Temperaturänderung von mehr als 60 K/min erzielt. Metallografisch lassen sich keine intermetallischen Phasen nachweisen.

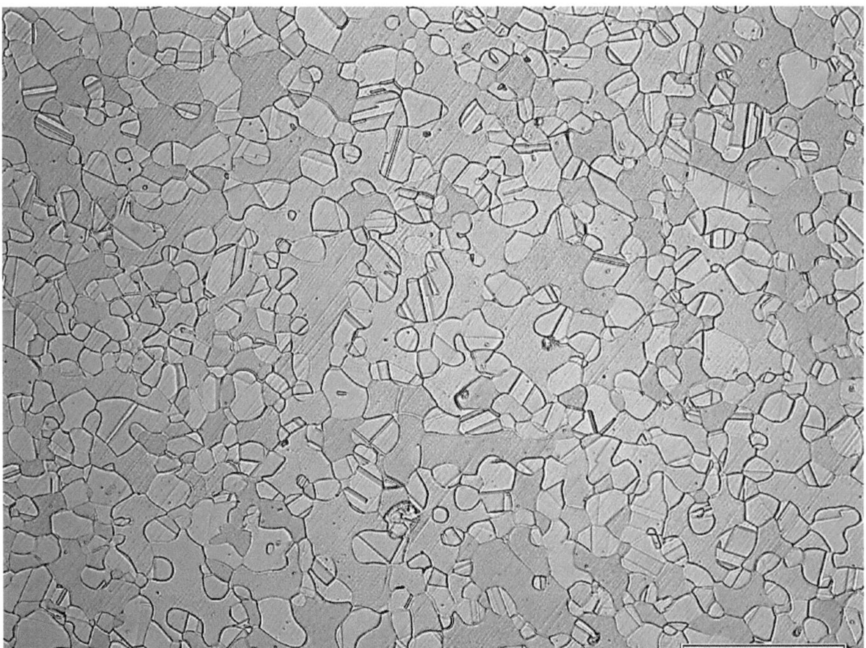

Abb. 2: Gefüge des Werkstoffes 1.4462 mit hoher Abkühlgeschwindigkeit: > 60 K/min im Temperaturbereich zwischen 1000 °C und 700 °C

Wird die technisch realisierbare Abkühlgeschwindigkeit beispielsweise durch eine sehr hohe Wärmekapazität eines dickwandigen Bauteils reduziert, ist anhand des Gefüges bereits eine Veränderung feststellbar. Hierzu zeigt Abbildung 3 das Gefüge gem. der Abkühlkurve für Probe 2 in Abbildung 1. An den Korngrenzen sind bereits deutliche Veränderungen gegenüber dem vorhergehenden Schliffbild zu erkennen. Die sich dort bildenden intermetallischen Phasen führen zu einer lokalen Chromverarmung, was mitunter eine deutliche Reduktion der Korrosionsbeständigkeit bewirkt.

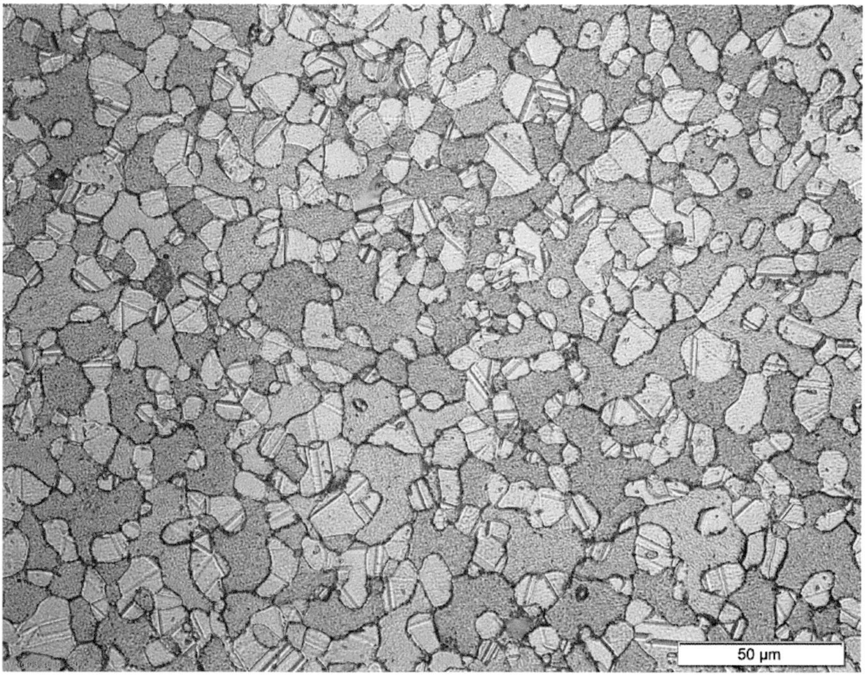

Abb. 3: Gefüge des Werkstoffes 1.4462 mit geringfügig reduzierter Abkühlgeschwindigkeit: ca. 50 K/min im Temperaturbereich zwischen 1000 °C und 700 °C

Wird die Abkühlgeschwindigkeit noch weiter reduziert, führt dies für den untersuchten Duplexstahl zu einer deutlichen Reduktion der Duktilität durch die sogenannte 475°-Versprödung. Dieser Effekt ist anhand des Schliffbildes nicht direkt zu erkennen. Es fällt in Abbildung 4 allerdings auf, dass die Ausscheidungen an den Korngrenzen deutlich stärker ausgeprägt sind, was mitunter auch auf eine deutlich längere Verweildauer im Temperaturbereich zwischen 1000 °C und 700 °C zurückzuführen ist. Während bei einer ideal behandelten Probe des untersuchten Werkstoffes 1.4462 eine Kerbschlagarbeit nach ASTM A370 bei -46 °C von über 250 J erzielt wird, führt eine zu langsame Abkühlung, wie am Beispiel von Probe 3, zu Werten von weniger als 25 J.

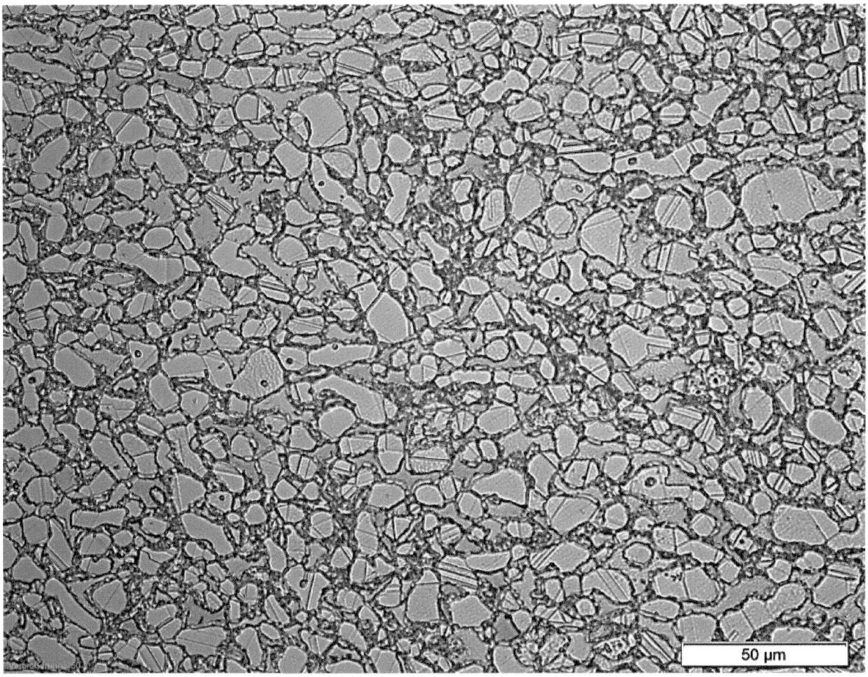

Abb. 4: Gefüge des Werkstoffes 1.4462 mit langsamer Abkühlgeschwindigkeit: ca. 10 K/min im Temperaturbereich zwischen 1000 °C und 700 °C

Dass neben der Abkühlgeschwindigkeit auch die HIP-Prozesstemperatur wegen der langen Haltezeit und des hohen Druckes einen Einfluss auf das vorliegende Gefüge haben kann, ist am Beispiel der nachfolgenden Gegenüberstellung von unterschiedlichen Haltetemperaturen in Abbildung 5 zu sehen. Die hier dargestellten Gefügebilder stammen ebenfalls von dem Duplexstahl 1.4462 und wurden mittels Near-net-shape-Technologie aus Pulver hergestellt. Je nach Haltetemperatur während des Prozesses stellt sich ein unterschiedliches Gefüge mit unterschiedlichem Verhältnis von Ferrit und Austenit ein. Wird die Prozesstemperatur zu niedrig gewählt, kommt es im Bereich der ursprünglichen Partikeloberfläche des Pulvers vermehrt zu Ausscheidungen.

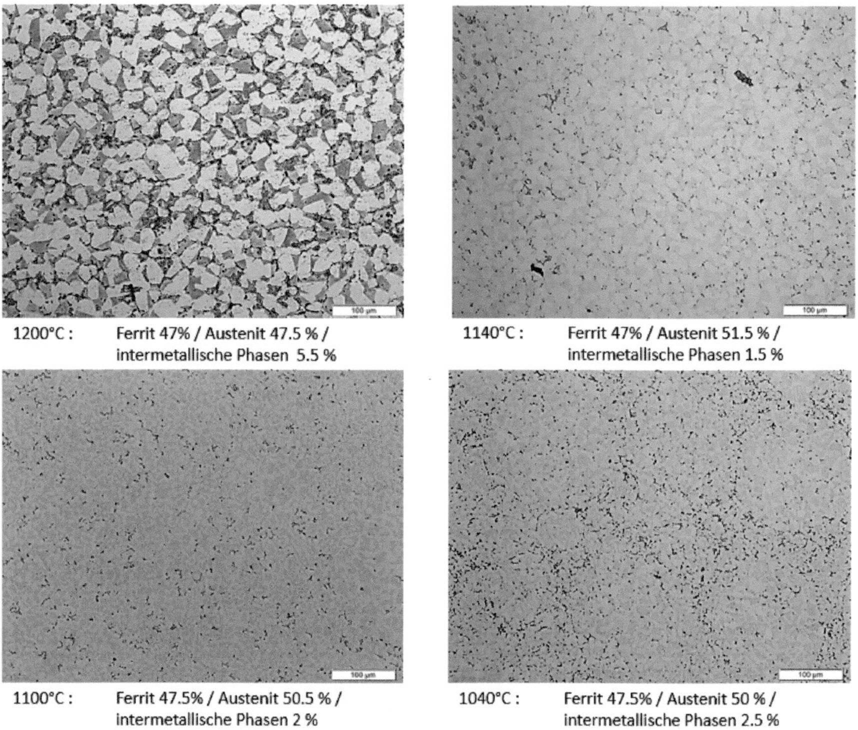

Abb. 5: Einfluss von unterschiedlichen Haltetemperaturen beim heißisostatischen Pressen für den Duplexstahl 1.4462

Trotz der technologischen Herausforderungen, die bei der Anwendung des heißisostatischen Pressens für die Verarbeitung von nichtrostenden Stählen gegeben ist, handelt es sich dabei um ein Verfahren, das besonders in Verbindung mit additiven Fertigungsverfahren von hoher Bedeutung ist. Dies trifft insbesondere zu für anspruchsvolle Anwendungsgebiete im Bereich der Luft- & Raumfahrt, der Medizintechnik, aber auch des konventionellen Maschinen- und Anlagenbaus unter Einwirkung von aggressiven bzw. abrasiven Umgebungsbedingungen.

Die verstärkte industrielle Anwendung von additiv gefertigten Bauteilen führt indirekt auch zu einer steigenden Bedeutung des heißisostatischen

Pressens. Da das verbleibende Porenvolumen von additiv gefertigten Bauteilen beispielsweise einen negativen Einfluss auf die Lebensdauer unter dynamischen Belastungen oder die bruchmechanischen Eigenschaften haben kann, ist eine Nachbehandlung mittels HIP naheliegend.

3.1.4 Pulverspritzgießen / Metal Injection Molding (MIM)

Das Verfahren des Pulverspritzgießens / engl. metal injection molding ist in Bezug auf die Wirtschaftlichkeit von Produktionslosen bzw. der Stückzahl von Bauteilen als klarer Gegenpol zu den oben aufgeführten additiven Fertigungsverfahren anzusehen. Dieses Urformverfahren kann zur Fertigung von metallischen Bauteilen mit meist komplexer Geometrie bei hohen Stückzahlen und begrenzten Stückmassen genutzt werden. Die technologische Grundlage des Verfahrens ist die konventionelle Spritzgießtechnologie, die beispielsweise auch zur Verarbeitung von thermoplastischen Polymeren verwendet wird. Anstelle eines reinen Polymers wird ein Feedstock, ein Gemisch aus Metallpulver und Bindemittel, mittels Spritzgießen verarbeitet.

In der Theorie lassen sich mit dem Verfahren alle Metalle bzw. Legierungen verarbeiten, sofern die Schmelztemperatur von Metall und Bindemittel einen ausreichend großen Abstand zueinander haben. Ebenfalls ist in artverwandten Prozessen auch die Verarbeitung von Keramikpulver technisch möglich. In der industriellen Anwendung sind rostfreie Stähle wie 1.4404 oder 1.4542 bei MIM-Prozessen für geometrisch komplexe, aber kleine metallische Bauteile sehr verbreitet.

Der Verfahrensablauf der MIM-Technologie gliedert sich in mehrere Teilschritte. Um das notwendige Ausgangsmaterial für die folgende Verarbeitung zu erhalten, ist im ersten Prozessschritt die Herstellung des Feedstocks erforderlich. Das Ziel ist die Herstellung einer möglichst homogenen Masse (Feedstock), bestehend aus Metallpulver und organischem Binder. Das Metallpulver sollte eine möglichst sphärische Pulverkörnung bei einer möglichst gleichmäßigen Partikelgröße aufweisen. Zu stark ausgeprägte Ecken und Kanten führen bei der Verarbeitung zu einer Beeinflussung der Strömung während des Einspritzens in die Form und können ebenfalls zu einem erhöhten Verschleiß führen. Gleichzeitig ist eine möglichst homogene Verteilung von Metallpulver und Binder nötig, um die gewünschte Geometrie zu erzielen. Ähnlich wirkt sich die Verteilung der Partikelgröße, engl. Partikel Size Distribution, auf. Diese sollte im Idealfall eine minimale Streuung aufweisen, um ein möglichst hohes Verhältnis zwischen Metallpulver und Binder im Feedstock zu realisieren.

Die Anforderungen an den Binder bestehen darin, dass dieser für die Verarbeitung beim Spritzgießen eine möglichst hohe Viskosität aufweist, im festen Zustand aber eine ausreichende Festigkeit besitzt, damit der so hergestellte Formkörper – der sogenannte Grünling bzw. das Grünteil – weiterverarbeitet werden kann. Gleichzeitig muss sichergestellt sein, dass alle Pulverkörner gleichmäßig benetzt sind und die Hohlräume zwischen den Pulverkörnern ausreichend, idealerweise vollständig gefüllt sind. Um diese Anforderungen zu erfüllen, besteht der Binder in der Regel aus mehreren Komponenten (Hauptbinder, Restbinder und Additiven), wodurch sich das gewünschte Eigenschaftsspektrum ergibt.

Ein weiterer Verfahrensschritt ist die Verarbeitung mittels Spritzgießen. Wie auch bei der konventionellen Thermoplastverarbeitung wird hier der polymere Anteil aufgeschmolzen und die viskose Masse mittels Druckes in das Werkzeug/Kavität eingespritzt. In der Kavität erfolgt die Abkühlung, wodurch es zur Plastifizierung des Binders und somit zur Entstehung eines formstabilen Grünlings kommt. Dieser wird anschließend aus dem Werkzeug entnommen bzw. ausgeworfen und der Prozessschritt startet von neuem.

Das so hergestellte Grünteil besteht im Aufbau weiterhin aus dem Metallpulver und dem Binder, sodass die mechanischen Eigenschaften stark begrenzt sind. Um ein rein metallisches Bauteil zu erhalten, folgt das Entbindern, bei dem der Binder thermisch und/oder chemisch herausgelöst wird. Das Ziel ist, den Binder vollständig und somit, ohne das Zurückbleiben von ungewünschten Rückständen vom Metallpulver zu lösen. Es entsteht eine offenporige Struktur – das Braunteil –, bestehend aus dem Metallpulver, welches weiterhin die Geometrie des Grünteils aufweist, allerdings durch das Fehlen des Binders eine noch weiter reduzierte mechanische Stabilität besitzt.

Um die gewünschten technischen Eigenschaften zu erzielen, folgt im nächsten Schritt das Sintern. Dabei werden durch die Einwirkung von Temperatur knapp unterhalb der Schmelztemperatur verhältnismäßig weitreichende Diffusions- und Kriechvorgänge im Bauteil und ein Zusammenwachsen der Pulverpartikel und somit ein Schließen der Poren ermöglicht. Das Verfahren wird in der Regel unter Vakuum oder unter Schutzgasatmosphäre bei erhöhtem Druck durchgeführt. Die Prozessparameter und die Sinterdauer wirken sich erheblich auf die erzielten technischen Eigenschaften aus. Infolge des Sinterns und dem Schließen der Poren ergibt sich eine erhebliche Volumenreduktion des Bauteils. Dieses Schrumpfen bzw. Schwinden kann allerdings aufgrund der Zusammensetzung des Feedstocks berechnet werden. Somit ist es möglich, bei der Herstellung des Grünteils mit einem entsprechenden Aufmaß zu arbeiten. Die Schwindung beträgt meist ca. 25 %, abhängig vom konkreten Einzelfall.

Die so hergestellten Formteile müssen je nach Anwendung abschließend einer Nachbearbeitung unterzogen werden. Das dient sowohl zur Erzielung der gewünschten Oberflächeneigenschaften als auch zur Einstellung des Gefüges, beispielsweise durch Wärmebehandlungen.

Entscheidender Vorteil der MIM-Technologie ist, dass sich komplexe Geometrien von metallischen Kleinteilen in sehr hoher Stückzahl verhältnismäßig kostengünstig herstellen lassen. Der Herstellprozess und die technischen Eigenschaften des Feedstocks und der gesamten Prozesskette begrenzen allerdings die technisch und wirtschaftlich sinnvoll anwendbare Bauteilmasse auf wenige Gramm. Die so hergestellten Bauteile zeichnen sich aber durch eine hohe Maßhaltigkeit und homogene technische Eigenschaften aus. Die Herstellung von Bohrungen, Gewinden oder auch Hinterschnitten ist mit der MIM-Technologie möglich, sofern sich diese mittels Spritzgießwerkzeugen realisieren lassen.

3.1.5 Additive Fertigung / Additiv Manufacturing (AM)

3.1.5.1 Motivation zur Anwendung von AM

Sowohl aus technischer als auch aus kommerzieller Sicht bietet der Einsatz von additiven Fertigungsmethoden viele Vorteile, aber auch Herausforderungen. Dabei stellt dieses Fertigungsverfahren einen Paradigmenwechsel in der Konstruktion, der Produktion und in der Variantenvielfalt von Produkten dar.

Neben der Verarbeitung von Aluminiumlegierungen, ausgesuchten Werkzeugstählen und Titan sind nichtrostende Stähle bereits heute als Standardwerkstoff bei additiv hergestellten metallischen Bauteilen anzusehen. In diesem Zusammenhang haben sich auch gewisse mechanische und chemische Eigenschaften etabliert.

In der Anwendung überzeugen additive Fertigungsverfahren in erster Linie durch die Möglichkeiten der Formgebung, die es erlauben, Strukturen herzustellen, die über konventionelle Urform- oder Umformverfahren nicht gefertigt werden können. Für die Fertigung von Bauteilen mit komplexen Geometrien und geringer Stückzahl für beispielsweise Luft- oder Raumfahrtanwendungen werden bei der konventionellen Fertigung sehr hohe Zerspanungsvolumen von beispielsweise 70 % oder mehr erreicht. Der Aspekt, dass der aufbereitete Ausgangswerkstoff für die additive Verarbeitung deutlich höher ist als bei Halbzeugen aus vergleichbaren Legierungslagen, wird durch die Tatsache kompensiert, dass zur Herstellung eines Bauteils nahezu ausschließlich die finale Bauteilmasse an Material benötigt wird. Die Kosten für Rohmaterial treten damit bei der Fertigung allgemein mehr in den Hintergrund, was je nach Anwendungsgebiet auch die Nutzung von beständigeren oder besser geeigneten Werkstoffen ermöglicht.

Zahlreiche Forschungsergebnisse zeigen darüber hinaus, dass mittels AM-hergestellte Bauteile konventionell gefertigten Bauteilen in den mechanischen Eigenschaften [4,5] und auch in der Korrosionsbeständigkeit [6] überlegen sein können. Eine pauschale Aussage darf hierzu aber nicht getroffen werden, da die erzielten Eigenschaften maßgeblich von den gewählten Parametern bei der Bauteilerstellung abhängen.

In vielen Bereichen des Maschinen- und Anlagenbaus, Automobilbaus, der Medizintechnik und der Luft- und Raumfahrt hat sich die additive Fertigung von ausgesuchten Bauteilen aus nichtrostendem Edelstahl bereits heute etabliert. Als Standardwerkstoffe sind hier die austenitische Legierung 1.4404 und die martensitische Legierung 1.4542 anzusehen. Dabei stellt die Anwendung von bisher gängigen Legierungen erst den Einstieg in diese Fertigungstechnologie dar. Bereits heute sind herstellerspezifische Legierungen auf dem Markt verfügbar, die speziell für die additive Fertigung und die damit erzielbaren Eigenschaften angepasst wurden.

Die erzielten technologischen Eigenschaften werden stark durch weitere Faktoren wie Pulvergüte, Verarbeitungsverfahren und Prozessparameter beeinflusst. Bereits bei der Konstruktion und der damit verbundenen Auswahl der Prozessparameter bei der Herstellung des Bauteils ergeben sich viele Einflussfaktoren, die sich auf die finalen Bauteileigenschaften auswirken. Da im Vergleich zu konventionellen schmelzmetallurgischen Verfahren deutlich höhere lokale Temperaturgradienten möglich sind, ergeben sich auch sehr schnelle Abkühlgeschwindigkeiten. Dies hat einen starken Einfluss auf die Gefügeentwicklung, konventionelle Phasendiagramme können nur begrenzt eingesetzt werden. Es ergibt sich dadurch aber ein breites Spektrum an technischen Möglichkeiten. Zum Beispiel lassen sich bei einem monolithischen Bauteil infolge des lokalen Energieeintrags Bereiche mit unterschiedlichen technischen Eigenschaften, beispielsweise Duktilität, Härte oder Korrosionsbeständigkeit, oder sogar mit verschiedenen ferromagnetischen Eigenschaften einstellen. Dies ist allerdings nur möglich, wenn im Rahmen der Produktentwicklung nicht nur eine einfache Substitution des Fertigungsverfahrens oder des Ausgangsmaterials erfolgt. Es gilt, die gewonnenen Freiheitsgrade der additiven Fertigung in die Gestaltung mit einfließen zu lassen.

Trotz aller faszinierender Möglichkeiten, die additive Fertigungsverfahren mit sich bringen, ist deren industrielle Anwendung heute immer noch eine Randerscheinung, da in vielen Bereichen kein ausreichender Kostenvorteil vorliegt.

3.1.5.2 AM-Verfahren und Ausgangswerkstoff

Für die heute gängigen Verfahren zur Verarbeitung von metallischen Werkstoffen mittels additiver Fertigung liegt der Ausgangswerkstoff in Pulverform vor. Um eine gleichbleibende und hohe Güte des Ausgangswerkstoffs zu erhalten, sind bereits an die Pulvererzeugung hohe Ansprüche zu stellen. Die aktuell gängigen Partikelgrößen liegen in Bereichen zwischen 10 und 65 µm. Je nach geforderter Oberflächengüte und geforderten Eigenschaften des Bauteils gibt es allerdings auch Bestrebungen, noch feinere Partikelgrößen anzuwenden. Neben der chemischen Zusammensetzung und der Partikelgröße des Ausgangswerkstoffes haben weitere Faktoren einen entscheidenden Einfluss auf die finalen Eigenschaften eines additiv gefertigten Bauteils. In Bezug auf das Handling und das teilweise nötige Preprocessing des Pulvers spielen Faktoren wie Schüttdichte, Fließfähigkeit, aber auch der Oxidationsgrad der Oberfläche und der Feuchtigkeitsgehalt im Pulver eine wichtige Rolle. Im Rahmen der Fertigung sind insbesondere Aspekte wie Gleichmäßigkeit des Energieeintrags und die Steuerung der Prozessparameter wichtig. Exemplarisch gilt es hierbei, die Bildung von Gasblasen und Poren durch eine gezielte Regelung des Fertigungsprozesses zu vermeiden. Gleichzeitig ist wegen der hohen Affinität zu Sauerstoff bei den Schmelzverfahren eine Schutzgasatmosphäre unumgänglich.

Neben der Anwendung von pulverbasierten Laserschmelzverfahren, die aktuell als die Verfahrensgruppe, mit der am weitesten entwickelten Industriereife angesehen werden können, sind auf Extrusion basierende Fertigungsverfahren zu nennen. Exemplarisch lässt sich hierzu Bound Metal Deposition (BMD) aufführen; dabei wird Stangenmaterial, bestehend aus

Metallpulver und einem Polymer, mittels Extruder verarbeitet und lokal aufgetragen. Die weitere Verarbeitung für diese extrusionsbasierenden Fertigungsverfahren ähnelt der im vorhergehenden Kapitel beschriebenen Weiterverarbeitung von MIM-Grünlingen.

Eine mögliche Einteilung von additiven Fertigungsverfahren für die Verarbeitung von nichtrostenden Stählen erfolgt primär anhand des Ortes der lokalen Aufschmelzung und anhand der vorliegenden Energiequelle. Nachfolgende Darstellung Abbildung 6 wurde mit Fokus auf die in der Luft- und Raumfahrt angewendeten Verfahren erstellt, ist aber in dieser Form auch für andere Industriezweige anwendbar.

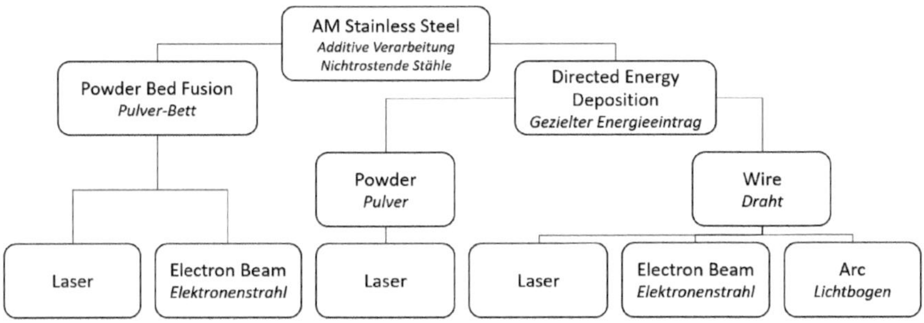

Abb. 6: Schematische Einteilung von additiven Fertigungsverfahren für die Verarbeitung von nichtrostenden Stählen nach Uriondo et al. 2015 [7]

Demnach sind zum heutigen Stand das Powder Bed Fusion (PBF) / Pulver-Bett-Verfahren und das Directed Energy Deposition (DED) / Gezielter Energieeintrag die gängigsten Verfahren in der industriellen Anwendung. Nach der gewählten Einteilung fallen das Electron Beam Melting / Elektronenstrahlschmelzen und das Selective Laser Melting or Sintering (SLM/SLS) / Selektives Laserschmelzen oder- sintern in die PBF-Technologien. Zu den DED-Technologien zählen Laser Metal Deposition (LMD) / Laser-Metall-Abscheidung sowohl für Pulver als auch für Draht und die Verfahren der Arc Additive Manufacturing (WAAM) / additive Fertigungsverfahren mit Lichtbogen.

Bei den PBF-Verfahren wird der pulverförmige Werkstoff in Form eines Pulverbetts auf eine Plattform lagenweise platziert. Nach jeder Pulverlage erfolgt mit einer Energiequelle die lokale Erhitzung, sodass ein Anschmelzen/Aufschmelzen von Pulverpartikeln erfolgt. Die gängigste Energiequelle stellt dabei der Laser dar. Im nächsten Schritt wird eine neue Pulverlage aufgebracht. Bei den DED-Verfahren wird der Ausgangswerkstoff lokal aufgeschmolzen und an der gewünschten Position abgelegt bzw. an eine bereits bestehende Struktur angeheftet, um ein Bauteil zu fertigen. Je nach Verfahren können hier unterschiedliche Energiequellen, aber auch unterschiedliche Formen des Ausgangsmaterials eingesetzt werden.

3.1.5.3 Ausgewählte Einflussgrößen bei AM

Entscheidend für eine industrielle Anwendung von additiver Fertigung von Komponenten aus rostfreiem Stahl sind die erzielten technologischen Eigenschaften in Verbindung mit den anfallenden Kosten.

Neben der Korrosionsbeständigkeit sind die mechanisch-technologischen Eigenschaften des quasistatischen Zugversuches sowie Härte und Kerbschlagzähigkeit als wichtige Kenngrößen zu nennen.

Untersuchungen zum Einfluss auf die erzielte Korrosionsbeständigkeit zeigen am Beispiel des Werkstoffes 1.4404 / 316L, verarbeitet mittels SLM, dass mit steigender Porosität eine deutliche Verschlechterung der Korrosionsbeständigkeit vorliegt. Diese geringere Korrosionsbeständigkeit zeigt sich sowohl in einer Abnahme des elektrochemischen Druchbruchpotenzials bzw. Lochfraßpotenzials als auch in einer Zunahme des Korrosionsstroms [6]. Eine gezielte Variation der Verarbeitungsgeschwindigkeit und des Energieeintrags nach Sander et al. zeigt, dass diese Parameter sich nicht direkt auf das Korrosionsverhalten auswirken. Erfolgt dadurch allerdings eine Erhöhung der Porosität eines mittels SLM hergestellten Bauteils, so wird die Fähigkeit zur Repassivierung (das Repassivierungspotenzial) reduziert [8].

Die Oberflächentopografie nach der additiven Fertigung ist dabei von entscheidender Bedeutung. Mit steigender Verarbeitungsgeschwindigkeit und Pulver- bzw. Partikelgröße liegt auch eine rauere und ungleichmäßigere Oberfläche vor. Eine solche inhomogene Oberfläche kann sowohl ein reduziertes kritisches Lochfraßpotenzial als auch ein geringeres Repassivierungspotenzial aufweisen.

Für die weiteren oben genannten mechanisch technologischen Eigenschaften ist das Zusammenspiel der Einflussfaktoren ebenfalls differenziert zu betrachten. Durch den sehr lokalen Energieeintrag können je nach Verfahren und Bauteilgröße sehr hohe Abkühlgeschwindigkeiten realisiert werden. Die Bildung von ungewünschten Ausscheidungen bzw. intermetallischen Phasen kann dadurch gezielt vermieden werden.

3.1.5.4 Anwendungsfelder für AM

Die Automobilindustrie ist heute exemplarisch als Branche zu nennen, die von sehr großen Stückzahlen und den darauf optimierten Prozessen geprägt ist. Für hohe Stückzahlen steht die Anwendung von additiver Fertigung noch im Widerspruch zur Kosteneffizienz, allerdings lassen sich bereits heute erste additiv gefertigte Bauteile in ausgesuchten Kleinserien finden. Die umfangreichen Bestrebungen der Automobilhersteller und der damit verbundenen Zulieferindustrie lassen darauf schließen, dass die umfangreichen Freiheitsgrade und das Kosteneinsparpotenzial zu einer verbreiteten Anwendung von AM in Zukunft führen werden.

Die Luft- und Raumfahrt bedient sich heute bereits der additiven Fertigung für Serienkomponenten. Dies ist insbesondere auf die geringeren Stückzahlen und den geforderten Gestaltungsspielraum bei der Bauteilgestaltung zurückzuführen. Ein mehr als repräsentatives Beispiel stellt das aus nichtrostendem Edelstahl gedruckte Flüssigkeitsraketentriebwerk „Raptor" des Raumfahrtunternehmens SpaceX dar. Darüber hinaus sind in nahezu allen neueren Luftfahrzeugen additiv gefertigte Bauteile, von topologieoptimierten Türscharnieren bis hin zu Turbinenschaufeln aus nichtrostendem Stahl zu finden.

In der Medizintechnik stellt die additive Fertigung insbesondere für Implantate einen technologischen Quantensprung dar. So wird es möglich, Implantate auf den Körperbau des jeweiligen Patienten individuell anzupassen. Gleichzeitig kann eine vergleichsweise unebene Oberflächentopografie das Anhaften von körpereigenem Gewebe begünstigen. Für die Anwendung von nichtrostenden Stählen ist aber insbesondere die Herstellung und die Individualisierung von chirurgischen Instrumenten hervorzuheben. So können Instrumente auf die individuellen Anforderungen des Operateurs angepasst oder im Rahmen der Produktentwicklung vor einer Serienfertigung bereits erprobt werden.

Trotz der augenscheinlichen höheren Fertigungskosten finden additive Fertigungsverfahren mit nichtrostenden Stählen aber auch im konventionellen Maschinen- und Anlagenbau Anwendung. So hat sich AM im Werkzeugbau oder auch in der Fertigung von ausgesuchten Formteilen, welche konventionell nicht herstellbar wären – beispielsweise hochwertige Badezimmerarmaturen – etabliert.

Abb. 7: Additiv gefertigte Fußgängerbrücke in Amsterdam [9]

Ein eindrucksvolles Anwendungsbeispiel für die realisierbare Größe von additiv gefertigten Strukturen aus rostfreiem Stahl zeigt die 2021 eingeweihte und ca. 6000 kg schwere Fußgängerbrücke in Amsterdam (siehe Abbildung 7). Mit ca. 12,2 m Länge, 6,3 m Breite und 2,1 m Höhe wurde die Struktur in Form von drei Einzelteilen additiv gefertigt und vor Ort zusammengefügt.

Viele andere Anwendungsfälle zeichnen sich ab und werden in absehbarer Zeit zur Marktreife gebracht werden. Es lässt sich zusammenfassend feststellen, dass additiv gefertigte Bauteile trotz der teilweise hohen Stückkosten in ausgesuchten Branchen und Anwendungen sich gegenüber konventionellen Fertigungsverfahren mit hohen Zerspanvolumen durchsetzen werden. Das volle Potenzial dieser Technologie kann aber nur ausgeschöpft werden, wenn stets ein ganzheitlicher Ansatz, ausgehend vom Produktdesign verfolgt wird. In Bezug auf den Fertigungsprozess und die Qualität der eingesetzten Werkstoffe existieren je nach angewendeten Verfahren einzelne technologische Herausforderungen, diese wurden aber in den vergangenen Jahren in weiten Teilen gelöst, sodass heute eine breite Industriereife gegeben ist. Für den Anwender gilt zu beachten, dass die Werkstoffauswahl allerdings nicht mehr ausschließlich aufgrund eines einfachen Datenblatts erfolgen kann. Vielmehr sind die erzielten technischen Eigenschaften eines additiv hergestellten Bauteils wie eine Systemeigenschaft ganzheitlich und auf die jeweilige Anwendung zu betrachten.

3.2 Massivumformung

Die Formgebung mittels Massivumformung ist, genauso wie bei vielen anderen metallischen Werkstoffen, auch bei den nichtrostenden Stählen von hoher technischer und wirtschaftlicher Bedeutung. Durch die gezielte Stoffverdrängung erfolgt bei diesem Fertigungsverfahren eine Querschnittsveränderung an einem Rohling. In der hier getroffenen Abgrenzung wird zwischen der Massivumformung und der Blechumformung unterschieden. Im Gegensatz zur Massivumformen werden bei der Blechumformung Werkstücke bzw. Rohlinge mit einer näherungsweisen zweidimensionalen Geometrie (deutlich größere Ausdehnung der Grundfläche im Vergleich zur Dicke) verarbeitet.

Beim Massivumformen kann je nach Prozesstemperatur zwischen zwei Verfahrensarten unterschieden werden:

- Warmformgebung
- Kaltformgebung

Häufig erfolgt die Weiterverarbeitung auch in mehreren Prozessschritten, sodass eine Kombination von Warm- und Kaltformgebung bei der Herstellung von Fertigteilen möglich ist.

In den nachfolgenden Abschnitten wird auf ausgewählte Aspekte der Warmformgebung und der Kaltformgebung bei nichtrostenden Stählen eingegangen. Infolge der unterschiedlichen mechanischen Eigenschaften von Stählen mit ferritischen, austenitischen, martensitischen und ferritisch-austenitischen Duplex-Gefüge werden diese teils separiert betrachtet und wird auf die Unterschiede bei der jeweiligen Bearbeitung eingegangen.

Ausgangsprodukte für die Massivumformung stellen häufig abgelängte Rohlinge von Blöcken, Brammen oder gewalzten Profilen bzw. Knüppel dar, die durch das Massivumformen in die gewünschte Endgeometrie gebracht werden. Je nach Anforderung an die Oberflächenqualität und die Maßhaltigkeit ergeben sich in den meisten Fällen bei nichtrostenden Stählen weitere Verarbeitungsschritte im Anschluss an die Formgebung mittels Massivumformung. Typisch ist die spanende Bearbeitung von Funktionsflächen, beispielsweise Lagersitzen, sowie die Nachbehandlung der Bauteiloberfläche zur Verbesserung der Korrosions- und Verschleißbeständigkeit.

Um die Umformprozesse mit hoher Qualität und Kosteneffizienz zu realisieren, ist es wichtig, dass nachfolgende Grundanforderungen von dem Ausgangswerkstoff berücksichtigt werden:

- Oberflächengüte
- Reinheitsgrad
- Festigkeit
- Gefüge
- Chemische Zusammensetzungen

Dabei lassen sich diese Anforderungen nicht auf fixe Kenngrößen festlegen, sondern müssen auf Grundlage von Erfahrungswerten, Versuchen und/oder Prozesssimulationen innerhalb von Grenzwerten für den jeweiligen Prozess definiert werden. Standards und Normen bieten in vielen Punkten eine Hilfestellung, um diese Anforderungen für den Anwender einzugrenzen. Weiterführende Eingrenzungen in Form von spezifischen Liefervorgaben mögen zur Qualitätssteigerung von Umformschritten beitragen, können aber auch mit erheblichen Mehrkosten verbunden sein. Es gilt somit im Einzelfall zu prüfen, welche Vorgaben an den Ausgangswerkstoff in Bezug auf Wirtschaftlichkeit und Realisierbarkeit erforderlich sind.

Aus Sicht der Korrosionsbeständigkeit sollten, wo immer es möglich ist, Kaltumformungsverfahren bevorzugt werden. Da die Warmumformung unweigerlich zu einer Oxidation der Oberfläche des nichtrostenden Stahls führt, wird dessen Nasskorrosionsbeständigkeit verringert. Lässt sich die Warmumformung nicht vermeiden, so muss die Passivschicht durch eine anschließende Beiz- und Repassivierungsbehandlung erneuert werden.

3.2.1 Warmformgebung

Meist ist der erste Schritt der Weiterverarbeitung von nichtrostenden Stählen ein Warmformgebungsprozess mit vergleichsweise hohen Verformungsgraden (beispielsweise: Schmieden, Drücken oder Pressen). Diese starken Formänderungen sind möglich, da diese Prozesse zwischen der Rekristallistations- und der Solidustemperatur des Werkstoffs durchgeführt werden. Dort ist die Formänderungsfestigkeit stark reduziert, und es tritt nach jeder Verformung eine Entfestigung des Werkstückes in Form einer Erholung und Rekristallisation ein. Dabei laufen bei der Warmformgebung Gitterdeformation durch Umformung (Verfestigung) und Gefügeneubildung (Entfestigung) parallel nebeneinander ab. Dominiert die Gefügeneubildung durch eine entsprechend hohe Rekristallisationsgeschwindigkeit gegenüber der Umformgeschwindigkeit, tritt keine Verfestigung ein. Ist die Gefügeneubildung zu langsam, beispielsweise infolge einer zu geringen Temperatur, dann steigt die Formänderungsfestigkeit mit dem Umformgrad und der Formänderungsgeschwindigkeit und die Umformungsmöglichkeiten werden durch die ablaufende Verfestigung begrenzt.

Zwei Kenngrößen sind hierbei näher in Betracht zu ziehen. Die Formänderungsfestigkeit, auch Fließspannung genannt, gilt als Widerstand gegen eine plastische Formänderung eines Werkstoffes bei einem einachsigen Spannungszustand. Diese Kenngröße lässt sich als Funktion der Formänderung im Zug- oder Druckversuch ermitteln. Zwischen den verschiedenen Gruppen der nichtrostenden Stähle, in Abhängigkeit von deren chemischer Zusammensetzung und dem vorliegenden Gefüge, liegen maßgebliche Unterschiede in der Formänderungsfestigkeit vor.

Als zweite Kenngröße wird das Formänderungsvermögen aufgeführt. Dies gibt an, welche maximale Formänderung ein Werkstoff erfahren kann, bis es zum Auftreten von ersten Anrissen oder zum Bruch kommt. Auch hier gibt es erhebliche charakteristische Unterschiede zwischen unlegierten, niedriglegierten und hochlegierten Stählen.

Wenngleich über die theoretischen Zusammenhänge und den ermittelten Kenngrößen die Warmumformbarkeit von Stählen betrachtet werden kann, empfiehlt es sich, in Einzelfällen auf Umformvorgänge im Versuch zurückzugreifen. So können beispielsweise geringe Schwankungen der Legierungsgehalte oder auch verschiedene Reinheitsgrade zwischen einzelnen Materialchargen zu entscheidenden Eigenschaftsänderungen im Umformprozess führen.

Infolge der hohen Gehalte an Legierungselementen besteht bei nichtrostenden Stählen im Temperaturbereich zwischen 600 bis 1000 °C die Gefahr der Bildung von ungewünschten intermetallischen Phasen, Karbiden und Nitriden. Insbesondere die Sigma-Phase zeichnet sich durch einen sehr negativen Einfluss auf die mechanischen Eigenschaften in Form einer starken Herabsetzung der Zähigkeit des Werkstoffes aus. Die Abbindung von metallischem Chrom im Gefüge durch Chromkarbide und -nitride sowie durch intermetallische Phasen reduziert zudem die Korrosionsbeständigkeit. In weiterer Folge gilt es im ferritischen Gefüge, den Temperaturbereich um 475 °C wegen der sogenannten 475 °C-Versprödung zu meiden. Durch ein schnelles Durchlaufen dieser Temperaturbereiche können negative Auswirkungen auf die erzielten Bauteileigenschaften nahezu vollständig vermieden werden. Auch ein anschließendes Lösungsglühen kann die unerwünschten Phasen auflösen.

Eine erfolgte Kaltverfestigung kann durch Rekristallisationsglühen aufgehoben werden. Austenitische Stähle werden in der Regel auf relativ hohe Temperaturen (950–1.100 °C) aufgewärmt und sehr schnell abgekühlt, ferritische Stähle werden auf etwas niedrigere Temperaturen (750–800 °C) erwärmt und langsam abgekühlt, um den Werkstoff wiederum „weich" zu machen. [10]

3.2.1.1 Warmumformung ferritischer Stähle

Ferritische nichtrostende Stähle mit hohem Gehalt an Chrom sowie geringem Anteil an Stickstoff und Kohlenstoff durchlaufen keine $\alpha \rightarrow \gamma$ Umwandlung, sodass der Ferrit als stabiles Gefüge vorliegt. Mit höherem Anteil an Stickstoff und Kohlenstoff ergibt sich im Temperaturbereich von ca. 1100 °C ein Zwei-Phasen-Raum ($\alpha+\gamma$). Der dort vorliegende Austenitanteil ist in den meisten Fällen stabil und wandelt sich bei der Abkühlung in Martensit um. Infolge der damit verbundenen auftretenden Spannungen sind diese Werkstoffe sehr rissempfindlich und es können Spannungsrisse beim Abkühlen auftreten. Liegen diese Spannungsrisse nicht schon direkt nach dem Abkühlen vor, so können sie in weiterer Folge bei der Nachbearbeitung, beispielsweise durch Schleifen, auftreten. Eine langsame und gesteuerte Abkühlung ist somit für ferritische nichtrostende Stähle nach dem Warmumformen zu empfehlen. Gleichzeitig gilt zu beachten, dass durch die geringere Packungsdichte des kubisch-raumzentrierten Gitters des Ferrites eine höhere Diffusionsgeschwindigkeit vorliegt. Dies kann zusammen mit der geringeren Löslichkeit des ferritischen Gefüges die Bildung von ungewünschten intermetallischen Phasen begünstigten. Aus diesem Grund gilt es, ein längeres Verweilen im Temperaturbereich um die sogenannte 475 °C-Versprödung (350 bis 550 °C) zu meiden.

3.2.1.2 Warmumformung austenitischer Stähle

Austenitische nichtrostende Stähle sind umwandlungsfrei und weisen bei allen Temperaturen einen überwiegend kfz-Gitteraufbau auf. Die meisten Stähle dieser Gruppe haben einen Chromgehalt von ca. 18 % und einen Nickelanteil von 7 bis 12 %. Der Kohlenstoffgehalt ist in der Regel sehr gering. Sind zusätzlich Titan oder Niob zur Stabilisierung (Abbindung von Kohlenstoff) hinzulegiert und bei niedrigem Nickelanteil, kann auch ein Zwei-Phasen-Raum ($\alpha+\gamma$) entstehen. Wenngleich dieser Ferritanteil gering und stark temperaturabhängig ist, muss bei der Warmumformung beachtet werden, dass dieser oberhalb von 1100 °C stark anwächst. Ein zu hoher Ferritgehalt ist für die Warmumformung von austenitischen Stählen nach Möglichkeit zu vermeiden, da sich dieser negativ auf das Umformverhalten auswirkt.

Für die Warmformgebung von austenitischen Stählen muss allgemein deren deutlich geringe Wärmeleitfähigkeit gegenüber ferritischen Stähle und deren meist höhere Warmfestigkeit berücksichtigt werden. Dies ist insbesondere bei der Vorwärmung von dickwandigen Werkstücken, beispielsweise beim Schmieden, von Bedeutung. Durch eine langsame Erwärmung kann Rissbildung vorgebeugt werden.

Eine rasche Abkühlung von austenitischen nichtrostenden Stählen beim Warmumformen erhält den austenitischen Zustand des Gefüges. Eine langsame Abkühlung birgt die Gefahr der Bildung von intermetallischen Phasen, Karbiden und Nitriden in Form von unerwünschten Ausscheidungen. Diese führen in aller Regel zu einer signifikanten Verschlechterung der mechanischen Eigenschaften, insbesondere der Duktilität, aber auch der Korrosionsbeständigkeit. Dies äußert sich insbesondere in einer starken Anfälligkeit gegenüber interkristalliner Korrosion. Die Abkühlgeschwindigkeit muss daher, sofern Bauteilgröße und Anlagentechnik es zulassen, höher gewählt werden als die Bildungsgeschwindigkeit von Ausscheidungen. Für besonders dickwandige Bauteile, die sich infolge von konstruktiven Merkmalen nicht für eine schnelle Abkühlung in Wasser eignen (z. B. Verzug und Verspannung im Bauteil), sind beispielsweise stabilisierte Stähle oder Stahlsorten mit stark reduziertem Kohlenstoffgehalt < 0,030 % einzusetzen.

3.2.1.3 Warmumformung von Duplexstählen

Die Gruppe der ferritisch-austenitischen Duplexstähle nimmt allgemein eine Sonderrolle ein. Je nach Chromgehalt kann ein Ferritanteil von 40 bis 80 % vorliegen. Wie bereits oben zu den ferritischen Stählen aufgeführt, nimmt im Temperaturbereich von über 1100 °C der Ferritanteil signifikant zu. Dies kann bei diesen Werkstoffen für einzelne Legierungszusammensetzungen zu einer reinen Ferritphase bei ca. 1200 °C führen. Das temperaturabhängige Austenit-Ferrit-Verhältnis ist bei der Wahl der Umformtemperatur auf jeden Fall zu berücksichtigen, da sich je nach Zusammensetzung des Gefüges auch eine erhebliche Beeinflussung der Warmumformbarkeit ergibt.

Bei der Abkühlung von Duplexstählen ist, wie bereits oben zu den austenitischen Stählen aufgeführt, auf die Bildung von intermetallischen Phasen bzw. Karbiden und Nitriden zu achten. Die Abkühlung hat somit ausreichend rasch zu erfolgen und sollte keineswegs verzögert werden. Sofern die Wärmeabfuhr bezogen auf die Bauteilgröße ausreichend ist, sind Luftabkühlungen vorteilhaft, um Restspannungen möglichst gering zu halten. Eine abschließende Wärmebehandlung nach abgeschlossener Warmumformung ist ratsam, um Ausscheidungen und 475 °C-Versprödungen entgegenzuwirken.

3.2.1.4 Schmieden im Vergleich zum Gießen

Um endkonturnahe Bauteile aus nichtrostendem Edelstahl herzustellen, stehen unterschiedliche Verfahren zur Verfügung. Wenngleich innovative und bereits zuvor erwähnte Verfahren wie selektives Lasersintern (SLS), Metall-Injektion-Molding (MIM) oder heißisostatisches Pressen (HIP) immer mehr an Bedeutung gewinnen, sind Gießen und Schmieden immer noch die dominierenden Verfahren, um endabmessungsnahe Bauteile herzustellen. Da bei der Konstruktion von Bauteilen direkt Einfluss auf die Wahl des Fertigungsverfahrens genommen wird, soll nachfolgende Gegenüberstellung den Einfluss auf die erzielbaren Bauteileigenschaften aufzeigen.

Gemäß DIN 8580 stellt das Gießen von Bauteilen einen Schritt des Urformens dar, während das Grundverfahren des Schmiedens zu den Fertigungsverfahren des Umformens gezählt wird. Auch wenn diese beiden Verfahren mit den jeweiligen Besonderheiten deutliche Unterschiede aufweisen, so können beide zur Herstellung von vergleichbaren Bauteilen eingesetzt werden. Die finalen Eigenschaften können sich dabei allerdings unterscheiden, auch wenn die eingesetzten Legierungen nur geringfügig voneinander abweichen.

Wie auch das Gießen von unlegierten Stählen zeichnet sich der Stahlguss von hohen Legierungslagen durch hohe Gießtemperaturen (ca. 1600 °C), eine vergleichsweise hohe Schwindung sowie entsprechend präzise Anforderungen an den Formenbau und die Temperaturverteilung aus. Zu beachten ist dabei, dass die vorliegende Schwindung stark mit der Gefügeumwandlung ($\gamma \rightarrow \alpha$) zusammenhängt. Im Gegensatz zu unlegierten Stählen, deren γ-α-Umwandlung anhand des klassischen metastabilen Fe-Fe_3C-Diagramms klar beschrieben ist, muss bei hochlegierten Stählen stets die stabilisierende Wirkung der einzelnen Legierungselemente auf die jeweiligen Phasen berücksichtigt werden. Neben den eigenen Zustandsschaubildern, beispielsweise für Fe-Cr oder Fe-Ni, kann der Einfluss von mehreren Legierungselementen auf die vorliegenden Phasen und deren Stabilität auch anhand von Simulationsmodellen berechnet werden.

Das Schmieden führt als Umformprozess meist zu einem deutlich homogeneren Gefüge. Es liegen weniger Einschlüsse und Seigerungen vor. Bei gegossenen Bauteilen besteht zudem die Gefahr, dass sich Schlackeeinschlüsse bilden. Die Beständigkeit gegenüber Lochfraßkorrosion kann deshalb niedriger sein als bei geschmiedeten Bauteilen. In Bezug auf die Beständigkeit gegen interkristalline Korrosion ist zudem zu beachten, dass die Korngröße bei gegossenen Bauteilen meist größer ist. Zudem kommen beim Gießen häufig Legierungen mit leicht erhöhtem Silizium- und Kohlenstoffgehalten zur Anwendung, um eine gleichmäßige Formfüllung zu ermöglichen. Ein höherer Kohlenstoffgehalt begünstigt allerdings auch die Bildung von Chromkarbiden an den Korngrenzen, womit eine Chromverarmung der umgebenden Matrix einhergeht. Hierdurch wird die Anfälligkeit gegenüber interkristalliner Korrosion erhöht. Dies ist am Beispiel von einem Temperatur-Zeit-Sensibilisierungschaubild in Abbildung 8 zu erkennen. Das Diagramm zeigt für einen Stahl mit 18 % Chrom, 8 % Nickel und unterschiedlichem Kohlenstoffgehalt ungefähr die Zeit an, nach der interkristalline Korrosion auftritt. Feinere Körner können die Anfälligkeit gegenüber interkristalliner Korrosion verringern. Als eine Ursache wird, angesehen, dass die Wahrscheinlichkeit für ein zusammenhängendes Netzwerk aus Karbiden entlang der Korngrenzen deutlich geringer ist und somit der Korrosionsangriff nicht uneingeschränkt fortschreitet. Die Anwendung von stabilisierten Legierungen, durch Zugabe von Titan oder Niob mit einer höheren Affinität zum Kohlenstoff reduziert ebenfalls die Gefahr von interkristalliner Korrosion. Dennoch führen längere Glühungen im Sensibiliserungsbereich stets zur Bildung von unerwünschten Chromkarbiden. Die Reduktion des Kohlenstoffgehalts (sogenannte Low-Carbon-Stähle) wirkt der Bildung von Chromkarbiden ebenfalls entgegen, reduziert aber in der Regel auch die Gießfähigkeit.

Betrachtet man die mechanischen Eigenschaften von metallischen Werkstoffen, wird der Fokus meist auf die erzielte Festigkeit und die Kennwerte des Spannungsdehnungsdiagramms gelegt. Die im Rahmen der Verarbeitung erfolgte thermomechanische Belastung wirkt sich hier auch bei nichtrostenden Stählen auf die erzielten Eigenschaften aus. So kann oft auch durch nachgeschaltete Wärmebehandlung der Einfluss der vorgelagerten

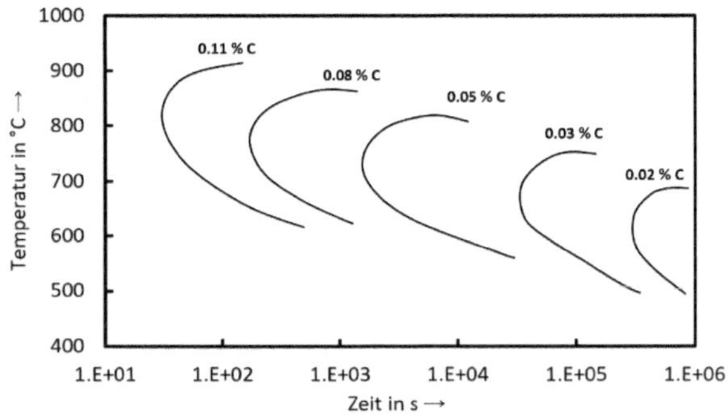

Abb. 8: Temperatur-Zeit-Sensibilisierungsschaubild für ausgesuchte austenitische rostfreie Stähle in Abhängigkeit des Kohlenstoffgehalts [11]

Ur- und Umformprozesse nicht vermieden werden. Wie bereits oben erläutert, sind Schmiedeteile meist homogener und feinkörniger als Gussteile, hieraus resultieren meist verbesserte Festigkeitseigenschaften. Zudem gilt es zu berücksichtigen, dass das Vormaterial für Schmiedebauteile meist durch Strangguss hergestellt wurde. Dieses Material ist in der Regel sehr homogen und beinhaltet wenig Schlacke oder Einschlüsse im Vergleich zu konventionell gegossenen Bauteilen.

Der Reinheitsgrad des Gefüges, aber auch die Korngröße sind maßgebliche Eigenschaften für die Duktilität. Ein feines und homogenes Gefüge verfügt über bessere Kerbschlageigenschaften. Bauteile mit Guss-Gefüge, grobem Korn und einer starken Richtungsorientierung weisen gegenüber einem Schmiedeteil eine geringere Kerbschlagenergie auf. Lokale Verunreinigungen, aber auch Ausscheidungen, Poren oder Einschlüsse senken ebenfalls die Duktilität und wirken sich negativ auf die Dauerschwingfestigkeit aus. Zwar haben die Oberflächengüte und konstruktive Merkmale einen erheblichen Einfluss auf das Ermüdungsverhalten gegenüber dynamischen Belastungen – der Reinheitsgrad, die Homogenität des Gefüges und die Anwesenheit von Seigerungen und Ausscheidungen sind aber ebenfalls zu berücksichtigen. Der Schmiedevorgang kann sich hier positiv auswirken, da infolge der Umformung das Gefüge deutlich verfeinert wird.

In Bezug auf die Weiter- bzw. Nachbearbeitung sind ebenfalls weitere Vorteile bei Schmiedebauteilen gegenüber Gussbauteilen festzustellen. Durch den Schmiedevorgang erfolgt bereits beim Umformen eine Wärmebehandlung. Die Temperaturführung und den Abkühlvorgang bewirken somit ein Einfluss auf das Gefüge und die erzielten technischen Eigenschaften. Durch zwischenzeitliches Glühen im Temperaturbereich des Lösungsglühens können schädliche intermetallische Phasen abgebaut werden. Je nach Bauteilgeometrie und Größe können nachgeschaltete Wärmebehandlungsschritte bei Schmiedebauteilen vereinfacht werden oder durch eine kontrollierte Temperaturführung und Abkühlen ganz wegfallen.

Eine pauschale Aussage zur Zerspanbarkeit für den Vergleich von Guss- und Schmiedebauteilen ist nicht zu treffen. Grundsätzlich lassen sich mit beiden Verfahren endkonturnahe Geometrien erzeugen. Die Parameter zur Bearbeitung hängen primär von den mechanischen Eigenschaften, aber in weiterer Folge auch von der Homogenität und Orientierung des Gefüges ab. Entsprechend stark ist bei der Zerspanung der Einfluss des Faserverlaufs oder der Erstarrungsrichtung bei geschmiedeten Bauteilen. Damit in Verbindung steht auch die erzielte Oberflächengüte: Poren, Inhomogenitäten, Ausscheidungen und schwankende Korngrößen führen allgemein zu einer ungleichmäßigen Oberfläche. Bearbeitungsbedingte Inhomogenitäten an der Oberfläche von nichtrostenden Stählen wirken sich, wie unten im Detail ausgeführt, allgemein negativ auf die Korrosionsbeständigkeit aus.

Der direkte Vergleich zwischen gegossenen und geschmiedeten Bauteilen aus nichtrostendem Stahl weist bei allen technischen Eigenschaften auf die Überlegenheit von geschmiedeten Bauteilen hin. Dem ist entgegenzusetzen, dass gegossene Bauteile mehr Freiheitsgrade bei der Abbildung von komplexen Geometrien haben. Gleichzeitig ist besonders bei mittlerer und hoher Stückzahl das Gießen dem Schmieden aus wirtschaftlicher Sicht überlegen. Es ist somit von der jeweiligen Anwendung, der Verfügbarkeit der jeweiligen Infrastruktur und den technischen Anforderungen abhängig, welches Verfahren heranzuziehen ist.

3.2.2 Kaltmassivumformung

Kaltmassivumformprozesse bieten für die Herstellung von hohen Stückzahlen sowohl wirtschaftliche als auch technologische Vorteile gegenüber konkurrierenden Fertigungsverfahren. Im Gegensatz zur Warmformgebung können deutlich höhere Maß- und Oberflächentoleranzen erzielt werden. Gegenüber spanend hergestellten Bauteilen ergeben sich vorteilhafte mechanische Eigenschaften und geringere Kosten. Die hohe Produktivität, eine hohe Werkstoffausnutzung und die Möglichkeit zur direkten Erzeugung von einbaufertigen Oberflächen zeichnen die einzelnen Verfahren aus. Bei der Bearbeitung von nichtrostenden Stählen gilt allerdings zu beachten, dass verhältnismäßig hohe

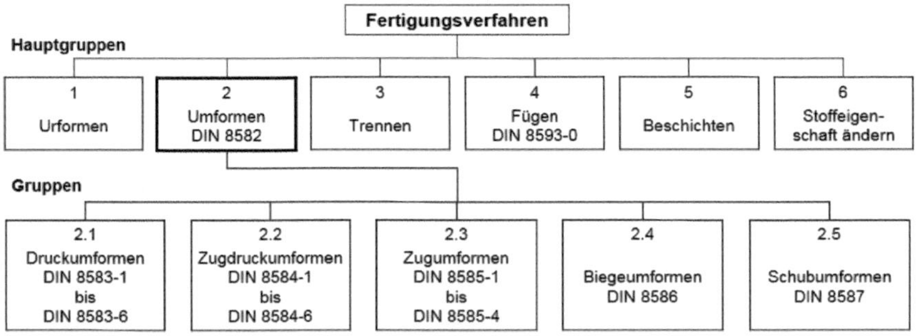

Abb. 9: Unterteilung der Umformverfahren nach DIN 8582 [12]

tribologische Belastungen an der Kontaktfläche zwischen Werkstück und Werkzeug auftreten können. Gleichzeitig sind deutlich höhere Umformkräfte als bei der Warmformgebung erforderlich. Je nach vorliegendem Gefüge ist zudem das Umformvermögen bei nichtrostenden Stählen begrenzt, was den technisch realisierbaren Umformgrad ebenfalls begrenzt.

Aufgrund der höheren bzw. steigenden Festigkeit infolge des Umformvorgangs und der schlechteren Wärmeleitfähigkeit bei austenitischen oder ferritisch-austentischen Gefügen ist zudem eine Steigerung der tribologischen Belastung und des Werkzeugverschleißes gegeben.

Zu beachten ist, dass zuvor unmagnetische austenitische rostfreie Stähle infolge der Massivumformung lokal ferromagnetische Eigenschaften entwickeln können, also von einem Magneten angezogen werden. Dieser Effekt, der auf die partielle Umwandung des austenitischen Gefüges in Verformungsmartensit zurückgeführt werden kann, tritt in Abhängigkeit der Temperatur bei den sogenannten metastabilen Austeniten auf und geht mit einer Festigkeits- und Härtezunahme einher (vgl. 3.3.1.4 Austenitstabilität).

Das Umformen in kaltem Zustand beinhaltet eine Vielzahl von plastischen Formänderungen. Zur klaren Abgrenzung gegenüber der Warmformgebung liegt eine Kaltumformung vor, wenn während der Umformung keine Rekristallisation stattfindet. Aufgrund der aufgebrachten Umform- und Reibleistung kann allerdings sehr wohl eine deutliche Erwärmung der Werkzeugoberfläche vorliegen; je nach Bauteil und Umformgrad können die Temperaturen von bis zu 400 °C sein. Eine weiterführende Unterteilung erfolgt auf Grundlage der auftretenden Spannungen im Werkstück, welche zur gewünschten Formgebung führen. Abbildung 9 stellt die in DIN 8582 getroffene Unterteilung dar.

Eine gängige Unterteilung der Verfahren erfolgt nach eingesetztem Halbzeugfabrikat, und zwar zwischen der Umformung von Vollmaterial (z. B. Stabstahl bzw. Draht) und der Umformung von Flachmaterial (z. B. Blech- und Bandware). Damit verbunden ist auch die Differenzierung zwischen Massivumformung und Blechumformung. Allgemein kann hier die Aussage getroffen werden, dass bei der Umformung von Vollmaterial die Formgebung vorwiegend über Druckumformung, Stauchen oder Fließpressen erfolgt. Infolge der Variantenvielfalt der Verfahren und der weiterverarbeitenden Halbzeuge ist eine genaue Differenzierung zwischen der Massivumformung und der Blechumformung schwierig. Nachfolgend wird vertieft auf die Blechumformung eingegangen, wobei viele der dort aufgeführten Punkte auch für die Massivumformung von rostfreien Stählen zutreffen.

3.3 Blechumformung

3.3.1 Potenzial und spezifisches Verhalten

Da es sich beim überwiegenden Anteil der hergestellten Halbzeuge aus rostfreiem Stahl um Flachprodukte handelt, sind die Verfahren der Blechumformung von sehr hoher Bedeutung. Für Flachmaterial erfolgt die Formgebung über Verfahren wie Tiefziehen (Zug-Druck-Umformung), Zugumformung (Streckziehen) oder weitere Verfahren wie Abkanten, Biegerollen und Profilieren. Die Verfahren der Blechumformung werden vorwiegend auf Grundlage der Fließrichtung des Werkstoffes bezogen auf die Werkzeugbewegung eingeteilt. Einige dieser Verfahren werden nachfolgend vorgestellt.

Unabhängig von der Einteilung der Verfahren kommen für die Formgebung im kalten Zustand von nichtrostenden Stählen grundsätzlich alle technisch gängigen Umformverfahren zur Anwendung. Bei der Blechumformung ist dabei das Verfestigungsverhalten der jeweiligen Stahlgruppe dominant. Die große Bandbreite an Unterschieden in den mechanischen Eigenschaften der nichtrostenden Stähle führt dazu, dass bei der Umformung ein besonderes Augenmerk auf deren jeweilige Eignung und ihre Besonderheiten gelegt werden muss.

Die ferritischen Edelstähle sollten im geglühten Zustand, ähnlich wie unlegierte Stähle, kaltumgeformt werden. Gegenüber den austenitischen rostfreien Stählen ergibt sich somit eine geringere Umformkraft, geringere Dehnung und geringere Rückfederung. Die austenitischen Stähle lassen sich

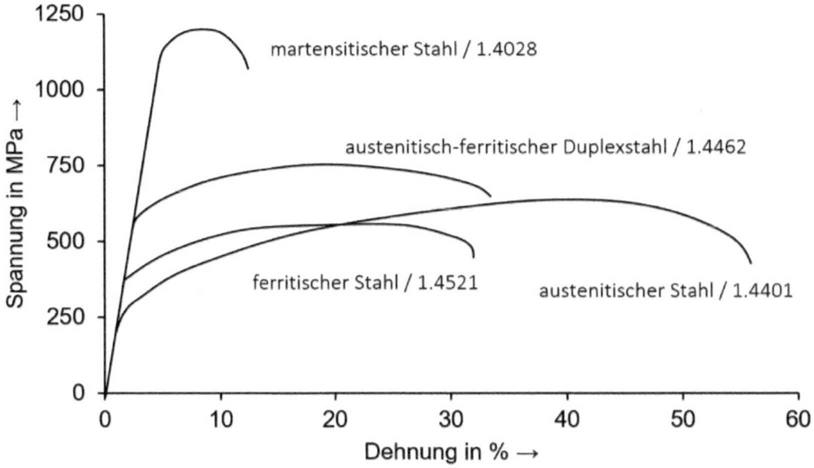

Abb. 10: Schematische Gegenüberstellung des Spannungs-Dehnungs-Diagramms von ausgewählten nichtrostenden Stählen; exemplarisch für die jeweiligen Gefügearten: Martensit, Ferrit, Austenit und austenitisches-ferritisches Mischgefüge

allgemein aufgrund des kubisch flächenzentrierten Gitters gut umformen. Der benötigte Kraftaufwand ist allerdings um 50 bis 60 % höher als bei unlegiertem Stahl mit vergleichbarer Zugfestigkeit, auch muss man mit einer stärkeren Rückfederung rechnen. [10]

Martensitische Stähle hingegen weisen ein vergleichsweise schlechtes Umformverhalten im kalten Zustand auf. Infolge der deutlich geringeren Bruchdehnung ist deren Umformpotenzial stark begrenzt.

3.3.1.1 Umformpotenzial von nichtrostenden Stählen

Als maßgeblich für die Möglichkeit der Umformung und somit Formgebung bei metallischen Werkstoffen werden die mechanischen Kennwerte und das resultierende Verfestigungsverhalten angesehen. Grundsätzlich lassen sich aus dem Kraft-Weg- bzw. dem Spannungs-Dehnungs-Diagramm entscheidende Kennwerte wie beispielsweise die 0,2 %-Dehngrenze, Zugfestigkeit sowie Gleichmaß- und Bruchdehnung und das Streckgrenzenverhältnis ablesen (Abbildung 10).

Das Streckgrenzenverhältnis als Quotient aus 0,2 %-Dehngrenze und Zugfestigkeit dient als hilfreiche Grundlage, um eine Aussage zum Umformverhalten eines Werkstoffes zu treffen. Zu beachten ist, dass die plastische und somit bleibende Verformung von fertigungstechnischer Bedeutung ist. Vergleicht man am Beispiel des Spannungs-Dehnungsverlaufes in Abbildung 10 die beiden Werkstoffe 1.4521 (ferritischer nichtrostender Stahl / kubisch raumzentriertes Kristallgitter) und 1.4401 (austenitischer nichtrostender Stahl / kubisch flächenzentriertes Kristallgitter), so lässt sich daraus ein signifikanter Unterschied im vorliegenden Streckgrenzenverhältnis herauslesen. Für den austenitischen Werkstoff / 1.4401 liegt die Streckgrenze zwar unter dem des ferritischen Werkstoffes / 1.4521, allerdings ist die Zugfestigkeit des Austenits deutlich höher. Gleichzeitig ist die erreichte Bruchdehnung beim austenitischen Werkstoff um ca. 80 % höher als die des ferritischen Werkstoffes.

Aus dieser einachsigen Zugbelastung lässt sich ableiten, dass der austenitische Werkstoff grundsätzlich ein besseres Umformverhalten und auch ein ausgeprägteres Verfestigungsverhalten aufweist. Da für die meisten Fertigungsverfahren rein einachsige Spannungszustände nicht zutreffen, lassen sich so erfasste Kennwerte nur bedingt für Simulation eines Umformprozesses heranziehen. Beispielsweise liegt bei einem gewalzten Blech eines austenitischen nichtrostenden Stahls, z. B. 1.4301, die Bruchdehnung bei einachsiger Belastung bei ca. 50 bis 60 %. Wird derselbe Werkstoff hingegen durch Abwalzen einer mehrachsigen Beanspruchung ausgesetzt, so ist das Erreichen eines Umfomgrades von über 80 % bezogen auf die Ursprungsdicke möglich, ohne dass ein Versagen des Bleches auftritt.

Für die Beschreibung des Formänderungsvermögens ist somit der Spannungszustand (einachsig- oder mehrachsig) sowie der Einfluss einer möglichen Anisotropie des Vormaterials zu berücksichtigen. Dennoch kann anhand eines klassischen Zugversuches eine qualitative Aussage zum Umformverhalten eines Werkstoffes getätigt werden, indem die Steigung des Spannungs-Dehnungs-Diagramms nach Erreichen der Streckgrenze als Maß für das Verfestigungsverhalten genutzt wird.

3.3.1.2 Anisotropes Verhalten bei der Umformung

Es gilt zu beachten, dass die auf einachsigen Belastungszuständen basierenden Kenngrößen (0,2 %-Dehngrenze, Zugfestigkeit, Dehnung etc.) nicht ausreichen, um beispielsweise das Tiefziehverhalten zu beschreiben. Bereits bei einfachen Umformprozessen zeigt sich, dass das Stoffflussverhalten beschrieben werden muss. Da nichtrostender Edelstahl zu einem Großteil als Flachprodukt im gewalzten Zustand am Markt verfügbar ist, liegen durch den Walzprozess bereits richtungsabhängige mechanisch-technologische Eigenschaften vor. Die erzeugte Anisotropie durch die Walzbehandlung kann zwar durch Rekristallisationsglühung teilweise reduziert werden, es bleibt aber ein richtungsabhängiges Stoffflussverhalten bestehen. Aus diesem Grund gilt es im Einzelfall zu prüfen, ob in Abhängigkeit der Orientierung des Ausgangsmaterials bezogen auf den Herstellprozess die Ausschussquote oder die Stabilität eines Fertigungsprozesses beeinflusst wird.

Zur Kennzeichnung und Beschreibung des anisotropen Verhaltens wird der r-Wert angewendet. Der r-Wert ist das Verhältnis der Breitenformänderung φ_b zur Dickenformänderung φ_s bei einer einachsig gereckten Flachzugprobe (Abbildung 11).

$$r = \frac{\varphi_b}{\varphi_s} \text{ mit } \varphi_b = \frac{lnb_0}{lnb_1} \text{ und } \varphi_s = \frac{lns_0}{lns_1}$$

Wie aus der vorangehenden Formel zu erkennen ist, sind r-Werte > 1 wünschenswert, da dann das vorliegende Blech einer Dickenabnahme mehr Widerstand entgegenbringt als dem plastischen Fließen entlang der Blechebene.

Die Bestimmung des r-Wertes erfolgt stets unter der Annahme der Volumenkonstanz mit der Messung der Breiten- und Längenänderung einer Probe, weil je nach Blechdicke eine Änderung in dieser Dimension aufgrund der meist geringen Abmessungen mit einem hohen relativen Fehler behaftet sein kann. Aufgrund der durch die Walzrichtung gegebenen Blechtextur erfolgt die Bestimmung des r-Wertes in der Regel unter 0°, 45° und 90° zur Walzrichtung. Der Mittelwert r_m aus diesen drei Messungen errechnet sich nachfolgender Formel:

$$r_m = \frac{r_0 + 2 * r_{45} + r_{90}}{4}$$

Ein hoher r-Wert gilt als günstig für Umformprozesse, wie beispielsweise Tiefziehen. Die planare Anisotropie Δr weist eine sehr gute Korrelation zu dem beim Tiefziehen auftretenden Zipfel auf. Dieser Wert wird berechnet nach:

$$\Delta r = \frac{r_0 + r_{90} - 2 * r_{45}}{2}$$

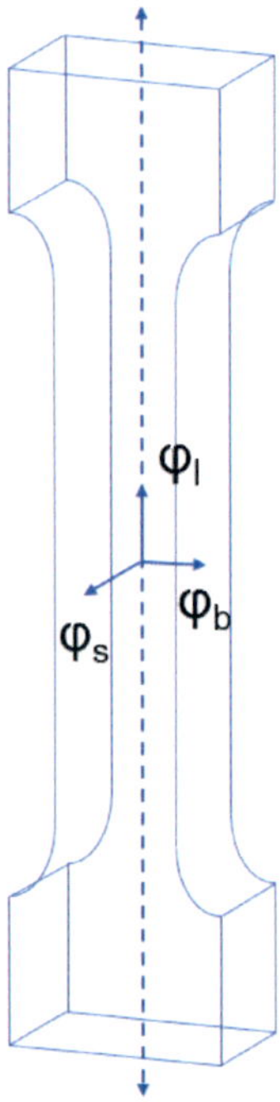

$\varphi_l = \ln l_0/l_1$ log. Formänderung der Länge

$\varphi_b = \ln b_0/b_1$ log. Formänderung der Breite

$\varphi_s = \ln s_0/s_1$ log. Formänderung der Dicke

$$r = \varphi_b / \varphi_s = \frac{\ln b_0/b_1}{\ln s_0/s_1}$$

$$r_m = (r_{längs} + r_{quer} + 2 * r_{diagonal}) / 4$$

$$\Delta r = (r_{längs} + r_{quer} - 2 * r_{diagonal}) / 2$$

Abb. 11: Definition des r-Wertes

3.3.1.3 Verfestigungsverhalten

Die Zunahme der Festigkeit bei einer plastischen Verformung infolge der Einbringung von zusätzlichen Versetzungen ist bei metallischen Werkstoffen ein weitläufig bekannter und ein technisch umfangreich genutzter Effekt. Eine Festigkeitszunahme kann insgesamt auf unterschiedliche Mechanismen zurückgeführt werden, welche je nach Legierungslage und metallischen Gefüge auch als Kombination auftreten können:

- Mischkristallverfestigung
- Korngrenzenverfestigung
- Ausscheidungsverfestigung
- Versetzungsverfestigung (Kaltverfestigung)
- Zwillingsbildung

- Martensitbildung

Die ersten drei aufgeführten Verfestigungsmechanismen kommen bei Umformprozessen insbesondere unterhalb der Rekristallisationstemperatur nur eingeschränkt zum Tragen. Dennoch sollten diese bei der Werkstoffauswahl und bei der Anwendung von thermomechanischen Belastungskollektiven im Rahmen der Herstellung von Produkten berücksichtigt werden. Die unteren drei aufgeführten Verfestigungsmechanismen sind allerdings bei Umformprozessen von großer Relevanz und müssen bei der Werkstoff- und Prozessauswahl beachtet werden.

Für die Mischkristallverfestigung sind insbesondere Kohlenstoff und Stickstoff als Interstitionselemente bei nichtrostenden Stählen maßgebend. Wie anhand von Abbildung 12 schematisch zu erkennen ist, ist der Einfluss der gängigen Substitutionselemente deutlich geringer ausgeprägt. [13]

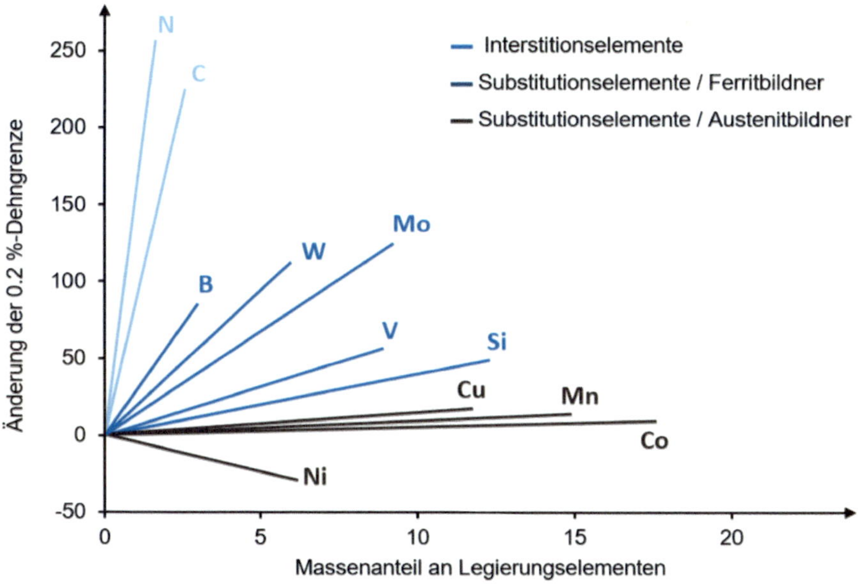

Abb. 12: Schematische Darstellung zum Einfluss verschiedener Legierungselemente auf die Festigkeit nichtrostender austenitischer Stähle nach Eckstein [13]

Die Korngrenzenverfestigung resultiert aus der Behinderung von Versetzungsbewegungen (Orowan-Mechanismus), was auch eine entsprechende Härtesteigerung mit sich bringt. Kommt es infolge der Behinderung von

Versetzungsbewegungen zu einem Aufstauen von Versetzungen in Folge der Umformung, so wird die daraus resultierende Festigkeitssteigerung als Versetzungsverfestigung bezeichnet. Tritt dieser auch als Kaltverfestigung bezeichnete Mechanismus an Korngrenzen auf, kann dieser auch als Korngrenzenverfestigung spezifiziert werden. [13,14]

Von besonderer Bedeutung für die Gruppe der austentitischen nichtrostenden Stähle ist die Zwillingsbildung und die Martensitbildung. Beide Mechanismen setzten eine Phasenumwandlung als Folge einer mechanischen Belastung bzw. eines Verformungsvorganges voraus. Diese verformungsinduzierte Phasenumwandlung, auch unter dem Begriff TRIP (engl. Transformation Induced Plasticity) bekannt, ist bei den metastabilen austenitischen Stählen ein häufig anzutreffender Effekt. Hierzu zeigt Abbildung 13 am Beispiel des Werkstoffes X5CrNi18-10 / 1.4301 den Einfluss einer zuvor erfolgten Kaltumformung an Blechmaterial auf den Spannungs-Dehnungsverlauf. Mit zunehmendem Umformgrad kommt es zu einer signifikanten Steigerung der Dehngrenze.

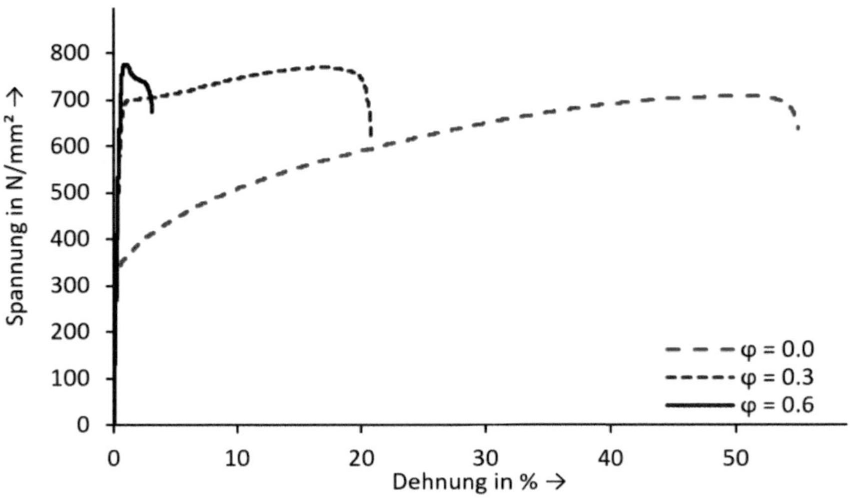

Abb. 13: Unterschied im Spannungs-Dehnungsverlauf am Beispiel von quasistatischen Zugproben aus kaltumgeformten Blechmaterial – Werkstoff: X5CrNi18-10 / 1.4301

Die hierfür verantwortliche Phasenumwandlung erfolgt vom kubisch-flächenzentrierten Metallgitter des Austenits (γ-Austenit) hin zum verspannten bzw. tetragonal verzerrten Gitter des Martensits (α`-Martensit). Insbesondere bei Stählen mit höherem Mangangehalt ist auch eine Zwischenstufenreaktion über die Phase des ε-Martensits mit hexagonal dichtester Kugelpackung möglich (Abbildung 14). [15]

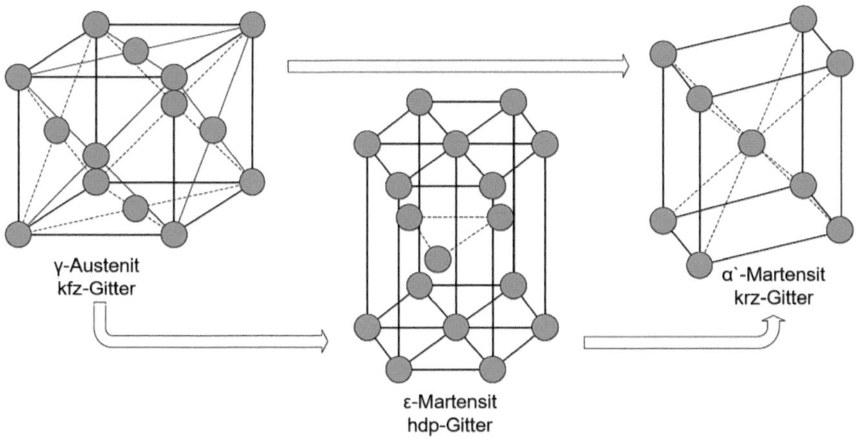

Abb. 14: Möglichkeit der Martensitevolution bei metastabilen austenitischen Stählen nach Olson [15]

Die auftretende Verfestigung und Phasenumwandlung kann nicht als Konstante beschrieben werden. Abbildung 15 zeigt hierzu am Beispiel der Werkstoffe X5CrNi18-10 / 1.4301 und X10CrNi18-8 / 1.4310, dass der Anstieg der Martensitphase nicht linear verläuft. Gleichzeitig lässt der unterschiedliche Verlauf der beiden Kurven erkennen, dass ein Einfluss der vorliegenden Legierungselemente existiert. Insbesondere Ni, Mn, Cu und N wirken sich neben dem Kohlenstoffgehalt auf die Austenitstabilität aus. Für das Umformverhalten gilt zu beachten, dass sich sowohl die chemische Zusammensetzung des Werkstoffes als auch die Phasenumwandlung auf die Gleichmaßdehnung auswirken. Mit sinkendem Anteil der oben genannten Legierungselemente erfolgt im begrenzten Umfang eine Zunahme der Gleichmaßdehnung. Dem wirkt allerdings die sinkende Austenitstabilität entgegen. Hieraus resultieren kritische legierungsspezifische Werte für die chemische Zusammensetzung, bei deren Unterschreiten die Gefahr der Sprödbruchneigung vorliegt, was sich wiederum negativ auf das Umformverhalten auswirkt.

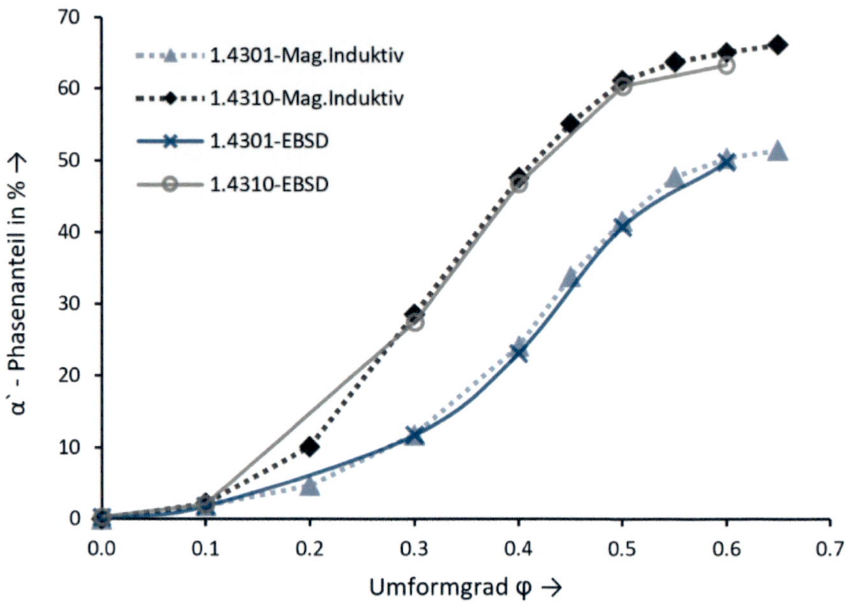

Abb. 15: Martensitevolution von zwei metastabilen austenitischen Stählen bei unterschiedlichen Umformgraden, erzeugt durch mehrstufiges Kaltwalzen mit Gegenüberstellung der Messwerte von magnetinduktiver Messung und Gefügeauswertung mittels EBSD

Die optimale Dehnfähigkeit und somit das optimale Umformverhalten steht demnach nur bedingt in direktem Zusammenhang mit der Stabilität des austenitischen Gefüges und kann durch die Schmelzanalyse, aber auch durch Faktoren wie die Korngröße beeinflusst werden. Bei mehrstufigen Umformoperationen ist die zum Teil starke Verfestigung bei Einzelschritten meist unerwünscht (siehe Abbildung 13). Diesem Effekt kann beispielsweise durch eine gezielte Temperaturführung bei Tiefziehprozessen begegnet werden.

Da die Phasenumwandlung $\gamma \longrightarrow \alpha'$ nur bei den metastabilen austenitischen Stählen auftritt, weisen diese auch eine deutlich stärker ausgeprägte Verfestigung auf (siehe Abbildung 16). Dies erklärt mitunter auch, dass sich Austenite gegenüber den Ferriten besser für Umformoperationen mit höheren Umformgraden eignen, bei denen eine überwiegende Streck-Zieh-Beanspruchung vorliegt.

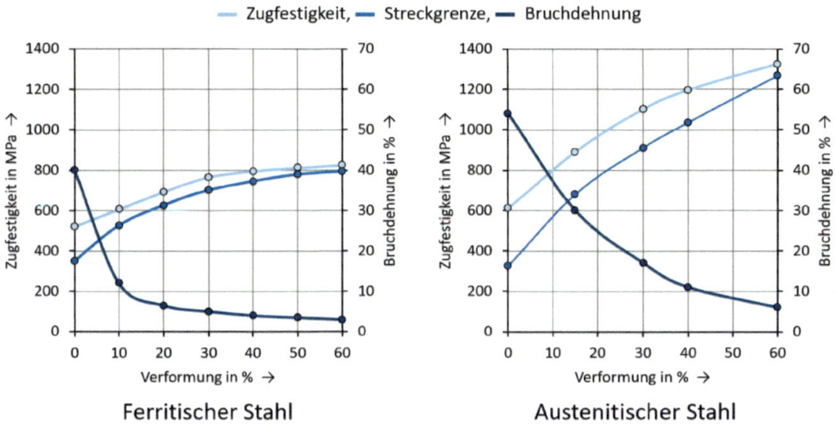

Abb. 16: Verfestigungsverhalten - Vergleich ferritischer / austenitischer Stahl

3.3.1.4 Austenitstabilität

Wie der Vergleich der beiden austenitischen Stähle in Abbildung 15 zeigt, ist das Umformverhalten und somit auch die Stabilität eines austenitischen Stahls von der chemischen Zusammensetzung abhängig. Dies gilt es auf jeden Fall zu beachten, wenn eine Verfestigung bei der Weiterverarbeitung vermieden werden soll, oder diese für die technischen Eigenschaften eines Endproduktes gewünscht ist. Austenitische Stähle, die infolge des Umformvorgangs partiell zu Martensit umformen können, gelten als metastabil.

Zu den metastabilen austenitischen Stählen gehören beispielsweise die handelsüblichen Nickel-Austenite 1.4301, 1.4310, 1.4318 oder auch der Mangan-Austenit 1.4376. Deren Legierungslage zeichnet sich dadurch aus, dass sich die austenitische Phase bei Raumtemperatur in einem metastabilen Zustand befindet. Durch die plastische Deformation im Umformprozess kommt es zur verformungsinduzierten Martensitbildung, wodurch sowohl die mechanischen als auch die magnetischen Eigenschaften maßgeblich beeinflusst werden.

Der Einfluss der vorliegenden Temperatur bei der Kaltumformung auf den sich bildenden Verformungsmartensit ist in Abbildung 17 am Beispiel des Werkstoffs 304 (vergleichbar mit 1.4301) dargestellt. Zu erkennen ist, dass mit Abnahme der Umformtemperatur eine deutliche Zunahme des Umformmartensits auftritt.

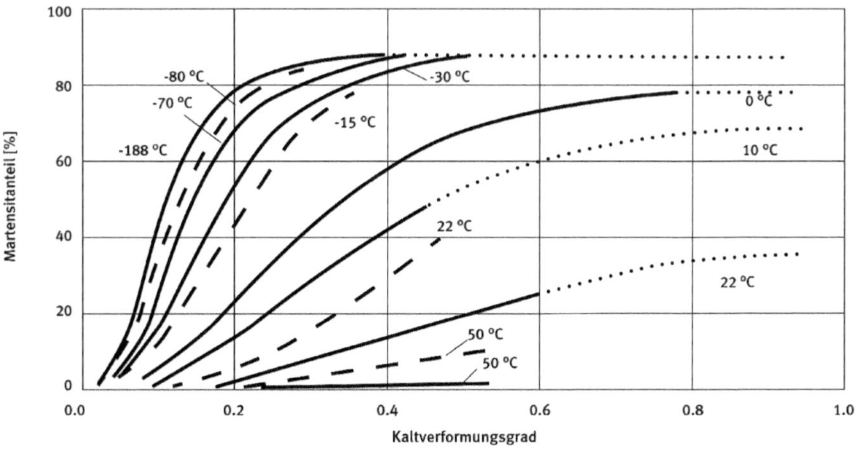

Abb. 17: Ausmaß der Bildung von Verformungsmartensit bei einem austenitischen korrosionsbeständigen Stahl vom Typ 304 als Funktion des Kaltverformungsgrads bei unterschiedlichen Kaltverformungstemperaturen, gepunktete und gestrichelte Linien zeigen Extrapolationen nach [16,17,18,19,20]; Quelle [21]

Für die Bestimmung, ob ein austenitischer Stahl als metastabil und somit anfällig für die oben beschriebene Phasenumwandlung ist, kann auf empirisch ermittelte Formeln auf Grundlage der chemischen Zusammensetzung zurückgegriffen werden. Zur Beschreibung der Phasenumwandlung werden die aus der Wärmebehandlung bekannten Grenztemperaturen M_s und M_d herangezogen, die den Bereich der Martensitbildung entsprechend einschränken.

Als Martensitstarttemperatur Ms ist diejenige Temperatur definiert, ab der bei Abkühlung eine martensitische Phasenumwandlung stattfindet. Die Md-Temperatur ist die Temperatur, bei der eine durch Umformung induzierte martensitische Phasenumwandlung gerade noch stattfinden kann. Liegt die Temperatur höher, so ist eine durch Umformung induzierte Phasenumwandlung nicht mehr möglich. Bei metastabil austenitischen nichtrostenden Stählen liegt diese über der Ms-Temperatur. Da die Ermittlung von Md eine experimentelle Herausforderung darstellt, wird die Md_{30}-Temperatur als gängige Kenngröße angewendet. Bei dieser Temperatur liegt im einachsigen Spannungszustand bei 30 % Umformung ein α'-Phasenanteil von 50 % vor [14].

Nachfolgend werden ausgewählte empirische Berechnungsansätze verschiedener Autoren aufgeführt. Die Unterschiede in den Ansätzen sind mitunter auf die verschiedenen angewendeten Modelllegierungen im Rahmen der Erarbeitung dieser Modelle zurückzuführen. In der Anwendung bietet die Berechnung der M_s- und M_{d30}-Temperatur die Möglichkeit zur Abschätzung, ob eine Legierung gefährdet ist, dass Umformprozesse bei niedrigen Temperaturen zur Martensitbildung führen. Ebenfalls ist ein Vergleich von unterschiedlichen Legierungen auf dieser Grundlage möglich.

Neben der chemischen Zusammensetzung spielen mitunter weitere Faktoren wie die vorliegende Korngröße oder auch Ausscheidungen im Gefüge eine wichtige Rolle. Diesem Aspekt trägt beispielsweise der zweite Berechnungsansatz für Md_{30} nach Nohara durch das Einbeziehen der Korngrößenzahl Rechnung. [22,23]

Berechnung der Martensitstarttemperatur M_s nach Autoren:

nach Eichelmann [24] ... in °C

$$Ms = 1350 - 1655 * (\%C + N) - 28 * (\%Si) - 33(\%Mn) - 42 * (\%Cr) - 61 * (\%Ni)$$

nach Kulmburg [25] ... in °C

$$Ms = 492 - 125 * (\%C) - 65.5 * (\%Mn) - 10 * (\%Cr) - 29 * (\%Ni)$$

nach Monman [26] ... in °C

$$Ms = 2160 - 66 * (\%Cr) - 102 * (\%Ni) - 2629 * (\%C + \%N)$$

Berechnung der Umwandlungstemperatur M_{d30} nach Autoren:

nach Angel [18] ... in °C

$$Md_{30} = 413 - 462 * (\%C + \%N) - 9.2 * (\%Si) - 8.1 * (\%Mn) - 13.7 * (\%Cr) - 9.5\ (\%Ni) - 18.5 * (\%Mo)$$

nach Lewis [27] ... in °C

$$Md_{30} = 2462 - 14.4 * KG - 116.1 * (\%Cr) - 134.1 * (\%Mn)$$

nach Nohara [22] ... in °C

$$Md_{30} = 551 - 462 * (\%C + \%N) - 9.2 * (\%Si) - 8.1 * (\%Mn) - 13.7 * (\%Cr) - 29 * (\%Ni + \%Cu) - 18.5 * (\%Mo) - 68 * (\%Nb)$$

$$Md_{30} = Md_{30}(Nohara) - 1.42 * (KG - 8)$$

KG ... Korngrößenzahl gem. ASTM E112

Wenngleich für die praktische Anwendung die oben aufgeführten Berechnungsansätze im ersten Moment als nur bedingt tauglich erscheinen, kann auf deren Grundlage eine erste Abschätzung und auch ein Vergleich der Austenitstabilität von unterschiedlichen Legierungslagen erfolgen.

Neben der Möglichkeit zur Einstellung des Umformverhaltens über die chemische Zusammensetzung bietet auch die gezielte Temperaturführung während des Umformvorgangs eine maßgebliche Stellgröße (siehe Abbildung 18). Darüber hinaus kann die Bildung von Umformmartensit beim Abschrecken nach einer Glühbehandlung sowie beim Umformen über die Temperaturführung gezielt gesteuert bzw. beeinflusst werden. Je nach gewünschten mechanischen Eigenschaften des Werkstoffes bzw. des Bauteils können diese somit explizit eingestellt werden.

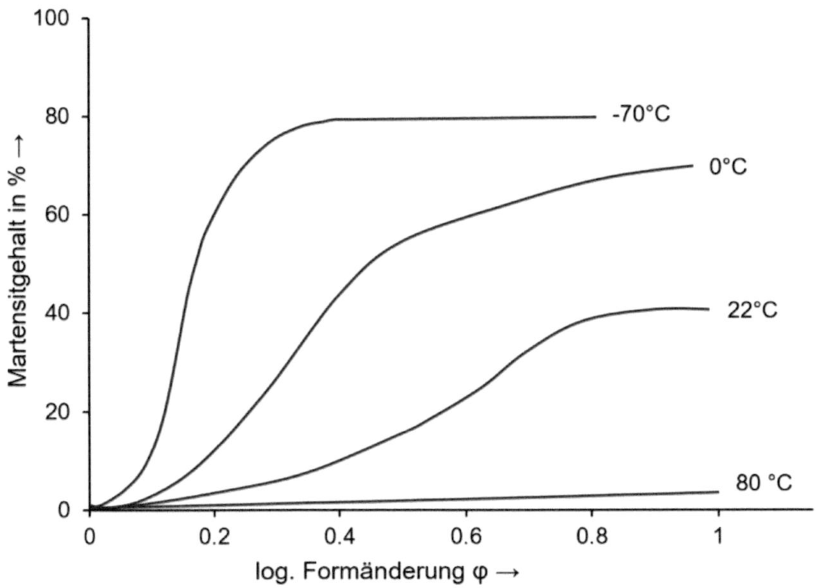

Abb. 18: Martensitbildung bei plastischer Umformung eines metastabilen austenitischen Stahls bei verschiedenen Umformungstemperaturen nach Angel [18]

Für komplexe Umformprozesse mit mehreren Einzelschritten wird eine ganzheitliche Systembetrachtung empfohlen, welche insbesondere eine mögliche Verfestigung bzw. eine mögliche Phasenumwandlung sowie die lokalen Spannungszustände berücksichtigt. Eine Abstimmung mit dem

Stahlhersteller bzw. den Stahllieferanten ist in den meisten Fällen erforderlich. Umformsimulationen, um das lokale Verfestigungsverhalten der Bauteile zu bestimmen, sind insbesondere bei mehrstufigen Prozessen meist unumgänglich, um einen stabilen und langfristig kosteneffizienten Fertigungsprozess sicherzustellen.

3.3.2 Prüfverfahren zur Kennzeichnung des Umformverhaltens

Um die Eignung eines vorliegenden Materials in Bezug auf die Anwendbarkeit für Umformverfahren zu beschreiben, ist das Heranziehen von einaxial ermittelten Kennwerten des konventionellen Spannungs-Dehnungs-Diagramms nur eingeschränkt ausreichend. Umformprozesse wie das Tiefziehen oder das Streckziehen bringen auf das Material mehraxiale Belastungen auf. Insbesondere das Streckziehen führt in der Regel auch zu einer gewollten Vergrößerung der Werkstückoberfläche und einer Reduktion der Wandstärke. Je nach Umformgrad und nach Eignung des vorliegenden Materials führt dies zu einer ungewollten Veränderung der Bauteiloberfläche, was sich bereits optisch abzeichnet. Für die Blechprüfung steht somit die Ermittlung der Streck- und Tiefziehfähigkeit im Vordergrund. Hierfür wurden verschiedene Prüfverfahren entwickelt, auf die nachfolgend eingegangen wird (siehe Tabelle 3).

Prüfung auf	Modellversuch	Stoffflussuntersuchung
Tiefziehfähigkeit Blechoberfläche bleibt konstant bzw. wird verringert	Näpfchenprüfung Grenzziehverhältnis (mit Flachbodenstempel)	Grenzformänderungs-analyse
Streckziehfähigkeit Blechoberfläche wird vergrößert	Erichsentiefung Kalottenzug Bulge-Test Grenzziehverhältnis (mit Halbkugelstempel)	Finite-Elemente-Methode

Tab. 3: Modellversuche zur Ermittlung der Umformeigenschaften

Wie oben beschrieben, wird beim Tiefziehen ein ebener Zuschnitt dadurch umgeformt, dass ein Stempel diesen durch einen Ziehring hindurchdrückt. Dabei wird die zur Umformung notwendige Kraft vom Ziehstempel auf den Boden dieses Ziehteils, über die Bodenrundung und die Wand des Ziehteils

(Zarge) in den eigentlichen Umformbereich übertragen (Abbildung 19). Erfolgt das Tiefziehen mit Niederhalter, liegt der Umformbereich zwischen Ziehring und Niederhalter. Hier erfolgt die Umformung durch radiale Zugspannungen, die wiederum tangentiale Druckspannungen bewirken. Die Krafteinleitungszone (Ziehboden) ist nicht identisch mit der Umformzone (Flansch).

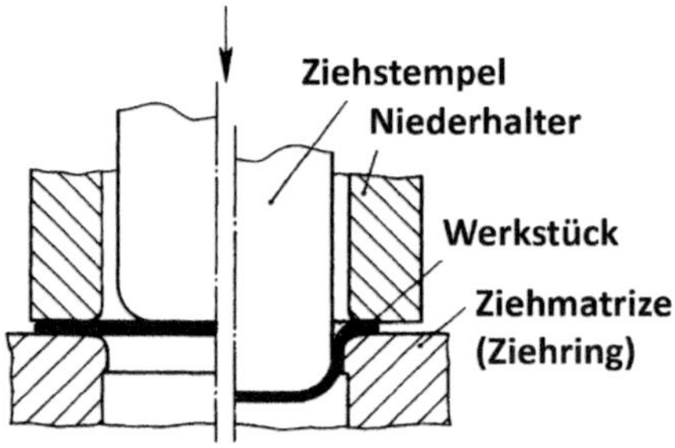

Abb. 19: Schematische Darstellung des klassischen Tiefziehens mit Niederhalter

3.3.2.1 Ermittlung des Grenzziehverhältnisses

Die maximal übertragbare Umformkraft wird somit durch die Abreißkraft im Ziehteilbodenbereich begrenzt. Um nun eine Beurteilung des Tiefziehverhältnisses vorzunehmen, ist die Ermittlung des Grenzziehverhältnisses bei der Näpfchenprüfung β_{max} erforderlich. Dieses Verhältnis ist als der größtmögliche, ziehbare Rondendurchmesser D_{max} bezogen auf den Stempeldurchmesser d_0 des Tiefziehkwerkzeuges definiert:

$$\beta_{max} = \frac{D_{max}}{d_0}$$

In der Praxis kommen hierbei unterschiedliche Ziehdurchmesser, z. B. 33 mm, 100 mm oder 150 mm zur Anwendung, um nach Möglichkeit ähnliche Bedingungen und Größenordnungen wie beim gewünschten Umformbauteil zu haben. Dies ist auch von Bedeutung, da die Spannungsverteilung bezogen auf die vorliegende Blechdicke sowie der Einfluss der Oberflächenrauheit nur stark begrenzt auf eine unterschiedliche Bauteilgröße übertragen werden können.

Zur Ermittlung des Grenzziehverhältnisses werden im kritischen Bereich mehrere Ronden von geringfügig unterschiedlichem Durchmesser gezogen. Mit zunehmendem Rondendurchmesser entsteht bei gleichem Stempeldurchmesser jeweils ein Napf mit höherer Napfwand. Es wird festgestellt, welche Ronde sich gerade noch ziehen lässt. In weiterer Folge wird durch Bildung des Quotienten aus maximal ziehbaren Rondendurchmesser zu Tiefziehteildurchmesser das Grenzziehverhältnis berechnet. Bei rostfreien Stählen weisen ferritische Stähle, wie beispielsweise der Werkstoff 1.4016 ein hohes Grenzziehverhältnis $\beta_{max} > 2.0$ auf. Gegenüber Beanspruchungen durch Streckziehen eignen sich Ferrite hingegen nur eingeschränkt, dennoch sind sie infolge ihres guten Fließverhaltens insbesondere metastabilen austenitischen Stählen überlegen. In Einzelfällen gilt zu berücksichtigen, dass es bei einzelnen Werkstoffen zu einem zeitverzögerten Auftreten von Spannungsrissen wenige Stunden bis Tage nach der eigentlichen Umformung in Form des sogenannten „delayed cracking" kommen kann.

Instabile bzw. metastabile austenitische Stähle neigen zu diesem Phänomen der verzögerten Rissbildung, wenn sie durch Tiefziehen stark verformt werden. Dies ist auf die dehnungsinduzierte Umwandlung von Austenit in Martensit während des Umformvorgangs zurückzuführen. Diese Umwandlung hängt sowohl von der chemischen Zusammensetzung sowie von der Temperatur und der Umformgeschwindigkeit während der Umformung ab. Die Martensitbildung kann beim Streckziehen von Vorteil sein, da die damit verbundene Kaltverfestigung die Neigung zur Einschnürung begrenzt. In Bereichen dicker Bauteile, in denen die Verformung als Ziehen erfolgt, kann eine übermäßige Bildung von dehnungsinduziertem Martensit jedoch zu einer verzögerten Rissbildung führen, wenn das Ziehverhältnis über einem kritischen Wert für die betreffende Temperatur liegt.

Wird die für das Tiefziehen notwendige Kraft als Funktion des Rondendurchmessers aufgetragen, erhält man bis zum Erreichen der maximalen Ziehkraft theoretisch einen linearen Zusammenhang. Davon ausgehend ist es somit möglich, aus drei Ausgangsrondendurchmessern das Grenzziehverhältnis zu bestimmen. Zwei Proben mit unterschiedlichem Durchmesser ergeben den Anstieg der Gerade für die Tiefziehkraft, die dritte Ronde liefert die Abreißkraft. Der Schnittpunkt dieser Linien ergibt das Grenzziehverhältnis.

Mithilfe des so ermittelten Grenzziehverhältnis lässt sich das Umformverhalten von Werkstoffen und Materialchargen auch in Verbindung mit Einflussfaktoren wie der Oberflächenrauheit für das Tiefziehen bestimmen. Wenngleich die klassischen Versuche infolge von umfangreichen digitalen Werkzeugdatenbanken und Umformsimulationen und dazugehörigen Modellen augenscheinlich verstärkt in den Hintergrund treten, bieten sie insbesondere für die Qualitätssicherung, aber auch für Vorversuche eine hilfreiche und meist kostengünstige Ergänzung.

3.3.2.2 Erichsentiefung

Die Prüfung der Eignung eines Materials auf dessen Umformeigenschaften ist nach DIN EN ISO 20482 festgelegt und beschreibt den Ziehversuch nach Erichsen. Hierbei wird ein Blechzuschnitt zwischen einem Blechhalter und einem Ziehring so eingespannt, dass beim Einbeulen mittels halbkugelförmigen Stempels kein Material nachließen kann. Die so entstehende Tiefung erfolgt nur durch die Streckung des Materials innerhalb der Einspannung und damit infolge der Blechdickenreduktion im kreisförmigen, frei verformbaren Bereich. Abbildung 20 zeigt schematisch den Aufbau des Werkezuges für die Erichsentiefung nach DIN EN ISO 20482.

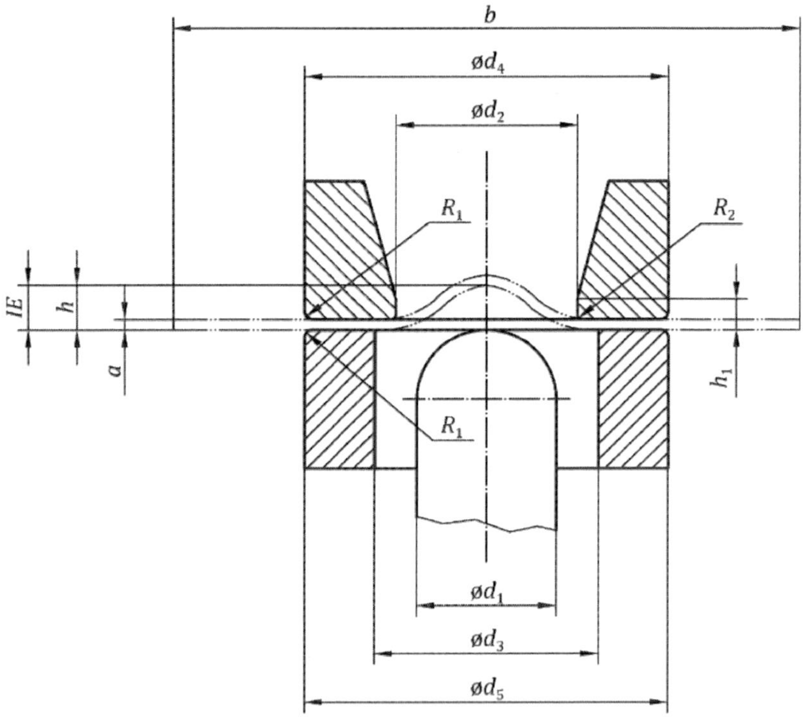

Abb. 20: Schematische Darstellung – Erichsen-Tiefung nach DIN EN ISO 20482

Die erreichbare Tiefe ohne Anrisse wird als Maß für die Umformbarkeit des untersuchten Materials herangezogen. Entstandene Risse liefern anhand ihrer Form, ihres Aussehens und des Rissverlaufs Hinweise auf die Umformbarkeit des Werkstoffes.

Die Prüfung der Erichsentiefung weist ein relativ ungünstiges Verhältnis zwischen Umformvolumen und Blechdicke auf. Um das Verhalten von größeren Blechanteilen in die Prüfung einzubeziehen, kann im Labor die Tiefung mit einem größer dimensionierten Kalottenzug durchgeführt werden. Wie die Oberflächenrauheit und lokale Ungänzen sich stark auf das Umformverhalten und die Neigung zu Rissen auswirken kann, wirkt sich die Prüfung von größeren Blechabschnitten auch positiv auf die Reproduzierbarkeit und die Aussagekraft der Messwerte aus. Da die auftretende Reibung zwischen Stempel und Blech eine Beeinflussung des Umformverhaltens bewirken kann, wird bei Bedarf mit reibungsreduzierenden Einlagen gearbeitet.

3.3.2.3 Bulge-Test

Eine Alternative hierzu stellt der Bulge-Test nach ISO 16808 dar (siehe Abbildung 21). Dieses Verfahren, das ebenfalls zur Ermittlung von Blechumformeigenschaften dient, nutzt anstelle eines metallischen Stempels Hydrauliköl. Mithilfe des hydraulischen Tiefziehversuchs wird ein biaxiales Spannungs-Dehnungs-Diagramm erstellt, wobei das Verfahren in der Regel bis zum lokalen Anriss bzw. Bruch des untersuchten Bleches gefahren wird. Die Blechprobe wird ähnlich wie bei der Prüfung der Erichsentiefung zwischen Matrize und Blechhalter eingespannt. Anschließend wird der Hydraulikdruck auf einer Seite der Probe kontinuierlich erhöht. Dies führt zuerst zur Wölbung der Proben und anschließend zum Riss. Der hydraulische Druck verteilt sich während des Versuchs auf der Probenfläche und bewirkt somit eine gleichmäßige Belastung der Probe, wodurch die Belastung bezogen auf die Blechoberfläche immer als biaxial angesehen werden kann. Gleichzeitig liegt keine mechanische Reibung zwischen Stempel und Blech vor, wodurch das Umformverhalten beeinflusst wird. Im Rahmen der Versuchsdurchführung nach ISO 16808 erfolgt die Messung der Verformung des Blechs unter Zuhilfenahme eines optischen Messsystems. Dadurch ist es möglich, eine Spannungs-Dehnungskurve für den gesamten Umformvorgang zu erstellen.

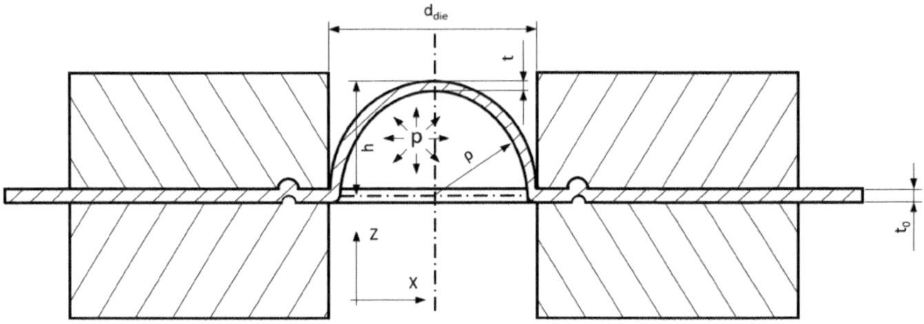

Abb. 21: Schematische Darstellung des Versuchs zur Bestimmung des diaxialen Dehnungsverhalten mittels hydraulischem Tiefungsversuch nach ISO 16808; [28]

3.3.2.4 Lochaufweitverfahren

Das Lochaufweitverfahren ist infolge von spezifischen Umformvorgängen an Blechmaterial von praxisnaher Bedeutung und wird daher ebenfalls zur Bewertung des Umformvermögens herangezogen. Bei diesem Verfahren wird ein mittig gelochter Blechzuschnitt mit einem definierten, zylindrischen Stempel vertieft oder durch einen Stempel mit definierter Spitze aufgeweitet. Wie bei der Prüfung nach Erichsen wird die Probe so eingespannt, dass ein radiales Nachfließen des Materials bei der Tiefung vermieden wird. Beim Verfahren mit zylinderförmigem Stempel entsteht eine napfförmige Vertiefung, wodurch es zur Querschnittsreduktion bzw. zur Oberflächenvergrößerung kommt. Der für die Bildung der Seitenwand nötige Werkstoff fließt aus dem Boden der Vertiefung radial über den Stempelradius. Die sich mittig auf dem Stempelboden befindliche Bohrung wird dadurch aufgeweitet. Ist das Umformvermögen erschöpft, entstehen Risse im Randbereich des aufgeweiteten Lochs (Abbildung 22). Beim Verfahren mit angespitztem Stempel nach ISO 16630 wird der Stempel mittig in das Loch gedrückt, wodurch es zur Umformung und Aufweitung im Bereich des Loches kommt. Ist das Umformvermögen des Materials erschöpft, kommt es auch dort zu Rissen im Randbereich des Loches.

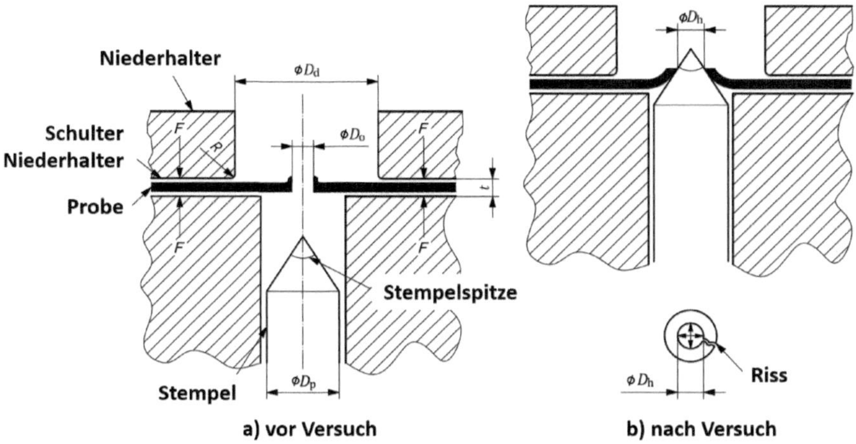

Abb. 22: Schematische Darstellung zum Lochaufweitungsversuch nach ISO 16630; Quelle [29]

Für beide Varianten der Versuchsdurchführung erfolgt die Berechnung der Lochaufweitung nach folgender Formel:

$$A = \frac{d_1 - d_0}{d_0} \times 100[\%]$$

A steht für die Aufweitung in Prozent, d_0 und d_1 für den Ausgangs- und den Enddurchmesser der Bohrung.

Um eine möglichst hohe Lochaufweitung zu erzielen, ist auch eine möglichst homogene und gleichmäßige Beschaffenheit der Bohrung bzw. der Lochkante erforderlich. Bei konventionell hergestellten Löchern in Blech durch Stanzen entsteht eine lokale Kaltverfestigung im Randbereich der Lochung. Die Umformfähigkeit kann dadurch stark reduziert werden. In anspruchsvollen bzw. kritischen Fällen sollten die Lochkanten mit einer Reibahle oder durch lokales Schleifen der Schnittkante nachbearbeitet werden. Gleichzeitig wird dadurch sichergestellt, dass sich ein möglicher Stanzgrad infolge der Kerbwirkung nicht negativ auf das Ergebnis auswirkt.

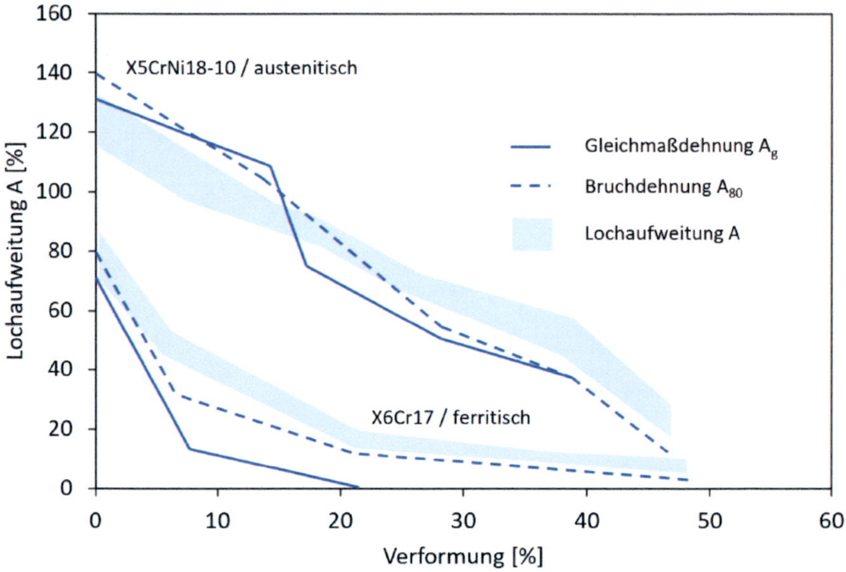

Abb. 23: Schematische Darstellung der Lochaufweitung, Bruchdehnung und Gleichmaßdehnung in Abhängigkeit der Verformung im Vergleich für den austenitischen Werkstoff X5Cr18-10 und den ferritischen Werkstoff X6Cr17 / Löcher gebohrt und aufgerieben auf d_0 = 12 mm

Abbildung 23 zeigt den Einfluss unterschiedlicher Kaltverfestigungen an den Stanzkanten auf das Aufweitverhalten, simuliert durch unterschiedlich starke Vorverformungen durch Kaltwalzen. Auffallend ist dabei der bei beiden Werkstoffen deutlich erkennbare Abfall der Lochaufweitung mit zunehmendem Verformungsgrad. Während bei ferritischen Werkstoffen, wie der hier dargestellte 1.4016, das Umformungsvermögen schon bei ca. 20 % Vorverformung erschöpft ist, lassen austenitische Werkstoffe wie der hier dargestellte 1.4301 / X.5CrNi18-10 auch noch bei 40 % Verformung eine Lochaufweitung von ca. 35 % zu. Berücksichtigt werden muss, dass bei diesem Prüfverfahren das Verhalten stark von der Blechdicke abhängig ist, sodass bei vergleichenden Untersuchungen stets auch die Blechdicke berücksichtigt werden muss.

3.3.2.5 Grenzformanalyse und weitere Einflussfaktoren

Als weitere Kennwerte zur Beschreibung des Umformverhaltens kann die Bestimmung der Härte, die Bestimmung der Oberflächenrauheit und auch die Auswertung des Gefüges auf Grundlage einer metallographischen Untersuchung herangezogen werden. Anhand der Härte kann beispielsweise eine Aussage zu einer örtlichen oder auch allgemeinen Verfestigung des Werkstoffes getroffen werden. Die Oberflächenrauheit spielt für das Umformverhalten eine entscheidende Rolle, da diese sowohl für den Reibbeiwert zwischen Werkstück und Werkzeug mitverantwortlich ist und gleichzeitig lokale Rauheitsspitzen auch als Ausgangspunkt für Einrisse dienen können. Gleichzeitig bietet eine raue Oberfläche eine entsprechende Haftfähigkeit von Schmierfilmen, die das Umformverhalten günstig beeinflussen können.

Um eine vollständige Beurteilung eines Blechwerkstoffes vorzunehmen, ist die Bestimmung des Gefügezustandes und der Korngröße sowie der Reinheitsgrad des Stahls entscheidend. Verunreinigungen im Werkstoff können durch den Umformprozess je nach Lage, Größe und Orientierung zu einer erheblichen Beeinflussung des Umformverhaltens führen, da dadurch das Fließen des Werkstoffes beeinträchtigt wird und ein verfrühtes Reißen des Werkstückes auftreten kann.

Bei der Umformung von Blechzuschnitten zu Hohlwaren liegt in den meisten Fällen eine Überlagerung von unterschiedlichen Belastungsarten bzw. Dehnungsrichtungen vor, eine reine Tiefzieh- oder Streckziehbeanspruchung ist nur selten der Fall. Die lokalen Verformungen während und nach der Umformung werden dabei in die wahren Hauptdehnungen ε1, meist in Längsrichtung (bei kreisförmigen Teilen manchmal εr für die radiale Dehnung) und ε2 in Querrichtung (oder εc für die Umfangsdehnung bei kreisförmigen Teilen) beschrieben. Die verschiedenen Kombinationen dieser beiden Hauptdehnungen, die zum Beginn der Einschnürung oder des Bruchs führen, können in einem Diagramm aufgetragen werden, um sogenannte Grenzformänderungskurven zu erhalten. Abbildung 24 zeigt die Formänderungskurve des ferritischen Werkstoffs 1.4016 / X6Cr17 und Abbildung 25 die Formänderungskurve für den austenitischen Werkstoff 1.4301 / X5CrNi18-10. Da es beim Ziehen nur zu positiven Dehnungen kommt, ist nur dieser Teil der Ordinatenskala (ε1) dargestellt. Die Ordinatenachse trennt die Bereiche der lateralen Dehnung ($\varepsilon 2 > 0$) und der Schrumpfung ($\varepsilon 2 < 0$).

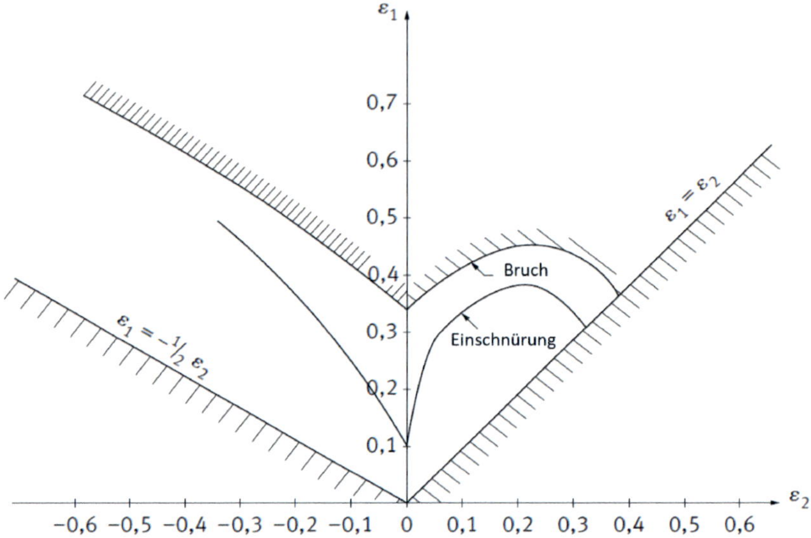

Abb. 24: Formänderungskurve für den ferritischen Werkstoff 1.4016 / X6Cr17 [30]

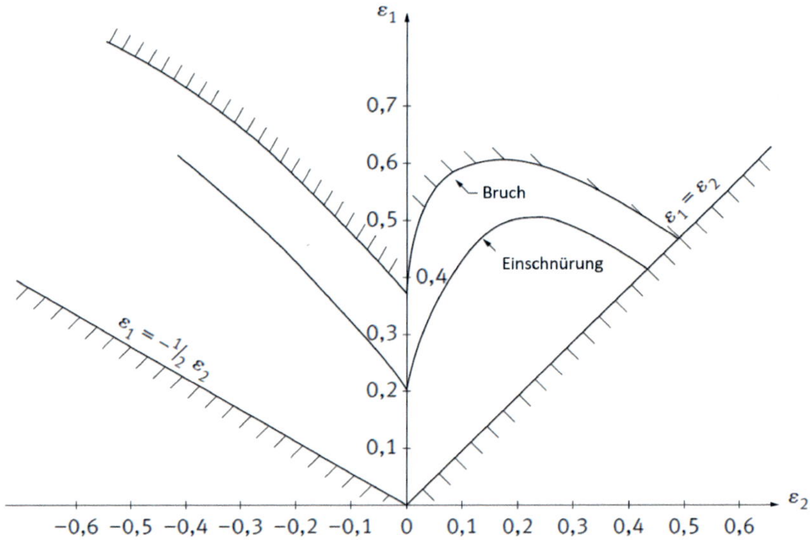

Abb. 25: Formänderungskurve für den austenitischen Werkstoff 1.4301 / X5CrNi18-10 [30]

Die Ermittlung der Hauptdehnungen ε1 und ε2 erfolgt entweder aus den Gesamtmaßänderungen einfacher Probekörper oder aus der lokalen Verformung von gezeichneten Rastern (Gittern), die vor den Ziehversuchen auf die Oberfläche der Rohlinge gedruckt bzw. geätzt werden. Diese werden nach dem Versuch vermessen, sodass die lokal aufgetretene Verformung nachträglich bestimmt werden kann. Die für die Messung der Hauptdehnungen verwendeten Markierungen bestehen im Allgemeinen aus sich überlappenden Kreisen mit einem Durchmesser von 2 mm, die durch elektrochemisches Ätzen hergestellt werden.

Bei einer rein einaxialen Verformung würde die Streckung der dargestellten Kreise nur in eine Richtung mit Stauchung quer zur Streckrichtung erfolgen, sodass Ellipsen entstehen. Im Bereich einer Streckziehbeanspruchung werden die Ausgangskreise vergrößert. Bei Tiefziehbeanspruchung ergeben sich wiederum Ellipsen.

Die Modellierung ist die mathematische Simulation eines Ziehvorgangs durch Umformsimulationen, beispielsweise auf Grundlage der Finite-Elemente-Methode, sie kann angesichts der umfangreichen Verfügbarkeit von Rechenkapazitäten sowie verschiedener Softwarelösungen als Stand der Technik angesehen werden. Die Implementierung der verschiedenen Einflussfaktoren, beispielsweise die Verfestigungsmechanismen oder auch mögliches anisotropes Verhalten des Rohlings, erfordert ausreichende Datensätze und gegebenenfalls Validierungen der Simulationsergebnisse. Ein entscheidender Mehrwert von Umformsimulationen besteht in der Anwendbarkeit bei komplexen oder mehrstufigen Umformprozessen. Ein weiteres Anwendungsfeld bietet die Gestaltung und Auslegung von Umformwerkzeugen, um dort auftretende Spannungen zu simulieren, um den Werkzeugverschleiß möglichst zu reduzieren.

3.3.3 Verfahren zur Blechbearbeitung

Die Herstellung von Fertigteilen aus Blech und Feinblech kann in verschiedene Fertigungsverfahren unterteilt werden. Eine Auswahl von Verfahren bieten die in DIN 8584 aufgeführten Verfahren des Zugdruckumformens (Abbildung 26) – beispielsweise das Tiefziehen – und die in DIN 8585 aufgeführten Verfahren des Zugumformens (Abbildung 27) – beispielsweise das Tiefen bzw. Streckziehen.

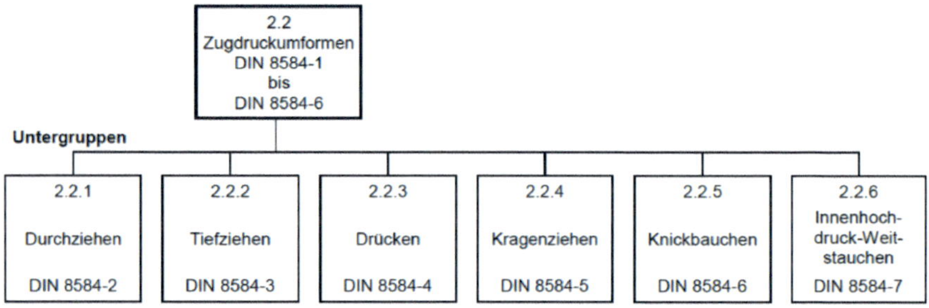

Abb. 26: Übersicht über Fertigungsverfahren des Zugdruckumformens gemäß DIN 8584 [31]

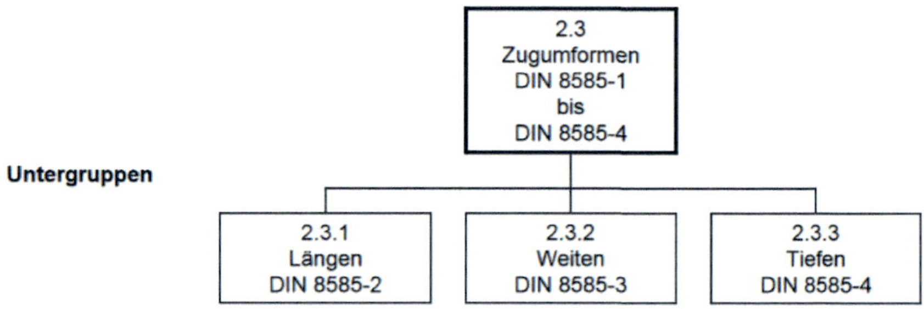

Abb. 27: Übersicht über Fertigungsverfahren des Zugumformens gemäß DIN 8585 [32]

Beim Streckziehen erfährt der Werkstoff durch ein- oder mehraxiale Zugbeanspruchung eine Dehnung, wodurch es zu einer Vergrößerung der Oberflächen und zu einer Querschnittsreduktion/Reduktion der Blechstärke kommt. Das Flachmaterial ist dabei so eingespannt, dass es nicht zu einem Nachließen kommt. Das Blech erfährt lokal eine starke Umformung, bis die gewünschte Geometrie, welche durch das formgebende Werkzeug vorgegeben ist, erreicht wird. Als Grenze des Streckziehens gilt, wenn der Werkstoff eine lokale Einschnürung aufzeigt. Bei einer darüberhinausgehenden Verformung kommt es zum Einreißen des Werkstoffes. Die Anforderung an den Werkstoff ist somit, dass dieser ein hohes gleichmäßiges Dehnungsvermögen aufweist, sodass das Einschnüren an einzelnen Stellen erst bei sehr hohen Umformgraden erfolgt (siehe Abbildung 29).

3.3.3.1 Verfahrensmerkmale

Die Variantenvielfalt der geforderten Bauteilgeometrien lässt eine exakte Abgrenzung der verschiedenen Umformverfahren nur begrenzt zu. Je nach Komplexität der Geometrie sind dabei auch entsprechende Kombinationen von verschiedenen Verfahren möglich. Exemplarisch für diese Vielzahl an Verfahren wird nachfolgend auf ausgewählte Unterverfahren eingegangen, infolge ihrer großen Bedeutung hauptsächlich auf Ziehverfahren.

Für die Ziehverfahren gilt, dass aus einem flachen Blech oder Rohling Hohlkörper hergestellt werden. Es handelt sich dabei um einen Prozess, bei dem das Metall eine Reihe von Zuständen durchläuft, die verschiedene Kombinationen von Zug- und Druckbelastungen beinhalten. Der Gesamtzustand der Dehnung in einem Blechelement kann durch die Dehnungen in den drei Hauptrichtungen korrekt beschrieben werden:

Dehnung in Längsrichtung (parallel zum Hauptmetallfluss)
mit $\varepsilon_1 = \ln(l/l_0)$, wobei l_0 die Anfangslänge des Elements und l die Endlänge bezeichnet

Dehnung in transversaler Richtung (in die Blechebene und somit senkrecht zum Hauptmaterialfluss)
mit $\varepsilon_2 = \ln(w/w_0)$, wobei w_0 die Anfangsbreite des Elements und w die Endbreite bezeichnet

Dehnung in Richtung der Materialdicke
mit $\varepsilon_3 = \ln(t/t_0)$, wobei t_0 die Anfangsdicke des Elements und t die Enddicke bezeichnet

Da beim Umformprozess keine Volumenänderung vorliegt, bleibt die Bedingung $\varepsilon_1 + \varepsilon_2 + \varepsilon_3 = 0$ bestehen.

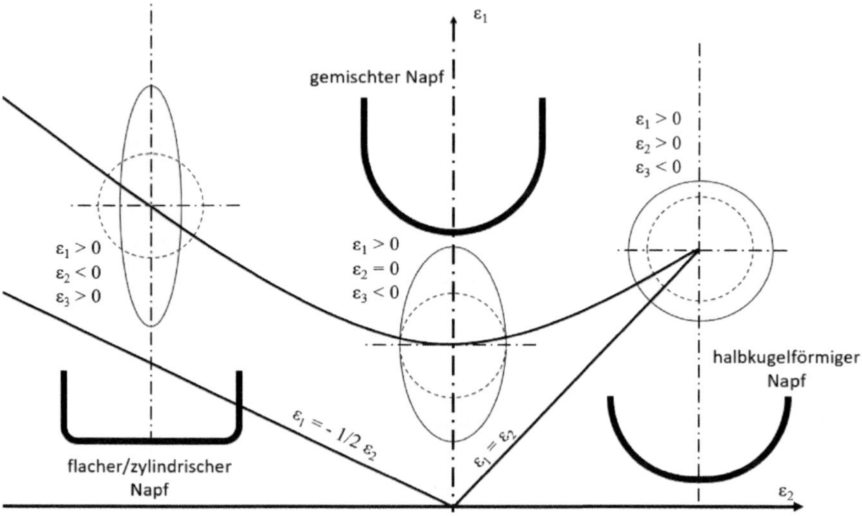

Abb. 28: Schematische Darstellung der unterschiedlichen Materialdehnungen und deren Einfluss auf die erzeugte Geometrie [30]

Abbildung 28 stellt die wichtigsten Verformungsarten gegenüber, wie sie beispielsweise in den verschiedenen Ziehbarkeitsprüfungen von Werkstoffen angewendet werden. Zu beachten ist, dass die Darstellungsmöglichkeiten in einem zweidimensionalen Diagramm angesichts einer möglichen dreidimensionalen Umformung begrenzt bleiben. Der Bereich des Streckens wird ungefähr durch die Fläche zwischen den Linien $\varepsilon_1 = \varepsilon_2$ und $\varepsilon_1 = -2\ \varepsilon_2$ definiert. Der Bereich des Ziehens wird ungefähr durch die Fläche zwischen den Linien $\varepsilon_1 = -2\ \varepsilon_2$ und $\varepsilon_1 = -\varepsilon_2\ 1/2$ definiert. Beim Ziehen ist das signifikanteste Merkmal die Zunahme der Dicke ($\varepsilon 3 > 0$) an der Oberseite der Schürze des Werkzeuges, während beim Strecken das Metall unterhalb der Stempelnase eher dünner wird ($\varepsilon 3 < 0$).

Das Verfahren des Tiefziehens grenzt sich somit vom Strecken dadurch ab, dass hier die aufgebrachten Kräfte nicht lokal an der Stelle mit der gewünschten Verformung eingebracht werden, sondern auf den Ziehboden wirken. Der Ziehboden, der mit einer ausreichend großen Bodenrundung versehen ist, grenzt an die Ziehteilwand, die sogenannte Zarge an. Die Umformung erfolgt durch tangentiales Stauchen vom großen Durchmesser (im ersten Zug ausgehend vom Ausgangsdurchmesser des Bleches) hin zu einem kleineren Durchmesser. Es erfolgt also im Idealfall die Umformung beim reinen Tiefziehen über eine Stauchung und Biegung an der Ziehkante. Daraus ergeben sich mehrere Anforderungen an den Werkstoff: Dieser soll eine möglichst hohe Verfestigung erfahren, um die notwendigen Umformkräfte an der Bodenrundung und der Zarge zu übertragen. Gleichzeitig soll die auftretenden Druckspannung infolge der Verfestgigung möglichst gering bleiben, sodass nur ein geringer Formänderungswiderstand vorliegt. Da diese beiden Forderungen konträr zueinanderstehen, ist in der praktischen Anwendung ein Kompromiss zu suchen, welcher durch verfahrenstechnische Anpassungen und Temperatureinwirkung ausgebaut werden kann (siehe Abbildung 29).

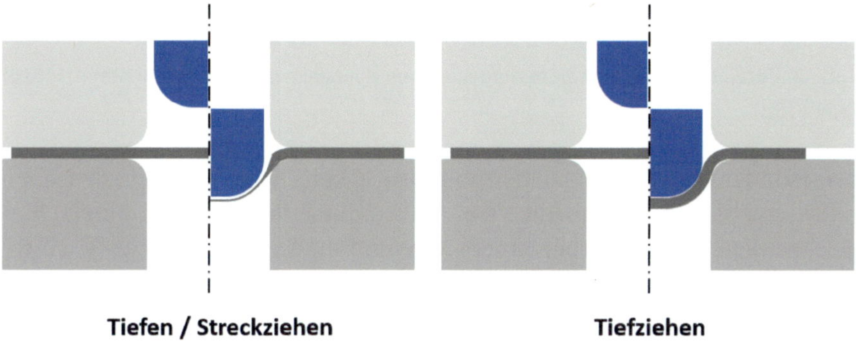

Abb. 29: Gegenüberstellung von Streckziehen (Tiefen) und Tiefziehen jeweils vor und nach der Umformung

Da in vielen Fällen unregelmäßig geformte Werkstücke erzeugt werden sollen, bleibt eine einfache Unterteilung in die aufgeführten Verfahren und somit in die ausschlaggebende Beanspruchung bei der Formgebung des Ziehteils in Streckziehen und Tiefziehen nicht möglich. Durch die Anwendung von Umformsimulationen ist es möglich, die lokal wirkenden Belastungen bei der Formgebung zu ermitteln. Gleichzeitig lassen sich auf dieser Grundlage Umformprozesse optimieren und gegebenenfalls Anforderungen an den eingesetzten Werkstoff in Bezug auf das Umformverhalten definieren.

Unter den rostfreien Stählen zeichnen sich ferritische Sorten wie 1.4016 (X6Cr17) und 1.4510 (X3CrTi17) durch ein besseres Grenzziehverhältnis als austenitische Stähle aus, sodass diese als besonders geeignet für diese Umformprozesse sind. Dennoch können diese Stähle einer sogenannten

Streifenbildung infolge der Umformung unterliegen (siehe Abbildung 30). Durch die Anwendung von titan- oder nioblegierten Stählen in Verbindung mit darauf abgestimmter Glühbehandlung kann die Ausprägung der Streifen allerdings stark reduziert werden.

Abb. 30: Streifenbildung an einem tiefgezogenen Zylinder aus ferritischem Stahl 1.4016; Quelle [33]

Insbesondere für das Tiefziehen mit Druck kann weiterführend zwischen unterschiedlichen Wirkmedien zur Aufbringung der Belastung unterschieden werden. So kann neben einem konventionellen Formwerkzeug, bestehend aus Ziehring, Stempel und Blechhalter, die Umformung auch mit Gasen oder Flüssigkeiten als Wirkmedien erfolgen. Wird die Wirkenergie sehr schnell aufgebracht, spricht man von Hochgeschwindigkeitsumformung. Weitere Verfahrensvarianten bedienen sich der Möglichkeit zur Aufbringung der Umformkraft mittels Vakuum oder mittels elektromagnetischem Feld.

Nach DIN 8584 soll bei der Umformung Tiefziehen keine gewollte Blechdickenänderung auftreten, sodass viel Material durch die radialen Zugkräfte vom Boden in die Napfwand abließt und durch die tangentialen Druckspannungen aufgestaucht wird.

Durch entsprechende Schmierung und Beschichtungen kann dieser Vorgang positiv beeinflusst werden. Eine weitere Möglichkeit liegt in der Nutzung der Temperatur. Da im Umformbereich zwischen Ziehring und Niederhalter eine hohe Umformbarkeit und eine geringe Verfestigung verlangt wird und im Bereich der Zarge eine möglichst hohe Kraft übertragen werden soll, kann diesen widersprüchlichen Anforderungen teilweise beim Warmtiefziehen begegnet werden.

3.3.3.2 Ziehen mit gezielter Temperaturführung

Die Verfahrensvariante des Warmtiefziehen bewirkt eine geringere Verfestigung des umgeformten Werkstückes. Hierzu werden Ziehring und Niederhalter des Werkzeuges auf erhöhte Temperatur gebracht, sodass das dazwischenliegende Werkstück erwärmt wird. Durch die gezielte Kühlung des Stempels und der daran anliegenden Zarge kann die lokal stattfindende Verfestigung im Werkstück gezielt begünstigt werden. Insbesondere für die Gruppe der metastabilen austenitischen nichtrostenden Stähle kann das Umformverhalten hierdurch signifikant beeinflusst werden, da ein starker Einfluss der Temperatur auf die Martensitbildung vorliegt.

Abb. 31: Durch Warmtiefziehen hergestellte Tiefziehteile aus den Werkstoffen 1.4301 und 1.4310 [34]

Hierzu zeigt Abbildung 31 verschiedene Näpfe: links einen Napf aus dem metastabilen austenitischen Werkstoff 1.4301, gezogen mit einem Ziehverhältnis 2.0 und ohne erkennbare Risse. Daneben in der Mitte einen Napf aus dem instabileren austenitischen Werkstoff 1.4310, gezogen unter gleichen Bedingungen wie der Napf aus dem Werkstoff 1.4301 mit deutlich erkennbaren Spannungsrissen. Rechts davon ein Napf, hergestellt aus 1.4310, aber unter Einwirkung einer erhöhten Temperatur von 125 °C in der Stauchzone in Kombination mit einem gekühlten Stempel. Es ist deutlich zu erkennen, dass durch die gesteuerte Temperaturführung keine Spannungsrisse bei einer deutlich größeren Napfhöhe vorliegen. Die im oberen Bereich erkennbaren abgequetschten Falten sind durch Einstellung günstiger abgestimmter Ziehbedingungen zu vermeiden, z. B. eine über den Ziehprozess gesteuerte Niederhaltekraft.

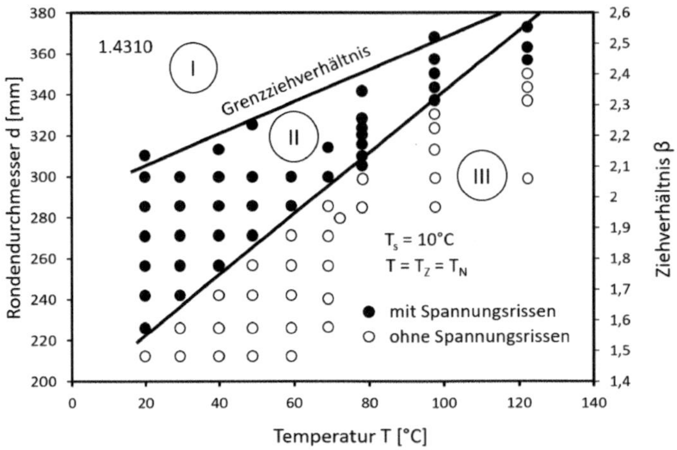

Abb. 32: Abhängigkeit der Spannungsrissbildung und des Grenzziehverhältnisses von der Temperatur beim Tiefziehen für den Werkstoff 1.4310 [34]

Eine Umformung bei erhöhter Temperatur reduziert die durch die Umformung induzierte Martensitbildung, wodurch wiederum die inneren Spannungen infolge des unterschiedlichen Volumens zwischen der Austenit- und der Martensitphase reduziert werden. Somit kann ein höheres Grenzziehverhältnis bei gleichzeitiger Unterdrückung von Spannungsrissen erreicht werden. Hierzu zeigt Abbildung 32 den Einfluss der Temperatur auf die Ausbildung von Spannungsrissen bei dem Werkstoff 1.4310, wobei sich das dargestellte Diagramm in drei Bereiche einteilen lässt:

Bereich I:	Oberhalb der Kurve des Grenzziehverhältnisses. In diesem Bereich können keine brauchbaren Näpfe hergestellt werden, da es zum Ausreißen des Bodens (Bodenreißer) kommt.
Bereich II:	Zwischen Grenzziehverhältnis und Schadenslinie: In diesem Bereich liegen Rondenabmessungen, bei denen zwar eine Umformung möglich ist, es nach der Umformung aber zu Spannungsrissen kommt.
Bereich III	Arbeitsbereich unterhalb der Schadenslinie: In diesem Bereich ist eine Fertigung ohne Ausfälle und Spannungsrisse möglich.

Aus dem Diagramm lässt sich auch ableiten, dass sich bei gekühltem Stempel ab einer bestimmten Temperatur der Stauchzone ein metastabiler austenitischer Werkstoff für die Herstellung von napfförmigen Bauteilen durch Tiefziehen ohne Spannungsrisse eignet. Höhere Grenzziehverhältnisse lassen sich auch durch eine gezielte Glühbehandlung des äußeren Bereiches der Ronde erreichen. Hierdurch wird im Umformbereich ein weicheres Gefüge im Gegensatz zur Rondenmitte erzeugt. Durch partielle Kaltverfestigung in Blechdickenrichtung kann ebenfalls ein unterschiedliches Umformverhalten erzielt werden. Hierzu ist allerdings anzumerken, dass diese lokale Beeinflussung des Bleches vor dem Tiefziehen in Form eines zusätzlichen Bearbeitungsschrittes in vielen Fällen wirtschaftlich zu höheren Kosten führen kann als die gezielte Temperaturführung beim Warmtiefziehen. Eine wirtschaftliche Betrachtung in den jeweiligen Einzelfällen wird auf jeden Fall empfohlen.

3.3.3.3 Verzögerte Rissbildung / Delayed cracking

Wie Abbildung 31 zeigt, neigen instabile austenitische Werkstoffe nach hohen Umformungen zu Spannungsrissen. Das sind Risse, die entweder sofort bei der Umformung auftreten, aber auch in Form von Sprödrissen oder Rissen durch das Überschreiten des Grenzziehverhältnisses zeitverzögert entstehen. Sie sind abhängig vom Umformgrad und ergeben sich nur nach großen Umformungen, wenn eine ausreichend hohe innere Spannung im Werkstoff bzw. im Werkstück vorliegt. Die auftretenden Risse sind dabei verformungslos und weisen keine Einschnürung auf.

Dies ist auf die dehnungsinduzierte Umwandlung eines bestimmten Anteils von Austenit in Martensit während des Umformvorgangs zurückzuführen. Diese Umwandlung hängt sowohl von der chemischen Zusammensetzung des Stahls als auch von der Temperatur und der Umformgeschwindigkeit während der Umformung ab. Die Martensitbildung kann sich beim Strecken als vorteilhaft erweisen, da die damit verbundene Kaltverfestigung die Neigung zur Einschnürung begrenzt. Bei dickeren Bauteilen, welche mittels Ziehens umgeformt werden, kann die Anwesenheit von dehnungsinduziertem Martensit jedoch zu einer verzögerten Rissbildung führen. Diese Gefahr ist insbesondere dann gegeben, wenn das Ziehverhältnis höher ist als ein kritischer Wert in Abhängigkeit der Temperatur. Bei instabilen austenitischen Werkstoffen mit beispielsweise 17 % Cr und 7 % Ni, die bei 20 °C umgeformt werden, besteht bereits bei einem Ziehverhältnis von mehr als 1,5 die Gefahr eines verzögerten Bruchs. [30,34]

3.3.4 Ausgewählte Verfahren

Neben den klassischen Verfahren mit starrem Werkzeug gibt es unterschiedliche Verfahrensvarianten, die sich Wirkmedien zur Herstellung von Hohlkörpern aus Blech bedienen. Die verschiedenen Verfahren zeichnen sich durch eine gezielte Ausnutzung des Werkstoffpotenzials aus, was insbesondere für die wirtschaftliche Herstellung von komplexen Bauteilgeometrien von hoher Bedeutung ist.

Zu den einfachsten Verfahrensvarianten zählt das Tiefziehen mittels Gummiwerkzeug. Im Gegensatz zum konventionellen Verfahren wird hier das Blech mit einem nachgiebigen/elastischen Kissen auf einen starren Stempel bzw. eine Tauchplatte gedrückt. Die Nachgiebigkeit des Gummiwerkzeuges kann je nach Anforderung in Härte und Schichtdicke variiert werden. Dennoch bleibt der geometrische Gestaltungsspielraum bei diesem Verfahren begrenzt. Nachfolgend aufgeführte Umformverfahren zeichnen sich durch einen höheren Gestaltungsspielraum aus.

3.3.4.1 Innenhochdruckumformung oder auch Hydroforming

Dieses Umformverfahren bedient sich eines Fluids (z. B. Öl-Wasser-Emulsionen) als Wirkmedium, das meist in einem Rohr oder einem geschlossenen Hohlkörper zu einer plastischen Formänderung führt. Es lassen sich sehr hohe Umformgrade (bis zu 80 %) realisieren, wobei Drücke von bis zu 2500 bar aufgebracht werden. [10]

Die gewünschte Geometrie wird durch ein formgebendes Werkzeug realisiert, welches in der Regel die Außenseite des gewünschten Werkstückes formt. Hierzu wird zunächst das Ausgangsmaterial in Form eines Rohres oder eines Bleches in eine Form / in das Werkzeug eingespannt. Anschließend wird dieses verschlossen und das Werkzeug mit dem Wirkmedium gefüllt. Durch Steigerung des Drucks erfährt das Werkstück eine entsprechende Umformung, bis die gewünschte Endgeometrie erreicht ist.

Das Verfahren, das gemäß DIN 8584 zum Zugdruckumformen gezählt wird, bietet den Vorteil, dass sich sehr komplexe Geometrien mit engen Toleranzen herstellen lassen. Zusätzlich wird Fressen infolge lokaler Lastaufbringung und entsprechender tribologischer Effekte unterbunden.

Das Verfahren bietet sich als wirtschaftliches Verfahren zur Herstellung von Rohr- und Rahmenelementen an, da damit auch komplexe geometrische Übergänge von Profilen einfach realisiert werden können. Komplexe und kostenintensive Schweißkonstruktionen können damit teilweise vermieden oder signifikant vereinfach werden.

Durch das Innenhochdruckumformen kann es in bestimmten Bereichen des Werkstücks zu einer sehr starken Umformung kommen. Infolgedessen kann das Bauteil lokal eine zusätzlich Festigkeitssteigerung erfahren, wodurch die mechanischen Eigenschaften sowohl gegenüber statischen Belastungen als auch gegenüber Ermüdung gesteigert werden. Durch Innenhochdruckumformung hergestellte Knotenpunkte von Rohrrahmen bieten zudem die Möglichkeit, dass die nötigen Schweißnähte bei der Fertigung des Rahmens abseits der Bereiche mit den höchsten Spannungen liegen. Das Verfahren bietet sich insbesondere für die Fertigung bei mittlerer bis hoher Stückzahl an.

Eine andere Anwendung eines Fluids als Wirkmedium sind die hydromechanischen Ziehverfahren bzw. das hydromechanische Tiefziehen. Hier wird das Wirkmedium als Ersatz zur Matrize des Werkzeugs genutzt und drückt somit das Blech gegen den Formstempel. Das Wirkmedium kann sich hier auch in einem mittels Membran verschlossenem Kissen bzw. Sack befinden. Die praktische Anwendung zeigt allerdings, dass die Membran meist nur eine stark begrenzte Lebensdauer aufweist. Ein großer Vorteil dieses Verfahrens besteht darin, dass sich auch stark konische Bauteile und komplizierte Bauteilgeometrien herstellen lassen.

Ein besonderes Anwendungsfeld stellt die Anwendung in der Fertigung Bipolarplatten für Brennstoffzellen dar. Bei der Hochdruck-Blechumformung werden dünne Metallbleche bzw. Folien mit einer Stärke von 0,05 bis 0,1 mm mit Wasser in Form von Bipolarplatten gepresst. Durch die wirkenden Drücke von bis zu 200 MPa können optimierte Geometrien mit gesteigerter Präzession hergestellt werden. [35]

3.3.4.2 Explosionsumformen / Hochenergieumformung

Die Umformung durch eine schlagartig freiwerdende Energie, wodurch das Werkstück einem Impuls ausgesetzt und plastisch verformt wird, ist ebenfalls nach DIN 8584 der Gruppe der Zugdruckumformung zugeteilt. Der Prozess wird meist durch eine gezielte Explosion in Wasser oder ein vergleichbares Wirkmedium ausgeführt. Durch die Druckwelle wird das Blech in die Form gedrückt, wodurch die gewünschte Geometrie erzeugt wird. Das umzuformende Bauteil muss sich beim Explosionsumformen in ausreichendem Abstand zur Sprengladung befinden, sodass der Druck möglichst gleichmäßig auf das Bauteil wirkt, was eine Mindestgröße des Aufbaus erfordert.

Gegenüber der Formgebung mit konventionellem Werkzeug können bei der Explosionsumformung auch große Blechabmessungen mit hoher Festigkeit umgeformt werden. Auch ist die Abbildung von verhältnismäßig komplexen Geometrien mit hoher Genauigkeit möglich. Die Anwendung ist bis zu vergleichsweise hohen Blechdicken von 10 mm und mehr möglich.

Zur Anwendung kommt die Hochenergieumformung insbesondere für kleine bis mittlere Stückzahlen. Ein typisches Beispiel ist die Herstellung von Blechen für große Plattenwärmetauscher für verfahrenstechnische Anlagen aus nichtrostendem Stahl. Die Platten können Längen von bis zu 15 m aufweisen und haben hohe Anforderungen an die Fertigungstoleranzen, um einen möglichst gleichmäßigen Wärmeübergang sicherzustellen. Durch das Hochenergieumformen können diese Anforderungen erreicht werden, sodass die hergestellten Bleche übereinandergestapelt und anschließend verschweißt werden können. Durch die hohe Umformgeschwindigkeit von bis zu 120 m/s beim Hochenergieumformen kann es zusätzlich zur Kaltverfestigung kommen. [33]

3.3.4.3 Drücken

Beim Drücken, engl. Lathe spinning, presst bzw. drückt ein Werkzeug einen rotierenden kreisförmigen Rohling über einen Dorn. Hierfür wird in den meisten Fällen der Dorn angetrieben, der wiederum den Rohling bewegt. Die Wirkkraft für die Umformung wird durch ein Werkzeug aufgebracht, das sich auf einer Auflage abstützt und manuell oder auch automatisiert ausgerichtet wird (Abbildung 33).

Die Umformung kann je nach Umformgrad schrittweise in mehreren Durchgängen erfolgen, bis der Rohling über seine gesamte Nutzfläche mit dem Dorn in Kontakt ist. Es findet praktisch keine Ausdünnung des Blechs statt, und das Drückwalzen kann im Wesentlichen als ein Umformverfahren mit konstanter Dicke angesehen werden. Die auf das Werkzeug ausgeübte Kraft erzeugt hauptsächlich Druckspannungen, die lokal zu einer schnellen Kaltverfestigung führen. Dies ist auch der Grund, warum das Drücken bzw. das Drückwalzen auf dünne Bleche mit Wandstärken zwischen 0,3 bis 2,0 mm beschränkt ist.

Die für dieses Verfahren am besten geeignete rostfreie Stähle sind Legierungen mit geringer Streckgrenze, die unter den aufgebrachten Druck-

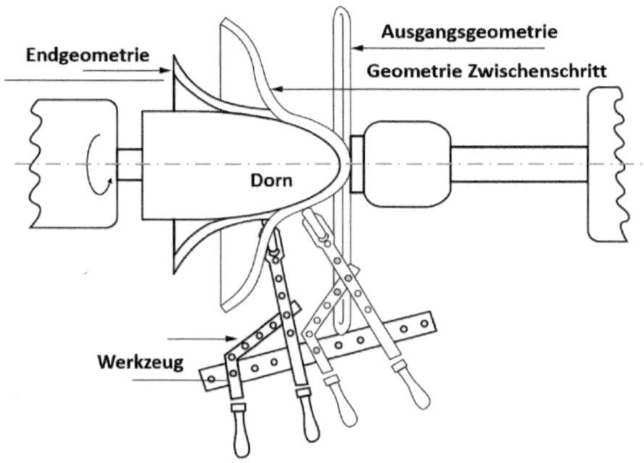

Abb. 33: Prinzipskizze der Blechumformung durch Drücken [30]

spannungen nur langsam verfestigt werden. In dieser Hinsicht sind die ferritische Standardlegierung 1.4016 / X6Cr17 und insbesondere titan- und/ oder niobstabilisierte Sorten 1.4510 / X3CrTi17 oder 1.4509 / X2CrTiNb18 aufgrund ihrer geringen Verfestigungsraten besonders geeignet. Bei stabilen austenitischen rostfreien Stählen, die nicht zur Bildung von dehnungsinduziertem Martensit neigen, hängen die Umfangsumformgeschwindigkeiten stark vom Rohlingdurchmesser ab. Die austenitischen Edelstähle lassen sich wegen ihrer Zähigkeit gut drücken bzw. fließdrücken. Insbesondere wegen der Neigung zur Kaltverfestigung ist allerdings ein hoher Kraftaufwand für eine bleibende Formgebung aufzuwenden. Werden Werkstoffe mit einer starken Neigung zur Kaltverfestigung umgeformt, kann diese durch Zwischenglühen abgebaut werden. [10]

Bei kleinen Rohlingen mit Durchmessern in der Größenordnung von 200 mm liegen die realisierbaren Umformgeschwindigkeiten bei bis zu 600 m/min, müssen aber bei größeren Abmessungen in der Größenordnung von 800 mm auf etwa 300 m/min reduziert werden. Eine ausreichende Schmierung ist bei diesem Verfahren wichtig, um zu verhindern, dass das es zwischen Werkzeug und Werkstück zu Anhaftungen kommt, was Oberflächenfehler oder auch Risse im Werkstück bewirkt. Wegen des hohen Drucks in der Kontaktstelle müssen druckstabile Mineralöle verwendet werden. Während das Drehdrücken im Vergleich zum Ziehen eine geringe Investition erfordert, ist die Produktivität allerdings auch begrenzt. Das Verfahren wird daher hauptsächlich für die Herstellung von Prototypen und Kleinserien verwendet.

Die Verformungsmechanismen des Drückens unterscheiden sich jedoch von denen des Ziehens, sodass bei der Herstellung von Prototypen vor der Serienfertigung durch Tiefziehen die Betrachtung des Umformverhaltens und der Eignung der eingesetzten Werkstoffe nochmals separat erfolgen muss.

Eine abgewandelte Form des Drückens stellt das Drückwalzen, engl. Flow turning, dar. Im Gegensatz zum normalen Drücken erfolgt hierbei eine Veränderung der Blechstärke durch die Umformung. Die Ausgangsronde wird ebenfalls auf einem rotierenden Dorn aufgespannt. Das Werkzeug wird allerdings aufgrund der wirkenden Kräfte in der Regel hydraulisch oder mechanisch angetrieben und besteht meist aus einer rotierenden Rolle. Die Innengeometrie des gefertigten Bauteils entspricht genau der Geometrie des Dorns. Die erzeugte Wandstärke lässt sich im Vergleich zu anderen Verfahren gut kontrollieren und im Gegensatz zur konventionellen Blechbearbeitung sind keine Schweißnähte in Längsrichtung des Bauteils erforderlich.

Je nach Bauteilgeometrie und Art des nichtrostenden Stahls (ferritisch oder austenitisch) werden üblicherweise Dickenreduzierungen von bis zu 60 % erreicht. Eine Variante dieses Verfahrens, die als zylindrisches Fließdrehen bezeichnet werden kann, wird zur Herstellung von Hohlkörpern mit sehr großen Höhen/Durchmesser-Verhältnissen verwendet, ausgehend von einem gezogenen zylindrischen Rohling mit flachem Boden. Je nach Eigenschaften des rostfreien Stahls und der Beschaffenheit des Werkzeuges ist eine Vorschubgeschwindigkeit zwischen 200 und 800 mm/min realisierbar, was insbesondere für Kleinserien eine vergleichsweise hohe Wirtschaftlichkeit mit sich bringt. [10]

3.3.4.4 Wälzprägen

Wälzprägen ist nach DIN 8583 ein Umformverfahren, das den Verfahren des Druckumformen (Eindrücken) zugeordnet wird. Im Zusammenhang mit der Bearbeitung von rostfreiem Edelstahl kommt dieses Verfahren insbesondere bei der Herstellung von Blechen mit speziellen Oberflächenmerkmalen zur Anwendung. Unter Verwendung einer Prägewalze wird die dort enthaltene Gravur auf dem Werkstück abgebildet. Eine Relativbewegung zwischen Werkzeug und Walzenoberfläche wird dabei nach Möglichkeit vermieden, sodass die Formgebung ohne eine kinetische Formerzeugung erfolgt. [36]

Je nach Größe der gewünschten Strukturen kann die Umformung sowohl während des Warmwalzens als auch als Kaltwalzen erfolgen. Grobe bzw. große Strukturen (z. B. Riffelbelch, Tränenblech) werden durch Warmwalzen erzeugt und erfordern somit in der Regel eine chemische Nachbehandlung der Oberfläche. Sehr feine Modifikationen der Oberfläche hingegen können durch Wälzprägen im kalten Zustand erfolgen. Konventionelles Wälzprägen ist bis hin zu Strukturen mit einer minimalen Größe von 50 µm möglich [37]. Feinere Strukturen sind möglich und werden in ausgewählten Bereichen auch industriell angewendet, erfordern fertigungstechnisch allerdings eine hohe Präzision. Anwendungsbeispiele für besonders feine Strukturen sind im Zusammenhang mit tribologisch belasteten Oberflächen zu finden. Durch gezielt eingebrachte feine Strukturen wird der Verbleib von Schmierstoff auf der Oberfläche ermöglicht (z. B. Schmiermitteltaschen), was die tribologischen Eigenschaften verbessern kann. Die Topografie der Prägewalzen wird häufig durch Beschichtungen erzeugt, um eine definierte Rauheit zu erzeugen.

Im Zusammenhang mit rostfreien Stahlblechen ist es technisch möglich, Oberflächentopografien mittels Wälzprägen zu erzeugen, die ein vergleichbares optisches Erscheinungsbild zu konventionell geschliffenen Oberflächen zeigen.

3.4 Spanende Bearbeitung von rostfreien Edelstählen

3.4.1 Einteilung der Verfahren

Die Einteilung der Fertigungsverfahren nach DIN 5889 erlaubt bei der spanenden Bearbeitung zwei Richtungen: die Bearbeitung mit geometrisch bestimmter Schneide und die Bearbeitung mit geometrisch unbestimmter Schneide. Der Fokus der folgenden Seiten liegt vorwiegend auf der Bearbeitung mit geometrisch bestimmter Schneide, während die Bearbeitung mit geometrisch unbestimmter Schneide im weiterführenden Unterkapitel vertieft wird.

Während die meisten zuvor beschriebenen Umformverfahren vorwiegend Bandmaterial betreffen, ist die mechanische Bearbeitung mit geometrisch bestimmter Schneide hauptsächlich für Langprodukte von Bedeutung. Bohren, Fräsen und Gewindeschneiden werden jedoch bei ausreichender Wandstärke auch bei Flachprodukten angewendet.

Die mechanischen Bearbeitungsverfahren mit geometrisch unbestimmter Schneide, beispielsweise das Schleifen, kommt bei rostfreien Stählen sowohl bei Langprodukten als auch bei Flachprodukten zur Anwendung. Bei Flachprodukten dient diese Bearbeitung vorwiegend der Erzeugung einer gewünschten Oberflächenausführung. Schleifprozesse mit deutlich höherem Materialabtrag kommen bei der Bearbeitung von Langprodukten zur Anwendung. Hier zielt das Schleifen auf eine definierte Endgeometrie mit hoher Genauigkeit und hohen Anforderungen an die Oberflächenqualität. Typische Produkte sind beispielsweise Komponenten für Schraubenspindelpumpen für Anwendungen in korrosiven Medien, wo sowohl eine hohe Anforderung an die vorliegende Oberflächengüte, die Korrosionsbeständigkeit und die Einhaltung der funktionsbedingten Toleranzen gefordert sind.

Im Allgemeinen ist die spanende Bearbeitung ein Formgebungsverfahren, bei dem mithilfe eines Schneidwerkzeugs Material abgetragen wird. Wie gut dies möglich ist, hängt unter anderem vom Werkstoff des Werkstücks, aber auch von der Geometrie und den technischen Eigenschaften des Werkzeuges ab. Der Begriff der Zerspanbarkeit entwickelte sich aus dem Versuch, Werkstoffe oder Werkstoffgruppen untereinander zu vergleichen, wobei stets von der Anwendung von günstigen Prozess- und Werkzeugparametern ausgegangen wird. Wie bereits an anderer Stelle beschrieben, ist aufgrund der unterschiedlichen Gruppen von rostfreien Stählen eine pauschale Aussage hierzu jedoch nicht möglich.

Dabei kann die Zerspanbarkeit von einer Vielzahl von Faktoren beeinflusst werden. In der praktischen Anwendung wird der Fokus dabei auf jene gelegt, die leicht beobachtet und gemessen werden können. Das können beispielsweise Spanbruch bzw. Spangeometrie, Werkzeugstandzeit, Oberflächenqualität (Rauheit) oder Energieverbrauch bzw. Leistungsaufnahme der Antriebe sein. Eine Überwachung der auftretenden Kräfte ist ebenfalls teilweise möglich, allerdings ist sie technisch anspruchsvoll und erfordert eine entsprechende Dateninterpretation.

Infolge der unterschiedlichen Eigenschaften werden rostfreie Stähle bei vielen Anwendungen als anspruchsvoll für die Zerspanung bezeichnet. Als besonders anspruchsvoll stellen sich hier Duplexstähle dar, aber auch austenitische Güten können infolge der hohen Zähigkeit und der Neigung zum Anhaften von Spänen einen erhöhten Aufwand bei der Zerspanung mit sich bringen.

3.4.2 Anforderungen nach Maschinen und Werkzeugen

Die spanende Bearbeitung allgemein stellt ein Zusammenspiel von vielen Einflussfaktoren dar, wobei aus Sicht des Anwenders stets eine möglichst hohe Produktivität und somit hohe Schnittgeschwindigkeiten und hoher Vorschub im Vordergrund stehen. Um diese für das Eigenschaftsspektrum der unterschiedlichen rostfreien Stähle zu erreichen, werden insbesondere leistungsstarke und möglichst steife Werkzeugmaschinen empfohlen.

Ebenfalls gilt es, eine geeignete Werkzeugwahl für die Bearbeitung von nichtrostenden Stählen zu treffen. Gängig sind folgende Werkzeuge:

- beschichtete und unbeschichtete Schnellarbeitsstähle (HSS)
- beschichtete Werkzeuge mit Hartmetalleinsätzen
- Cermets (keramische Werkstoffe mit metallischer Matrix)
- verstärkte keramische Schneidstoffe

Schnellarbeitsstähle kommen vorwiegend zum Bohren und Gewindeschneiden zur Anwendung. Beschichtete Hartmetalleinsätze werden hingegen zum Drehen und Fräsen von nichtrostenden Stählen bei höheren Schnittgeschwindigkeiten genutzt. Die am häufigsten verwendeten Beschichtungen sind Titannitrid (TiN), Titancarbonitrid (Ti[C,N]) und Aluminiumoxid (Al_2O_3). Das Aufbringen der Beschichtung kann durch zwei Verfahren erfolgen:

PVD – Physikalische Abscheidung aus der Gasphase
CVD – Chemische Gasphasenabscheidung

PVD-Beschichtungen werden bei niedrigen Temperaturen auf das Substrat aufgebracht. Dieses Verfahren ermöglicht die Beschichtung von scharfen Kanten. PVD-Beschichtungen haben eine sehr glatte Oberfläche, die weniger Reibungswärme erzeugt. Gleichzeitig besteht die Gefahr des Verklebens von Spänen auf an der Oberfläche, was schon bei geringen Schnittkräften zu einem stärkeren Werkzeugverschleiß führen kann.

Das Auftragen von CVD-Beschichtungen auf das Substrat erfolgt bei hohen Temperaturen. Dieser Prozess bewirkt eine Diffusion der Beschichtungselemente in das Substrat und somit eine feste Verbindung zwischen Beschichtung und Grundmaterial. Das Verfahren ermöglicht auch die Abscheidung von mehrlagigen Schichten, die gezielt auf die Anwendung angepasst werden können und dem Werkzeugverschleiß vorbeugen. Durch das Abscheiden von Aluminiumoxid (Al_2O_3) mittels CVD lassen sich Werkezuge für hohe Schnittgeschwindigkeiten herstellen. Die TiN-Beschichtung, die in der Regel als oberste Schicht aufgetragen wird, ist als goldgelbe Schicht bei Werkzeugen oder Wendeschneidplatten erkennbar.

Die Bezeichnung Cermet bzw. Cermets setzt sich aus CERamic und METal zusammen. Diese bestehen in der Regel aus Carbonitrid Ti(C,N), was mit einem metallischen Binder (z. B. Co, Ni, Mo) gesintert wird. Insbesondere sehr feinkörnige Cermet-Sorten erlauben hohe Schnittgeschwindigkeiten. Deren Anwendung erfolgt vorwiegend für Schlichtbearbeitungen, da sich durch deren feine Struktur sehr hohe Oberflächengüten und hohe Maßtoleranzen effizient erreichen lassen.

Infolge der auftretenden thermischen und mechanischen Belastungen sind rein keramische Schneidstoffe für die Bearbeitung von rostfreien Stählen nicht geeignet. Durch die Anwendung von siliziumfaserverstärkten keramischen Schneidstoffen in Form von Wendeschneidplatten besteht aber auch hiermit die Möglichkeit zur Bearbeitung von rostfreien Stählen.

3.4.3 Ausgewählte spanende Verfahren mit geometrisch bestimmter Schneide

3.4.3.1 Drehen

Unter den gängigen Zerspanungsverfahren gilt das Drehen mit ausreichender Kühlung von rostfreien Stählen als vergleichsweise unproblematisch. Dennoch ist im Vergleich zur Bearbeitung von konventionellen Stählen mit höheren Kräften zu rechnen, sodass sowohl das Werkzeug als auch das Werkstück möglichst starr gehalten werden müssen.

Für klassische Schruppbearbeitung können Wendeschneidplatten aus zähen beschichtetem Hartmetallvarianten mit angepasster/positiver Spanformgeometrie eingesetzt werden. Das Schlichten kann mittels Hartmetall oder mittels Cermet und möglichst scharfkantigen Schneiden erfolgen. Die Parameter bei der Bearbeitung sollten so gewählt werden, dass möglichst ein kontrollierter Spanbruch stattfindet. Je nach Werkstoff kann bei der Anwendung von beschichteten Hartmetallsorten eine Schnittgeschwindigkeit im Bereich von 75 bis 750 m/min mit einem Vorschub von 0,1 bis 0,3 mm pro Umdrehung realisiert werden. Höhere Drehzahlen können beispielsweise durch CVD-beschichtete Hartmetalle erreicht werden. Das Schruppen zeichnete sich dabei durch eine Reduktion der Schnittgeschwindigkeit bei Erhöhung des Vorschubs aus.

3.4.3.2 Bohren, Reiben und Gewindeschneiden

Bohren in rostfreien Stählen stellt aus Anwendersicht eine deutlich größere Herausforderung als die gleiche Bearbeitung von konventionellen und/oder niedriglegierten Stählen dar, was insbesondere auf die spezifischen Eigenschaften des jeweiligen Grundtyps der Stähle zurückgeführt werden kann.

Das Bohren wird bei Langprodukten, dicken Blechen und Bändern sowie bei Platten angewendet. Bei dünnen Blechen ist es zur Vermeidung von Blech-Deformationen im Bereich der Bohrung aufgrund höherer Kräfte hilfreich, mehrere Platten übereinanderzulegen.

Das Grundproblem des Verfahrens besteht darin, dass beim Bohren im Zentrum die Schnittgeschwindigkeit null ergibt. Um den Verschleiß des Werkzeuges möglichst gering zu halten, werden Bohrer mit möglichst zähen Hartmetalleinlagen im Zentrum verwendet, diese Lösung kommt häufig aber erst bei größeren Durchmessern zur Anwendung. Kleinere Bohrer bestehen in der Regel aus Schnellarbeitsstahl, mittlere Durchmesser bis ca. 12 mm bestehen meist aus beschichtetem Voll-Hartmetall. Beschichtungen mit Titannitrid, Titancarbid oder Titancarbonitrid wirken sich positiv auf die Werkzeugstandzeit aus. Bei Langprodukten und dicken Blechen liegt der Spitzenwinkel in der Größenordnung von 120 bis 135°, mit einem Freiwinkel von etwa 6°. Bei dünnen Blechen kann für eine bessere Bearbeitung der Spitzenwinkel auf 140° erhöht und der Freiwinkel auf 5° verringert werden. Die Schnittgeschwindigkeit hängt stark von dem zu bearbeitenden Werkstoff ab und beträgt meist zwischen 25 bis 50 m/min in einzelnen Fällen sind bis maximal 200 m/min.

Für das Nacharbeiten von bereits bestehenden Löchern kommen Reiben oder einfaches Aufbohren zur Anwendung. Als weitere Nachbearbeitung ist auch das Gewindeschneiden von Bedeutung.

Beim Gewindeschneiden gilt zu beachten, dass die erzeugten Späne infolge der Umformung bzw. der Kaltverfestigung eine deutlich größere Härte aufweisen. Je nach Anwendung empfiehlt sich, das Gewinde mit einem geringfügig größeren Durchmesser als bei konventionellen Stählen vorzubohren und im Einzelfall zu prüfen, inwieweit eine mögliche Schwächung der Tragfähigkeit des Gewindes für die jeweilige Anwendung eine Beeinträchtigung darstellt. Als Werkzeuge für das Schneiden von Innengewinde kommen Gewindeschneidköpfe aus Schnellarbeitsstahl mit TiN-Beschichtung zur Anwendung. Die Bearbeitungsparameter können dabei sehr stark variieren. Zerspanungsoptimierte Güten erlauben insbesondere beim

Gewindeschneiden eine signifikante Steigerung der Schnittgeschwindigkeit gegenüber den konventionellen Werkstoffgüten.

Beim Aufbohren werden je nach Durchmesser einfache beschichtete oder unbeschichtete Hartmetallschneidwerkzeuge oder -einsätze verwendet. Um verfahrenstechnische Probleme durch Vibrationen bei der Bearbeitung oder die Ausbildung eines konusförmigen Bohrloches zu vermeiden, sollte die freitragende Länge des Bohrers möglichst kurzgehalten werden ($L_{max} \approx 4\ Ø_{Bohrer}$). Die Wahl der Schnitt- und Vorschubgeschwindigkeit sollte für diese Bearbeitungen mit niedrigeren Werten als beim konventionellen Bohren oder auch beim Drehen erfolgen, um eine ausreichende Oberflächenqualität und Maßtoleranzen zu erhalten.

Das Reiben zum Erzielen von möglichst hoher Oberflächengüte und zur Einhaltung geringer Maßtoleranzen erfolgt in der Regel mit Reibahlen aus Schnellarbeitsstahl mit schraubenförmiger oder gerader Schneide. Die möglichen Schnittgeschwindigkeiten sollten je nach Anwendung ebenfalls niedriger als beim Bohren bzw. beim Fräsen gewählt werden.

3.4.3.3 Fräsen

Die hohen Zerspanungskräfte setzen für eine wirtschaftliche Zerspanung mittels Fräsen bei rostfreien Stählen möglichst leistungsfähige und steife Maschinen voraus. Zu berücksichtigen ist, dass insbesondere beim Gleichlauffräsen entsprechend hohe mechanische Belastungen auftreten können. Ebenso wie beim Drehen empfiehlt sich der Einsatz von beschichteten Hartmetallwerkzeugen. Mit Hartmetall-Schaftfräsern sind Schnittgeschwindigkeiten von 90 bis 200 m/min für gut zerspanbare rostfreie Stähle möglich, für die meisten anderen rostfreien Stähle ergibt sich ein Bearbeitungsfenster von 50 bis 150 m/min. Die Vorschubgeschwindigkeiten liegen je nach Fräserdurchmesser zwischen 0,012 und 0,125 mm/Umdrehung und Zahn. Erfolgt die Bearbeitung ausschließlich als Planfräsen, ist eine signifikante Steigerung der Schnittgeschwindigkeit auf bis zu 400 m/min unter idealen Bedingungen möglich.

Die Bearbeitung kann sowohl im trockenen Zustand oder durch Zugabe von Emulsion erfolgen. Bei einer idealen Abstimmung von Werkzeuggeometrie und Schnittparameter ist das Fräsen auch bei sehr hoher Schnittgeschwindigkeit noch im trockenen Zustand möglich, da die meiste Wärmeabfuhr über den Span erfolgt. Ein Anhaften der Späne muss in diesem Fall allerdings unbedingt vermieden werden. Für die Erzeugung von Oberflächen mit geringerer Rauheit bietet sich eine Nachbearbeitung mit reduzierter Schnittgeschwindigkeit und Kühlschmiermittel an. Auch ist die Anwendung eines alternativen Werkzeuges, beispielsweise mit Cermet als Schneidwerkstoff möglich, um eine möglichst gleichmäßige und feine Oberfläche zu erzeugen.

3.4.3.4 Werkstofftechnische Optimierung der Zerspanbarkeit

Die Zerspanbarkeit von nichtrostenden Stählen wurde lange Zeit als untergeordnete Eigenschaft angesehen, da für die jeweiligen Einsatzbedingungen insbesondere die Korrosionsbeständigkeit im Vordergrund steht. Für die Bearbeitung stellte vor allem die Gruppe der austenitischen Stähle und die Gruppe der ferritisch-austenitischen Stähle eine Herausforderung dar. Um die Zerspanbarkeit zu verbessern, wurden seitens der Hersteller nichtrostende Stähle weiterentwickelt, diese lassen sich in zwei Gruppen unterscheiden:

- besser zerspanbare Stähle mit sulfidischen Einschlüssen
- besser zerspanbare Stähle mit oxidischen Einschlüssen

Geschwefelte Stähle besitzen gegenüber den konventionellen Stahlsorten einen leicht erhöhten Schwefelanteil, um eine verbesserte Zerspanbarkeit zu erreichen. Die zweite Gruppe der zerspanbaren Stähle besitzt fein verteilte Oxideinschlüsse im Werkstoff. Eine Kombination beider Methoden ist ebenfalls möglich. In beiden Fällen wird durch eine genaue Kontrolle der chemischen Zusammensetzung sichergestellt, dass ausreichend homogen verteilte nichtmetallische Einschlüsse vorhanden sind, die den Spanbruch fördern und während der Bearbeitung eine Schmierschicht an der Schnittstelle zwischen Werkzeug und Span bilden.

Geschwefelte Stähle können im Vergleich zu Standardstählen mit niedrigem Schwefelgehalt mit deutlich höheren Schnittgeschwindigkeiten bearbeitet werden. Gleichzeitig ist eine Steigerung der Werkzeugstandzeit um mehr als 100 % möglich. Tabelle 4 gibt eine Übersicht über nichtrostende Stähle, die für spanende Bearbeitung optimiert wurden bzw. grundsätzlich besonders für eine spanende Formgebung geeignet sind:

Kurzname	Werkstoffnummer	PREN*	Schwefelgehalt in %
Stahlsorten mit erhöhtem Schwefelgehalt			
X14CrMoS17	1.4104	16,2 - 19,4	0,15 bis 0,35
X6CrMoS17	1.4105	16,0 - 18,0	
X8CrNiS18-9	1.4305	17,0 - 20,7	
Für Zerspanung geeinete Standardstähle			
X5CrNi18 -10	1.4301	17,5 - 21,1	0,015 bis 0,030
X2CrNi19-11	1.4306	18,0 - 21,7	
X2CrNi18-9	1.4307	17,5 - 21,1	
X6CrNiTi18-10	1.4541	17,0 - 19,0	
X5CrNiMo17-12-2	1.4401	23,1 -28,5	
X2CrNiMo17-12-2	1.4404	23,1 - 28,5	
X6CrNiMoTi17-12-2	1.4571	23,1 - 26,7	

Tab. 4: Ausgewählte, für die Zerspanung geeignete nichtrostende Stähle unter Berücksichtigung des Schwefelgehalts und der berechneten Beständigkeit gegenüber Lochfraß; *für die Sorten mit erhöhtem Schwefelgehalt darf der PREN nicht direkt mit Sorten mit niedrigem Schwefelgehalt verglichen werden

3.5 Aspekte der Zerspanung der jeweiligen rostfreien Stähle

3.5.1 Spanende Bearbeitung von austenitischen Stählen

Diese Sorten neigen häufig zur Festigkeitssteigerung infolge von Kaltumformung, was wiederum zu einem erhöhtem Werkzeugverschleiß führt. Im direkten Vergleich zeigen Sorten mit einem höheren Kohlenstoffanteil, 1.4301 gegenüber 1.4306 oder 1.4401 gegenüber den low cabon (LC-)Stählen wie 1.4404, einer stärkeren Neigung zur Kaltverfestigung.

Doch selbst bei starker Kaltverformung ist deren Duktilität ausreichend, um die unerwünschte Bildung langer Späne zu verursachen. Damit verbunden ist die Neigung zur Bildung von Aufbauschneiden, die am Werkzeug haften und die Schnittleistung bzw. die Bauteilgeometrie negativ beeinflussen. Gleichzeitig steigt die Gefahr zur Bildung von Ausbrüchen an der Schneide infolge von gestiegenen Schnittkräften. Die Wärmeleitfähigkeit von Austeniten ist zudem deutlich geringer als die von ferritischen Stählen, was zu einer höheren Temperatur an der Schnittstelle zwischen Werkstück und Werkzeug führt. Auch dies beeinflusst die Lebensdauer des Werkzeugs negativ. Aus diesem Grund muss bei der spanenden Bearbeitung von austenitischen rostfreien Stählen stets auf eine ausreichende Kühlung mit

Kühlschmierstoff geachtet werden. Allgemein ist sowohl die Bearbeitung mit Schnellarbeitsstählen als auch mit Hartmetall möglich. Zur Orientierung sind in Tabelle 5 Werte für die Schnittgeschwindigkeit und den Vorschub für das Drehen aufgelistet.

Art der Arbeit	Werkstoff des Werkzeugs	Schnitt-geschwindigkeit mm /min	Vorschub mm / U
Schruppen	Schnellarbeitsstahl	8 ... 12	0,4 ... 1,0
	Hartmetall	40 ... 60	0,4 ... 1,0
	Cermet	100 ... 150	0,15 ... 0,3
Schlichten	Schnellarbeitsstahl	15 ... 25	0,1 ... 0,2
	Hartmetall	60 ... 100	0,1 ... 0,4
	Cermet	180 ... 250	0,05 ... 0,2

Tab. 5: Vorschübe und Schnittgeschwindigkeiten für das Drehen austenitischer Edelstähle (Richtwerte) [10]

Sofern es die Korrosivität der Anwendungsbedingungen zulassen, ist die Nutzung von modifizierten, für die Zerspanung optimierten Legierungen bei austenitischen Stählen sehr verbreitet. Die negative Beeinflussung auf die Korrosionsbeständigkeit sollte aber auf jeden Fall berücksichtigt werden.

3.5.2 Spanende Bearbeitung von ferritischen Stählen

Ferritische rostfreie Legierungen neigen deutlich weniger zur Verfestigung als austenitische Legierungen. Die Zugfestigkeit steigt am Beispiel des häufig eingesetzten ferritischen Werkstoffes 1.4016 bei 50 % Kaltverformung nur um etwa um 200 N/mm² an. Im Vergleich dazu ist bei einem austenitischen rostfreien Stahl eine Steigerung um mehr als 1000 N/mm² bei gleicher Kaltverformung möglich. Obwohl die Wärmeleitfähigkeit höher und die Kaltverfestigung geringer ist als bei austenitischen Legierungen, bleiben die Neigung zur Bildung langer Späne und die Gefahr des Festklebens hoch. Ferritische nichtrostende Stähle, die für die spanabhebende Bearbeitung bestimmt sind, werden daher häufig als Varianten mit erhöhtem Schwefelanteil (nachgeschwefelte Automatenstähle) am Markt angeboten.

3.5.3 Spanende Bearbeitung von martensitischen Stählen

Martensitische rostfreie Stähle zeigen im Vergleich zu den austenitischen und ferritischen Sorten ein deutlich geringeres bzw. kein wesentliches Verfestigungsverhalten bei Kaltumformung. Da diese Werkstoffe für die gewünschte Anwendung allerdings sowohl eine hohe Festigkeit und Härte mit einer ausreichenden Duktilität aufweisen, hat dies im Rahmen der spanenden Bearbeitung häufig eine hohe Schnittlast bzw. hohe Schnittkräfte zur Folge. Varianten mit erhöhtem Schwefelanteil in Form von Automatenstählen sind für martensitische Stähle infolge der Beeinflussung der gewünschten mechanischen Eigenschaften nicht gängig.

3.5.4 Spanende Bearbeitung von Duplexstählen

Die Zerspanung von Duplexstählen stellt aufgrund der hohen Streckgrenze und deren anfänglicher Kaltverfestigung eine besondere Herausforderung dar. Da das vorliegende Gefüge im Idealfall eine Kombination von Ferrit und Austenit mit sich bringt, kann allgemein nur von einer mäßigen Zerspanbarkeit gesprochen werden. Die Zerspanung führt besonders bei den höherlegierten Duplexstählen, beispielsweise 1.4462 und 1.4410, zu einem stark erhöhten Werkzeugverschleiß im Vergleich zu austenitischen Legierungen. Die Gruppe der Lean-Duplexstähle weist in der Regel meist noch eine bessere bzw. ausreichende Zerspanbarkeit auf.

Es empfiehlt sich allgemein, die Arbeitsschritte so zu wählen, dass eine Kaltverfestigung infolge des vorhergehenden Bearbeitungsdurchgangs gezielt entfernt wird. Durch die hohen Schnittkräfte liegen erhöhte Anforderungen an die Steifigkeit der Bearbeitungsmaschine und die Werkzeug- bzw. Werkstückaufnahme vor.

3.6 Fügen von rostfreien Edelstählen

In diesem Abschnitt wird auf ausgewählte Fügeverfahren für die Verarbeitung von rostfreien Stählen eingegangen. Aufgrund der wirtschaftlichen Bedeutung, aber auch der Besonderheiten, die die unterschiedlichen Gefügetypen mit sich bringen, wird vorwiegend auf die schweißtechnische Verarbeitung eingegangen. Löten und Kleben werden als weitere Verfahren erwähnt, weisen aber mit Bezug auf den Hauptfokus des Buches nur eine geringere Komplexität auf, wenngleich deren Bedeutung als hocheffiziente Fertigungsverfahren dadurch nicht vernachlässigt werden sollte.

3.6.1 Schweißen von rostfreien Edelstählen

Im Rahmen der Verarbeitung von nichtrostenden Stählen sind thermische Fügeverfahren sehr häufig anzutreffen. Die Variantenvielfalt der angewendeten Verfahren erscheint allein schon in Kombination mit den häufig eingesetzten nichtrostenden Stählen nahezu unbegrenzt. Aus diesem Grund wird nachfolgend nur auf einzelne, aber wesentliche Aspekte bei der Anwendung von thermischen Fügeverfahren von nichtrostenden Stählen eingegangen. Da es sich bei allen nichtrostenden Stählen um hochlegierte Stähle handelt, die neben Eisen, Chrom und Kohlenstoff meist mehrere weitere Legierungselemente beinhalten, müssen gewisse Besonderheiten wie die Neigung zur Bildung von Ausscheidungen und intermetallischen Phasen in Abhängigkeit der Temperatur berücksichtigt werden.

Für das Schweißen von nichtrostenden Stählen können nahezu alle bekannten Verfahren angewendet werden. Aufgrund der spezifischen physikalischen Eigenschaften und der chemischen Zusammensetzung dieser Werkstoffe werden vorwiegend Verfahren eingesetzt, die nur eine geringe Wärmemenge lokal einbringen und eine möglichst kurze Erwärmungs- bzw. Abkühlungsdauer ermöglichen. Hierzu gehören mitunter Lichtbogenschweißverfahren, MAG-Impuls-Schweißverfahren oder Laser-Schweißverfahren.

Die zum Schweißen der nichtrostenden Stähle eingesetzten Schweißzusätze sind in der DIN EN ISO 3581 für Stabelektroden, in der DIN EN ISO 14343 für Massivdrahtelektroden und in der DIN EN ISO 17633 für Fülldrahtelektroden genormt. Die Normen enthalten Angaben über die chemische Zusammensetzung des Schweißgutes oder der Elektroden sowie Hinweise über die Bezeichnung der Schweißzusätze, die mechanischen Eigenschaften des Schweißgutes sowie die technischen Lieferbedingungen. Allgemein gilt, dass die Gehalte der Legierungselemente, welche maßgeblich für die Korrosionsbeständigkeit sind, in den Schweißzusatzwerkstoffen gegenüber den Grundwerkstoffen angehoben sind, da beim Schweißen ein entsprechender Abbrand berücksichtigt werden muss. Eine Übersicht zur Lage von ausgewählten Schweißzusatzwerkstoffen im Schaeffler-Diagramm zeigt Abbildung 34.

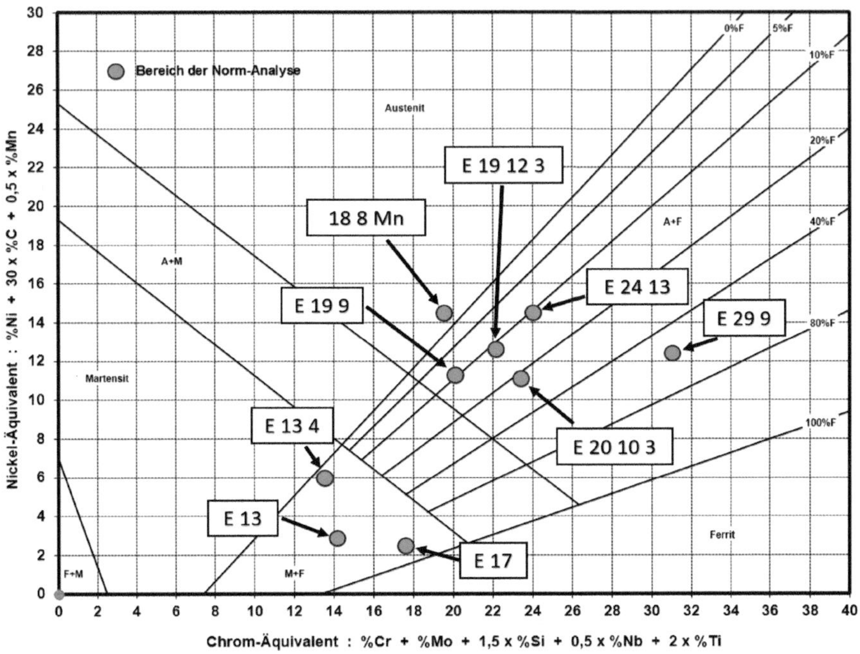

Abb. 34: Lage von ausgewählten Schweißzusätzen für die Verbindung von nichtrostenden Stählen im Schaeffler-Diagramm [34]

Die schweißtechnische Verarbeitung von nichtrostenden Stählen wird seit der technischen Etablierung des Schweißens als Fügeverfahren zur Mitte des vergangenen Jahrhunderts angewendet. Die technische Herausforderung, die hierbei auftritt, lässt sich zu zwei Aspekten zusammenfassen:

(1) Durch das lokale Aufschmelzen wird die vor Korrosion schützende Passivschicht zerstört und muss neu gebildet werden; nicht passive und teils poröse Oxidschichten (Anlauffarben) reduzieren die Korrosionsbeständigkeit drastisch.
(2) Durch den hohen thermischen Eintrag in der Schmelzzone und in der Wärmeeinflusszone wird bei hochlegierten Stählen die Bildung von Ausscheidungen und intermetallischen Phasen begünstigt, was zu einer Reduktion von technischen Eigenschaften führen kann.
In den meisten Fällen ist es bei einer richtigen Auswahl der Prozessparameter möglich, diesen Herausforderungen zu begegnen.

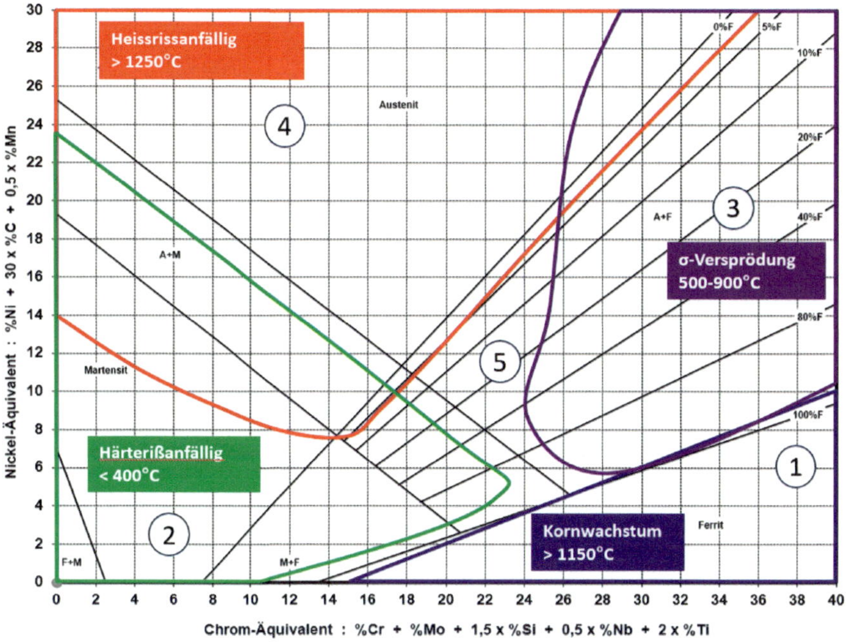

Abb. 35: Schaeffler-Diagramm für Verbindungsschweißungen mit entstehenden Phasen und gefährdeten Bereichen: ① Gefahr des unkontrollierten Kornwachstums, ② Härterisse durch Martensitbildung, ③ Versprödung durch die Bildung von Sigma-Phase (σ-Phase) und ④ Heißrissbildung; ⑤ Bereich ohne Gefährdung

Durch lokales Aufschmelzen, durch die Kombination von unterschiedlichen Grundwerkstoffen und in Verbindung mit Schweißzusatzwerkstoffen kommt es zu einer lokalen Veränderung des vorliegenden Gefüges. Damit unweigerlich verbunden ist auch eine Veränderung der technischen Eigenschaften in diesem Bereich sowie in der Wärmeeinflusszone. Das Schaeffler-Diagramm (Abbildung 35) kann genutzt werden, um eine Abschätzung zum vorliegenden Gefüge im Bereich des Schweißgutes, aber auch zu dort vorliegenden möglichen Gefährdungen vorzunehmen. Je nach chemischer Zusammensetzung der zu verarbeitende Legierung muss beim Schweißen mit vier möglichen Schäden bzw. Gefährdungen gerechnet werden:

- starkes bzw. unkontrolliertes Kornwachstum
- Heißrisse
- Härterisse durch Martensitbildung
- Versprödung durch Bildung intermetallischer Phasen (z. B. Sigma-Phase)

3.6.1.1 Heißrissbildung

Infolge der Bedeutung der austenitischen nichtrostenden Stähle und der Herausforderungen bei der fachgerechten Verarbeitung wird nachfolgend gesondert auf Heißrisse und Möglichkeiten zu deren Vermeidung eingegangen. Je nach Zeitpunkt und Ort ihrer Entstehung kann zwischen drei Heißrissarten unterschieden werden:

- Erstarrungsrisse im Schweißgut
- Aufschmelzungsrisse in der Wärmeeinflusszone des Grundwerkstoffes
- Aufschmelzungsrisse in der Wärmeeinflusszone des Schweißguts bei mehrlagigen Schweißungen

Im Gegensatz zu Kaltrissen bilden sich Heißrisse unmittelbar durch die Temperatureinwirkung während des Schweißprozesses. In der Literatur und in internationalen Normen- und Regelwerken werden diese meist über den Temperaturbereich bzw. den Zeitpunkt der Entstehung klassifiziert. Gemäß dem Merkblatt DVS 1004-1 wird erwähnt, dass Heißrisse durch die beginnende Abkühlung und somit beim Phasenübergang von flüssig zu fest entstehen, wobei hier insbesondere niedrigschmelzenden Phasen eine besondere Bedeutung zukommt. [38]

Bei Heißrissen handelt es sich somit um Erstarrungsrisse, die im Rahmen der Erstarrung des Schmelzbades unter lokaler Einwirkung von Zugspannungen entstehen und vorwiegend entlang der Korngrenzen verlaufen. Hauptursache für die Entstehung von Heißrissen sind niedrigschmelzende metallurgische Phasen, die sich bei der Erstarrung als dünner Film über die Korngrenzen legen. Infolge der mechanischen Spannung bei der Abkühlung des bereits erstarten Gefüges kommt es zu einer verstärkten Belastung dieser Korngrenzenfilme.

Die Rissinitiierung resultiert aus dem Wettlauf zwischen der fortschreitenden Erstarrung und der zunehmenden Schrumpfung des bereits erstarrten Gefüges. Von großer Bedeutung für die Heißrissbildung ist jeweils die Verweilzeit der Korngrenzenfilme. Dies ist der kritische Moment der Rissinitiierung, da sich Verformung durch Schrumpfung auf den bereits erstarrten

Bereich auswirkt und somit auf einen dünnen Film konzentriert und eine wachsende Dehnung der Korngrenzenfilme bewirkt (vgl. Abbildung 36) [39].

Bestehen diese Korngrenzenfilme aus stark angereicherter Restschmelze, so kann die Solidustemperatur stark reduziert werden und die Verweilzeit des Films auf der Korngrenze wird stark erhöht. Damit wird die Neigung zur Heißrissbildung stark begünstigt. Innerhalb der Schweißraupe entstehen zunächst interkristalline Mikrorisse, die sich bei zunehmender Erstarrung bis an die Oberfläche hinziehen und dort als Makrorisse sichtbar werden. Die Rissoberfläche ist in der Regel nicht metallisch blank, sondern mit Oxiden belegt (siehe Abbildung 37).

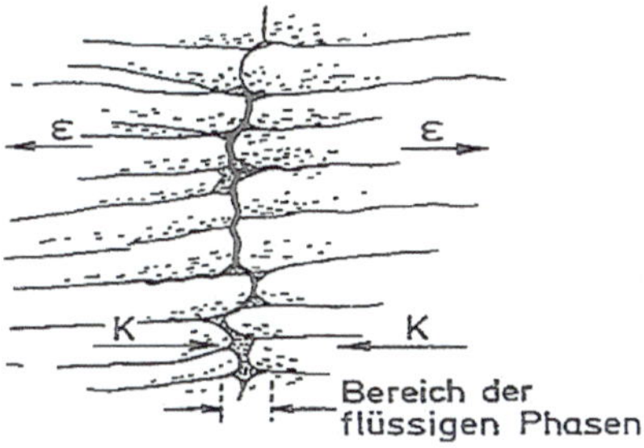

Abb. 36: Modell der Rissbildung während der Erstarrung nach Baker [39]

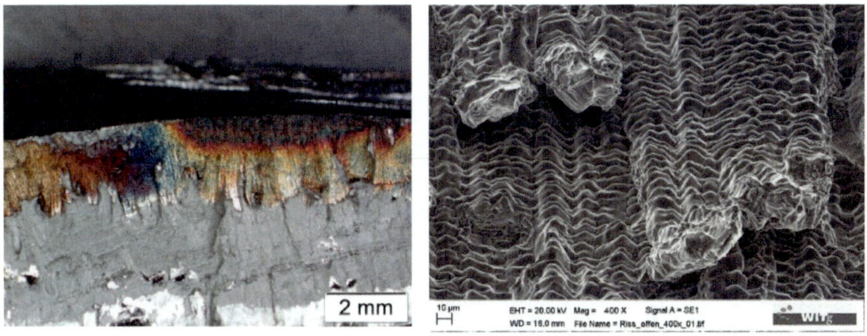

Abb. 37: Links: Makroskopische Aufnahmen eines geöffneten Heißrisses an einem Bauteil aus rostfreiem Stahl mit deutlich erkennbaren Anlauffarben/Oxidation im Bereich des Risses; rechts: Rissfläche des geöffneten Risses

Die Orientierung der Erstarrungsrisse ist grundsätzlich senkrecht zur maximalen Schrumpfverformung.

Erfolgt eine mehrlagige Schweißung, so werden in der Nähe der Schmelzlinie durch den lokalen Wärmeeintrag des Lichtbogens niedrigschmelzende Korngrenzenphasen erneut aufgeschmolzen. Durch den vorliegenden Temperaturgradienten zwischen flüssigem Schweißgut und Grundwerkstoff stehen die Korngrenzen in der Wärmeeinflusszone unter Druckspannungen. Während der weiteren Abkühlung gerät die Wärmeeinflusszone durch die Schrumpfung verstärkt unter Zugspannung, sodass bei noch vorhandenen flüssigen Korngrenzenfilmen dort ebenfalls Risse entstehenden können. Diese Risse können sich bis in das Schweißgut fortpflanzen. Der Entstehungsmechanismus eines sogenannten Wiederaufschmelzungsrisses ist in Abbildung 38 veranschaulicht. [34,40,41]

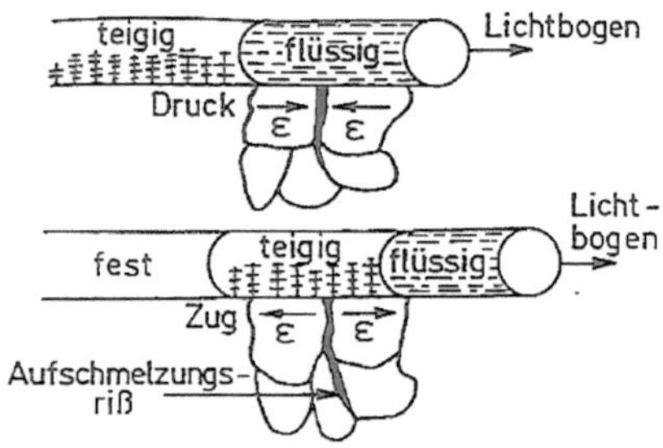

Abb. 38: Bildung von Heißrissen in der Wärmeeinflusszone (Wiederaufschmelzungsriss) [41]

Die Neigung zu Heißrissen wird bei nichtrostenden Stählen maßgeblich durch nachfolgende Faktoren beeinflusst:

- Einfluss von Legierungselementen und Verunreinigungen
- Restdeltaferritgehalt
- Schweißparameter
- Konstruktive Gestaltung der Schweißnaht

Um eine möglichst ausgeprägte Heißrisssicherheit zu erzielen, müssen somit die Konstruktion, die Werkstoffauswahl, die Entwicklung und Auswahl des Schweißzusatzwerkstoffes und die Ausführung der Schweißnaht aufeinander abgestimmt werden.

Aufgrund der geringen Löslichkeit von Schwefel und Phosphor im KFZ-Gitter des Austenits sowie einer Reduktion der Solidustemperatur der Korngrenzenphasen durch eine lokale Anreicherung von Schwefel und Phosphor ist mit einem höheren Gehalt dieser Elemente auch eine deutliche Zunahme der

Heißrissneigung gegeben (vgl. Abbildung 39). Die Legierungskonzepte und insbesondere austenitische Schweißzusätze sollten somit möglichst frei von Verunreinigungen von Phosphor und Schwefel sein.

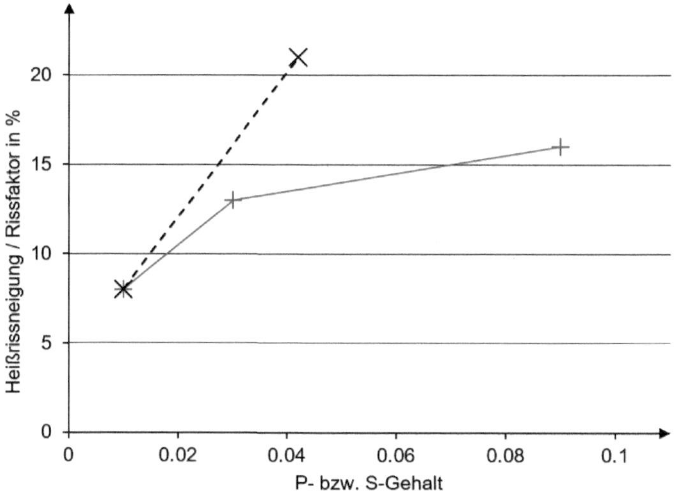

Abb. 39: Einfluss von Phosphor bzw. Schwefel auf die Heißrissneigung eines Schweißgutes mit 16 % Cr, 16 % Ni und Nb zur Stabilisierung nach Dahl [34,42]

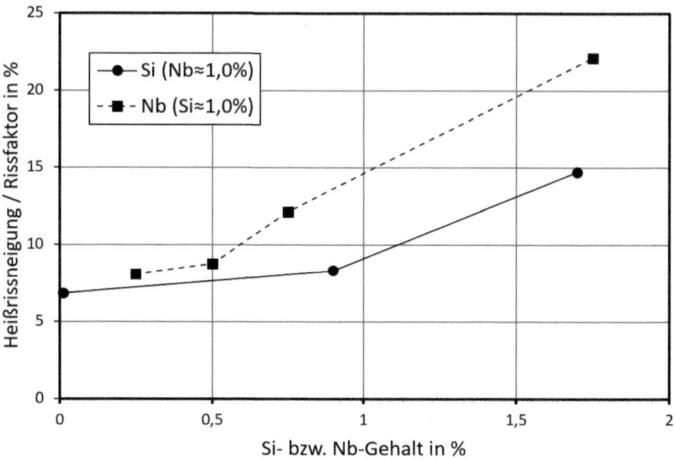

Abb. 40: Einfluss von Si- und Nb-Gehalt auf die Heißrissneigung eines Nb-stabilisierten Schweißgutes mit 16 % Cr und 16 % Ni [34,42]

Eine Zunahme von Silizium-Gehalten kann ebenfalls zu einer Zunahme der Heißrissanfälligkeit führen. Dies kann auf die Bildung von niedrigschmelzenden Silikatfilmen zurückgeführt werden (vgl. Abbildung 40). [42] Da für den Schweißfluss beim Metall-Schutzgas-Schweißen erhöhte Si-Gehalte von Vorteil sind, ist zwischen der erhöhten Heißrissneigung und dem verbesserten Fließverhalten bei der Auswahl von austenitischen Schweißzusatzdrähten abzuwägen. Silizium-Gehalte von ca. 0,85 % in diesen Drähten können als geeigneter Kompromiss angesehen werden. In ähnlicher Weise wirkt sich Niob auf die Heißrissneigung aus. Begründet wird dies mit Niob-angereicherten niedrigschmelzenden Korngrenzenphasen. Aus diesem Grund wird eine Niob-Stabilisierung bei austenitischen Schweißzusätzen auf einen Gehalt von maximal 0,75 % begrenzt.

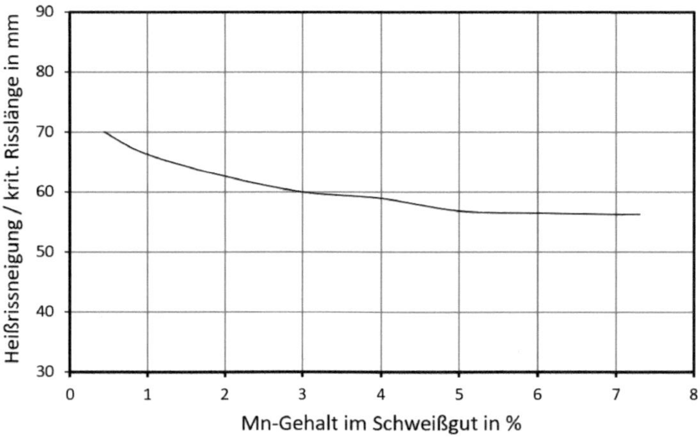

Abb. 41: Einfluss von Mangan auf die Heißrissbildung [43]

Durch steigenden Mangangehalt im Schweißgut kann die Heißrissneigung verringert werden (vgl. Abbildung 41). Dieser Effekt ist auf die Abbindung von Schwefel zu Mangansulfiden begründet. Somit wird die Bildung von niedrigschmelzenden Sulfidphasen vermindert [42]. So werden beispielsweise die vollaustenitischen Schweißzusätze zur Reduktion der Heißrissneigung mit bis zu 9 % Mangan legiert. [34]

Die wichtigste Maßnahme zur Vermeidung von Heißrissen ist ein Legierungskonzept, das gewährleistet, dass das Schweißgut primär ferritisch erstarrt und bei Raumtemperatur ein entsprechend hoher Restdeltaferritgehalt von mindestens 3 % im austenitischen Gefüge vorhanden ist. Das Grundgefüge und die chemische Zusammensetzung der meisten austenitischen Standardstähle ist deshalb im Walz- und Schmiedezustand so abgestimmt, dass es sowohl bei Raumtemperatur als auch bei höheren Temperaturen nicht vollständig austenitisch vorliegt. Im Schaeffler-Diagramm in Abbildung 35 sind diese Stähle mit geringem Deltaferrit-Gehalt im mittleren Bereich (Bereich 5) zu finden. Der geringe Deltaferrit-Gehalt bewirkt bei diesen Stählen bei Raumtemperatur begrenzte ferromagnetische Eigenschaften, wodurch sich der Deltaferrit-Gehalt bestimmen lässt. Da Ferrit aufgrund des kubisch-raumzentrierten Gitters im Gegensatz zum kubisch-flächenzentrierten Gitter des Austenits ferromagnetisch ist, lässt sich dieser Anteil auch lokal, zerstörungsfrei und mit geringem technischem Aufwand mittels magnetinduktiven Messmethoden bestimmen. Die Anteile des Deltaferrits sind in erster Linie von dem Verhältnis der Ferritbildner Chrom (Cr), Molybdän (Mo), Silizium (Si) und Niob (Nb) zu den Austenitbildnern Nickel (Ni), Kohlenstoff (C), Mangan (Mn) und Stickstoff (N) abhängig und lassen sich mithilfe des De-Long-Diagramms näherungsweise bestimmen (siehe Abbildung 42). Dabei handelt es sich um einen Ausschnitt des Schaeffler-Diagramms, wobei Stickstoff mit dem Faktor 30 gewichtet ist. Als Kennzahl wird häufig die dort aufgeführte Ferritnummer FN angewendet, die den Gehalt des Deltaferrits im austenitischen Gefüge beschreibt. [44]

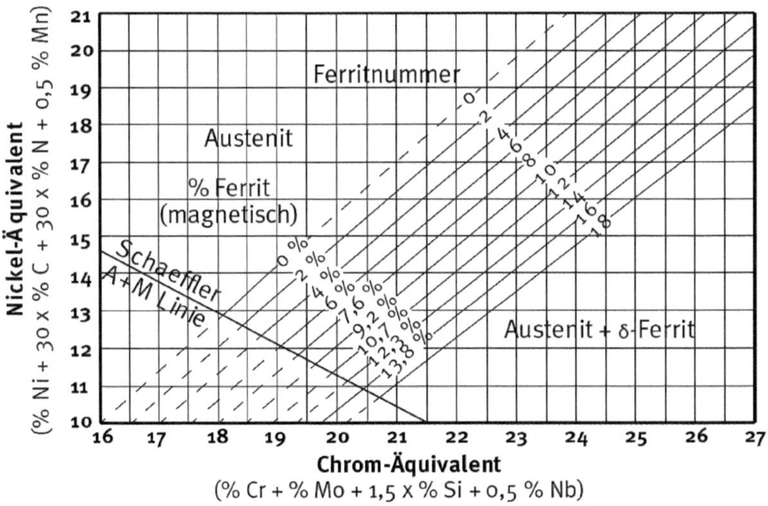

Abb. 42: De-Long-Diagramm; Ausschnitt aus dem Schaeffler-Diagramm zur Bestimmung der Ferritnummer in nichtrostendem austenitischem Schweißgut [44]

Ein Grund für die Minderung der Heißrissanfälligkeit des Restdeltaferrits liegt darin, dass der primär erstarrte Deltaferrit eine wesentlich größere Löslichkeit für Verunreinigungen aufweist und somit die Menge und den Existenzbereich der niedrigschmelzenden Phasen reduziert bzw. einengt. Nach einer weiteren Theorie wird das günstige Verhalten der primär ferritisch erstarrenden CrNi-Stähle mit der sich nach der Erstarrung einsetzenden Delta-Gamma-Umwandlung erklärt. Durch den deutlich höheren Wärmeausdehnungskoeffizienten des Austenits gerät der Bereich hinter der Erstarrungsfront unter Druckspannung, die einer Rissbildung entgegenwirkt. [34,45]. Die positive Auswirkung von Deltaferrit auf die Heißrissneigung ist allerdings hin zu höheren Gehalten (über 5 %) begrenzt. Zudem wirken sich Reste an Deltaferrit negativ auf die Zähigkeit, Kriechfestigkeit und Warmformfähigkeit aus. [46]

Neben der Auswahl des Schweißzusatzwerkstoffes kann durch die Veränderung der Schweißparameter auch eine Beeinflussung der Erstarrung erzielt werden. In Bezug auf die Heißrissneigung kann dies beispielsweise durch die Stickstoff- und Sauerstoffaufnahme aus der Luft von der primären Deltaferrit- hin zur primären Austeniterstarrung beim Schweißen mit Stabelektroden erfolgen. Durch eine längere Lichtbogenlänge können mehr Stickstoff und Sauerstoff aus der Luft in das Schweißgut überführt werden, was den Deltaferrit-Gehalt so stark reduziert, dass eine Zunahme der Heißrissneigung möglich ist. [34]

Die Prüfung von metallurgischen und prozessbedingten Einflüssen auf Heißrissanfälligkeit kann nach mehreren Verfahren erfolgen. Zu den gängigen Verfahren gehört die Heißrissprüfung gemäß DIN EN ISO 17641-1, Merkblatt DVS 1004, der HDR-Versuch, der MVT-Versuch oder der PVR-Test. Je nach Prüfverfahren und Variante besteht die Möglichkeit, zwischen selbstbeanspruchten oder fremdbeanspruchten Methoden zu unterscheiden. Bei den selbstbeanspruchten Methoden wird die Verformungsbeanspruchung in der Schweißzone mithilfe einer starren Einspannung des Schweißstückes und der daraus resultierenden Hinderung der Schrumpfung erzeugt. Bei den fremdbeanspruchten Prüfungen erfolgt die Verformung durch von außen aufgebrachter Belastung. Der Vorteil der selbstbeanspruchten Prüfung ist die verhältnismäßig einfache Durchführung, da die Fremdbeanspruchung einen größeren technischen Aufwand erfordert. [34]

Klassische Prüfverfahren wie die Längsbiegeprüfung oder klassische Rissprüfung am T-Stoß erlauben grundsätzlich nur Ja/Nein-Aussagen bezogen auf die vorliegende Schweißnaht mit direktem Bezug auf das Verfahren bzw.

die ausführende Person. Die Prüfung bei selbstbeanspruchenden Verfahren ist hingegen nur zur Beurteilung von Heißrissen im Schweißgut geeignet. Die fremdbeanspruchten Verfahren ermöglichen zudem die Ermittlung von Rissfaktoren, kritischen Risslängen oder auch kritischen Verformungsgeschwindigkeiten, wodurch eine deutlich differenziertere Aussage in Bezug auf die Höhe der Heißrisssicherheit für das Schweißgut, Wärmeeinflusszone und die Verfahrensparameter mit Bezug auf die jeweilige Anwendung möglich ist. [34]

3.6.1.2 Kaltrisse und Härterisse

Während die Heißrisse gemäß der getroffenen Einteilung im Schaeffler-Diagramm (Abbildung 35) bei Stählen mit höherem Nickel-Äquivalent vorkommen, besteht insbesondere bei ferritischen und martensitischen Stählen auch die Gefahr von Kaltrissen bzw. Härterissen. Diese Risse führen in der Regel zu einem spröden Bauteilversagen infolge von mechanischer Belastung, was in der Anwendung ein hohes Gefährdungspotenzial bedeutet. Ein weiteres Unterscheidungsmerkmal ist der Zeitpunkt der Rissentstehung. Während Heißrisse im Rahmen der Erstarrung der Schmelze bzw. der einzelnen Phasen entstehen, treten Kaltrisse beim Abkühlen zwischen Umwandlungstemperatur und Raumtemperatur oder zeitverzögert erst nach Tagen oder Wochen mit oder ohne zusätzliche Betriebslasten auf.

Je nach Entstehung lassen sich Kaltrisse allgemein weiter in Aufhärtungs- bzw. Härterisse, Lamellenrisse, Wasserstoffrisse sowie weitere spezifische spannungs- und alterungsbedingte Risstypen einteilen, auf die an dieser Stelle nicht weiter eingegangen wird.

Härterisse treten infolge von hohen Abkühlgeschwindigkeit in der Wärmeeinflusszone auf. Hier kann es infolge des Temperatureinflusses zu einer Austenitisierung des Gefüges kommen, wobei infolge der schnellen Abkühlung die Bildung von Martensit begünstigt wird, was wiederum zu hohen Eigenspannungen führt. Dies ist beispielsweise durch eine signifikante Härtesteigerung in der Wärmeeinflusszone zu erkennen. Die Verformungsfähigkeit des Werkstoffes wird an dieser Stelle stark reduziert, sodass die Rissbildung entweder schon infolge der Eigenspannung beim Abkühlen oder durch die hinzukommenden Betriebsbelastungen auftritt. Härterisse verlaufen demzufolge entlang der ehemaligen Austenitkorngrenzen interkristallin. Durch geeignetes Vorwärmen und eine gezielte Temperaturführung beim Schweißen kann der Gefahr begegnet werden. Begünstigend auf die Bildung von Härterissen wirken sich Eigenspannungen im Bauteil sowie konstruktive Gestaltungsmerkmale wie beispielsweise Kerben aus, die zu einer lokalen Spannungserhöhung führen.

Lamellen- oder Terrassenrisse sind anhand eines terrassenförmigen bzw. gezackten Rissverlaufs zu erkennen. Die Ursache für diese Risse sind Mangansulfide, die im Rahmen des Warmwalzprozesses von Flachmaterial in Längsrichtung stark gestreckt werden. Als direkte Ursache resultiert aus diesen Strukturen eine Reduktion der Bruchdehnung am Beispiel des Zugversuches in Richtung der Dicke des Bleches, wobei sich dies versuchstechnisch nicht ermitteln lässt. Als mögliche Abhilfe bietet sich eine Reduktion des Schwefelgehalts der verwendeten Werkstoffe an.

Wasserstoffrisse bei der schweißtechnischen Verarbeitung sind auf die Einbringung von Wasserstoff im Rahmen der Verarbeitung zurückzuführen. Als Quellen für Wasserstoff können Feuchtigkeit in Mantelmaterial von Elektroden oder in Schweißgasen, Kohlenwasserstoffe (Öle, Fette oder Farben) am Bauteil oder an den Elektroden sowie andere Arten von Verunreinigungen wie Korrosionsprodukte dienen.

Infolge des Schweißvorgangs kann Wasserstoff dissoziieren und als atomarer oder ionisierter Wasserstoff in das Schweißbad gelangen. Wasserstoff hat als kleinstes chemisches Element eine sehr hohe Diffusivität im metallischen Kristallgitter. Sinkende Temperaturen führen zu einer Reduktion der Löslichkeit, was wiederum zur Ansammlung von Wasserstoff an Gitterfehlern sowie Gefügeinhomogenitäten führt. Die dort stattfindende Rekombination von atomarem zu molekularem Wasserstoff führt zu einer Erhöhung der lokalen Druckeigenspannungen und kann wiederum zur Versprödung (Wasserstoffversprödung) und zum Auftreten von Rissen führen. Die dadurch entstandenen Risse weisen ein charakteristisches Aussehen auf: spröde kristalline und plastische Bruchflächen nebeneinander (vgl. Abbildung 43). Makroskopisch zeichnen sich entsprechende Brüche häufig durch ein mittig angeordnetes sogenanntes Fischauge aus.

Da das austenitische Gitter ein höheres Lösungsvermögen gegenüber Wasserstoff bietet, gelten diese Werkstoffe als deutlich geringer gefährdet. Als grundlegende Abhilfemaßnahme sollte dennoch die Menge der zur Verfügung stehenden Wasserstoffmenge begrenzt bzw. reduziert werden. Dies kann durch eine Rücktrocknung von Elektroden, trockene Gase oder auch Wasserstoffarmglühen aus der Schweißwärme (250 °C für 6 h) erfolgen. Die Bestimmung von diffusiblem Wasserstoff kann beispielsweise mit der in DIN EN ISO 3690 beschriebenen Methode erfolgen.

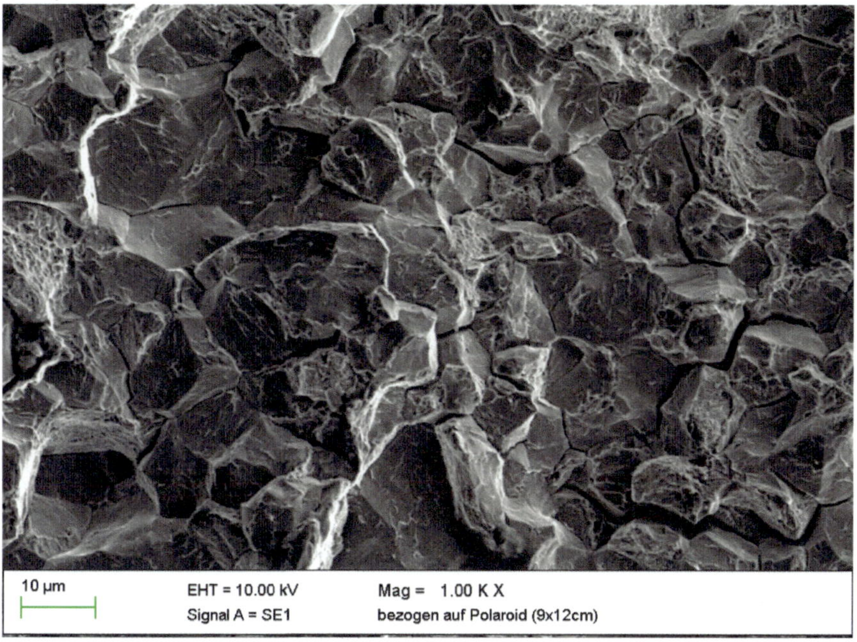

Abb. 43: REM-Aufnahme einer Bruchfläche infolge von Wasserstoffrissen mit charakteristischer Bruchfläche

3.6.1.3 Ausscheidungsvorgänge infolge der schweißtechnischen Verarbeitung

Insbesondere bei langsamen Abkühlgeschwindigkeiten, beispielsweise an ruhender Luft, kommt es bei nichtrostenden Stählen zur Bildung von Karbiden und/oder intermetallischen Phasen. Diese wirken sich in der Regel signifikant auf die geforderten mechanischen und korrosionstechnischen Kennwerte aus. Entsprechende Wärmebehandlungen mit Lösungsglühen und anschließendem Abschrecken zur Vermeidung dieser meist unerwünschten Beeinflussung der technischen Eigenschaften sind für austenitische Werkstoffe üblich. Da allerdings das Schweißgut direkt aus dem Schmelzfluss erstarrt, liegen hierbei teils andere Mechanismen und Möglichkeiten zur Beeinflussung der erzielten technischen Eigenschaften vor. Ebenfalls gilt zu beachten, dass die thermische Nachbehandlung an großen Bauteilen bzw. Komponenten im Anlagenbau nur schwierig bis nicht zur realisieren ist und stets darauf zu achten ist, dass entstehende

Anlauffarben auf der Oberfläche die Korrosionsbeständigkeit von nichtrostenden Stählen stark mindern.

Karbidausscheidungen

Wie auch bei den Grundwerkstoffen unterliegt das Schweißgut den gleichen Gesetzmäßigkeiten in Bezug auf die Bildung von Karbidausscheidungen. In Folge der Reduktion der Kohlenstofflöslichkeit bei niedrigen Temperaturen kann es zur Bildung von Chrom-Eisen-Mischkarbiden kommen. Diese Karbide bilden sich insbesondere an den Korngrenzen, was dort lokal zu einer Chromverarmung im direkten Umfeld der Chromkarbide führt. Eine Folge dieser lokalen Verarmung an den Korngrenzen kann unter korrosiver Belastung die Anfälligkeit gegenüber interkristalliner Korrosion (IK) sein. Zur Darstellung der Anfälligkeit gegenüber IK bedient man sich sogenannten Kornzerfallsschaubildern. Exemplarisch zeigt hierzu Abbildung 44 den Einfluss von verschiedenen Schutzgasen auf die Lage des IK-Feldes, also den Bereich, in dem infolge der Ausscheidung von Chromkarbiden eine entsprechende Anfälligkeit gegenüber IK gegeben ist.

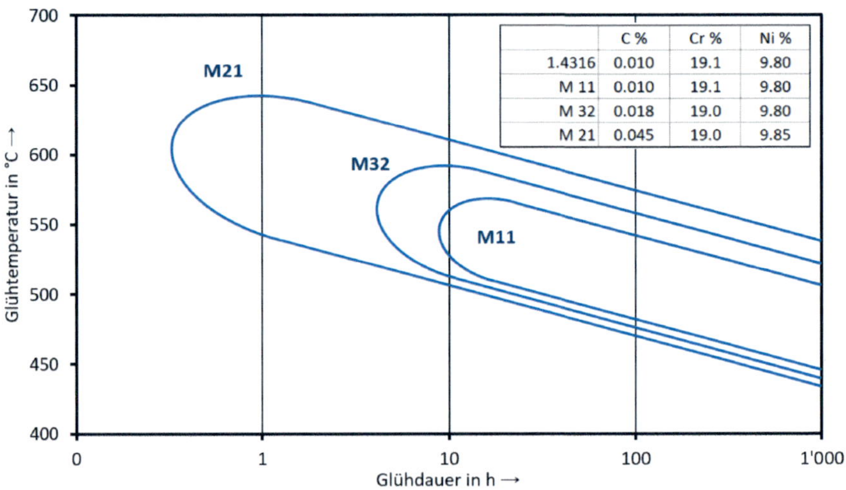

	C %	Cr %	Ni %
1.4316	0.010	19.1	9.80
M 11	0.010	19.1	9.80
M 32	0.018	19.0	9.80
M 21	0.045	19.0	9.85

Abb. 44: Einfluss von Schutzgas auf die Lage des IK-Feldes bei unstabilisierten Schweißgütern am Beispiel des Werkstoffes X1CrNi19-9 / 1.4316 [45]

Anhand von Abbildung 44 ist zu erkennen, dass der Grundwerkstoff bzw. Schweißgüter ohne eine Wärmebehandlung beständig gegenüber interkristalliner Korrosion sind. Im Fall der Anwendung des Schutzgases M21 (18 % CO_2 und Rest Argon) wird die Beständigkeit bereits durch eine vergleichsweise kurze Wärmebehandlung bzw. durch sehr langsame Abkühlgeschwindigkeiten eingeschränkt. Werden die Schutzgase M32 (5 % CO_2 und Rest Argon) oder M11 (3 % O_2 und Rest Argon) angewendet, wird die kritische Dauer, ab der eine Anfälligkeit gegenüber interkristalliner Korrosion zu erwarten ist, jeweils verlängert. Anhand der Veränderung der chemischen Zusammensetzung des Schweißgutes (siehe Abbildung 44) ist ein Rückschluss auf die Wirkungsweise der unterschiedlichen Schutzgase zu ziehen. Werden Schutzgase mit relativ hohen CO_2-Gehalten eingesetzt, wirkt sich das sehr negativ auf die IK-Beständigkeit aus. Aus diesem Grund wird für MAG-Prozesse bei der Verarbeitung von nichtrostenden Stählen die Anwendung von Schutzgasen mit maximal 3 % CO_2 empfohlen.

Neben der Möglichkeit zur Einstellung eines niedrigen Kohlenstoffgehalts im Schutzgas kann bei austenitischen Stählen auch zusätzlich auf Legierungen mit sehr niedrigen Kohlenstoffgehalten (Low Carbon / LC Güten) zurückgegriffen werden, um ein IK-beständiges Schweißgut zu erhalten. Die Anwendung von Legierungen mit stabilisierenden Legierungsbestandteilen wirkt ebenfalls der Anfälligkeit gegen IK entgegen. Insbesondere Nb und Ti sind sehr starke Karbidbildner. Durch deren hohe Affinität zu Kohlenstoff bilden diese stabile Ti- oder Nb-Karbide, sodass sich keine oder deutlich weniger Cr-Karbide an den Korngrenzen ausscheiden können. Die Stabilisierung mit Ti oder Nb führt somit zu einer ähnlichen Wirkung wie die Absenkung des Kohlenstoffgehaltes im Schweißgut.

Damit diese stabilisierenden Legierungsbestandteile entsprechend wirken, muss deren Legierungsgehalt ausreichend hoch sein, um den vorliegenden Kohlenstoff abzubinden. Als Anhaltspunkt kann hier das sogenannte Stabilisierungsverhältnis Ti/C bzw. Nb/C betrachtet werden.

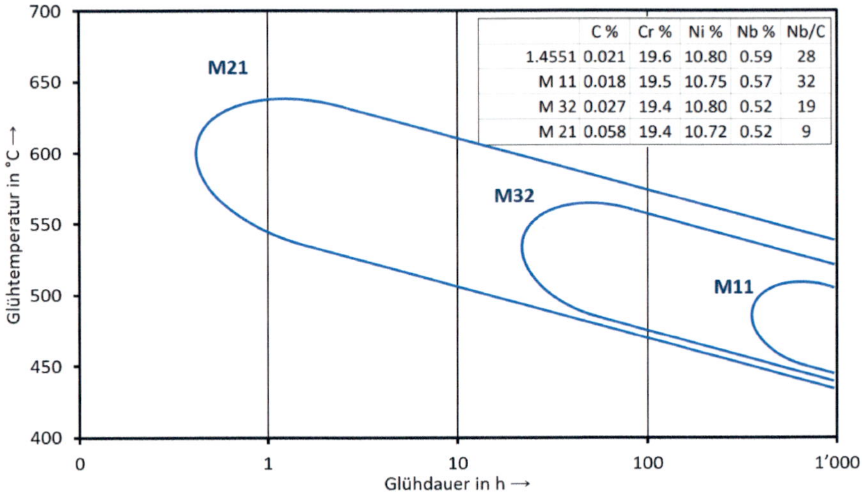

Abb. 45: Einfluss des Nb/C-Verhältnisses auf die Lage des IK-Feldes für den stabilisierten Werkstoff 1.4551 bei der Anwendung von unterschiedlichen Schutzgasen

Der Einfluss des Stabilisierungsverhältnisses auf die Lage des IK-Feldes ist in Abbildung 45 am Beispiel des Werkstoffes X5CrNiNb 19-9 / 1.4551 zu erkennen. Dieser Werkstoff, der vorwiegend als Schweißzusatzwerkstoff eingesetzt wird, verfügt im lösungsgeglühten und nicht weiterverarbeiteten Zustand über ein vergleichsweise hohes Stabilisierungsverhältnis und zeigt keine Anfälligkeit gegenüber IK. Je nach angewendetem Schutzgas kommt es infolge des erhöhten Kohlenstoffgehalts im Schweißgut zu einer gesteigerten IK-Anfälligkeit. Der Vergleich mit den in Abbildung 44 dargestellten IK-Feldern zeigt eine Verschiebung der IK-Felder hin zu höheren Zeiten. Insbesondere für die beiden Schutzgase M32 und M11 ist diese Verschiebung hin zu hohen Zeiten ein erheblicher Vorteil für die Verarbeitung. Anhand eines Vergleichs für diese beiden Werkstoffe (X1CrNi19-9 / 1.4316 und X5CrNiNb 19-9 / 1.4551), die mit Ausnahme des Nb-Gehaltes über eine sehr ähnliche chemische Zusammensetzung verfügen, ist zu erkennen, welche erhebliche Verbesserung der Beständigkeit gegenüber IK durch die Anwendung von stabilisierten Schweißgütern erzielt werden kann.

Für die Anwendung in Schweißzusatzwerkstoffen kommt vorwiegend Nb zur Anwendung, da Ti stark und teils auch unkontrolliert abbrennt. Bei Grundwerkstoffen hingegen kommt häufig Ti für die Stabilisierung zur

Anwendung, beispielsweise als Werkstoff X6CrNiMoTi17-12-2 / 1.4571, der eine stabilisierte Variante des Werkstoffes X2CrNiMo17-12-2 / 1.4404 ist.

Die Anwendung von Stabilisierungselementen ist dabei nicht ausschließlich auf Austenite begrenzt. So ist das Zulegieren von Nb und Titan als Stabilisator auch bei ferritischen Stählen gängig. Da Chromstähle eine stärkere Neigung zur Bildung von Karbiden haben, sind diese nach dem Schweißen besonders anfällig gegenüber Kornzerfall bzw. IK. Neben der Anwendung von stabilisierenden Legierungsbestandteilen und niedrigen Kohlenstoffgehalten kann durch nachträgliches Glühen die Anfälligkeit gegenüber Kornzerfall reduziert werden.

Für weichmartensitische Stähle ist die Gefährdung gegenüber IK gering, da die Ausscheidungen infolge einer flächenförmigen Chromverarmung vorwiegend im Korninneren bzw. über das gesamte Gefüge verteilt erfolgt. Durch eine Reduktion des Kohlenstoffgehalts kann auch hier der Reduktion der Korrosionsbeständigkeit infolge der Karbidbildung entgegengewirkt werden. Diese Maßnahme ist aber im Zusammenhang mit den gewünschten mechanischen Eigenschaften des Werkstoffes zu betrachten. Für ferritisch-austenitische Duplexstähle wird die Neigung zur Karbidausscheidung durch das Zulegieren von Stickstoff reduziert.

Gängige Prüfungen zur Bestimmung der Beständigkeit gegenüber IK von Schweißgut erfolgen nach ISO 3651-1 bzw. -2, ASTM A262 und ASTM G28.

Sigmaphase beim Schweißen von nichtrostenden Stählen

Als Sigmaphase bei nichtrostenden Stählen wird eine FeCr-Verbindung mit tetragonalem Kristallgitter bezeichnet. Die Ausscheidung der Sigmaphase erfolgt dabei in einem Temperaturbereich zwischen ca. 650 und 1000 °C in Abhängigkeit der chemischen Zusammensetzung des Schweißgutes und der Verweildauer. Bereits ein sehr geringer Volumenanteil im Gefüge führt zu einer erheblichen Zähigkeitsminderung, zu einem Härteanstieg und zu einer Reduktion der Korrosionsbeständigkeit. Anfällig für die Bildung der Sigmaphase sind nichtrostende Stähle mit einem Cr-Gehalt von über 16 %.

Während bei vollaustenitischem Schweißgut ohne Deltaferrit die Bildung der Sigmaphase bei einer Temperatur von ca. 750 °C erst nach ca. 250 h auftritt, kommt es bei Legierungen mit Deltaferrit oder beispielsweise auch Duplexstählen zu einer sehr frühen Ausscheidung der Sigmaphase. Grund dafür sind die höheren Cr-Gehalte in der Ferritphase sowie die hohe Diffusionsgeschwindigkeit von Cr in dem oben genannten Temperaturbereich.

Mit steigendem Anteil des Ferritgehalts im Schweißgut ist auch eine deutlich stärkere Reduktion der Kerbschlagenergie zu rechnen. Während bei vollaustenitischen Stählen bei entsprechend langen Glühzeiten mit einer Reduktion auf ca. 50 % zu rechnen ist, liegt bei austenitischem Schweißgut mit ca. 16 % Deltaferrit der Zähigkeitsverlust bei ca. 90 %. In Abbildung 46 ist hierzu der prozentuale Abfall der Kerbschlagzähigkeit in Abhängigkeit von der Glühtemperatur und der Restdeltaferritgehalte bei einer 10-stündigen Glühdauer dargestellt. [47] Durch Zulegieren von Molybdän wird das Temperaturgebiet der Sigmaphase hin zu höheren Temperaturen (1000–1050 °C) erweitert, sodass für Mo-haltige Schweißgüter die Lösungsglühtemperatur ebenfalls erweitert werden muss.

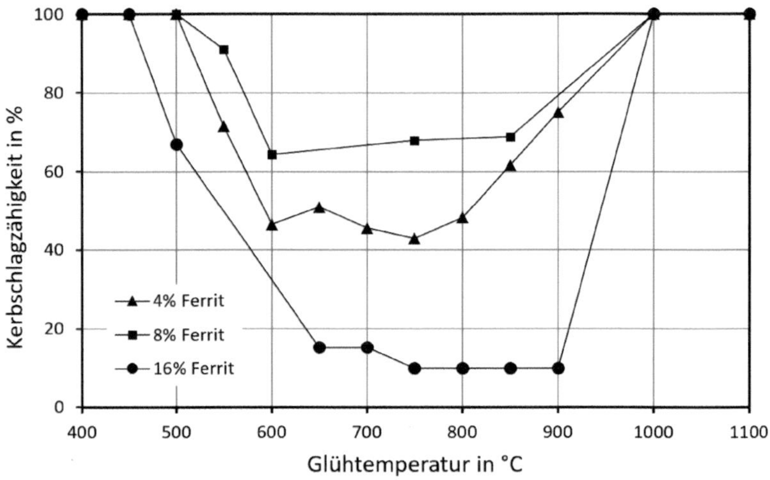

Abb. 46: Prozentualer Abfall der Kerbschlagzähigkeit in Abhängigkeit von der Glühtemperatur bei gleicher Glühdauer (10h) [34,47]

Schweißgüter aus ferritisch-austenitischen Duplexstählen mit 22 % bis 25 % Chrom neigen infolge ihrer chemischen Zusammensetzung besonders stark bzw. bereits nach kurzen Zeiten zur Ausscheidung der Sigmaphase, was ein besonderes Augenmerk auf die Temperaturführung und die erforderlichen Abkühlgeschwindigkeiten legt. Im Bereich von 800 °C beginnt bereits nach 15 bis 20 Minuten die Ausscheidung der Sigmaphase.

In ferritischen Stählen bzw. bei ferritischem Schweißgut mit vergleichsweise geringerem Chromgehalt findet die Ausscheidung der Sigmaphase erst nach sehr langer Glühdauer im Bereich von 1000 h oder mehr in einem Temperaturbereich von 550 °C statt. Ein steigender Chromgehalt oder das Zulegieren von Molybdän wirkt sich hier negativ aus, da der Beginn der Ausscheidungsbildung hin zu kürzeren Zeiten (ca. 200 h bei etwa 2 % Mo) verschoben wird. Weichmartensitische Legierungen wie beispielsweise 13/4-Cr-Ni-Schweißgut sind infolge des geringeren Cr-Gehalts nicht von der Ausscheidung der Sigmaphase betroffen.

475 °C-Versprödung bei nichtrostenden Schweißgütern

Im Gegensatz zur oben aufgeführten Sigma-Phase ist die 475 °C-Versprödung nicht anhand eines metallografischen Schliffes lichtmikroskopisch detektierbar. Es handelt sich dabei um eine lokale Entmischung des Ferrits jeweils in Anteile mit hohem Fe- bzw. hohem Cr-Gehalt. Die 475 °C-Versprödung tritt dabei ausschließlich um den genannten Temperaturbereich um 475 °C auf und erfordert gegenüber der Ausscheidung der Sigmaphase eine längere Verweildauer in diesem Temperaturbereich. Die Entmischung tritt ausschließlich bei der Anwesenheit von Ferrit auf und ist in deren Ausprägung abhängig vom Anteil des Ferrits bezogen auf das gesamte vorliegende Gefüge. Infolge der Entmischung kommt es zur Reduktion der Duktilität und zu einer begrenzten Steigerung von Zugfestigkeit, Streckgrenze und Härte. Begünstigt wird die Bildung der 475 °C-Versprödung durch höhere Cr- und Mo-Gehalte in der Legierung.

In austenitischen Schweißgütern mit einem Deltaferritgehalt von bis zu 14 % wirken sich die 475 °C nur geringfügig auf die mechanischen Eigenschaften aus. Ebenfalls besteht diese Gefährdung bei weichmartensitischen Schweißgütern aufgrund ihres niedrigen Cr-Gehaltes erst nach sehr langen Zeiten. In ferritischen Schweißgütern mit ebenfalls niedrigen Cr-Gehalten von ca. 14 % ist beispielsweise erst nach mehr als 500 h mit einer 475 °C-Versprödung zu rechnen. Liegt der Cr-Gehalt hingegen bei 18 %, tritt die 475 °C-Versprödung bereits nach 1 h auf.

Ähnlich wie auch bei der Bildung der Sigmaphase sind ferritisch-austenitische Duplex-Schweißgüter aufgrund ihres hohen Chromgehalts besonders von der 475 °C-Versprödung betroffen und können bereits nach wenigen Minuten eine Reduktion der Duktilität aufweisen. Abbildung 47 zeigt hierzu die Auswirkung der 475 °C-Versprödung auf die Kerbschlagzähigkeit zweier Duplexstahl-Schweißverbindungen. Das im Gegensatz zum lösungsgeglühten Grundwerkstoff (Werkstoff 1.4462) unbehandelte Gussgefüge (Werkstoff

1.4468) zeigt schon nach kurzen Auslagerungszeiten bei Temperaturen über 250 °C einen gravierenden Zähigkeitsverlust. Dies zwingt den Anwender, die maximale Einsatztemperatur bei längeren Betriebszuständen auf 250 °C zu begrenzen. Eine Wärmebehandlung bei etwa 580 °C mit anschließendem Abschrecken erlaubt es, eine erfolgte 475 °C-Versprödung wieder rückgängig zu machen.

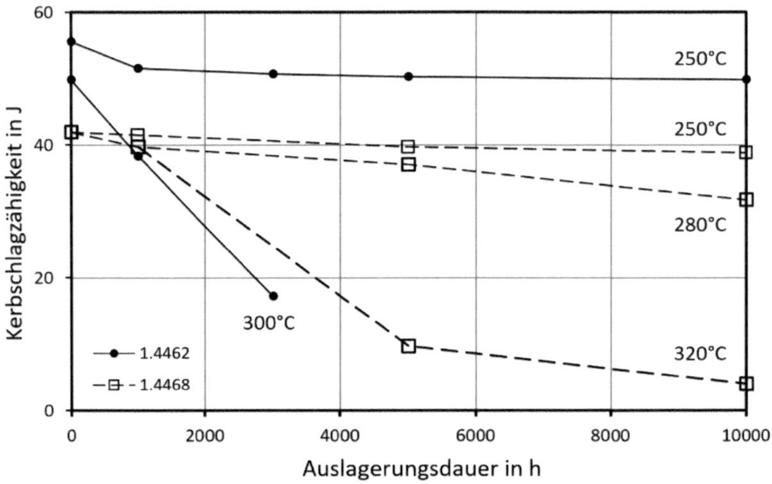

Abb. 47: Auswirkung der 475 °C-Versprödung auf die Kerbschlagarbeit zweier Duplexstahl-Schweißverbindungen bei unterschiedlicher Auslagerungsdauer und Auslagerungstemperatur

Weiterführend gilt bei Duplexstählen zu beachten, dass infolge der unterschiedlichen Verteilung der Legierungsbestandteile zwischen ferritischen und austenitischen Körnern für die Betrachtung der Anfälligkeit der 475 °C-Versprödung nicht der integrale Wert der chemischen Zusammensetzung des gesamten Gefüges, sondern jeweils die chemische Zusammensetzung der Ferrit- und der Austenit-Phase berücksichtigt werden muss.

3.6.1.4 Messerlinienkorrosion

Eine Sonderform der interkristallinen Korrosion, die beim Schweißen von stabilisierten austenitischen, aber auch bei ferritischen Schweißgüten auftreten kann, ist die sogenannte „Messerlinienkorrosion". Diese tritt als linienförmige Korrosion (wie mit einem Messer gezogen) in einem sehr schmalen Bereich der Wärmeeinflusszone parallel zur Schweißnaht auf und ist auf eine lokale Reduktion der Korrosionsbeständigkeit zurückzuführen (vgl. Abbildung 48). Die spezielle Art der interkristallinen Korrosion resultiert aus der Temperatureinwirkung in der Wärmeeinflusszone. Steigen in diesem Bereich der Schweißverbindung die Temperaturen auf über 1200 °C, kommt es zur Auflösung von Sonderkarbiden. Infolge der schnellen Abkühlung bleibt der Kohlenstoff zwangsgelöst. Kommt es durch eine zweite Schweißnaht zu einer lokalen Erwärmung im Bereich von ca. 600 °C, bilden sich lokal begrenzt Cr-Karbidausscheidungen ($M_{23}C_6$) im Bereich der Korngrenzen. Legierungselemente wie Niob oder Titan wirken hier nicht ausreichend stabilisierend, da diese langsamer diffundieren als Chrom.

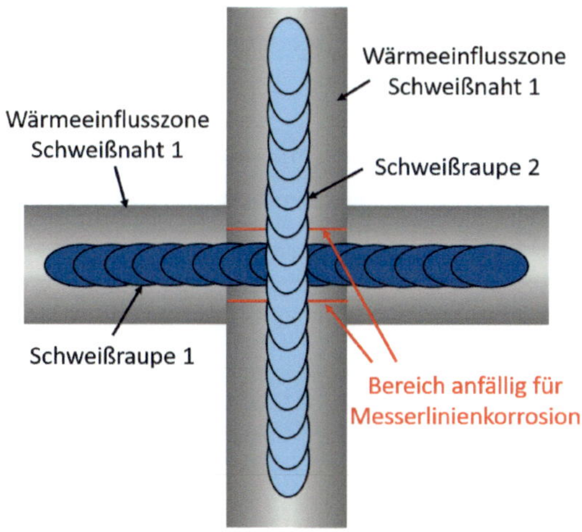

Abb. 48: Schematische Darstellung der lokalen Bereiche, in denen Messerlinienkorrosion auftreten kann

Die Anfälligkeit gegenüber dieser Korrosionsart ist bei ferritischen Stählen aufgrund der höheren Diffusionsgeschwindigkeit in ferritischen Stählen deutlich höher. Dennoch kommt Messerlinienkorrosion auch bei austenitischen stabilisierten Güten vor, wenn eine mehrlagige Schweißung oder auch eine entsprechende Wärmebehandlung durchgeführt wird. Um interkristalline Korrosion zu vermeiden, werden diese Stähle meist durch Zugabe von starken Karbidbildnern wie Titan und Niob stabilisiert. Diese binden den

Kohlenstoff ab, sodass Chrom gelöst bleibt und zur Ausbildung einer stabilen und korrosionsbeständigen Passivschicht zur Verfügung steht. Erfolgt bei diesen Stählen jedoch die Glühung über 1200 °C infolge von Lösungsglühen oder durch das Schweißen einer zweiten Lage, besteht dieser Effekt der Stabilisierung wie oben beschrieben nicht mehr.

3.6.2 Typenspezifische Aspekte beim Schweißen von rostfreien Stählen

3.6.2.1 Schweißen von ferritischen und martensitischen rostfreien Stählen

Im Zusammenhang mit der schweißtechnischen Verarbeitung von ferritischen und martensitischen Stählen kann weiterführend zwischen Werkstoffen mit geringem Kohlenstoffgehalt (< 0,12 % C) und weichmartensitischen Werkstoffen unterschieden werden. Für martensitische Stähle mit höheren Kohlenstoffgehalten gilt, dass diese schweißtechnisch nicht bzw. nur mit sehr hohem Aufwand verarbeitet werden können.

Eine Auswahl von ferritischen und martensitischen Stählen mit entsprechend geringen Kohlenstoffgehalten ist in Verbindung mit geeigneten Schweißzusätzen in Tabelle 6 aufgeführt.

Stahlsorte Kurzname nach DIN EN 10088-1	Werkstoff Nr.	Chemische Zusammensetzung in %				Geeignete Schweißzusätze Kurzzeichen nach DIN EN ISO 3581
		C	Cr	Mo	Sonstige	
X2CrNi2	1.4003	max. 0,03	11,5	-	Ni=0,6	18 8 Mn
X6Cr13	1.4000	max. 0,08	12,5	-	-	19 9, 19 9Nb, Z 13
X12Cr13	1.4006	0,1	13	-	-	19 9, 19 9Nb, Z 13
X6Cr17	1.4016	max. 0,08	17	-	-	19 9, 19 9Nb, Z 13
X3CrTi17	1.4510	max. 0,08	17	-	Ti>0,7	19 9, 19 9 Nb, Z 17 Ti
X6CrMo17-1	1.4113	max. 0,08	17	1	-	19 12 2, 19 12 3 Nb

Tab. 6: Chemische Zusammensetzung nichtrostender martensitischer und ferritischer Stähle mit geringem Kohlenstoffgehalt (< 0,12 % C) und einer Zuordnung von möglichen Schweißzusätzen [34]

Die Schweißeignung dieser Werkstoffe ist durch folgende Vorgänge gekennzeichnet:

Stähle mit geringem Chromgehalt (13 % Cr) neigen zur Bildung von sprödem und wasserstoffempfindlichem Martensit im Schweißgut und in der Wärmeeinflusszone. Bei höheren Chromgehalten (z. B. 17 % Cr) liegt ein höherer Ferritanteil vor, wodurch die Neigung zur Grobkornbildung im Schweißgut und in der Wärmeeinflusszone stärker ausgeprägt ist. Insbesondere für höhere Wandstärken (> 6 mm) ist die Schweißeignung als eingeschränkt anzusehen. Da die ferritischen nichtrostenden Stähle im direkten Vergleich zu den Austeniten bereits eine geringere Bruchdehnung aufweisen, kann sich dieser Einfluss schnell als kritisch für Konstruktionen erweisen. Die bereits oben beschriebene Neigung zur 475 °C-Versprödung nimmt ebenfalls mit einem steigenden Anteil an Chrom deutlich zu. Zwar ist durch den geringen Kohlenstoffgehalt die Gefahr der Karbidbildung etwas reduziert, dennoch kann es infolge der Bildung von Chromkarbiden zur Herabsetzung der Korrosionsbeständigkeit nach dem Schweißen und somit zu interkristalliner Korrosion kommen. Aus den aufgeführten Gründen wird das Schweißverhalten dieser Stähle allgemein als schlecht bezeichnet.

Eine schweißtechnische Verarbeitung soll nur unter Beachtung der nachfolgend aufgeführten Hinweise erfolgen:

- Möglichst artfremd mit austenitischen Werkstoffen schweißen. Artgleich sollte nur dann geschweißt werden, wenn entsprechende Gleichheit zwischen Grundwerkstoff und Schweißgut gefordert ist oder das Schweißgut mit schwefelhaltigen oder aufkohlenden Gasen in Kontakt kommt
- Es sollte eine Vorwärm- und Zwischenlagentemperatur von 200 °C bis 300 °C eingehalten werden
- Umhüllte Stabelektroden und Schweißpulver sind unbedingt nach Angaben des Herstellers rückzutrocknen
- Um Grobkornbildung entgegenzuwirken, ist mit einer möglichst geringen Streckenenergie zu schweißen
- Nach dem Schweißen ist ein Anlassglühen bei 700 °C bis 750 °C notwendig. Bei der Verwendung austenitischer Schweißzusätze besteht in diesem Temperaturbereich allerdings Versprödungsgefahr durch die Sigmaphasen-Bildung

Im direkten Vergleich zu den ferritischen und martensitischen Stählen mit niedrigem Kohlenstoffgehalten bieten die weichmartensitischen Stähle eine deutlich verbesserte Schweißeignung. Eine Auswahl von praxisrelevanten weichmartensitischen Chrom-Nickel-Stählen ist in Tabelle 7 zu entnehmen.

Stahlsorte Kurzname nach DIN EN 10088-1	Werk-stoff Nr.	Chemische Zusammensetzung in % C	Cr	Mo	Ni	Geeignete Schweißzusätze Kurzzeichen nach DIN EN ISO 3581
X5CrNi13-1	-	max. 0,05	13	0 - 0,4	1,5	Z 13-1
X3CrNi13-4	1.4313	max. 0,05	13	0,4	4	13-4
X5CrNi13-6	-	max. 0,05	13	0,4	6	X3CrNi13-6
X5CrNi16-6	-	max. 0,05	16	-	6	X4CrNi16-6
X5CrNiMo16-5	1.4418	max. 0,05	16	1,5	5	Z16 6 Mo

Tab. 7: Chemische Zusammensetzung nichtrostender weichmartensitischer Chrom-Nickel-(Molybdän)-Stähle und eine Zuordnung von möglicher Schweißzusätzen [34]

Die bessere Eignung zum Schweißen dieser Werkstoffe ist durch nachfolgend aufgeführte Eigenschaften begründet:

- Bildung von Nickelmartensit in Schweißgut und Wärmeeinflusszone, der aufgrund seines geringen Kohlenstoffgehalts zäh und nicht spröde ist und damit eine deutlich reduzierte Neigung zu Kaltrissen zeigt
- Da die Gehalte an Ferrit gering sind, ist die Gefahr der Grobkornbildung auch bei höheren Temperaturen wesentlich reduziert
- Die Wasserstoffempfindlichkeit des martensitischen Gefüges ist bei diesen Werkstoffen erst ab einem Gehalt von diffusiblen Wasserstoff im Schweißgut $H_D > 5$ ml/100 g gegeben

Für das Schweißen von weichmartensitischen Chrom-Nickel-Stählen sind folgende Rahmenbedingungen zu beachten:

- Für Verbindungsschweißungen sollten artgleiche Schweißzusätze angewendet werden
- Umhüllte Stabelektroden und Schweißpulver sind nach Angaben des Herstellers rückzutrocknen. Der Gehalt an diffusiblem Wasserstoff H_D des Schweißgutes soll unter 5 ml/100 g liegen
- Die Schweißung sollte bei einer Zwischenlagentemperatur von 100 bis 160 °C (X5CrNi13-4 bzw. X5CrNi13-6) bzw. von 120 bis 220 °C (X5CrNi13-1) ausgeführt werden
- Zur Erhöhung der Zähigkeit ist nach dem Schweißen ein Anlassen oder, sofern möglich, ein Vergüten erforderlich

3.6.2.2 Schweißen von austenitischen Stählen

Tabelle 8 gibt einen Überblick über die wichtigsten unstabilisierten und stabilisierten austenitischen rostfreien Stähle und eine Zuordnung der dafür geeigneten Schweißzusätze. Dabei handelt es sich um die klassischen Chrom-Nickel-Stähle (18 % Cr / 10 % Ni) sowie die Varianten mit reduziertem Kohlenstoffgehalt und mit und ohne zusätzliches Molybdän. Bei den stabilisierten austenitischen Stählen wird zur Verbesserung der interkristallinen Korrosionsbeständigkeit noch Titan oder Niob zulegiert. Da Titan aufgrund seiner hohen Sauerstoffaffinität beim Schweißen unkontrolliert abbrennt, wird Schweißzusätzen ausschließlich Niob hinzulegiert.

Stahlsorte Kurzname nach DIN EN 10088-1	Werkstoff Nr.	Chemische Zusammensetzung in %				Geeignete Schweißzusätze Kurzzeichen nach DIN EN ISO 3581
		C	Cr	Ni	Sonstige	
X5CrNi18-10	1.4301	max. 0,07	18	10	-	19 9, 19 9L, 19 9Nb
X2CrNi19-11	1.4306	max. 0,03	19	11	-	19 9L, 19 9Nb
X5CrNiMo17-12-2	1.4401	max. 0,07	17,5	12	Mo=2,2	19 12 2, 19 12 3L, 19 12 3Nb
X2CrNiMo17-12-2	1.4404	max. 0,03	17,5	13	Mo=2,2	19 12 3L, 19 12 3Nb
X6CrNiTi18-10	1.4541	max. 0,08	18	10,5	Ti=5xC	19 9Nb, 19 9L
X6CrNiNb18-10	1.4550	max. 0,08	18	10,5	Nb=10xC	19 9Nb, 19 9L
X6CrNiMoTi17-12-2	1.4571	max. 0,08	17,5	11,5	Ti=5xC	19 12 3Nb, 19 12 3L
X6CrNiMoNb17-12-2	1.4580	max. 0,08	17,5	11,5	Nb=10xC	19 12 3Nb, 19 12 3L

Tab. 8: Chemische Zusammensetzung nichtrostender austenitischer Chrom-Nickel-(Molybdän)-Stähle und eine Zuordnung von möglicher Schweißzusätzen [34]

Trotz der hervorragenden Schweißeignung der hier aufgeführten Stähle kann es durch unsachgemäße Verarbeitung dennoch zu folgenden Problemen im Grundwerkstoff oder im Schweißgut kommen:

- Anfälligkeit gegen interkristalline Korrosion durch die Ausscheidung von Chromkarbiden an den Korngrenzen (Sensibilisierung)
- Heißrissbildung während der Erstarrung im Schweißgut und/oder in der Wärmeeinflusszone im Grundwerkstoff

Vollaustenitische Stähle erstarren auch nach dem Schweißen rein austenitisch. Infolge der Abkühlung und der Veränderung der Löslichkeit von Legierungs- und Spurenelementen kann es allerdings zu Spannungen und Mikrorissen beim Erstarren (Heißrisse) kommen. Dies ist beispielsweise dann der Fall, wenn chemische Elemente wie Schwefel die Erstarrungstemperatur der Restschmelze senken und somit starke Schrumpfspannungen vorliegen. Meist kommt es zur Bildung von Nickelsulfid, was mit 645 °C einen vergleichsweise sehr niedrigen Schmelzpunkt gegenüber dem Stahl aufweist. Im erstarrten Schweißgut und auch im benachbarten Gefüge der Wärmeeinflusszone kann somit eine lokal herabgesetzte Schmelztemperatur vorliegen. Eine zweite Schweißraupe kann auch in der Wärmeeinflusszone zu Aufschmelzungen der Korngrenzen führen. Bei den daraus resultierenden Schäden handelt es sich um sogenannte Wiederaufschmelzungsrisse, die aber in deren Ausprägung identisch mit Erstarrungs- bzw. Heißrissen sind.

Durch eine Reduktion des Wärmeeintrags, beispielsweise durch ein möglichst kleines Schweißbad, das Schweißen in Form einer Strichraupe anstatt einer Pendelraupe und die Anpassung der chemischen Zusammensetzung des austenitischen Stahls kann die Gefahr der Heißrissbildung, aber auch die Ausscheidung von Chromkarbiden in den meisten Fällen deutlich reduziert werden.

Um diesen Problemen zu begegnen, sollten nachfolgende Regeln für die schweißtechnische Verarbeitung von austenitischen rostfreien Stählen beachtet werden:

- In der Regel werden diese Stähle artgleich geschweißt. Wird nicht artgleich geschweißt, so ist darauf zu achten, dass der Schweißzusatz auf jeden Fall hinsichtlich der Korrosionsbeständigkeit der steigernden Legierungselemente höher legiert ist als der Grundwerkstoff
- Um die Aufkohlung möglichst gering zu halten, sollten beim MAG-Schweißen mit Massivdrahtelektroden nur Schutzgase verwendet werden, deren CO_2-Gehalt < 3 % ist. Eine Ausnahme kann beim MAG-Schweißen mit schlackebildenden Fülldrähten gemacht werden
- Ein Vorwärmen ist grundsätzlich nicht notwendig. Nur bei dicken Querschnitten ist ein Vorwärmen auf 100 bis 150 °C zu empfehlen
- Die Zwischenlagentemperatur ist auf maximal 150 °C zu begrenzen
- Kann beim Schutzgasschweißen die Wurzel nicht nachgeschweißt werden, muss eine Spülung mit Schutzgas (z. B. Formiergas oder Rein-Argon) von der Rückseite erfolgen
- Die Aufmischung mit dem Grundwerkstoff sollte möglichst unter 35 % liegen
- Wärmebehandlungen außer Lösungsglühen sind nach dem Schweißen zu vermeiden
- Dem größeren Verzug im Vergleich zu ferritischen Stählen ist durch Gegenmaßnahmen, wie angepasster Nahtaufbau, verstärktes Abheften und Vorspannen entgegenzuwirken (siehe Tabelle 9)

Blechdicke mm	Abstand zwischen Heftstellen (Empfehlung) mm
1,0 - 1,5	20 - 40
2,0 - 3,0	50 - 70
4,0 - 6,0	70 - 100
> 6	100 - 150

Tab. 9: Empfehlung der Abstände von Heftstellen für das Verschweißen von austenitischem Stahlblech in Abhängigkeit der Blechstärke [44]

3.6.2.3 Schweißen von ferritisch-austenitischen Duplexstählen

Die ferritisch-austenitischen Duplexstähle weisen ebenfalls eine gute Schweißeignung auf. Das Schweißgut ist durch eine geringe Grobkornbildung in der Wärmeeinflusszone und im Schweißgut und durch eine hohe Sicherheit gegenüber Heiß- und Kaltrissen gekennzeichnet.

Stahlsorte UNS / ASTM	Werkstoff Nr.	Chemische Zusammensetzung in % C	Cr	Mo	Ni	Cu	N	W	Geeignete Schweißzusätze Kurzzeichen nach DIN EN ISO 3581
S 32304	1.4362	≤ 0,03	23	0,6	4	-	0,12	-	22 9 3N L
S 31803	1.4462	≤ 0,03	22	3	5,5	-	0,14	-	22 9 3N L, 25 9 4N L
-	1.4468	≤ 0,05	25,5	3	6,3	-	0,18	-	25 7 2N L, 25 9 4N L
S 32550	-	≤ 0,04	25,5	3	5,5	2	0,8	-	25 9 3Cu N L
S 32750	-	≤ 0,03	25	4	7	-	0,28	-	25 9 4N L
S 32760	1.4501	≤ 0,03	25	3,5	7	0,8	0,3	0,7	25 9 3Cu N L

Tab. 10: Chemische Zusammensetzung ferritisch-austenitischer Duplexstähle und einer Zuordnung von möglicher Schweißzusätzen [34]

Tabelle 10 zeigt zu diesen Werkstoffen eine Auswahl mit Zuordnung von möglichen Schweißzusätzen. Aufgrund des zweiphasigen Gefüges liegt bei diesen Legierungen eine Vereinigung der Vorteile sowohl der ferritischen als auch der austenitischen Legierungen vor. Neben der besseren Duktilität gegenüber Ferriten und der höheren Festigkeit gegenüber Austeniten ist beim Schweißen auch die höhere Wärmeleitfähigkeit gegenüber den reinen austentischen rostfreien Stählen zu beachten.

Um den möglichen negativen Einfluss des Ferritgehaltes zu begegnen, ist im Schweißgut der Gehalt auf maximal 40 % zu begrenzen. Andernfalls würde bei der Aufmischung mit dem Grundwerkstoff die Gefahr der Überschreitung eines Ferritgehaltes von 60 % bestehen, was wiederum eine verstärkte Rissbildung infolge des reduzierten Verformungsvermögens bewirkt. Der verwendete Schweißzusatz sollte daher im Allgemeinen einen um 3 bis 4 % höheren Nickelanteil als der Grundwerkstoff aufweisen. Des Weiteren enthält der Schweißzusatz 0,15 % Stickstoff, da damit zusammen mit dem Nickel der Einfluss der Abkühlgeschwindigkeit auf den Ferritgehalt herabgesetzt wird.

Für die Verarbeitung von nichtrostenden Duplexstählen mit einem Ferritanteil von 40 bis 60 % ist die Anwendung des De-Long-Diagramms in Abbildung 42 nicht geeignet. Zur Abschätzung des vorliegenden bzw. des zu erwartenden Ferritgehaltes bis zu einer Ferritnummer von 100 wird das WRC-Diagramm (welding research council), siehe Abbildung 49, angewendet. Zu beachten ist dabei die etwas unterschiedliche Gewichtung der Legierungselemente für die Berechnung von Chrom- und Nickel-Äquivalent.

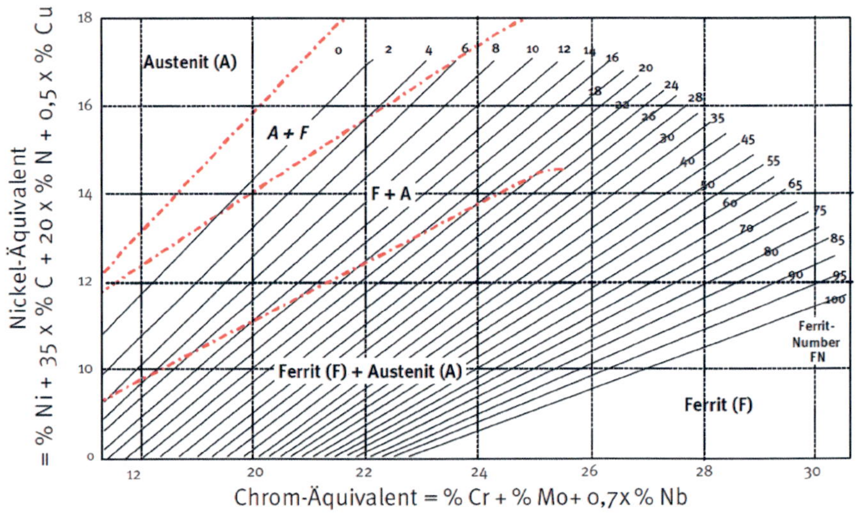

Abb. 49: WRC-Diagramm zur Abschätzung des Ferritgehaltes bei höheren Ferritnummern FN für nichtrostenden Duplexstähle [44]

Beim Schweißen von ferritisch-austenitischen Duplexstählen erfolgt die Erstarrung des Gefüges primär ausschließlich ferritisch. Hieraus resultiert auch die entsprechende Beständigkeit gegen Heißrissbildung. Erst bei der weiteren Abkühlung scheidet sich die Austenitphase aus der Ferritphase aus. Die Bildung der austenitischen Phase beruht dabei auf Diffusionsvorgängen, sodass sich diese als Gleichgewichtsphase infolge der unterschiedlichen Löslichkeit aus dem Ferrit bildet. Entscheidend für die Bildung der Austenitphase und des Phasenanteils ist dabei die Abkühlgeschwindigkeit. Die Abkühlung sollte nicht zu rasch erfolgen, damit sich ausreichend Austenit bilden kann. Gleichzeitig gilt es allerdings, die kritischen Temperaturbereiche, in denen die Bildung von intermetallischen Phasen erfolgt, möglichst schnell zu durchlaufen bzw. zu meiden. Somit ergibt sich beim Schweißen von Duplexstählen die Anforderung, dass die eingebrachte Wärmemenge weder zu groß (Gefahr der Bildung von intermetallischen Phasen) und nicht zu gering (Hemmung der Diffusion zur Ausscheidung der Austenitphase) sein soll. Ist der Nickel- und Stickstoffgehalt des Grundwerkstoffes ausreichend hoch, ist allerdings auch die Verarbeitung mit Verfahren mit geringem Wärmeeintrag, wie beispielsweise Laserstrahlschweißen möglich, ohne dass eine signifikante Versprödung auftritt, wie sie sonst infolge von erhöhten Ferritgehalten typisch sind. [44]

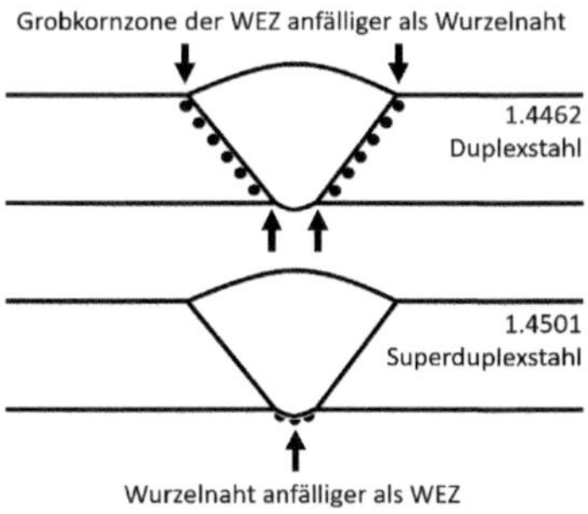

Abb. 50: Schematische Darstellung der bevorzugten Lage der Korrosion bei Schweißnähten aus 1.4462 Duplexstahl bzw. 1.4501 Superduplexstahl gem. Lochkorrosionstest nach ASTM G48/Methode A [34]

Hinsichtlich der Beständigkeit gegenüber Lochkorrosion von Schweißverbindungen liegen zwischen Duplex- und Superduplexstahl Unterschiede vor. Wie Abbildung 50 schematisch zeigt, ist die Schwachstelle bei dem klassischen Duplexstahl 1.4462 vorzugsweise im hocherhitzten Bereich der Wärmeeinflusszone zu finden. Die erhöhten Gehalte an Nickel auf über 5,5 % und Stickstoff auf über 0,15 % im Grundwerkstoff führen zu entscheidenden Verbesserungen der Korrosionsbeständigkeit in der Wärmeeinflusszone. Allerdings kommt es beim Schweißen von Duplexstählen vermehrt zur Korrosion der Wurzellage, was mitunter auf einen erhöhten Stickstoffabbrand zurückgeführt wird. Um diesem Effekt entgegenzuwirken, wird neben der grundsätzlichen Empfehlung zur

Anwendung von Wurzelschutzgasen die Anwendung von Stickstoff als auch Formiergas mit (95 % N_2 +5 % H_2) empfohlen.

Allgemein sind bei der Verarbeitung von Duplexstählen durch Schweißen nachfolgende Maßnahmen zu beachten:

- Umhüllte Stabelektroden und Schweißpulver sind nach Angaben des Herstellers rückzutrocknen
- In der Regel ist eine Vorwärmung des Grundwerkstoffes nicht notwendig. Bei Wandstärken > 15 mm kann die Vorwärmtemperatur max. 100 °C betragen
- Die Zwischenlagentemperatur ist mit 150 °C bei den Duplexstählen und mit 100 °C bei den Superduplexstählen zu begrenzen. Ist ein nachfolgendes Lösungsglühen vorgesehen, kann die Zwischenlagentemperatur maximal 250 °C betragen
- Die Streckenenergie sollte bei Duplexstählen maximal 2,5 kJ/mm und bei Superduplexstählen maximal 1,5 kJ/mm betragen. Des Weiteren ist die Streckenenergie auf die Wandstärke abzustimmen
- Falls ein Lösungsglühen erforderlich ist, so kann dies im Temperaturbereich bei 1070 bis 1090 °C mit anschließender Abkühlung in Wasser erfolgen
- Für MAG-Schweißungen eignet sich ein Schutzgas mit der Zusammensetzung von 97,5 % Ar und 2,5 % CO_2
- Wenn möglich sollte mit Impulslichtbogen und stechender Brennerführung geschweißt werden
- Bei den Duplexstählen ist eine Wurzelspülung mit Reinargon durchzuführen, wobei darauf zu achten ist, dass die Wurzelspülung bis zur vollständigen Fertigstellung der Verbindung aufrechterhalten wird. Die Wurzelspülung bei Superduplexstählen ist mit Stickstoff oder mit Formiergas (95 % N_2 + 5 % H_2) durchzuführen
- Ein Nahtöffnungswinkel von mindestens 70° ist bei der Nahtvorbereitung zu berücksichtigen

3.6.3 Schweißen von nichtrostendem Stahl mit Baustahl

Bei einer Vielzahl von technischen Anwendungen, beispielsweise im chemischen Apparatebau sowie im Kraftwerks- und Reaktorbau werden neben den austenitischen Stählen unlegierte Werkstoffe für Konstruktionsteile eingesetzt.

Dabei treten zwangsläufig Nahtstellen auf, an denen sich eine Schmelzschweißverbindung dieser ferritischen und austenitischen Stähle ergibt.

Diese Ferrit-Austenit-Verbindungen, auch kurz Schwarz-Weiß-Verbindungen genannt, bringen in der Verarbeitung besondere Herausforderungen mit sich. Zur Einteilung der auf diese Schweißnähte einwirkenden Belastungen wird zwischen mechanischer Beanspruchung, korrosiver Beanspruchung und kombinierter Beanspruchung (korrosiv und/oder mechanisch mit erhöhter Temperatur) differenziert (siehe Tabelle 11).

Beanspruchungs-gruppe	Kennzeichnende Beanspruchung des Schweißgutes	Probleme / Herausforderungen
I	Betrieb bei T < 300°C mechanische Beanspruchung keine Wärmebehandlung	Bildung von Martensit, Härterisse, Heißrisse, Zähigkeit
II	wie I, jedoch zusätzliche Korrosionsbeanspruchung und eventuell Wärmenachbehandlung	wie I, zusätzlich Korrosion, Streckgrenze
III	wie I oder II, jedoch T > 300°C oder T < Raumtemperatur, Temperaturwechselbeanspruchung, Wärmenachbehandlung	wie I oder II, C-Diffusion, Wärmespannungen, Streckgrenze und Warmfestigkeit

Tab. 11: Einteilung von Austenit-Ferrit-Schmelzschweißverbindungen nach Beanspruchungsgruppen

3.6.3.1 Schweißgutzusammensetzung

Die Zusammensetzung des Schweißgutes wird immer durch das Aufmischen der vorliegenden Grundwerkstoffe festgelegt. Im Fall von Austenit-Ferrit-Verbindungen ist dieser Aspekt von größerer Bedeutung, da sich durch die Vermischung von unterschiedlichen Grundwerkstoffen auch eine andere Legierung im Vergleich zum Schweißzusatz ergibt.

Das Schweißgut einer Schwarz-Weiß-Verbindung setzt sich aus einem gewissen Anteil der beiden miteinander zu verbindenden Grundwerkstoffe und dem reinen Schweißgut des Schweißzusatzes zusammen. Bei einer einraupigen Verbindung sind die Verhältnisse relativ klar zu bestimmen. Ein gesteigerter Aufwand ergibt sich bei einem mehrlagigen Aufbau, wobei hier zwangsläufig jede weitere Schweißlage bzw. Schweißraupe eine andere chemische Zusammensetzung aufweist.

Schweißverfahren		**Aufmischung in Vol.-%**
Lichtbogenhand-schweißen	mit Rutilstabelektroden	20...30
	mit basischen Stablelektroden	15...25
MIG/MAG- Schweißen		25...40
Unter-Pulverschweißen mit Drahtelektrode (abhängig von der Polung der Drahtelektrode)		15...70
WIG-Schweißen		20...40

Tab. 12: Übersicht zum Aufmischungsgrad bei unterschiedlichen Schweißverfahren

Die bei einer Schwarz-Weiß-Verbindung zu erwartende Aufmischung hängt neben Einflussfaktoren wie Nahtform und Werkstoffdicke von den jeweiligen gewählten Schweißparametern und Schweißverfahren ab. Die hierzu in Tabelle 12 aufgeführten Werte gelten für Schweißauftragungen und -verbindungen an unlegierten Stählen mit hochlegierten Schweißzusätzen. Bei der Ausführung einer Schwarz-Weiß-Verbindung ist besonders der Einsatz von Schweißverfahren mit hohem Aufmischungsgrad als kritisch anzusehen.

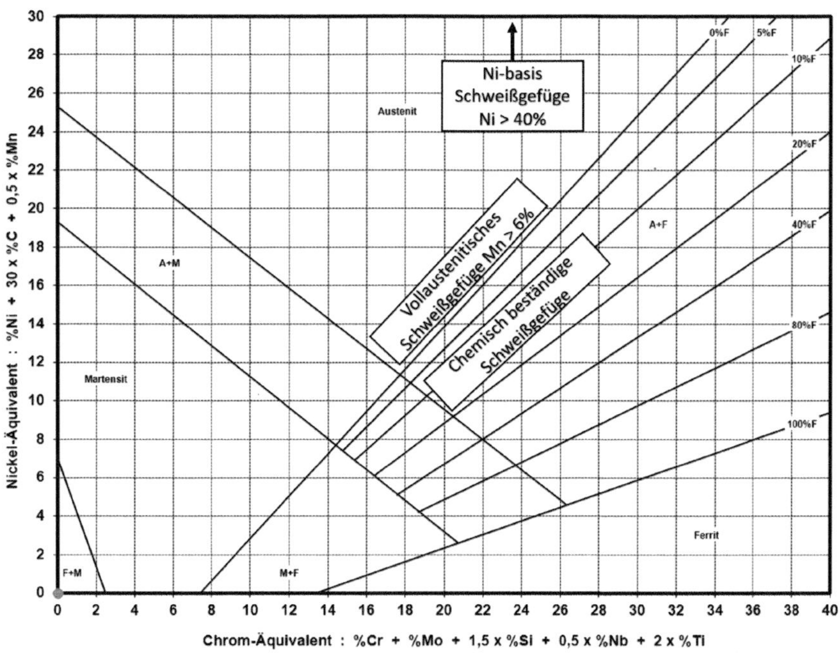

Abb. 51: Zielgebiete für das Schweißgut von Schwarz-Weiß-Verbindungen [45]

Um Probleme wie Martensitbildung oder Heißrisse in der Schwarz-Weiß-Verbindung zu vermeiden, werden bestimmte Schweißgutzusammensetzungen, die gegenüber den angesprochenen Problemen als unkritisch angesehen werden, angestrebt. Hierzu zeigt nachfolgendes Schaeffler-Diagramm (siehe Abbildung 51) die angestrebten Zielgebiete grob an. [45]

3.6.3.2 Austenit-Ferrit-Verbindungen bei rein mechanischer Beanspruchung

Liegt eine rein mechanische Beanspruchung der Austenit-Ferrit-Verbindung vor, muss das Schweißgut eine ausreichend hohe Zähigkeit aufweisen. Gleichzeitig muss dieses rissfrei sein. Die Streckgrenze des Schweißgutes darf hierzu nicht höher sein als die des austenitischen rostfreien Grundwerkstoffes. Eine Übersicht für in Frage kommende Schweißzusätze gibt Tabelle 13.

Beanspruchungsgruppe	Zielgebiet des Schweißgutes	Schweißzusatz	Werkstoff Nr.	Chemische Zusammensetzung in %					
				C	Mn	Cr	Ni	Mo	Nb
I	vollaustenitisch	18 Cr/8 Ni/6 Mn	1.4370	0,09	6,5	19,0	8,5	-	-
	chemisch beständig	19 Cr/8 Ni/3 Mo	1.4431	0,05	0,9	19,0	9,0	3,4	-
	chemisch beständig	23Cr /12 Ni	1.4332	0,03	1,2	23,0	13,0	-	-
	chemisch beständig	23 Cr/12 Ni/3 Mo	1.4459	0,03	1,0	23,0	13,0	2,8	-
	chemisch beständig	29 Cr/9 Ni	1.4337	0,10	0,7	29,0	9,5	-	-
II	chemisch beständig	23 Cr/12 Ni	1.4332	0,03	1,2	23,0	13,0	-	-
	chemisch beständig	21 Cr/13 Ni/3 Mo	1.4430	0,03	1,8	20,5	14,0	2,8	-
	chemisch beständig	21 Cr/10 Ni		0,03	1,8	20,0	10,4	-	-
	chemisch beständig	19 Cr/13 Ni/3 Mo		0,03	1,8	19,0	12,5	2,5	-
III	Nickelbasis	70 Ni/ 15Cr	2.4620	0,04	6,5	15,0	Rest	-	2,0

Tab. 13: Schweißzusätze für Schwarz-Weiß-Verbindungen

Die Verhältnisse für die Anwendung einer Schwarz-Weiß-Verbindung zwischen dem Werkstoff S275 und 1.4301 zeigt das Schaeffler-Diagramm in Abbildung 52. Eingezeichnet ist die Lage der Grundwerkstoffe sowie die der einzelnen reinen Schweißgüter. Das sich in der Schwarz-Weiß-Verbindung einstellende Schweißgut ist aus den jeweiligen Verbindungslinien für 0 bis 100 % Aufmischung ablesbar. Um im Schweißgut ein vollaustenitisches Gefüge mit hoher Heißrisssicherheit zu erreichen, sollte ein Schweißzusatz mit 18 % Cr, 8 % Ni und 6 % Mn verwendet werden. Das Schweißgut enthält erst ab Aufmischungsgraden von über 30 % nennenswerte Martensitanteile und wird bei geringeren Aufmischungsgraden in der Regel vollaustenitisch.

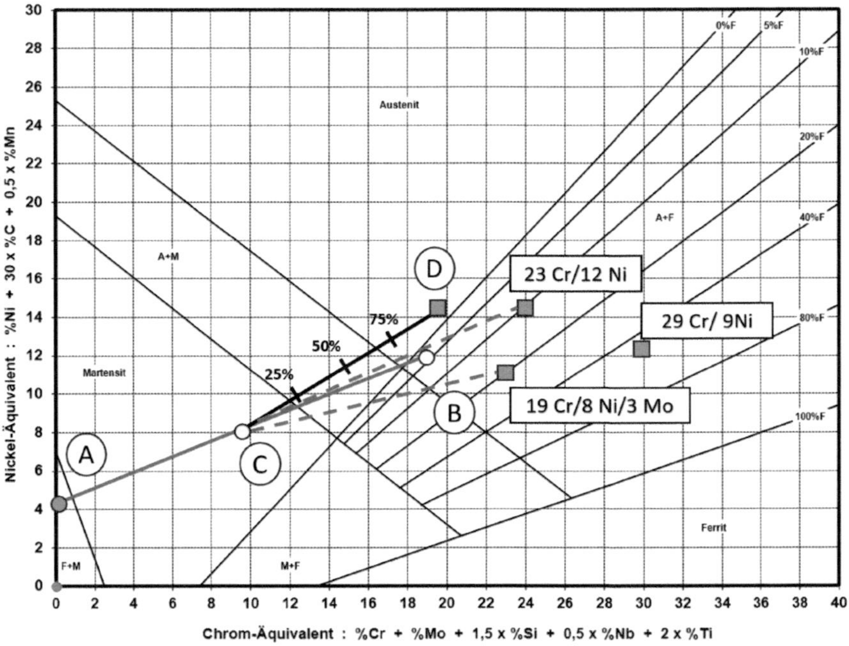

Abb. 52: Möglichkeiten und Grenzen für Schwarz-Weiß-Verbindungen bei rein mechanischer Beanspruchung; A: Grundwerkstoff S275, B: Grundwerkstoff 1.4301, C: 50 % aufgeschmolzener Grundwerkstoff. A + 50 % aufgeschmolzener Grundwerkstoff B; D: reines Schweißgut 18Cr/8 Ni/6 Mn [48]

Für chemisch beständige Schweißgüter kommen Schweißzusätze mit 19 % Cr, 9 % Ni, 3 % Mo oder mit 23 % Cr und 12 % Ni in Frage. Schweißzusätze vom Typ 19 Cr/9 Ni/3 Mo besitzen infolge ihres hohen Ferritgehaltes eine sehr gute Heißrissbeständigkeit, können jedoch bei geringen Vermischungsgraden zu einer Versprödung, vor allem bei einer nachträglichen Wärmebehandlung, führen. Schweißzusätze mit 23 % Cr und 12 % Ni werden vorteilhaft dort verwendet, wo Pufferlagen auf der ferritischen Seite aufgebracht oder wo Verbindungen bis zu mittleren Wanddicken ausgeführt werden [48]. Bei Vermischungsgraden zwischen 20 % und 30 % ergeben sie ein Schweißgut, welches eine hohe Sicherheit gegen Heißrisse bietet.

Der ähnlich legierte Schweißzusatz 23 Cr/12 Ni/3 Mo führt ebenfalls zu guten Ergebnissen in der Anwendung. Mehrlagige Schweißungen ohne Flankenkontakt können jedoch infolge des hohen Deltaferrit-Gehalts zu Versprödung neigen, weshalb in diesen Fällen die Anwendung von molybdänfreien Schweißzusätzen Abhilfe schafft. Bei zu hohen Aufmischungen tritt bei allen diesen Zusätzen Martensitbildung im Gefüge auf. Als Verfahren bieten sich deshalb das Lichtbogenhandschweißen und das MIG/MAG-Impuls-Schweißen sowie das WIG-Schweißen unter Beachtung einer geringen Aufmischung an (vgl. Tabelle 12). Auch die Anwendung von Unterpulverschweißen ist bei Anwendung von Schweißzusätzen vom Typ 24/12 möglich, sofern die Wurzelschweißung vorher mit einem anderen Verfahren mit geringerer Aufmischung durchgeführt wurde.

Beim Verarbeiten von Schweißzusätzen mit vergleichsweise hohen Chromgehalten (z. B. 29 % und 9 %) bei Schwarz-Weiß-Verbindungen entsteht ein austenitisches Gefüge mit relativ hohem Ferrit-Anteil. Bei einer Mehrlagenschweißung wandelt sich der Ferrit durch Wärmeeinfluss in die spröde Sigmaphase um, was zu verminderten Verformungs- und Zähigkeitswerten führt.

3.6.3.3 Austenit-Ferrit-Verbindungen bei zusätzlicher Korrosionsbeanspruchung

Bei diesen Schwarz-Weiß-Verbindungen kann das Zielgebiet der Schweißgutzusammensetzung nur im Bereich des chemisch beständigen Schweißgutes oder im Bereich von Nickelbasis-Schweißgütern liegen. Die Forderung nach Korrosionsbeständigkeit des Schweißguts wird nur beim Plattieren niedrig legierter Stähle mit nicht rostenden Stählen sowie beim Verbindungsschweißen plattierter Werkstoffe erhoben.

Die in Tabelle 13 aufgeführten Schweißzusätze können für das Plattieren angewendet werden. Als erste Lage wird ein Schweißzusatz mit 23 % Cr und 12 % Ni verwendet. Die Schweißparameter sind so zu halten, dass die Aufmischung mit dem schwarzen Grundwerkstoff bei 10 bis 15 % liegt. Unter dieser Voraussetzung wird ein heißrissfreies korrosionsbeständiges austenitisches Gefüge mit 4 bis 8 % Deltaferrit erreicht. Sind weitere Lagen notwendig, werden Schweißzusätze mit geringerer Überlegierung, z. B. vom Typ 21 Cr/10 Ni, verwendet. Anzumerken ist an dieser Stelle, dass beim UP-Schweißen der Legierungsvektor des Pulvers beachtet werden muss. Ist für die Anwendung ein Spannungsarmglühen eines plattierten Bauteils erforderlich, empfiehlt sich der Einsatz Nb-stabilisierter Schweißzusätze, um eine Schädigung durch interkristalline Korrosion zu vermeiden. [34,48]

Abbildung 53 zeigt das Beispiel einer Plattierung mittels UP-Bandschweißverfahren anhand des Schaeffler-Diagramms.

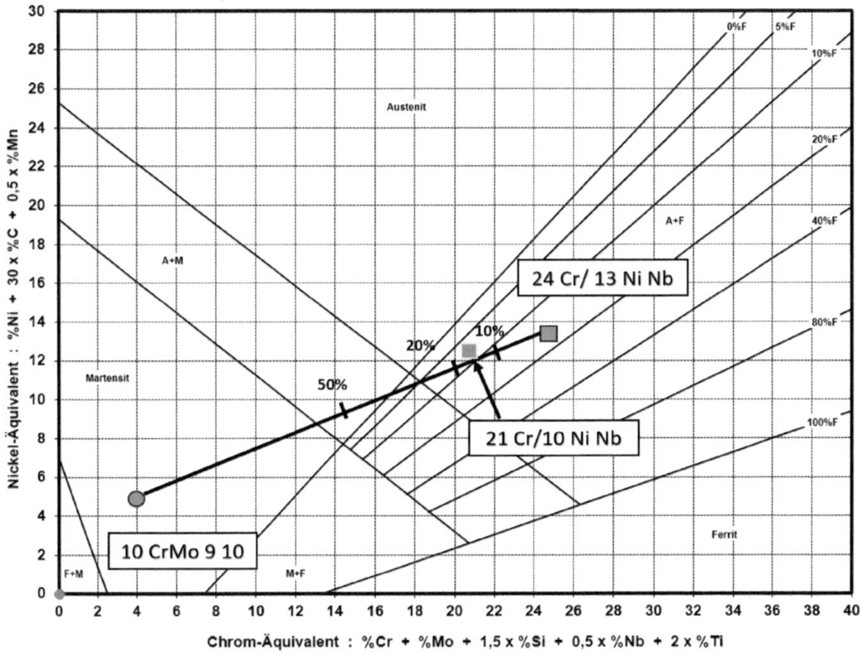

Abb. 53: Möglichkeiten und Grenzen von Plattierung bei reiner Korrosionsbeanspruchung [48]

Die Weiterverarbeitung durch Schweißen von plattierten Belchen ist oft im Apparate- und Kesselbau von Bedeutung. Die dort eingesetzten plattierten Bleche sind in der Regel walz- oder sprengplattierte Bleche mit einer Plattierungsdicke von 2 bis 4 mm. Am häufigsten werden hier nichtstabilisierte austenitische Stähle mit 18 % Ni und 8 % Cr und gegebenenfalls mit 2 % Mo eingesetzt. [34]

Die Schweißnaht der Plattierungsseite muss die gleiche Korrosionsbeständigkeit wie der Plattierungswerkstoff aufweisen. Das Schweißgut auf der Trägerwerkstoffseite muss zudem vergleichbare mechanische Kennwerte besitzen. Um dies zu erzielen, ist eine angepasste Nahtvorbereitung und ein entsprechender Lagenaufbau erforderlich. Zudem ist der abgestimmten Auswahl des Schweißzusatzwerkstoffes besondere Aufmerksamkeit zu schenken. Hinweise für die Schweißnahtvorbereitung von plattierten Blechen bietet die DIN EN ISO 9692-4. Die Schweißnahtvorbereitung muss hierzu an die Blechdicke angepasst werden, woraus ein unterschiedlicher Spalt, Winkel sowie eine spezifische Nahtform resultieren kann. Zu beachten ist auch, ob die Naht grundsätzlich von einer oder von beiden Seiten zugänglich ist bzw. von beiden Seiten geschweißt werden kann. Grundsätzlich gilt, dass zuerst der Trägerwerkstoff mit einem geeigneten unlegierten bzw. niedriglegierten Schweißzusatz geschweißt wird. Der Plattierungswerkstoff darf dabei nicht angeschmolzen werden. Anschließend erfolgt von der Gegenseite ein Ausschleifen der Wurzel, sodass mit einer für den Trägerwerkstoff geeigneten Elektrode eine Kapplage geschweißt werden kann. Auch hier ist streng darauf zu achten, dass die Plattierung nicht mit angeschmolzen wird. Abschließend wird die Plattierung geschweißt. Hierzu muss aus Gründen der Korrosionsbeständigkeit eine Pufferlage mit einer überlegierten Elektrode eingezogen werden. Mit einer dem Plattierungswerkstoff entsprechenden Elektrode wird nach dem Schweißen der Pufferlage die Plattierung fertig geschweißt. [34]

Muss beispielsweise aufgrund der Zugänglichkeit zuerst von der Plattierungsseite her geschweißt werden, können weitere Herausforderungen auftreten. Es ist daher üblich, die schwarze Werkstoffseite mit Nickelbasis-Schweißzusätzen zu schweißen. Dabei ist jedoch darauf zu achten, dass hohe Aufmischungen mit dem schwarzen Werkstoff vermieden werden, da Schweißgüter mit einem Anteil von 30 bis 40 % Nickel eine hohe Anfälligkeit gegenüber Heißrissen aufweisen. [34]

3.6.3.4 Austenit-Ferrit-Verbindungen bei zusätzlicher Temperaturbeanspruchung

Bei Schwarz-Weiß-Verbindungen, die Betriebstemperaturen über 300 °C unterliegen oder auch spannungsarmgeglüht werden müssen, ist neben den Anforderungen an Streckgrenze und Warmfestigkeit des Schweißgutes auch die Kohlenstoffdiffusion vom niedrig- zum hochlegierten Werkstoff zu beachten. Es können dadurch schädliche Auswirkungen aufgrund einer weitgehend entkohlten Zone im ferritischen Schweißgut und schmalen aufgekohlten Zone (Karbidsaum) im austenitischen Schweißgut eintreten. Ein weiteres Problem sind die unterschiedlichen thermischen Ausdehnungskoeffizienten von Ferrit und Austenit, die zu hohen Spannungen führen können. Unter den oben angeführten Gesichtspunkten der Kohlenstoffdiffusion und der thermischen Ausdehnung werden diese Schwarz-Weiß-Verbindungen vorteilhaft mit Nickelbasislegierungen geschweißt. [34]

3.6.4 Vor- und Nachbehandlung von Schweißnähten

Die Vor- und Nachbehandlung von Schweißnähten ist von hoher Relevanz, um eine technisch einwandfreie und bei rostfreien Stählen in vielen Fällen auch korrosionsbeständige Schweißverbindung zu erzielen.

Nachfolgende Punkte beschreiben wichtige Aspekte, die im Rahmen der Schweißnahtvorbereitung bei rostfreien Stählen berücksichtigt werden sollten:

- Die Nahtvorbereitung muss auf das Verfahren und die Blechdicken abgestimmt werden. Hilfestellung bieten hierzu die jeweiligen Normen und anwendungsspezifische Vorschriften
- Durchführung einer gleichmäßigen und sauberen Nahtkantenvorbereitung mittels mechanischen oder thermischen Verfahren. Als mechanische Verfahren kommen Bearbeitungen wie Abscheren, Hobeln, Fräsen, Schleifen und auch Wasserstrahlschneiden in Betracht. Zu den thermischen Verfahren zählen Plasmaschneiden und Laserstrahlschneiden. Thermisch geschnittene oder bearbeite Nahtkanten müssen vor dem Schweißen überschliffen werden, um Anlauffarben bzw. Oxidreste zu entfernen
- Jegliche Art von Verunreinigungen im Bereich der Schweißnaht und der Wärmeeinflusszone müssen vor dem Fügeprozess entfernt werden. Hierzu gehören insbesondere organische Rückstände von Beschichtungen, Lacken oder Schutzfolien. Ebenfalls muss die Oberfläche frei von Fetten oder Ölen sein, wie sie beispielsweise bei der Kaltumformung von Blechen eingesetzt werden
- Zum Schleifen und mechanischen Reinigen darf nur Werkzeug verwendet werden, das für die Bearbeitung von rostfreien Stählen geeignet ist und nicht im Vorfeld für die Bearbeitung von niedrig- bzw. unlegierten Stählen angewendet wurde
- Bei einseitig zugänglichen Nähten sind Wurzellagen vor Oxidation durch Nutzung von inerten (Ar/He), reaktionsträgen (N) oder reduzierenden ($Ar+H_2$, $N+H_2$) Gasen zu schützen

Um nach erfolgter Schweißung den optimalen Korrosionsschutz infolge der Passivschicht zu erzielen, müssen nach dem Schweißen Fremdkörper wie

Zunder, Schlacke und Spritzer vollständige entfernt werden. Dies gilt auch für vorhandene Anlauffarben. Hierzu kann die Oberfläche durch Schleifen, Beizen, Bürsten und/oder Polieren gereinigt werden. Allgemein gilt, je feiner und homogener, desto höher ist die erzielte Korrosionsbeständigkeit. Das Entfernen von Anlauffarben und unerwünschten Oxiden erfolgt in der Regel durch Beizen mittels Beizlösung oder Beizpaste. Je nach Anwendung (mobil am Objekt) oder mittels Beizbad in der Fertigung kann es zu großen Unterschieden in der Einwirkdauer und der Prozesstemperatur kommen. Nach dem Beizen muss die behandelte Oberfläche auf jeden Fall durch Spülen gereinigt werden, um den Aufbau einer stabilen Passivschicht zu ermöglichen.

Wird die geschweißte Oberfläche kurz nach dem Schweißen stark korrosiv beansprucht bzw. sind sehr hohe Anforderungen an die Schweißnaht gegeben, kann zusätzlich ein Passivieren erfolgen. Auch hier gilt, dass die Oberfläche nach dem Einwirken der Passivierungslösung zu reinigen ist.

Eine Nachbehandlung durch Strahlen verursacht in der Regel auch ein lokales Einbringen von vorliegenden unerwünschten Oxiden (Anlauffarben) in die Bauteiloberfläche. Es sollte somit nur angewendet werden, wenn eine konventionelle Nachbehandlung mit Schleifen und Beizen nicht möglich ist. In der Regel kommen Glaskugeln oder sortenreine Edelstahlkugeln, abgestimmt auf die Güte des bearbeiteten Werkstoffes, zur Anwendung. Es empfiehlt sich, im Nachgang eine Passivierung der Oberfläche durchzuführen, um einen ausreichenden Korrosionsschutz zu erzielen.

3.6.5 Löten von rostfreien Stählen

Ähnlich wie beim Schweißen erfolgt auch beim Löten die Verbindung von Metalllegierungen unter dem Einfluss von Wärme. Maßgeblicher Unterschied ist, dass die Fügeverbindung nur an der Bauteiloberfläche entsteht. Die zu verbindenden Grundwerkstoffe werden nicht aufgeschmolzen, das heißt, die Liquidustemperatur der vorliegenden Legierungen wird nicht überschritten. In den meisten Fällen wird die Verbindung durch ein anderes Material (das Lot) ermöglicht. Somit muss die Schmelztemperatur der verwendeten Lote immer unterhalb der Schmelztemperatur der zu fügende Werkstoffe liegen. Von besonderer Bedeutung bei der Anwendung für rostfreie Stähle ist die Realisierung einer korrosionsbeständigen und dichten Verbindung.

Dabei stellen nichtrostende Stähle in doppelter Hinsicht eine Herausforderung dar. Anwendungen in korrosiver Umgebung führen infolge des unterschiedlichen elektrochemischen Potenzials zwischen Lötstelle und

Grundwerkstoff häufig zum Auftreten von Kontaktkorrosion im Bereich der Lötstelle. Die Passivschicht kann zudem das Benetzungsverhalten beeinflussen und erfordert eine angepasste Auswahl von Flussmittel und Lot.

Dabei ist zu beachten, dass rostfreie Stähle im Allgemeinen als schwer benetzbar gelten. Aus diesem Grund sollten die Oberflächen von nichtrostenden Stählen häufig vor dem Löten chemisch oder mechanisch behandelt werden, um die Benetzbarkeit zu verbessern. [34,49]

Je nach Höhe der erforderlichen Arbeitstemperaturen wird grundsätzlich zwischen Weichlöten bei Temperaturen unterhalb von 450 °C und Hartlöten bei Temperaturen darüber unterschieden. Das Hochtemperaturlöten beinhaltet darüber hinaus alle Verfahren, die bei Temperaturen oberhalb von 900 °C erfolgen. Infolge der lokalen Beeinflussung der Passivschicht bei höheren Temperaturen (Anlauffarben), ist das Hartlöten, das definitionsgemäß bei Temperaturen über 450 °C erfolgt, problematisch. Liegt eine korrosive Belastung in der Anwendung vor, so muss vorher der beeinflusste Bereich mit den Anlauffarben entfernt werden, sodass sich wieder eine stabile Passivschicht ausbilden kann.

Das Hochtemperaturlöten ist ein Verfahren, das sich besonders für die Verarbeitung von rostfreien Stählen anbietet. Dabei werden Komponenten, beispielsweise Platten eines Plattenwärmetausches, unter Vakuum oder unter Schutzgas bis hin zu Temperaturen von mehr als 900 °C erhitzt. Metalloxide bzw. die Passivschicht kann bei Bedarf durch eine chemische Reaktion mit reduzierenden Bestandteilen des verwendeten Schutzgases entfernt werden. Durch die hohe Temperatur beim Hochtemperaturlöten kann komplett auf die Anwendung von Flussmittel verzichtet werden. Als Lotwerkstoffe kommen bei nichtrostenden Stählen häufig Nickel- oder Kupferlote zur Anwendung, wobei Verbindungen mit sehr hohen Festigkeiten (bis hin zu 500 N/mm^2) erreicht werden können. [49]

Trotz der hohen Herausforderungen können rostfreie Stähle mittels Löten gut gefügt werden. Grundvoraussetzung dafür ist, dass die Oberflächen sauber, insbesondere frei von Fetten und anderen organischen Verunreinigungen sind. Bei der Anwendung von Flussmittel gilt, das diese auf Phosphorsäure aufbauen sollten. Salzsäure und chloridhaltige Substanzen können zu optischen Beeinträchtigungen oder Korrosionsschäden führen. Zur Auswahl eines geeigneten Flussmittels, das die Passivschicht im Bereich der Lötstelle entfernt und die Neubildung temporär während des Lötvorganges unterbindet, wird neben Herstellerangaben insbesondere die Norm DIN EN ISO 9454 empfohlen. In ähnlicher Weise betrachtet die Norm

DIN EN ISO 18496 die Flussmittel für das Hartlöten. Beim Hartlöten von nichtrostenden Stählen werden vorzugsweise Flussmittel vom Typ FH 12 mit Wirkungstemperaturen zwischen 550 °C bis etwa 850 °C eingesetzt. Diese Mittel enthalten Borverbindungen sowie einfache und komplexe Fluoride. Da die Rückstände korrosiv wirken, können, müssen diese nach dem Löten unbedingt entfernt werden, da es ansonsten zu Verfärbungen und Korrosionsschäden kommen kann. [34,50]

Ebenso wie bei den Flussmitteln verhält es sich bei den Lötzusätzen. Diese sind entsprechend ihrer Einsatztemperatur genormt. DIN EN ISO 9453 beschreibt die chemische Zusammensetzung und die Lieferformen von Weichloten, DIN EN ISO 17672 beschreibt diesen Sachverhalt für das Hartlöten. Bei den Loten für das Weichlöten handelt es sich im Wesentlichen um Legierungen auf Basis von Blei und Zinn bzw. Blei und Antimon mit Schmelztemperaturen zwischen 183 °C und maximal 325 °C. Für die Herstellung von Weichlötverbindungen mit nichtrostenden Stählen im Sanitärbereich wird vorwiegend Zinnlot mit der Normbezeichnung S-Pb 70 Sn 30 eingesetzt. Darüber hinaus kann auch nahezu reines Zink angewendet werden. Die Zusätze für das Hartlöten können je nach Anforderung auf Basis von Silber, Kupfer und Nickel sein. Silberlote weisen dabei Schmelztemperaturen zwischen 620 °C und maximal 760 °C auf. Deutlich höhere Löttemperaturen erfordern dagegen Lote auf Kupferbasis. Deren Schmelztemperatur liegt je nach Zusammensetzung zwischen 825 °C und 1085 °C. Für Nickelbasislegierungen gilt ein Schmelzbereich zwischen 880 °C und 1135 °C. Die Auswahl des Lötzusatzes richtet sich allgemein nach der technischen Anforderung in Hinblick auf die Festigkeit der Verbindung, der erforderlichen Korrosionsbeständigkeit sowie der Wirtschaftlichkeit. [34]

Neben dem Lot sind nachfolgende Einflussgrößen für die erzielte Festigkeit einer Lötverbindung von Bedeutung:

- Zusammensetzung und mechanische Eigenschaften des Grundwerkstoffes
- Spaltbreite
- Größe und Oberflächenbeschaffenheit der Lötfläche
- Löttemperatur und zugeführte Wärmemenge
- Füllgrad der Lötstelle
- Zusammensetzung des Flussmittels

Hartlötverbindungen mit Kupferbasisloten erreichen üblicherweise nicht die Festigkeitswerte der nichtrostenden Stähle im Grundwerkstoff. Dagegen können sowohl mit Silberbasisloten als auch mit Nickelbasisloten annähernd Festigkeitswerte erreicht werden, die denjenigen des Grundwerkstoffes entsprechen. Kommt es zu einer Anwendung bei erhöhten Temperaturen, spielt auch die Zeitstandfestigkeit von Grundwerkstoff und Lot eine maßgebliche Rolle. In der Regel wird zur Beurteilung hierzu die Zeitstandfestigkeit des Lotwerkstoffes herangezogen. Silberbasislote mit 44 % Ag weisen bereits bei Anwendungstemperaturen von 200 °C einen Abfall der Zeitstandfestigkeit auf. Bei Anwendungen im Temperaturbereich von 400 °C erfolgt das Versagen der Fügeverbindung nach kurzer Einwirkdauer von wenigen Minuten. Hartlote mit 85 % Ag und 15 % Mn hingegen eignen sich deutlich besser für höhere Anwendungstemperaturen, sodass selbst bei Anwendungstemperaturen von 400 °C auch über eine lange Anwendungsdauer von über 200 h noch eine Zeitstandstandfestigkeit von ca. 25 % des Wertes bei 100 °C erreicht wird. Entsprechende Werte lassen sich demnach auch direkt auf die Eigenschaften einer Lotverbindung mit nichtrostendendem Stahl übertragen.

Hinsichtlich der Korrosionsbeständigkeit sind Lote auf Basis von Silber bzw. Nickellegierungen gegenüber den Loten auf Kupferbasis zu bevorzugen. Für die Anwendung von Wärmetauscherplatten werden klassisch Kupferbasislote angewendet, da bei diesen Komponenten von einer Anwendung in Medien mit geringem Chloridgehalt gerechnet wird. Liegt eine verstärkte Korrosionsbelastung vor, wird die Anwendung von Nickelbasisloten empfohlen. In Hausinstallationen können Rohrleitungen aus nichtrostenden Stählen mit Silberbasislegierungen gelötet werden. Liegen höhere Chloridgehalte (> 100 mg/l) vor, sind auch Lote mit hohen Silbergehalten anzuwenden, um eine ausreichend hohe Korrosionsbeständigkeit der Fügeverbindung zu erreichen.

Das Fügen mittels Löten bedingt zwangsläufig immer eine Kombination aus Werkstoffen mit unterschiedlichem elektrochemischen Standardpotenzial, wodurch es in Gegenwart von korrosiven Medien zur Gefährdung durch Kontaktkorrosion kommen kann. Durch die Verwendung elektrochemisch edlerer Lötzusätze gegenüber dem nichtrostenden Stahl kann aber einer Schädigung durch Kontaktkorrosion durch das sich hieraus ergebende Flächenverhältnis von Kathode zu Anode entgegengewirkt werden. In Einzelfällen kann eine Abdeckung der Lötstelle erforderlich sein, wobei hiermit stets auch die Gefahr zur Ausbildung von Spaltkorrosion besteht.

Die beim Hart- und Hochtemperaturlöten auftretenden Temperaturen führen stets auch zur Bildung von Anlauffarben auf der Stahloberfläche. Um diese zu vermeiden, kann das Löten im Hochvakuum oder unter

Schutzgasatmosphäre erfolgen. Sofern Anlauffarben sichtbar sind oder entsprechend hohe Anforderungen an die Korrosionsbeständigkeit vorliegen, ist die Oberfläche durch Bürsten und/oder Beizen nachzubehandeln.

3.6.6 Kleben von rostfreien Edelstählen

Kleben als Fügeverfahren bietet dem Konstrukteur eine Vielzahl von gestalterischen Freiheiten und erlaubt insbesondere auch die Verbindung von unterschiedlichen Werkstoffen, die mit anderen Fügeverfahren keine dauerhafte Verbindung eingehen könnten. Synthetische und auf die jeweilige Anwendung abgestimmte Klebstoffe können von Einzel- bis zur Serienproduktion kosteneffizient angewendet werden.

Klebeverbindungen werden seit vielen Jahren in weiten Bereichen der Technik erfolgreich angewendet und zeichnen sich durch hohe Lebensdauer und spezifische Eigenschaften aus, die mit anderen Verbindungstechniken nicht realisiert werden können (vgl. Tabelle 14). Entscheidend für den Erfolg einer Klebeverbindung ist dabei eine werkstoff- und fügetechnikgerechte Gestaltung.

Vorteile	**Nachteile**
• Keine bzw. nur geringe Wärmebeeinflussung der Fügeteile • Gleichmäßige Spannungsverteilung • Flächige Verbindung und Lastübertragung möglich • Geeignet zum Fügen von artfremden Werkstoffen bei gleichzeitiger Vermeidung von Kontaktkorrosion (Isolation) • Verbindung von sehr dünnen Fügebauteilen (z. B. Folien, Dünnblech) möglich • Gas- und flüssigkeitsdichte Verbindung, Vermeidung von Spaltkorrosion möglich • Ausgleich von geometrischen Toleranzen durch Spaltüberbrückung • Dämpfungseigenschaften • Hohe dynamische Festigkeit • Gute Crash- und Steifigkeitseigenschaften im Fahrzeugbau	• Begrenzte Warmfestigkeit • Reinigung und Oberflächenvorbehandlung der Fügeteile ist vielfach erforderlich • Zerstörungsfreie Qualitätsprüfung ist nur bedingt möglich bzw. technisch aufwendig • Eine klebegerechte Gestaltung der Fügeteile, der Fügeverbindung und der Lasteinleitung ist erforderlich

Tab. 14: Überblick über die Eigenschaften von Klebeverbindungen [51]

Für die Klebeverbindung mit nichtrostenden Stählen ist entscheidend, dass durch die erforderliche Oberflächenvorbehandlung, aber auch durch den Klebstoff selbst die Korrosionsbeständigkeit nicht negativ beeinflusst wird. Entscheidend ist hierzu insbesondere die chemische Zusammensetzung. Wenngleich gängige 1K- und 2K-Strukturklebstoffe beispielsweise Epoxidharz- oder Polyurethanbasis hier meist kompatibel sind, wird im Zweifelsfall empfohlen, Rücksprache mit dem Klebstoffhersteller zu halten.

Des Weiteren gilt es, bei Klebeverbindungen mit verschiedenartigen Fügepartnern, z. B. Edelstahl-Glas-Klebeverbindungen, die möglichen Spannungen infolge des unterschiedlichen thermischen Ausdehnungskoeffizienten zu berücksichtigen. Positiv können sich hier die elastischen Eigenschaften von Klebschichten auswirken. Je nach Klebstoff und nach angewendeten Füllstoffen sind hier sehr unterschiedliche elastische Eigenschaften realisierbar. Hierdurch ist eine anwendungsspezifische Auslegung der Fügeverbindung möglich.

Gegenüber Klebeverbindungen mit konventionellem Stahl bietet der nichtrostende Stahl den Vorteil, dass die Fügestellen nicht durch schnittkanteninduzierte Korrosion unterwandert werden. So ergibt sich auch unter langanhaltender feuchtwarmer klimatischer Belastung eine hohe Lebensdauer. Liegen klimatische Belastungen vor, die langfristig den Klebstoff schädigen (hohe Feuchtigkeit, erhöhte Temperaturen, UV-Strahlung), so kann es zur Veränderung und in weiterer Folge zum Versagen des Klebstoffes infolge einer alterungsbedingten Veränderung der chemischen Struktur des Polymernetzwerkes kommen. Liegt eine zusätzliche Belastung durch Chloride vor, wie es beispielsweise bei einem langfristigen Salzsprühnebelversuch in Kombination mit einem entsprechenden Klimawechseltest der Fall ist, so kann es zu einer lokalen Herabsetzung der chemischen Beständigkeit durch eine lokale Aufkonzentration des Chloridgehaltes, Spalteffekte oder auch lokale elektrochemische Konzentrationselemente kommen. So ist es möglich, dass ein Werkstoff, der unter diesen Bedingungen ohne Klebeverbindung als beständig angesehen werden kann, im Verbund durch lokale Korrosion versagt.

Eine Verbesserung der Korrosionsbeständigkeit von geklebten Strukturen mit Komponenten aus nichtrostendem Stahl ist somit grundsätzlich möglich, insbesondere bei Anwesenheit von chloridhaltigen Medien werden allerdings entsprechende Bauteilversuche empfohlen. Liegt eine Gefährdung durch Korrosion vor, so kann durch Verwendung von höher legierten (korrosionsbeständigeren) Stählen und durch die Anpassung der Oberflächenvorbehandlung, z. B. Beizen oder Elektropolieren, reagiert werden.

Wie bei anderen metallischen Werkstoffen auch ist bei nichtrostenden Stählen die Oberflächenvorbehandlung von Klebeverbindungen auf den Klebstoff, die erwarteten Umgebungsbedingungen und die mechanischen Belastungen abzustimmen. Hilfestellung bieten hier in der Regel die Angaben des Klebstoffherstellers und bei Bedarf angepasst Vorversuche. Grundsätzlich gilt, dass auch bei nichtrostenden Stählen die Oberfläche frei von Verschmutzungen, Fetten und Ölen beim Verkleben sein muss. Eine mechanische Oberflächenvorbehandlung in Form von Aufrauen durch Schleifen, Bürsten oder Strahlen der Oberfläche ist gängig. Bei austenitischen nichtrostenden Stählen ist die mechanische Belastung so zu wählen, dass der lokale Wärmeeintrag begrenzt bleibt. Im Vergleich zu ferritischen oder martensitischen Stählen ist die Wärmeleitfähigkeit von Austeniten geringer. Anlauffarben oder auch Verwerfungen an der Oberfläche sind zu vermeiden, sodass eine geringere Schleifgeschwindigkeit und eine reduzierte Anpresskraft zu wählen ist. Ebenfalls gilt es, den Eintrag von Fremdrost bzw. metallischen Fremdpartikeln in die Oberfläche durch eine gezielte Trennung der eingesetzten Werkzeuge sowie des Strahlgutes zu vermeiden. Als Strahlmittel für eine entsprechende Oberflächenbearbeitung eignen sich Glasperlen, Glasbruch, auf den Werkstoff abgestimmte Edelstahlkugeln oder eisenfreier Quarzsand [51].

Typische Anwendungen von Klebeverbindungen bei nichtrostenden Stählen sind beispielsweise:

- Schraubensicherung mittels mikroverkapselten Klebstoffen
- Welle-Nabe-Verbindungen mit aneroben Reaktionsklebstoffen
- Verklebte Strukturelemente im Nutzfahrzeugbereich
- Außenanbauteile aus nichtrostendem Stahl für Schienenfahrzeuge
- Glas-Verbundstrukturen und Fassadenelemente mit UV- und witterungsbeständigen Silikon-Kleb-Dichtstoffen

3.7 Trennen von rostfreien Stählen

Da insbesondere für Bandmaterial der Zuschnitt in eine passende Geometrie zur Weiterverarbeitung oder auch direkt zur Endgeometrie von besonderer Bedeutung ist, wird in diesem Kapitel gesondert auf das Trennen von rostfreien Stählen eingegangen. Im Zusammenhang mit dem Trennen von rostfreien Stählen stehen unterschiedliche Fertigungsverfahren, die beim Zuschnitt von Rohrmaterial bis hin zur Finalisierung der Bauteilgeometrie zur Anwendung kommen. Angewendet werden diese Verfahren sowohl zur Bearbeitung von Blech als auch von Profilen oder Stangenmaterial. Das Trennen kann dabei ausschließlich mit mechanischen Methoden, wie Sägen, Scheren Stanzen, Wasserstrahlschneiden und Nibbeln oder durch thermische Verfahren wie Plasmatrennschneiden oder Laserstrahlschneiden erfolgen.

Nachfolgend wird auf ausgewählte Trennverfahren und deren Besonderheiten bei der Anwendung für rostfreie Stähle eingegangen. Neben der erzielten Effizienz eines Trennverfahrens ist für die Auswahl auch die Maßhaltigkeit und die Geometrie der erzeugten Schnittkante zu beachten. Hierzu zeigt Abbildung 54 eine schematische Gegenüberstellung der erzielten Schnittkante für Blechmaterial von austenitisch rostfreien Stählen mit einer Blechdicke von 6 bis 8 mm.

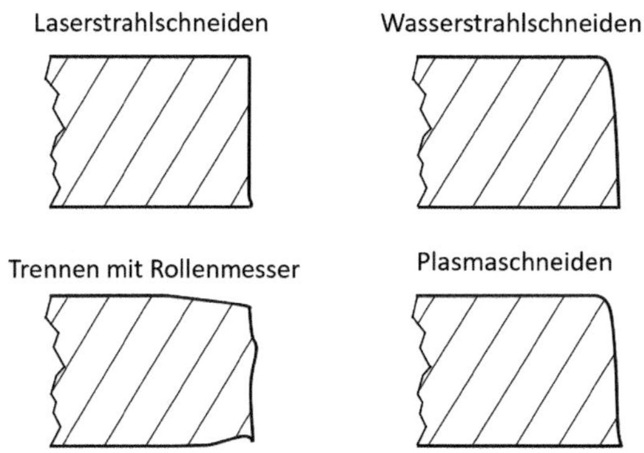

Abb. 54: Schematische Gegenüberstellung der erzielbaren Schnittkante in Abhängigkeit des angewendeten Trennverfahrens

3.7.1 Mechanische Trennverfahren

3.7.1.1 Scheren

Wird Scheren für die Verarbeitung von rostfreien Stählen eingesetzt, gilt zu beachten, dass insbesondere für austenitische Legierungen größere Scherkräfte im Vergleich zu konventionellen Baustählen erforderlich sind. Überschlagsmäßig können mit vergleichbaren Scherkräften bei Austeniten nur ca. 70 % der Blechstärke im Vergleich zu Baustahl bearbeitet werden. Der

Abstand zwischen dem Messer muss etwa 4 bis 7 % der Blechdicke betragen. Dies gilt insbesondere zu beachten, wenn die Bearbeitung nahe an der Blechkante erfolgt. Der Schnitt- oder Spanwinkel zwischen der Blechebene und der Messerstirnfläche kann zwischen 0,5° und 2° variieren, wobei häufig ein Wert von 1,50° zur Anwendung kommt.

Wie bei allen Bearbeitungen, bei denen ein Werkzeug mit rostfreiem Stahl in Berührung kommt, wird auch beim Scheren empfohlen, nur Messer zu verwenden, die ausschließlich für das Schneiden dieser Materialien bestimmt sind. Damit soll jegliches Risiko einer Kontamination, insbesondere durch eisenhaltige Partikel, vermieden werden. Wenn Bleche geschert werden, um schmale Streifen zu erhalten, muss ihre Breite mindestens das 30-Fache der Dicke betragen. Bei einer Blechdicke von 1 mm beträgt die zulässige Mindestbandbreite also 30 mm.

Bei den Schergeräten muss darauf geachtet werden, dass der Niederhalter die Blechoberfläche nicht beschädigt (Kratzer, Einkerbungen usw.). Insbesondere bei dünnen Blechen sollten die Klemmbacken mit Elastomer beschichtet werden. Nach dem Scheren ist die Prüfung der Schnittkante ein gutes Mittel zur Kontrolle. Wenn der Abstand korrekt ist, sollte der obere glatte Teil des Schnitts, der dem Eindringen des Messers entspricht, etwa 40 % der Dicke ausmachen, während der untere gebrochene oder gerissene Teil die restlichen 60 % ausmacht. Ist das Spiel zu klein, erstreckt sich die Bruchzone über den gesamten Kantenbereich, ist es zu groß, fließt das Metall zwischen den beiden Klingen hindurch, was zu einem Grat mit übermäßiger lokaler Belastung führt (siehe Abbildung 55).

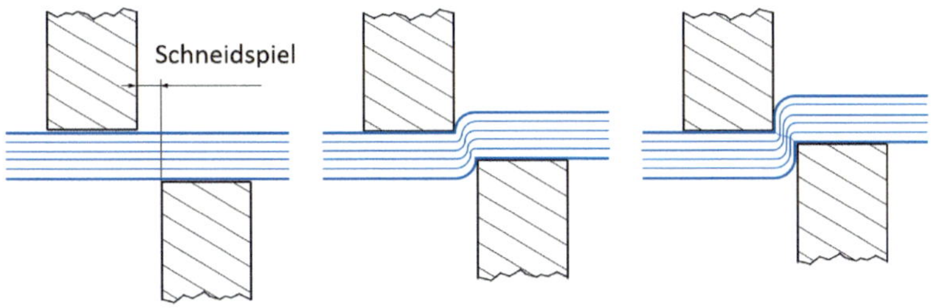

Abb. 55: Schematische Darstellung zum Einfluss von zu großem Schneidspiel auf die Verformung des Werkstückes und die erzeugte Schnittkante am Beispiel von Rollenmesser

Nibbeln ist eine mechanische Schneidetechnik, bei der das Material entlang einer gewünschten Bahn abgetragen wird. Die Breite der Bahn ist durch die Breite des Werkzeugs bestimmt. Das Werkzeug besteht aus einem sich herabbewegenden Stempel und einer feststehenden Matrize. Durch das regelmäßige Hinein- und wieder Herausbewegen entsteht bei jedem Hub ein halbmondförmiger Ausschnitt, wobei das Werkzeug bezogen auf das Werkstück somit schrittweise vorwärts verschoben wird. Beim Nibbeln handelt es sich um einen sich wiederholenden Stanzvorgang, bei dem der Abstand zwischen den aufeinanderfolgenden Hüben in Abhängigkeit von der Blechdicke eingestellt wird. Mithilfe einer Schablonenführung oder einer NC-Steuerung kann ein präziser Schneideweg realisiert werden. Die Kanten des geschnittenen Blechs weisen die Spuren der aufeinanderfolgenden Stanzhübe auf, sodass in der Regel eine Nachbearbeitung durch Feinschleifen angewendet wird. Der Vorteil dieses Verfahrens besteht in den vergleichsweise hohen Freiheitsgraden, was es besonders für die Einzelteilfertigung oder den Prototypenbau wirtschaftlich interessant macht.

3.7.1.2 Stanzen und Perforieren

Die Verfahren Stanzen und Perforieren werden üblicherweise zum Schneiden von Löchern bzw. Ausschnitten mit einem Mindestdurchmesser von der doppelten Blechdicke eingesetzt. Je nach Anwendung kann sowohl der hergestellte Ausschnitt als auch das um den Ausschnitt befindliche Material das gewünschte Bauteil darstellen. In Bezug auf die Geometrie sollte der Mindestabstand zwischen benachbarten Löchern bzw. der Bauteilkante dem halben Durchmesser entsprechen. Die Kräfte, die zum Lochen von nichtrostenden Stählen erforderlich sind, sind wesentlich höher als bei Baustahl und stehen in etwa im Verhältnis zu den jeweiligen Zugfestigkeiten der Werkstoffe. Es gilt hier unbedingt, auch mögliche Festigkeitssteigerungen aufgrund von vorangegangenen Umformprozessen, z. B. Kaltverfestigung oder Martensitbildung bei metastabilen Austeniten, zu berücksichtigen.

Neben der Festigkeit der Stahlsorte hängen die erforderlichen Kräfte auch vom effektiven Abstand zwischen Stempel und Matrize, von der Anzahl der gleichzeitig gestanzten Löcher und von der Stanzgeschwindigkeit ab. Das ideale Spiel zwischen dem Stempel und der Matrize ist abhängig von der bearbeiteten Blechdicke und kann für Standard-Anforderungen im Bereich des 0,1- bis 0,12-fachem der Materialdicke liegen. Wird eine höhere Präzision gefordert, so muss das Spiel verkleinert werden und liegt dann im Bereich von dem 0,07-fachem der Blechdicke.

3.7.1.3 Feinschneiden

Eine Sonderform für noch höhere Präzision und gesteigerte Anforderungen stellt das Feinschneiden dar. Im Gegensatz zum konventionellen Stanzen wird beim Feinschneiden das Material mit sogenannten Ringzacken fixiert. Das Spiel zwischen Stempel und Matrize ist bei diesem Verfahren geringer und liegt im Bereich vom 0,05-fachem der Blechdicke. Dies stellt insbesondere bei sehr dünnen Blechdicken hohe Anforderungen an die Präzision des Werkzeugbaus. Durch die Reduktion des Schneidspaltes kann ein deutlich präziserer Schnitt mit sauberen und geometrisch definierten Schnittkanten realisiert werden. Weitere Nachbearbeitungen können entfallen. Je nach Komplexität des Werkstückes und des Werkzeuges lassen sich durch mehrfachwirkende Pressen Schneid- und Umformprozesse direkt kombinieren. Damit ist direkte Herstellung von Fertigteilen in einem Werkzeug möglich.

3.7.1.4 Sägen

Beim Sägen von rostfreien Stählen können verschiedene Verfahren zur Anwendung kommen. Dabei handelt es sich um konventionelle Handsägen, automatisierte Bandsägen oder Trennschleifer. Die erzielbaren Schnittleistungen und Qualitäten der Schnittflächen hängen stark von dem Zusammenspiel des Werkzeuges und des Werkstückes ab. Wie bereits im Kapitel zur Bearbeitung mit geometrisch bestimmter Schneide beschrieben, spielen hier insbesondere die mechanischen Eigenschaften sowie die Wärmeleitfähigkeit des Werkstückes bei rostfreien Stählen eine besondere Rolle. Analog zu allen anderen aufgeführten Fertigungsverfahren wird stets eine Trennung der Werkzeuge für die Bearbeitung von konventionellen und rostfreien Stahlgüten empfohlen.

3.7.1.5 Wasserstrahlschneiden

Wasserstrahlschneiden ist ein universell einsetzbares Verfahren, das sich für nichtrostende Stähle insbesondere dadurch auszeichnet, dass kein thermischer Eintrag erfolgt.

Die angewendeten Drücke können maximal zwischen 4000 bis 6000 bar erreichen, sodass in Wasserstrahl-Schneidanlagen eine eigene Hochdruckeinheit erforderlich ist. Um den Wasserstrahl zu bündeln und präzise zu positionieren, ist darüber hinaus eine abrasionsbeständige Düse (z. B.

Saphir- bzw. Diamantdüse) erforderlich. Trotz der hohen Drücke ist reines Wasser für die Bearbeitung von Stählen nicht ausreichend, sodass gezielt Abrasivmittel hinzugegeben werden. Mit der gängigen Anlagentechnik lassen sich damit Materialstärken von bis zu 60 mm wirtschaftlich sinnvoll bearbeiten. Durch die Anwendung eines XY-Tisches erfolgt die relative Bewegung des Bauteils zum Wasserstrahl, wobei es sich dabei nur um ein zweidimensionales Schneiden handelt.

Wasserstrahlschneiden zeichnet sich allgemein durch eine hohe Genauigkeit mit einer geringen Oberflächenrauheit (Rautiefe Rt ≈ 30 µm) aus. Allerdings gilt zu beachten, dass die Schnittkanten insbesondere bei dicken Bauteilen nicht parallel zum Wasserstrahl verlaufen. Je nach Schnittgeschwindigkeit und Bauteildicke kann es sowohl im oberen Bereich des Wassereintritts als auch im gesamten unteren Querschnitt des Wasseraustritts zu einer Verbreiterung des Querschnitts kommen. Für Anwendungen, in denen eine hohe Präzision gewünscht ist, wird eine mechanische Nachbearbeitung empfohlen.

Bedingt durch die mechanische Einwirkung des Wasserstrahls mit dem Abrasivstoff kann es zusätzlich zur Aufhärtung bzw. Verfestigung am Werkstück im Bereich der Schnittkante kommen, dies ist für weiterführende Bearbeitungsschritte zu berücksichtigen (siehe Abbildung 56).

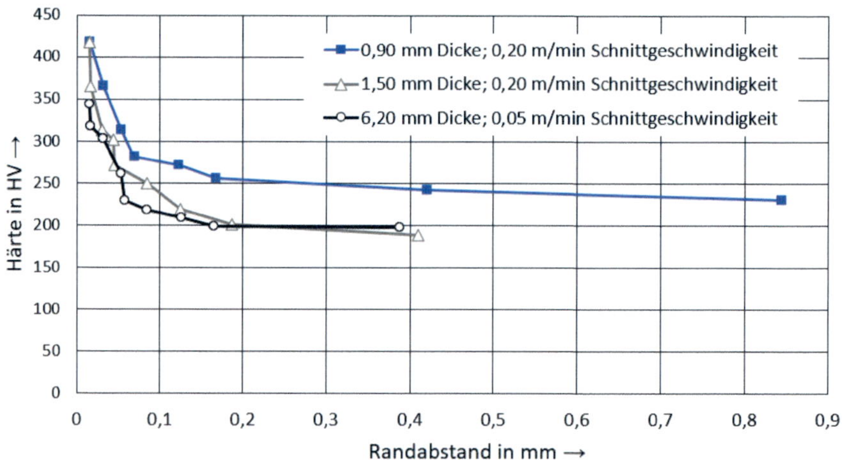

Abb. 56: Effekt der Aufhärtung im Randbereich eines mittels Wasserstrahls bearbeiteten Bauteils; Werkstoff 1.4301 [34]

3.7.2 Thermische und medienunterstützte Trennverfahren

3.7.2.1 Brennschneiden

Das Brennschneiden mit Sauerstoff-Acetylen wird zur Vollständigkeit erwähnt, da es für das Schneiden von rostfreien Stählen nur begrenzt geeignet ist. Infolge der starken Oxidation und einer großen Wärmeeinflusszone liegt eine erhebliche Beeinflussung der Oxidschicht und des Gefüges vor. Dennoch kann dieses Verfahren in ausgewählten Fällen eine Notlösung darstellen. Im Gegensatz dazu wird das pulverunterstützte Autogenschneiden häufig in Stahlwerken üblicherweise für stranggegossene Brammen aus nichtrostendem Stahl mit einer Dicke von bis zu 200 mm eingesetzt. In diesem Fall sind Oberflächenoxidation und metallurgische Umwandlungen in der Wärmeeinflusszone nicht von Bedeutung, da weitere Bearbeitungs- und Wärmebehandlungsschritte folgen.

3.7.2.2 Plasma-Schneiden

Bei diesem Verfahren wird das Metall aufgrund von lokal sehr hohen Temperatur (10.000 bis 20.000 °C) eines Plasmastrahls aufgeschmolzen. Als Plasma wird ein stark ionisiertes Gas genutzt, wobei Argon, Argon-Wasserstoff-Gemische, Stickstoff und Druckluft die häufigsten Quellen sind. Die Düse, durch die das Plasma aufgebracht wird, ist dabei ringförmig ausgebildet und umschließt die Kathode, von der der Lichtbogen ausgeht. Durch die hohe Energiedichte wird der Werkstoff lokal aufgeschmolzen und durch einen Gasstrahl aus der Schnittfuge ausgeblasen. Je nach verwendetem Gas und Typ des nichtrostenden Stahls kann der Grad der Oxidation und der Kantenverunreinigung stark variieren. Da der Wärmeeintrag möglichst lokal im Bereich des durchgeführten Schnittes erfolgt, ist einfaches Schleifen bis zu einer Tiefe von ca. 0,5 mm nach dem Plasmastrahlschneiden ausreichend, um die wärmebeeinflusste Zone zu entfernen.

Beim Schneiden unter Wasser ist die Oxidation geringer und es sind deutlich höhere Geschwindigkeiten möglich. Bei einem austenitischen Stahlblech mit einer Dicke von 3 mm beträgt die typische Schnittgeschwindigkeit etwa 3,5 m/min. Im direkten Vergleich zu den mechanischen Schneidverfahren ist der Materialverlust beim Plasmaschneiden höher. Eine Ausnahme stellt hier das Nibbeln dar, dort ist der Metallverlust höher. Zu beachten ist, dass der Schnitt beim Plasmaschneiden nicht direkt senkrecht verläuft, sondern einen leichten Freiwinkel aufweist. Um diesen zu beseitigen, kann ein weiteres Nacharbeiten durch Schleifen erfolgen. Die direkt durch das Plasmastrahlschneiden erzeugte Oberfläche weist eine Rautiefe im Bereich von 40 bis 50 µm auf.

Das Verfahren stellt allgemein einen guten Kompromiss aus einem leistungsfähigen thermischen Trennverfahren mit nur begrenzten lokalen Wärmeeintrag dar. Die aufgeschmolzene Zone hat in den meisten Fällen nur ein Breite von ca. 10 bis 20 µm, sodass die vorliegende Aufhärtung im Bereich der Schnittkante gering ausfällt.

3.7.2.3 Laserstrahlschneiden

Beim Laserstrahlschneiden kann der Energieeintrag entweder durch einen kontinuierlichen Emissionsmodus oder durch einen gepulsten Laserstrahl erfolgen. Der gepulste Laserstrahl bietet den Vorteil, dass der Energieeintrag gezielter und somit die Beeinflussung des Gefüges bzw. die Breite der Wärmeeinflusszone begrenzt sind. Zur Anwendung kommen meist CO_2- oder YAG-Laser (Yttrium-Aluminium-Granat). Bei CO_2-Lasern reicht die verfügbare Leistung von 0,5 bis 3 kW, während YAG-Laser auf 2 kW begrenzt sind, was ihre Schneidgeschwindigkeit einschränkt. Unabhängig von der Laserquelle muss der Strahl entweder über ein spiegelbasiertes optisches Führungssystem (CO_2-Laser) oder über eine optische Faser (YAG-Laser) zum Werkstück transportiert werden. Um das Metall zu schneiden, muss die Energie weiterführend ausreichend fokussiert werden. Aufgrund ihrer relativen Leistungsfähigkeit werden zum Schneiden häufig CO_2-Laser verwendet, wobei das emittierende Medium ein Gemisch aus 40-80 % Helium, 15-55 % Stickstoff und 3,5-7 % Kohlendioxid ist. Neben dem „Laser“-Gas wird ein Schutz- oder Prozessgas (Stickstoff oder Sauerstoff) durch eine Düse konzentrisch um den Strahl herum eingeblasen und dient zum Austreiben der Metallschmelze. Bei der Verwendung von Sauerstoff reagiert dieser exotherm mit dem Metall, was höhere Schnittgeschwindigkeiten ermöglicht, aber auch lokale Nachbehandlungen erfordert. Um einen qualitativ hochwertigen Schnitt zu erzielen, muss der Laserstrahl in der Düse gut zentriert und entweder auf die Oberseite des Werkstücks (dünne Bleche) oder in einer Tiefe von etwa einem Drittel der Dicke (dicke Bleche) fokussiert werden. Bei Verwendung von Stickstoff als Prozessgas werden hohe Schnittqualitäten erzielt. Dies geht allerdings auf Kosten der Schnittgeschwindigkeit. Abschließend sei darauf hingewiesen, dass sich das Laserstrahlschneiden nicht nur für das Schneiden von flachen Blechen, sondern auch für das Schneiden von geformten Profilen, z. B. kurzen Rohren, gut eignet.

3.8 Literatur

[1] M. Moll; Outlook for the Global Duplex Stainless Steel Markets – Supply and Demand; ESSC&Duplex Conference 2022; Bardolino.

[2] B. Linzer; Dünnbandgießen von Kohlenstoff-Stählen; Dissertationsschrift an der Montanuniversität Leoben; 2007.

[3] N.L. Loh, K.Y. Sia; An overview of hot isostatic pressing; Journal of Materials Processing Technology, Volume 30, Issue 1, 1992, pp. 45–65.

[4] R. Shi, SA. Khairallah, TT. Roehling, TW. Heo, JT. McKeown, MJ. Matthews MJ; Microstructural control in metal laser powder bed fusion additive manufacturing using laser beam shaping strategy. Acta Mater 184; 2020; pp. 284–305.

[5] W. Xu, E. Lui, A. Pateras, M. Qian M, M. Brandt; In situ tailoring microstructure in additively manufactured Ti–6Al–4V for superior mechanical performance. Acta Mater 125; 2017; pp. 390–400.

[6] S-H. Sun, T. Ishimoto, K. Hagihara, Y. Tsutsumi, T. Hanawa, T. Nakano; Excellent mechanical and corrosion properties of austenitic stainless steel with a unique crystallographic lamellar microstructure via selective laser melting. Scr Mater 159; 2019; pp. 89–93.

[7] A. Uriondo, M. Esperon-Miguez, S. Perinpanayagam; The present and future of additive manufacturing in the aerospace sector: A review of important aspects. Proceedings of the Institution of Mechanical Engineers, Part G: Journal of Aerospace Engineering. 2015; 229(11); pp. 2132–2147.

[8] G. Sander, S. Thomas, V. Cruz, M. Jurg, N. Birbilis, X. Gao, M. Brameld, C. R. Hutchinson; On the Corrosion and Metastable Pitting Characteristics of 316L Stainless Steel Produced by Selective Laser Melting; Journal of The Electrochemical Society, Volume 164, Number 6; 2017.

[9] Internetquelle: https://mx3d.com/industries/mx3d-bridge/; abgerufen 01.02.2024.

[10] Merkblatt 822 – Die Verarbeitung von Edelstahl Rostfrei; Informationsstelle Edelstahl Rostfrei; 4. überarbeitete Auflage; 2012.

[11] Internetquelle: https://www.asminternational.org/results/-/journal_content/56/10192/26579541/NEWS/; abgerufen 01.02.2024.

[12] DIN 8582:2003-09; Fertigungsverfahren Umformen – Einordnung; Unterteilung, Begriffe, Alphabetische Übersicht; 2003.

[13] H.-J- Eckstein; Korrosionsbeständige Stähle; Deutscher Verlag für Grundstoffindustrie, Leipzig, 1990.

[14] H.-J. Bargel, G. Schulze; Werkstoffkunde; Springer Verlag, 2008.

[15] G.B. Olson, M. Cohen; Kinetics of strain induced martensite nucleation; Metallurgical Transactions, 6A, 1975; pp. 791–795.

[16] J.R. Davis; ASM Specialty Handbook – Stainless Steels; ASM International, Materials Park, OH, 1994, Chapter "Metallurgy and Properties of Wrought Stainless Steels", p. 13.

[17] G.L. Huang, D.K. Matlock, G. Krauss; Martensite Formation, Strain Rate Sensitivity, and Deformation Behaviorof Type 304 Stainless Steel Sheet Metall. Trans. A, Vol. 20A, 1989, pp. 1239–1246.

[18] T. Angel; Formation of Martensite in Austenitic Stainless Steels; J. Iron Steel Inst., Vol. 177, 1954, pp. 165–174.

[19] S.S. Hecker, M.G. Stout, K.P. Staudhammer, J.L. Smith: Effects of Strain State and Strain Rate on Deformation-Induced Transformation in 304 Stainless Steel; Part I and Part II, Metall. Trans. A, Vol. 13A, 1982, pp. 619–626, 627–635.

[20] G.B. Olson; Transformation Plasticity and the Stability of Plastic Flow Deformation, Processing and Structure, G. Krauss, Ed., American Society for Metals, 1984, pp. 391–424.

[21] Merkblatt 827 – Magnetische Eigenschaften nichtrostender Stähle; 1.; 2013.

[22] K. Nohara, Y. Ono, N. Ohashi; Composition and grain size dependence of strain induced martensitic transformation in metastable austenitic stainless steel; Testu-To-Hagane; J. Iron Steel Inst. Japan; Vol. 63/5, 1977; pp. 212–222.

[23] P. Seemann; Einfluss der Kaltumformung auf die Korrosionsbeständigkeit metastabiler austenitischer nichtrostender Stähle; Dissertationsschrift an der RWTH Aachen; 2014.

[24] A.H. Eichelman Jr., F.C. Hull; The Effect of composition on the Temperature of Spontaneous Transformation of Austenite to Martensite in 18-8-Type Stainless Steel, Trans. ASM, Vol. 45, 1953, pp. 77–104.

[25] A. Kulmburg, W. Soelkner, F. Korntheuer, and H. E. Schmidt. Berg- und Hüttenmännische Monatshefte, 124:400, 1979.

[26] K. Monma. Tekko-zairyo-gaku, Chapter Martensite. Jikkyo-Syuppan Corp., 1972.

[27] N. Lewis, M. J. Cieslak, W. F. Savage; Microsegregation and eutectic ferrite-to-austenite transformation in primary austenite solidified CF-8M weld metals; Journal of materials science 22; 1987; pp. 2799–2810.

[28] ISO 16808:2022-05; Metallische Werkstoffe – Blech und Band – Bestimmung der biaxialen Spannung/Dehnung-Kurve durch einen hydraulischen Tiefungsversuch mit optischen Messsystemen; 2022.

[29] ISO 16630:2017-09; Metallische Werkstoffe – Blech und Band – Lochaufweitungsverfahren; 2017.

[30] P.-J. Cunat; Working with stainless steels, 2nd Edition; Euro Inox, ISBN 978-2-87997-181-0; 2008.

[31] DIN 8584-1 bis -5:2003-09; Fertigungsverfahren Zugdruckumformen – Teil 1: Allgemeines; Einordnung, Unterteilung, Begriffe; Teil 2: Durchziehen; Einordnung, Unterteilung; Teil 3: Tiefziehen; Einordnung, Unterteilung, Begriffe; Teil 4: Drücken; Einordnung, Unterteilung, Begriffe; Teil 5: Kragenziehen; Einordnung, Unterteilung, Begriffe; 2003.

[32] DIN 8585-1 bis -4:2003-09; Fertigungsverfahren Zugumformen – Teil 1: Allgemeines; Einordnung, Unterteilung, Begriffe; Teil 2: Längen; Einordnung, Unterteilung, Begriffe; Teil 3: Weiten; Einordnung, Unterteilung, Begriffe; Teil 3: Weiten; Einordnung, Unterteilung, Begriffe; 2003.

[33] Merkblatt 972 – Formgebungsmöglichkeiten von nichtrostendem Stahl; Informationsstelle Edelstahl Rostfrei; 1. Auflage; 2008.

[34] P. Gümpel; Grundwissen, Konstruktions- und Verarbeitungshinweise; expert Verlag, Renningen, 5. durchgesehene Auflage; 2018.

[35] Internetquelle: https://www.iwu.fraunhofer.de/de/presse-und-medien/presseinformationen/PM_2020_Bipolarplatte.html; abgerufen 01.02.2024.

[36] H. Hoffmann, R. Neugebauer, G. Spur; Handbuch Umformen; E-Book-ISBN: 978-3-446-43004-4; Carl Hanser Verlag, München 2012.

[37] Internetquelle: https://www.ibf.rwth-aachen.de/global/show_document.asp?id=aaaaaaaaaazotxa; abgerufen 01.02.2024.

[38] Merkblatt DVS 1004-1; Heißrissprüfverfahren Grundlagen; 2019.

[39] R. G. Baker, R. P. Newman; Cracking in Welds; Metal Constr., Febr. 1969, pp. 1–4.

[40] ISO 17641-1:2004-08; Zerstörende Prüfung von Schweißverbindungen an metallischen Werkstoffen – Heißrissprüfungen für Schweißungen – Lichtbogenschweißprozesse – Teil 1: Allgemeines; 2004.

[41] W.R. Apblett, W.S. Pellini; Factors, which Influence Hot Cracking; Welding J. 33; Res. Suppl. (1954); pp. 83–90.

[42] W. Dahl; C. Düren, H. Müsch; Einfluss verschiedener Legierungselemente auf die Heißrissanfälligkeit eines austenitischen Stahles beim Schweißen; Stahl und Eisen 93 (1973); pp. 831/22.

[43] G. Homberg; Untersuchung zur Heißrissneigung vollaustenitischer unstabilisierter Stähle des Typs X3CrNi16 16 beim Unterpulverschweißen; Dissertationsschrift an der RWTH Aachen, (1976).
[44] Merkblatt 823 – Schweißen von Edelstahl Rostfrei; Informationsstelle Edelstahl Rostfrei; 5. überarbeitete und korrigierte Auflage; 2019.
[45] H. Thier; Deltaferrit und Heißrisse beim Schweißen chemisch beständiger austenitischer Stähle; DVS-Bericht 41/1976; DVS-Verlag, Düsseldorf; pp. 100/04.
[46] E. Letofsky; Das Verhalten von Schweißverbindungen moderner Kraftwerkswerkstoffe, Dissertationsschrift an der Technische Universität Graz, (2001).
[47] D. Schulten; F. Eichhorn; Physikalische und korrosionschemische Eigenschaften einlagiger Bandplattierung; DVS-Berichte Band 15/1970; DVS-Verlag, Düsseldorf; pp. 9/24.
[48] H. Widowitz, E. Folkhard; Schweißzusatzwerkstoffe für Austenit-Ferrit-Verbindungen; Schweißtechnik 1977; Nr. 7.
[49] K. Schiebold; Schweiß- und Lötverbindungen und ihre Prüfung; ISBN 978-3-658-31328-9; Springer Fachmedien Wiesbaden GmbH; Wiesbaden 2019.
[50] Merkblatt 836 – Weichlöten von Edelstahl Rostfrei in der Klempnertechnik; Informationsstelle Edelstahl Rostfrei; 2. überarbeitete Auflage; 2004.
[51] Merkblatt 382 – Kleben von Stahl und Edelstahl Rostfrei; Informationsstelle Edelstahl Rostfrei; 1. Auflage; 2006.

4 Oberflächenbearbeitung und Oberflächenausführungen von nichtrostenden Stählen

Arnulf Hörtnagl

Von der Herstellung des Halbzeuges bis zur Anwendung des fertigen Produktes ist eine metallisch saubere Oberfläche entscheidend, um die gewünschte Korrosionsbeständigkeit von rostfreiem Stahl zu erzielen. Für die Herstellung von metallisch blanken Oberflächen, welche maßgeblich für die Eigenschaften von nichtrostenden Stählen sind, existieren spezielle Verfahren, die sich im Detail von der Verarbeitung von konventionellen Kohlenstoffstählen deutlich unterscheiden.

Dabei ist es nicht nur die Korrosionsbeständigkeit, die durch die Oberflächenausführung beeinflusst wird. Die Oberflächenempfindlichkeit gegenüber Fingerabdrücken oder ungewünschte Verschmutzungen (z. B. Graffiti) bis hin zu Anhaftungsverhalten von Mikroorganismen kann durch die Wahl der Oberflächenausführung beeinflusst werden. Zusätzlich muss das Umformverhalten bei Flachprodukten in Abhängigkeit von der erzeugten Oberfläche berücksichtigt werden. Somit empfiehlt es sich im Hinblick auf die Gesamtkosten, von Anfang an die Oberflächenkriterien im Auge zu behalten, da Fehler durch Unzulänglichkeiten bei der Bearbeitung im Nachgang meist nur mit hohem Aufwand beseitigt werden können. Aufgrund dieser Bedeutung wird in diesem Kapitel auf unterschiedliche gängige Lieferformate und Oberflächenausführungen, die Möglichkeit zur Charakterisierung von Oberflächen und die Auswirkungen auf die finale Oberflächenbearbeitung eingegangen. Der Fokus liegt dabei auf mechanischen Bearbeitungsprozessen, wobei das Zusammenspiel und die Auswirkungen auf weiterführende Oberflächenbehandlungen stets zu berücksichtigen sind.

4.1 Einteilung der Lieferformate

Nichtrostende Edelstähle stehen in zahlreichen Lieferformen zur Verfügung, in den meisten Fällen sind diese genormt bzw. standardisiert. Das betrifft neben den chemischen Zusammensetzungen, die auf europäischer Ebene in der DIN EN 10088 aufgeführt sind, insbesondere Grenzabmaße bzw. geometrische Vorgaben sowie technische Eigenschaften. Nachfolgend in Tabelle 1 aufgelistete Normen stellen eine Auswahl der gängigen Standards dar, nach denen Flach- und Bandmaterial sowie Profil, Stäbe oder Drähte bezogen werden können.

ISO 9444-1	Kontinuierlich warmgewalzter nichtrostender Stahl – Grenzabmaße und Formtoleranzen – Teil 1: Bandstahl und Bandstahl in Stäben
ISO 9444-2	Kontinuierlich warmgewalzter nichtrostender Stahl – Grenzabmaße und Formtoleranzen – Teil 2: Band und Blech
DIN EN ISO 9445-1	Kontinuierlich kaltgewalzter nichtrostender Stahl – Grenzabmaße und Formtoleranzen – Teil 1: Kaltband und Kaltband in Stäben
DIN EN ISO 9445-2	Kontinuierlich kaltgewalzter nichtrostender Stahl – Grenzabmaße und Formtoleranzen – Teil 2: Kaltbreitband und Blech
DIN EN 10048	Warmgewalzter Bandstahl – Grenzabmaße und Formtoleranzen
DIN EN 10088-1	Nichtrostende Stähle – Verzeichnis der nichtrostenden Stähle
DIN EN 10088-2	Nichtrostende Stähle – Technische Lieferbedingungen für Blech und Band aus korrosionsbeständigen Stählen für allgemeine Verwendung
DIN EN 10088-3	Nichtrostende Stähle – Technische Lieferbedingungen für Halbzeug, Stäbe, Walzdraht, gezogenen Draht, Profile und Blankstahlerzeugnisse aus korrosionsbeständigen Stählen für allgemeine Verwendung
DIN EN 10088-4	Nichtrostende Stähle – Technische Lieferbedingungen für Blech und Band aus korrosionsbeständigen Stählen für das Bauwesen
DIN EN 10088-5	Nichtrostende Stähle – Technische Lieferbedingungen für Stäbe, Walzdraht, gezogenen Draht, Profile und Blankstahlerzeugnisse aus korrosionsbeständigen Stählen für das Bauwesen

DIN EN 10216-5	Nahtlose Stahlrohre für Druckbeanspruchungen – Technische Lieferbedingungen – Teil 5: Rohre aus nichtrostenden Stählen
DIN EN 10217-7	Geschweißte Stahlrohre für Druckbeanspruchungen – Technische Lieferbedingungen – Teil 7: Rohre aus nichtrostenden Stählen
DIN EN 10263-5	Walzdraht, Stäbe und Draht aus Kaltstauch- und Kaltfließpressstählen – Teil 5: Technische Lieferbedingungen für nichtrostende Stähle
DIN EN 10264-4	Stahldraht und Drahterzeugnisse – Stahldraht für Seile – Teil 4: Draht aus nichtrostendem Stahl
DIN EN 10272	Stäbe aus nichtrostendem Stahl für Druckbehälter
DIN EN 10278	Maße und Grenzabmaße von Blankstahlerzeugnissen
DIN EN 10296-2	Geschweißte kreisförmige Stahlrohre für den Maschinenbau und allgemeine technische Anwendungen – Technische Lieferbedingungen – Teil 2: Nichtrostende Stählen
DIN EN 10297-2	Nahtlose kreisförmige Stahlrohre für den Maschinenbau und allgemeine technische Anwendungen – Technische Lieferbedingungen – Teil 2: Rohre aus nichtrostenden Stählen
DIN EN 10312	Geschweißte Rohre aus nichtrostendem Stahl für den Transport von Wasser und anderen wässrigen Flüssigkeiten – Technische Lieferbedingungen
DIN EN ISO 18286	Warmgewalztes Blech aus nichtrostendem Stahl – Grenzabmaße und Formtoleranzen

Tab. 1: Auswahl an Normen zu Liefervorgaben von nichtrostenden Stählen

Dabei gilt zu beachten, dass je nach Anwendungsgebiet neben der Werkstoffbezeichnung, die primär Angaben über die chemische Zusammensetzung liefert, und neben der Geometrie insbesondere technische Eigenschaften zu überprüfen sind. Dies ist vor allem dann der Fall, wenn Komponenten in Bereichen mit entsprechenden Anforderungen an die Bauteilsicherheit eingesetzt werden. So sind beispielsweise nichtrostende Flachprodukte für Anwendungen im Bauwesen für Dicken über 6 mm zwingend gemäß EN 10307 mittels Ultraschallprüfung auf mögliche Materialfehler zu prüfen. Weiterführend kann je nach Anwendung eine Prüfbescheinigung nach EN 10204 erforderlich sein. Wie nachfolgend aufgeführt, unterscheiden sich die Prüfbescheinigungen je nach Inhalt der Bescheinigung und ausstellender bzw. bestätigender Institution:

- Prüfbescheinigung 2.1/Werkbescheinigung: bestätigt die Übereinstimmung mit der Bestellung und wird vom Hersteller ausgestellt
- Prüfbescheinigung 2.2/Werkzeugnis: bestätigt die Übereinstimmung mit der Bestellung unter Angabe von Ergebnissen von nicht spezifizierten Prüfungen/Werten und wird vom Hersteller ausgestellt
- Prüfbescheinigung 3.1/Abnahmeprüfzeugnis: bestätigt die Übereinstimmung mit der Bestellung unter Angabe von spezifischen Prüfungen/Werten und wird von einem unabhängigen Abnahmebeauftragten erstellt
- Prüfbescheinigung 3.2/Abnahmeprüfzeugnis: bestätigt die Übereinstimmung mit der Bestellung unter Angabe von spezifischen Prüfungen/Werten und wird von einem unabhängigen Abnahmebeauftragten und von einem durch den Besteller beauftragten Annahmebeauftragten erstellt

Neben den Vorgaben für Flachprodukte, Profile und Halbzeuge werden insbesondere Verbindungselemente aus nichtrostenden Stählen gesondert über die Normungsreihe DIN EN ISO 3506 geregelt (siehe Tabelle 2). Die dort aufgeführten Normen tragen der Tatsache Rechnung, dass sich im Vergleich zu niedrig legierten Stählen das Versagensbild bei der Kombination aus mechanischer- und korrosiver Belastung oder auch unter Einfluss von tiefen Temperaturen signifikant von dem Versagensbild bei niedrig legierten Stählen unterscheidet.

DIN EN ISO 3506-1	Mechanische Eigenschaften von Verbindungselementen aus nichtrostenden Stählen – Teil 1: Schrauben
DIN EN ISO 3506-2	Mechanische Eigenschaften von Verbindungselementen aus nichtrostenden Stählen – Teil 2: Muttern
DIN EN ISO 3506-3	Mechanische Eigenschaften von Verbindungselementen aus nichtrostenden Stählen – Teil 3: Gewindestifte und ähnliche, nicht auf Zug beanspruchte Verbindungselemente
DIN EN ISO 3506-4	Mechanische Eigenschaften von Verbindungselementen aus nichtrostenden Stählen – Teil 4: Blechschrauben
DIN EN ISO 3506-5 (2023-08: Entwurf)	Mechanische Eigenschaften von Verbindungselementen aus nichtrostenden Stählen – Teil 5: Spezielle Verbindungselemente (einschließlich Verbindungselemente aus Nickellegierungen) für Hochtemperaturanwendungen

DIN EN ISO 3506-6	Mechanische Verbindungselemente – Mechanische Eigenschaften von Verbindungselementen aus korrosionsbeständigen nichtrostenden Stählen – Teil 6: Allgemeine Regeln für die Auswahl von nichtrostenden Stählen und Nickellegierungen für Verbindungselemente
DIN EN 10269	Stähle und Nickellegierungen für Befestigungselemente für den Einsatz bei erhöhten und/oder tiefen Temperaturen

Tab. 2: Normungsreihe zu Verbindungselementen aus nichtrostenden Stählen

4.2 Oberflächenausführungen bei Flachprodukten

4.2.1 Bedeutung der Oberflächenausführung

Die Oberflächenausführung bei Vorprodukten aus rostfreien Stählen ist je nach Vorbehandlungsart unterschiedlich. Wenngleich es sich in den meisten standardisierten Ausführungen um eine metallisch blanke Oberfläche handelt, so können das optische Erscheinungsbild und die resultierenden technischen Eigenschaften unterschiedlich sein. Wie nachfolgend noch vertiefend ausgeführt wird, kann infolge der Oberflächenausführung auch ein erheblicher Unterschied in der Korrosionsbeständigkeit vorliegen.

Darüber hinaus ist es aber nicht nur die Beständigkeit gegen Korrosion, die diese Stähle für Haushaltswaren, bei der Lebensmittelverarbeitung, der chemischen Industrie oder für die Herstellung von pharmazeutischen Produkten so interessant macht. Häufig spielt auch das Erscheinungsbild der Oberfläche für dekorative Zwecke eine Rolle. Hier ist auch die Tatsache, dass Unregelmäßigkeiten an der Oberfläche sowie lokale Verschmutzungen sehr gut erkannt werden können, von Bedeutung. Letzteres ist insbesondere dann von Bedeutung, wenn hohe Anforderungen an Reinheit und Sauberkeit gestellt werden.

Ein sehr weit verbreitetes Anwendungsfeld sind Architektur und Bauwesen. Im Gegensatz zu konventionellen Beschichtungen kann bei rostfreien Stählen ein Abplatzen der Oberfläche nahezu komplett ausgeschlossen werden. Eine korrekte Auswahl und Verarbeitung dieses Werkstoffes garantiert darüber hinaus über einen nahezu uneingeschränkten Zeitraum ein gleichbleibendes optisches Erscheinungsbild. Diese hohe und langanhaltende Wertigkeit von Oberflächen aus rostfreiem Stahl ist es auch, die zu einer vermehrten Nutzung bei Konsumprodukten in Form von gezielter Produktveredelung führt.

Um beim fertigen Produkt die gewünschten technischen Eigenschaften und das gewünschte optische Erscheinungsbild zu erzielen, empfiehlt es sich, bereits bei der Auswahl des Halbzeuges auf die Oberflächenausführung zu achten. Dies ist insbesondere auch aus Kostengründen meist unumgänglich, da Nacharbeiten am fertigen oder weiterverarbeiteten Produkt in der Regel deutlich aufwendiger sind und sich Fehler durch Unzulänglichkeiten bei der Bearbeitung meist nur mit hohem Aufwand beseitigen lassen.

4.2.2 Gängige Oberflächenausführung

Zur Erzielung von metallisch blanken Oberflächen wurden für nichtrostende Stähle spezielle Verarbeitungsverfahren entwickelt. Die technischen Lieferbedingungen für Blech und Band aus korrosionsbeständigen Stählen und somit auch Ausführungsarten und Oberflächenbeschaffenheiten sind in der Norm DIN EN 10088-2 detailliert beschrieben. In der Norm DIN EN 10088-3 wird weiterführend auf die Lieferbedingungen für Halbzeuge, Stäbe, Drähte, Profile und Blankerzeugnisse eingegangen. Ein Auszug der für nichtrostende Flachprodukte gängigen Oberflächenausführungen ist in Tabelle 3 bis 5 zu sehen.

	Kurzzeichen	Ausführungsart	Oberflächenbeschaffenheit	Bemerkungen
Warmgewalzt	1U	Warmgewalzt, nicht wärmebehandelt, nicht entzundert	Mit Walzzunder bedeckt	Geeignet für Erzeugnisse, die weiterverarbeitet werden, z. B. Band zum Nachwalzen
	1C	Warmgewalzt, wärmebehandelt, nicht entzundert	Mit Walzzunder bedeckt	Geeignet für Teile, die anschließend entzundert oder bearbeitet werden, oder für bestimmte hitzebeständige Anwendungen
	1E	Warmgewalzt, wärmebehandelt, mechanisch entzundert	Zunderfrei	Die Art der mechanischen Entzunderung, z. B. Rohschleifen oder Strahlen, hängt von der Stahlsorte und der Erzeugnisform ab und bleibt, wenn nicht anders vereinbart, dem Hersteller überlassen

	1D	Warmgewalzt, wärmebehandelt, gebeizt	Zunderfrei üblicher Standard für die meisten Stahlsorten, um gute Korrosionsbeständigkeit sicherzustellen; auch übliche Ausführung für Weiterverarbeitung	Schleifspuren dürfen vorhanden sein; nicht so glatt wie 2D oder 2B

Tab. 3: Oberflächenausführungen für warmgewalzte Flachprodukte von nichtrostenden Stählen; vereinfachte Übersicht als Auszug aus EN 10088-2 und EN 10088-3

	Kurzzeichen	Ausführungsart	Oberflächenbeschaffenheit	Bemerkungen
Kaltgewalzt	2H	Kaltverfestigt	Blank	Zur Erzielung höherer Festigkeitsstufen kalt umgeformt
	2C	Kaltgewalzt, wärmebehandelt, nicht entzundert	Glatt, mit Zunder von der Wärmebehandlung	Geeignet für Teile, die anschließend entzundert oder bearbeitet werden oder für bestimmte hitzebeständige Anwendungen
	2E	Kaltgewalzt, wärmebehandelt, mechanisch entzundert	Rau und stumpf	Üblicherweise angewendet für Stähle mit sehr beizbeständigem Zunder; kann nachfolgend gebeizt werden
	2D	Kaltgewalzt, wärmebehandelt, gebeizt	Glatt	Ausführung für gute Umformbarkeit, aber nicht so glatt wie 2B oder 2R
	2B	Kaltgewalzt, wärmebehandelt, gebeizt, kalt nachgewalzt	Glatt als 2D	Häufigste Ausführung für die meisten Stahlsorten, um gute Korrosionsbeständigkeit, Glattheit und Ebenheit sicherzustellen; auch übliche Ausführung für Weiterverarbeitung; Nachwalzen kann durch Streckrichten erfolgen

	Kurzzeichen	Ausführungsart	Oberflächenbeschaffenheit	Bemerkungen
	2R	Kaltgewalzt, blankgeglüht	Glatt, blank, reflektierend	Glatter und blanker als 2B; auch übliche Ausführung für Weiterverarbeitung
	2Q	Kaltgewalzt, gehärtet und angelassen, zunderfrei	Zunderfrei	Entweder unter Schutzgas gehärtet und angelassen oder nach der Wärmebehandlung entzundert

Tab. 4: Oberflächenausführungen für kaltgewalzte Flachprodukte von nichtrostenden Stählen; vereinfachte Übersicht als Auszug aus EN 10088-2 und EN 10088-3

	Kurzzeichen	Ausführungsart	Oberflächenbeschaffenheit	Bemerkungen
Sonderlieferausführungen	1G	Geschliffen	Beschaffenheiten können variieren und müssen im Einzelfall zwischen Hersteller und Verbraucher vereinbart werden	Zur Erzielung höherer Festigkeit; Schleifpulver oder Oberflächenrauheit kann festgelegt werden; gleichgerichtete Textur, nicht sehr reflektierend; Stufen kalt umgeformt
	1J oder 2J	Gebürstet oder mattpoliert	Glatter als geschliffen; vgl. 1G	Bürstenart oder Polierband oder Oberflächenrauheit kann festgelegt werden; gleichgerichtete Textur, nicht sehr reflektierend
	1K oder 2K	Seidenmattpoliert	Beschaffenheiten können variieren und müssen im Einzelfall zwischen Hersteller und Verbraucher vereinbart werden	Zusätzliche besondere Anforderungen an eine „J“-Ausführung, um eine angemessene Korrosionsbeständigkeit für See- und architektonische Außenanwendungen zu erzielen; Quer Ra < 0,5 µm in sauber geschliffener Ausführung
	1P oder 2P	Blankpoliert	Beschaffenheiten können variieren und müssen im Ein-	Mechanisches Polieren; Verfahren oder Oberflächenrauheit kann fest-

			zelfall zwischen Hersteller und Verbraucher vereinbart werden	gelegt werden; ungerichtete Ausführung, reflektierend mit hohem Grad von Bildklarheit
	2F	Kaltgewalzt, wärmebehandelt, gebeizt, kalt nachgewalzt mit aufgerauten Walzen	Gleichförmige nicht reflektierende matte Oberfläche	Wärmebehandlung in Form von Blankglühen oder Glühen und Beizen
	1 M oder 2M	Gemustert	Design ist zwischen Lieferanten und Kunde zu vereinbaren, Rückseite/ zweite Seite der Oberfläche glatt	Tränenblech, Riffelblech für Böden; ausgezeichnete Texturausführung hauptsächlich für architektonische Anwendungen
	2W	Gewellt	Design ist zwischen Lieferanten und Kunde zu vereinbaren	Verwendet zur Erhöhung der Festigkeit und/ oder für verschönernde Effekte
	2L	Eingefärbt	Farbe ist zu vereinbaren	
	1S oder 2S	Mit Überzug		Mit Überzug: z. B. Zinn, Aluminium

Tab. 5: Oberflächenausführungen für Sonderausführungen von nichtrostenden Stählen; vereinfachte Übersicht als Auszug aus EN 10088-2 und EN 10088-3

Die klassische Herstellung von Flachprodukten erfolgt durch Erschmelzen und Vergießen im Strang mit anschließendem Ablängen in Brammen, welche bei hohen Temperaturen zu Warmband ausgewalzt werden. Auf der Oberfläche des Warmbandes bildet sich durch die sauerstoffhaltige Atmosphäre eine fest anhaftende Zunderschicht (Oberfläche 1U), die nach dem Walzen durch Strahlen und Beizen abgetragen wird. Die so erzeugte Oberfläche 1D ist metallisch blank, weist aber geringfügige Oberflächenfehler und eine vergleichsweise hohe Rauheit auf.

Für Fertigteile mit hohen Oberflächenanforderungen ist diese Oberfläche in der Regel nicht geeignet. Auch eine abrasive Nachbearbeitung, beispielsweise durch Schleifen der Oberfläche zur Erzielung einer besseren Güte ist aufgrund der hohen Rauheit des Bandes mit hohem Aufwand verbunden. Für die Anwendung im Apparatebau, wo das Aussehen meist nur eine untergeordnete Rolle spielt, ist die Anwendung von warmgewalzten Blechen in der Ausführung 1D üblich.

Werden warmgewalzte und entzunderte Bänder weiterführend einem Kaltwalzen unterzogen, wird eine Oberfläche nach dem Verfahren 2H erzeugt. Die so erzeugte Oberfläche ist deutlich glatter im Vergleich zum Verfahren 1D. Gleichzeitig erfolgt infolge des Kaltwalzens eine Steigerung der Festigkeit, sodass so gefertigte Bänder in Bereichen mit erhöhter Anforderung an die Zugfestigkeit eingesetzt werden.

Ist die Steigerung der Zugfestigkeit beispielsweise für mechanische Weiterverarbeitung ungewünscht, so kann auf die Ausführung 2D zurückgegriffen werden. Hierbei erfolgt im Nachgang an das Kaltwalzen eine Glühung in einem Durchlaufofen unter Schutzgas mit anschließendem Beizen. In beiden Fällen besteht die Möglichkeit, dass durch Dressieren (leichtes Nachwalzen) die Planheit und die Oberflächengüte des Bandes verbessert wird. Die gebeizte Ausführung 2B stellt somit eine rauere Oberfläche dar (siehe Abbildung 1). Dem gegenüber steht die Ausführung 2R mit einer spiegelartigen Oberfläche (siehe Abbildung 2). Die glänzend glatte Oberfläche des Zustands 2R wird vorwiegend für Bleche und Bänder bis max. 3,5 mm Dicke und Ziehprodukte angewendet. Für großflächige Anwendungen ist diese Ausführung in der Regel aufgrund der starken Reflexionsverzerrung weniger gut geeignet. Hier ist der diffus glänzende, seidenmatte Zustand 2B zu bevorzugen, der wegen seiner Oberflächenfeingestalt auch besser als 2R zum Tiefziehen geeignet ist. Da beide Ausführungsarten aber weitgehend frei von sichtbaren Oberflächenfehlern sind, eignen sie sich grundsätzlich gut für dekorative Anwendungen als auch für Umformzwecke.

In der konventionellen Blechverarbeitung finden am häufigsten Oberflächen der Ausführung 2B, 2R aber auch 2C Anwendung, da diese durch die erfolgte Wärmebehandlung nach dem Kaltwalzen in einen optimalen Gefügezustand gebracht werden, was gute Umformeigenschaften zur Folge hat. Für Umformverfahren wie das Tiefziehen, bei denen eine gute Schmiermittelhaftung an der Oberfläche erforderlich ist, ermöglicht die Ausführung 2B bessere Ziehergebnisse aufgrund der raueren Oberfläche.

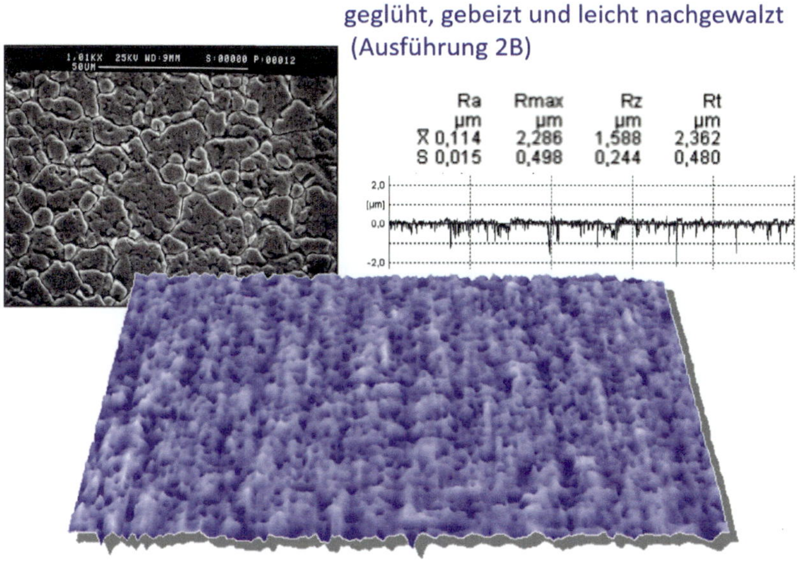

Abb. 1: Oberflächenausführung: 2B / geglüht, gebeizt und leicht nachgewalzt – Erscheinungsbild anhand von REM-Aufnahme, Oberflächentopografie und typisches Rauheitsprofil

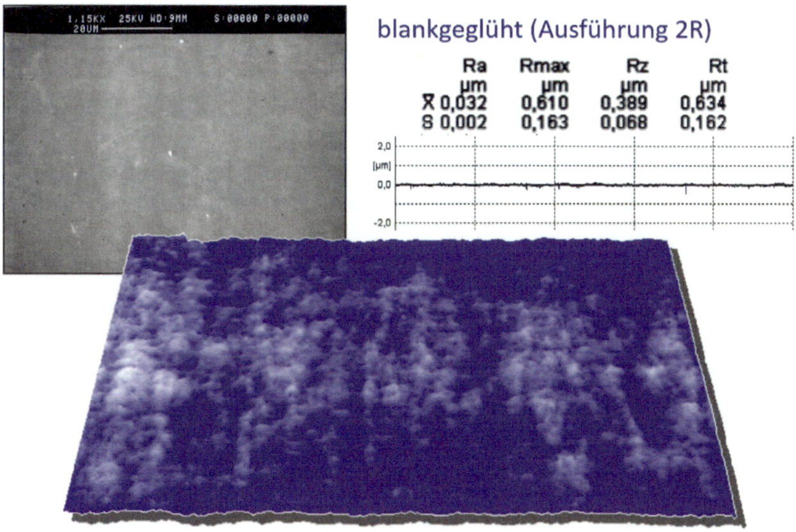

Abb. 2: Oberflächenausführung: 2R / blankgeglüht – Erscheinungsbild anhand von REM-Aufnahme, Oberflächentopografie und typisches Rauheitsprofil

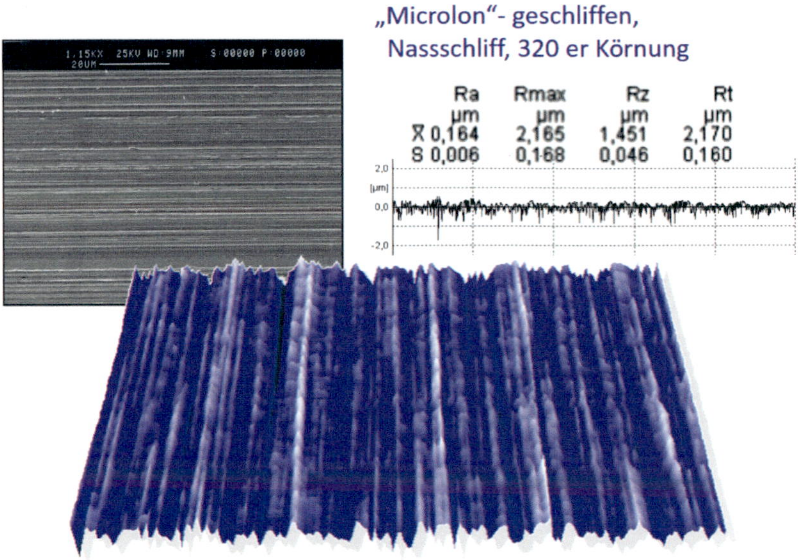

Abb. 3: Oberflächenausführung: Geschliffen mit 320er Körnung – Erscheinungsbild anhand von REM-Aufnahme, Oberflächentopografie und typisches Rauheitsprofil

Eine weitere sehr häufig vorkommende Oberflächenausführung bei rostfreien Edelstählen stellen geschliffene Oberflächen dar (siehe Abbildung 3). Als Ausgangsoberfläche für geschliffene Oberflächen dient üblicherweise die Oberflächenausführung 2B. Schleifstrukturen können je nach Ausführung ein unterschiedliches Erscheinungsbild aufweisen und finden aus diesem Grund beispielsweise in der Architektur, bei Haushaltswaren oder anderen Konsumgütern Anwendung. Dabei gibt es ein breites Spektrum an Ausführungen, das sich je nach Verwendungszweck und gewünschtem Erscheinungsbild von grob bis fein und über unterschiedliche Kombinationsmöglichkeiten, beispielsweise durch mehrstufiges Schleifen oder in Verbindung mit Bürsten einteilen lässt. Aus diesem Grund ist beim geschliffenen Zustand G eine Schliffbeschreibung, z. B. „Korn 180" oder „Korn 320“, allein je nach technischen Anforderungen nicht ausreichend. Zweckmäßiger ist eine Lieferung nach vorheriger Bemusterung. Für größere Abnahmemengen ist es empfehlenswert, auch eine mögliche Veränderung des Schliffbildes infolge der Standzeit des Schleifmittels (z. B. Standzeit des Schleifbandes) zu berücksichtigen. Ein Ölschliff zeigt generell eine glänzendere und dabei weniger verschmutzungsanfällige Oberfläche als ein Trockenschliff. Für die Weiterverarbeitung durch Umformen gilt zu beachten, dass bei stärker umgeformten Oberflächen der Materialfluss sich auch sichtbar auf die Schleifstruktur auswirkt. So wird diese im Bereich von starker Umformung deutlich verändert, wodurch ein inhomogenes Erscheinungsbild der Oberfläche entsteht. Der Einsatz von Blechen mit entsprechender Orientierung ist somit normalerweise nur für solche Teile sinnvoll, die bei der Weiterverarbeitung keiner bzw. nur einer geringen Umformung unterzogen werden.

Der polierte Zustand P wird meist beim Weiterverarbeiter ausgeführt. Neben dem mechanischen Polieren kommt das elektrolytische Polieren (Elektropolieren) in Betracht, dem aufgrund seiner besonderen Bedeutung ein eigenes Kapitel in diesem Buch gewidmet ist. Sowohl die durch mechanisches Polieren als auch durch Elektropolieren hergestellten Oberflächen können einen sehr hohen Glanzgrad mit nur leichter Reflexionsverzerrungen bewirken. Dabei gilt zu beachten, dass die technischen Eigenschaften von polierten Oberflächen signifikante Unterschiede zu elektropolierten Oberflächen aufweisen.

Oberflächen der Ausführung 2L werden meist durch elektrolytisches Färben erzeugt. Beim elektrolytischen Färben bilden sich durch elektrochemische Behandlung auf der Oberfläche durchsichtige, bis 0,3 mm dicke Filme, an denen durch Lichtinterferenz Farbeffekte – je nach Dicke der Schicht von Blau, Gold, Rot bis Grün – entstehen. Diese Farben sind gegen UV-Strahlung unempfindlich, vollständig lichtecht und gegenüber atmosphärischen Einflüssen sehr beständig. Bei höheren Temperaturen, wie sie beim Löten oder Schweißen auftreten, wird diese Schicht örtlich zerstört. Eine weitere Methode stellt die Behandlung mit Natriumdichromat dar, wodurch eine matte Schwarzfärbung der Oberfläche des nichtrostenden Stahls erzielt wird. Ein besonders breites Spektrum an Farben und Eigenschaften bieten zudem mittels Sol-Gel-Verfahren aufgebrachte keramische Schichten. Wenngleich diese Verfahren in der Regel bei Fertigteilen angewendet werden, bieten sie auch die Möglichkeit zur Färbung von Flachprodukten, wobei so erzeugte Schichten ein hohes Maß an Verschleiß- und Korrosionsbeständigkeit ermöglichen.

Die Gruppe mit Überzug 1S und 2S umfasst verschiedene Arten von Beschichtungen. Die direkte Bandbeschichtung erfolgt in Form eines Standardverfahrens häufig direkt beim Stahlhersteller, wobei die Grundierung und die darauf aufbauende Deckschicht in der Bandbeschichtungsanlage durch Walzen auf das Band im Durchlauf aufgebracht werden. Je nach Anforderung und Aufbau der Beschichtung kann eine unterschiedliche Anzahl an Schichten aufgebracht und in einem Konvektionsofen ausgehärtet werden. Unterschiedliche Anforderungen an die Beschichtungen können beispielsweise durch die Anwendung in Straßentunneln oder Umgebungen mit hoher Luftfeuchtigkeit entstehen. Zu beachten ist, dass durch den Farbauftrag allein gegenüber dem Grundwerkstoff die Korrosionsbeständigkeit nicht erhöht wird.

4.2.3 Oberflächenschutz und -verfahren beim Umformen von nichtrostendem Kaltband

Um insbesondere hochglänzende Oberflächenausführungen nach dem Verfahren 2R oder beispielsweise geschliffene Oberflächen auch bei einer Weiterverarbeitung in entsprechend hoher Qualität zu erhalten, werden Bänder bzw. Zuschnitte in vielen Fällen mit Folien beklebt oder mit Lack bestrichen. Die Anwendung von Schutzfolien überwiegt dabei bei klassischem Flachmaterial deutlich. Findet ein weiterführender Umformprozess statt, so muss der Einfluss auf den Umformprozess mitberücksichtigt werden. Die Anforderungen an die verwendete Schutzfolie lassen sich wie nachfolgend zusammenfassen:

- Sie soll während des Umformvorganges fest auf dem Werkstück haften
- Im Gegensatz dazu soll sie sich nach der Umformung bzw. der Verarbeitung leicht ablösen lassen
- Es dürfen nach dem Ablösen der Folie keine Rückstände am Bauteil verbleiben
- Es dürfen keine Rückstände am Werkzeug bleiben
- Je nach Anwendung sollen auch mehrere Umformvorgänge hintereinander durchgeführt werden können, ohne dass es zwischendurch zur Ablösung kommt oder eine neue Schutzfolie aufgezogen werden muss
- Eine möglichst große UV- und Alterungsbeständigkeit muss gewährleistet werden, da die Folien in der Regel nach der Verarbeitung am Bauteil bis zur Endmontage verbleiben

Die zum Teil gegensätzlichen Forderungen müssen für die jeweiligen Verwendungszwecke gegeneinander abgewogen werden. Dies betrifft insbesondere die unterschiedlichen Anforderungen des Anhaftungsverhalten der Folie am Bauteil.

Da in jedem Fall durch Beschichten oder Bekleben bei der Umformung eine Trennung von Werkzeug zum Werkstück erfolgt, liegt in den meisten Fällen auch eine Veränderung des Reibbeiwertes vor. Daraus resultiert auch eine Beeinflussung des Stoffflussverhaltens bei Umformprozessen, was berücksichtigt werden muss. Hier ist zu beachten, dass die Reibung auf der beschichteten bzw. beklebten Seite meist geringer ist als auf der nur mit Gleitmittel versehenen Metalloberfläche.

Je nachdem auf welcher Seite bei Umformoperationen, beispielsweise dem Tiefziehen, die Folie vorliegt, wirkt sich die Beeinflussung des Reibbeiwertes unterschiedlich auf den Umformprozess aus. Ist die Folie des umzuformenden Bleches dem Ziehring zugewandt, so kann dort aufgrund des niedrigeren Reibbeiwertes das Nachließen des Werkstoffes besser erfolgen. Hierdurch können im Vergleich zum Ziehen ohne Beschichtung wesentlich größere Zuschnitte durchgezogen werden, sodass sich ein größeres Grenzziehverhältnis erreichen lässt. Gleichzeitig ist aber auch beim Durchziehen größerer Zuschnitte mit erhöhter Neigung zur Faltenbildung zu rechnen. Dieser Erscheinung kann aber durch eine geeignete Einstellung der Presse wirksam begegnet werden.

Ist die Folie dem Stempel zugewandt, wird der am Stempel anliegende Bereich der Zarge stärker gestreckt/abgestreckt, sodass höhere Näpfe bei gleichzeitiger Wanddickenreduzierung aus gleichem Rondenquerschnitt gezogen werden können. Die stattfindende Wanddickenreduktion führt allerdings auch zum frühen Einschnüren und Abreißen des Bleches. Aus diesem Grund werden bei stempelseitiger Beschichtung geringere Grenzziehverhältnisse realisiert. Dennoch erfolgt in vielen Fällen die Durchführung der Umformprozesse mit der Zuwendung der folierten Blechseite zum Stempel hin. Grund dafür ist, dass die Innenseite bei solchen Umformprozessen häufig die dem Produkt zugewandte Seite oder Sichtfläche ist, z. B. bei Spülbecken. Somit kann eine aufwendige Nachbearbeitung der Oberfläche vermieden werden, welche infolge Ziehriefen oder Oberflächenbeschädigungen durch das Werkzeug nötig würde.

Durch den gezielten Einsatz von Blechwerkstoffen mit einer höheren Neigung zur Verfestigung kann dem frühzeitigem Abreißen bei größerem Abstecken entgegengewirkt werden. Somit lassen sich größere Kräfte übertragen, bevor es zum Reißen des Bleches kommt. Die stärkere Verfestigung findet aber auch im Umformbereich zwischen Stempel und Niederhalter statt, sodass für den Materialfluss hier größere Kräfte benötigt werden. Der Einfluss der Legierungsbestandteile auf die Austenitstabilität und die Martensitbildung in Kombination mit der vorliegenden Temperatur kann hierbei ausgenutzt werden, um ein gewünschtes Verfestigungsverhalten zu erzielen.

4.2.4 Oberflächenbeschreibung und Oberflächencharakterisierung

Je nach angewendetem Bearbeitungsverfahren bzw. je nach Prozessparameter können die technischen Eigenschaften und das Aussehen unterschiedlich sein. Neben konventionellen Rauheitswerten kann dies insbesondere für sensible Anwendungen, beispielsweise bei der Herstellung und Lagerung von pharmazeutischen Produkten, in der chemischen Industrie oder auch in der Lebensmitteltechnik ein Einfluss auf die Produkteigenschaften haben. Da sich beispielsweise das Anhaftungsverhalten von Mikroorganismen bzw. das Reinigungsverhalten bei Edelstahloberflächen über die Oberflächentopografie, die Rauheit und die oberflächennahe Gefügestruktur beeinflussen lässt, sollen Anwender in den oben genannten Bereichen ein besonderes Augenmerk auf die erzielte Oberfläche legen. Grundsätzlich gilt, dass es bei metallischen Oberflächen fast immer zu Wechselwirkungen mit der Umgebung kommt. Diese Interaktion wird den Werkstoff und der finalen Oberflächenbearbeitung auch von dem gesamten Herstellprozess eines Bauteils beeinflusst. Abbildung 4 zeigt schematisch, dass bei einer zu starken mechanischen Bearbeitung, die Wirktiefe der Beeinflussung im Grundwerkstoff auch durch einen finalen Elektropolierprozess nicht vollumfänglich abgetragen werden kann. Dies kann weiterhin zu einer ungewünschten Beeinflussung der Korrosionsbeständigkeit oder der Anhaftungseigenschaften von Medien führen.

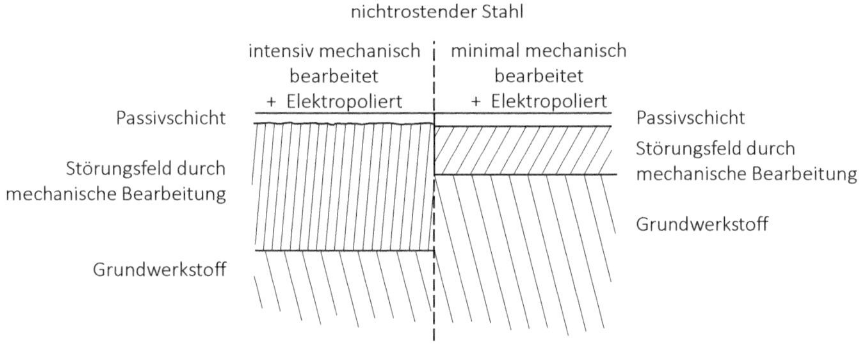

Abb. 4: Schematische Darstellung zur Beeinflussung des oberflächennahen Bereiches nach unterschiedlicher mechanischer Bearbeitung und anschließendem Elektropolieren

Neben den Anforderungen an die Materialauswahl und das anzuwendende Verfahren für die abschließende Oberflächenbehandlung steht die erzielte Oberflächenrauheit häufig im Vordergrund. Zusätzlich zu den entsprechenden Anforderungen an die Gleichmäßigkeit gibt es in der Regel Kundenvorgaben mit Werten für die Oberflächenrauheit oder das optische Erscheinungsbild der Oberfläche. In diesem Zusammenhang ist die EU-Maschinenrichtlinie zu nennen, die den Herstellern von sensiblen Bereichen die Möglichkeit zur Reinigung von Bauteilen und Anlagen vorschreibt. Hier wird eine maximale Oberflächenrauheit Ra = 0,8 µm von produktführenden Oberflächen als reinigungsgerechte Ausführung vorgegeben. Für pharmazeutische Produkte gibt es in Abhängigkeit von der Sterilklasse weitere Abstufungen für produktführende Oberflächen. [1,2]

Für die Charakterisierung der Oberflächen von nichtrostenden Stählen ist es üblich, die Oberflächenbeschaffenheit durch Rauheitswerte wie Ra oder Rz nach ISO 21920 zu beschreiben. Bei sensiblen industriellen Anwendungen zur Herstellung pharmazeutischer Produkte oder im Bereich der Lebensmittelindustrie wird die mechanische Oberflächenbehandlung häufig durch Elektropolieren ergänzt. Das Elektropolieren ist das einzige Verfahren, bei dem ein oberflächennahes Volumen relativ gleichmäßig abgetragen wird, ohne dass das darunterliegende Gefüge mechanisch verändert/geschädigt wird. Das Elektropolieren führt zudem dazu, dass die bei einer vorangegangenen mechanischen Bearbeitung erfolgte Gefügeschädigung in der sogenannten Beilby-Schicht beseitigt wird. Dies ist allerdings nur möglich, wenn schonend vorgearbeitet wurde und die Dicke und Intensität des beeinflussten oberflächennahen Gefüges nicht zu stark ausgeprägt sind. Im Zusammenhang mit der Reinigbarkeit von Oberflächen werden in der Literatur viele weitere Einflussfaktoren diskutiert. Neben der Oberflächenrauhheit haben das oberflächennahe Gefüge bzw. die Verformung des Materials bei der mechanischen Oberflächenbearbeitung und damit auch die Oberflächenenergie einen Einfluss auf die vorhandene Haftkraft für Fremdstoffe. Derartige Effekte sollten im Einzelfall geprüft werden und werden mittlerweile im Apparate- und Behälterbau für hochsensible Anwendungen bei der Ausführung der finalen Oberflächenbearbeitung berücksichtigt. Im Ergebnis können damit Anhaftungen von Fremdstoffen vermindert werden und die Geräte lassen sich besser reinigen. [2,3]

Das übliche Verfahren zur messtechnischen Erfassung der Oberflächenqualität/-topografie an mechanisch bearbeiteten Bauteilen ist die Bestimmung der Oberflächenrauheit. Das kann konventionell mittels Tastschnittverfahren nach DIN EN ISO 3274 anhand von zweidimensional erfassten Rauheitswerten erfolgen (beispielsweise: arithmetischer Mittenrauwert R_a, Rautiefe R_z, maximale Rautiefe R_{max} bzw. R_t nach DIN EN ISO 21920). Hierbei wird die Oberflächenstruktur mithilfe eines definierten Tasters linienförmig abgefahren. Anhand des so erfassten Primärprofils können die genormten Rauheitswerte meist vollautomatisch ermittelt werden. Hierzu wird das Signal der realen Auslenkung des Messkopfs aufgezeigt und mittels Messverstärker und standardisierter Berechnung weiterverarbeitet. Das Ziel dieses Vorgehens besteht darin, die Welligkeit einer Oberfläche von der Rauheit zu trennen und somit vergleichbare Kennwerte zwischen unterschiedlichen Messungen an unterschiedlichen Bauteilen zu realisieren. Das so gefilterte Rauheitsprofil R, ist die Rauheit mit herausgefilterter Welligkeit für eine Oberfläche.

Neben dieser klassischen und robusten Methode des Tastschnittverfahrens sind heute auch optische Verfahren Stand der Technik in der Bestimmung der Oberflächenrauheit. Hier kommen unterschiedliche Messprinzipien zur Anwendung. Die Verfahren und die Vorgehensweise sind in der Normungsreihe DIN EN ISO 25178 detailliert beschrieben. Als Messverfahren werden dort beispielsweise berührungslose Geräte auf Grundlage mit chromatischer konfokaler Sonde, mit Weißlicht-Interferometer, mit Fokusvariation, mit konfokal Mikroskopie oder mit phasenverschiebenden interferometrischen Mikroskopen behandelt. Die damit erfassten Rauheitswerte sind nach ISO 25178 als flächenbezogene Rauheitswerte definiert und an dem führendem Buchstaben S gegenüber dem führenden R zu erkennen (beispielsweise: arithmetische Mittel der Topographiehöhe S_a).

In der praktischen Anwendung gilt zu beachten, dass im Fall einer Vorzugsrichtung der Bearbeitung die klassischen Tastschnittmessungen häufig quer zur Schleif- bzw. Bearbeitungsrichtung durchgeführt werden. Wird an derselben Oberfläche ein Flächenrauheitswert ermittelt, welcher als integraler Wert der vermessenen Oberfläche verstanden werden kann, so kann der ermittelte R_a-Wert nicht mit dem ermittelten S_a-Wert direkt verglichen werden. Infolge der hohen Verbreitung und der Akzeptanz der linienförmig erfassten Rauheitswerte werden in vielen Fällen bei erfolgter Flächenrauheitswertmessung auch Werte für die linienförmigen Rauheitswerte berechnet und ausgegeben.

Neben der klassischen Rauheit wird für viele Anwendungen auch die Bestimmung des Glanzes der erzeugten Oberfläche bei Flachprodukten, aber auch bei Fertigprodukten aus nichtrostendem Stahl herangezogen.

Dieser wird mithilfe der Reflexionsmessung von Licht bestimmt, bei dem das reflektierte Licht eines unter einem definierten Einfallswinkel einfallenden Lichtstrahles gemessen und mit einem „idealisierten" Spiegel als Primärstandard verglichen wird. Je rauer die Oberfläche ist, desto diffuser wird der Lichtstrahl reflektiert. Dabei verringert sich die mit einer Photozelle gemessene Lichtintensität. Bei der Glanzmessung mit einem Einstrahlwinkel von 20° nach DIN EN ISO 2813 mit einem bedampften Aluminium-Spiegel als Primärstandard werden bei Oberflächen nach Verfahren 2B-Werte von ca. 20 bis 30 % erzielt. Bei nach dem Verfahren 2R gefertigten Oberflächen werden Werte von circa 35 bis 50 % erzielt.

Ein weiteres Verfahren ist die Bestimmung der Spiegelschärfe. Bei diesem Verfahren wird in Anlehnung an das deutsche Schulnotensystem die Kontur eines sich spiegelnden Schriftbildes bewertet. Da es sich hierbei, ähnlich wie bei der Bestimmung des Graugrades, um ein subjektives Bestimmungsverfahren handelt, sollte dieses nur als Hilfsmessgröße zur Bewertung von Oberflächen bzw. zur Qualitätskontrolle herangezogen werden. Insbesondere bei ferritischen Stahlsorten ist die Bewertung der Rilligkeit von Bedeutung. Auch diese wird in Form einer subjektiven Bewertung durchgeführt.

Um mögliche Verfärbungen oder auch die Ausprägung von Anlauffarben oder Zunder zu bewerten, bieten Farbmesssysteme die Möglichkeit zur objektiven Beurteilung. Farbige Oberflächen können sich beispielsweise durch Schweißen oder allgemein hohe Temperaturbelastungen ohne eine ausreichende Abschirmung gegen Sauerstoff in der Atmosphäre ergeben. Die Färbung ergibt sich dabei infolge der Interferenzerscheinung und hängt direkt mit der Schichtdicke der erzeugten Oxidschicht zusammen (vgl. Tabelle 6). Da diese sehr dünne Schicht lichtdurchlässig ist und der einfallende Lichtstrahl teilweise erst durch die darunterliegende Oberfläche reflektiert wird, kommt es zur Überlagerung der reflektierten Lichtstrahlen. Die aus den reflektierten Teilen überlagern sich dabei mit einem Gangunterschied, der sich aus dem längeren Weg des einen Strahls und dem Phasensprung von $\lambda/2$ (λ=Wellenlänge des Lichtes) des anderen bei der Reflexion am dichteren Medium zusammensetzt. Durch diese Überlagerung werden entsprechende Farbanteile des Lichtes ausgelöscht, sodass die Zusammensetzung (Komplementärfarben) des Rest-Lichtes durch das menschliche Auge bzw. durch ein Messgerät erfasst wird.

Oxidfärbung	Oxidschichtdicke (bezogen auf Ta_2O_5)
Braungrau (Ral 7013)	> 275 nm
Farblos	175 ... 275 nm
Lichtblau (Ral 5012)	125 ... 175 nm
Kobaltblau (Ral 5013)	100 ... 125 nm
Braunrot (Ral 3011)	75 ... 100 nm
Goldgelb (Ral 1004)	50 ... 75 nm
Chromgelb (Ral 1007)	25 ... nm

Tab. 6: Farben einer Stahloberfläche in Abhängigkeit der Oxidschichtdicke (nach Ruge) [4]

4.3 Oberflächenbearbeitung bei nichtrostenden Stählen

Neben den oben beschriebenen Unterschieden der gängigen Lieferformate, nimmt auch die Weiterverarbeitung der Oberfläche einen erheblichen Einfluss auf die erzielten Eigenschaften von Produkten aus rostfreien Stählen. Aufgrund der Verbreitung wird nachfolgend insbesondere auf die Bearbeitung mit geometrisch unbestimmter Schneide und den damit erzeugten Oberflächen eingegangen.

Die Bearbeitung von nichtrostenden Stählen mit geometrisch unbestimmter Schneide in Form von Schleifen, Bürsten oder Strahlen wird häufig als finale Oberflächenbearbeitung eingesetzt, um eine homogene, aber auch optisch und haptisch ansprechende Oberfläche zu erzielen. Hinzu kommt, dass Schleifen insbesondere für Schweißkonstruktionen beispielsweise im Anlagenbau oft das einzige mechanische Verfahren zur Nachbearbeitung von Fügestellen darstellt, um produktionsbedingte Oberflächenverunreinigungen zu entfernen. Als Produktionsrückstände, welche bei rostfreien Edelstählen zu entfernen sind, gehören insbesondere Zunder, Anlauffarben, Strahlpartikel, aber auch lokaler Abrieb von Werkzeugen, Stanz- und Ziehfette bzw. Öle und andere an der Oberfläche anhaftende Verunreinigungen, die den Aufbau einer stabilen Passivschicht verhindern und zu lokalen Spalteffekten führen können.

Wie bei allen anderen Be- bzw. Verarbeitungsverfahren gilt auch für die Anwendung von Prozessen mit geometrisch unbestimmter Schneide, dass eine strikte Trennung von Werkzeugen sowie Schleif- und Strahlmitteln zwischen konventionellen niedrig legierten Stählen und nichtrostenden Stählen eingehalten werden muss. Wird beispielsweise Strahlgut sowohl für die Bearbeitung von niedrig legiertem Stahl als auch von Edelstahl eingesetzt, wird die Korrosionsbeständigkeit der Edelstahloberfläche nachhaltig gestört. Ebenfalls ist sicherzustellen, dass die eingesetzten Strahl- und Schleifmittel eisenfrei bzw. eisenoxidfrei sind und somit durch den Hersteller für die Verarbeitung von rostfreien Stählen freigegeben sind.

4.3.1 Schleifen, Bürsten und Polieren von rostfreien Stählen

Beim Schleifen, Bürsten und Polieren von nichtrostenden Edelstählen gilt es, die unterschiedlichen mechanischen Eigenschaften sowie die unterschiedliche Wärmeleitfähigkeit von austenitischen, ferritischen, martensitischen und ferritisch-austenitischen Stählen zu berücksichtigen. Die Wärmeleitfähigkeit von Austenit ist gegenüber Ferrit um ca. ein Drittel geringer, was die Abfuhr der entstehenden Wärme behindert und somit die Gefahr von Anlauffarben oder Verwerfungen erhöht. Unterschiede in der Bruchdehnung, Zähigkeit und Festigkeit der Werkstoffe führen auch zu unterschiedlichem Verhalten bei der mechanischen Bearbeitung. Auf der anderen Seite bieten die Werkzeuge bzw. Abrasivstoffe insbesondere beim Schleifen eine hohe Variationsmöglichkeit.

Die Oberflächenbearbeitung durch Schleifen, Bürsten oder Polieren kann mit Maschinen oder Einrichtungen erfolgen, die auch für alle anderen metallischen Werkstoffe eingesetzt werden können. Hierbei müssen jedoch die spezifischen Eigenschaften berücksichtigt werden. Werden nichtrostende Stähle mit höherer Festigkeit bearbeitet, so wirkt sich dies in Form eines höheren Verschleißwiderstandes bei der Bearbeitung aus, was insbesondere bei martensitischen Stählen der Fall ist. Für austenitische Güten gilt insbesondere die geringe Wärmeleitfähigkeit sowie der höhere Wärmeausdehnungskoeffizient zu berücksichtigen. Dies kann bei höheren Anpresskräften oder hohen Schleifgeschwindigkeiten zu ungewünschten Verwerfungen führen.

Grundsätzlich gilt, dass für die Be- und Verarbeitung von nichtrostenden Stählen nur Schleif- und Poliermittel angewendet werden, die von den Herstellern für diese Werkstoffgruppe freigegeben sind. Auch dürfen Werkzeuge zum Bearbeiten von nichtrostenden Stählen nicht im Wechsel zwischen konventionellen Werkstoffen, z. B. Schwarzstahl, und nichtrostenden Stählen genutzt werden. Eine Bearbeitung von unlegierten Stählen und nichtrostenden Stählen auf denselben Anlagen oder mit denselben Werkzeugen führt zum Übertrag von Schleifstaub und somit zur ungewünschten Fremdrostbildung bei den Oberflächen der nichtrostenden Stähle. Da entsprechende Überträge beispielsweise auch durch Hebezeuge oder auch durch Übertrag von Schleifstaub über die Luft erfolgen können, empfiehlt sich nach Möglichkeit eine generelle Trennung der Schleif- und Polierarbeiten zwischen un- oder niedrig legierten Stählen und nichtrostenden Stählen.

Arbeitsfolge	Anwendungsbereich	emfpohlenes Schleifmittel	Körnung
1. Schrupp-schleifen	Lokales Vorpräparieren von rauen Schweißnähten oder Kanten, nur für sehr grobe Arbeiten; Nacharbeit der Oberflächen im nächsten Arbeitsschritt mit 60er Korn empfohlen	vorzugsweise Schleifscheiben in Hartgummi oder mit Kunstharzbindung	24 / 36
2. Vorschleifen	Anfangsoperation an der Bauteiloberfläche, meist bei dicken Blechen, warmgewalzten Blechen oder bei relativ glatten Schweißnähten	a) Schleifscheibe in Hartgummi oder Kunstharzbindung b) Pließtscheibe c) Schleifband, sofern die Zugänglichkeit gegeben ist	in der Regel 60er Körnung, in Ausnahmefällen auch 36er Körnung in Kombination mit zweiten Schliff mit 60er Körnung
3. Fertigschleifen	Anfangsoperation bei kaltgewalzten Blechen oder Bändern	a) Pließtscheibe b) Schleifband, sofern die Zugänglichkeit gegeben ist	80 / 100
4. Feinschleifen	Schleifvorgang zum Erzielen einer homogenen verhältnismäßig feinen Oberfläche	a) Pließtscheibe b) Schleifband, sofern die Zugänglichkeit gegeben ist	120 / 280
4.1 Feinschleifen	Vorbereitungsmaßnahmen für das Herstellen von polierten Oberflächen	a) Pließtscheibe b) Schleifband, sofern die Zugänglichkeit gegeben ist	120 / 180 / 240 / 280, in der Regel erfolgt die Ausführung in mindestens zwei Zwischenschritten
5. Bürsten	Herstellen einer matten Oberfläche (Seidenglanz). Durch Bürsten wirkt die Oberfläche "satiniert". Einfluss von Prozessparametern wirken sich stark auf das optische Erscheinungsbild aus	div. Anwendungsspezifische Fasern / Materialien	verschiedene Bürstpasten, je nach gewünschter Oberflächengüte
6. Polieren	Fertigoperation für das Herstellen normal polierter Oberflächen im Anschluss an das Feinschleifen oder Vorbereitungsoperation für das Erzeugen einer hochglanzpolierten Oberfläche; feine Schleifriefen sind noch sichtbar	Polierscheibe	Poliermittel für nichtrostende Stähle in fester, flüssiger bzw. pastöser Form
7. Hoch-glanzpolieren	Fertigoperation für das Herstellen einer hochglanzpolierten Oberfläche; optisch eine riefenfreie spiegelblanke Oberfläche	Polierscheibe	Poliermittel für nichtrostende Stähle in fester, flüssiger bzw. pastöser Form

Tab. 7: Beispiel zur möglichen Arbeitsfolge für das Schleifen, Bürsten und Polieren zur Erzielung von unterschiedlichen finalen Oberflächenausführungen

Die konventionelle Oberflächenbearbeitung durch Schleifen, Bürsten und Polieren erfolgt über mehrere Arbeitsschritte, um eine homogene Oberfläche mit den gewünschten Eigenschaften zu erzeugen und gleichzeitig eine mögliche Beeinflussung durch Walz- oder Umformprozesse auf die Oberflächengüte zu minimieren. Über einen möglichen Ablauf der einzelnen

Arbeitsschritte gibt Tabelle 7 eine Übersicht. Die angegebenen Werte sind dabei nur als Richtwerte anzusehen, da eine technisch und wirtschaftlich sinnvolle Auswahl der Fertigungsschritte auch von den verfügbaren Maschinen und Schleifmitteln, den finalen Oberflächenanforderungen oder auch der vorliegenden Stahlsorte sowie deren Ausgangsoberfläche abhängt.

Bei der maschinellen Bearbeitung gilt darauf zu achten, dass die angewendete Schleifrichtung nach Möglichkeit stets parallel zum vorhergehenden Bearbeitungsschritt gewählt wird. Erfolgt die Weiterverarbeitung mit einer geringen bzw. undefinierten Abweichung der Bearbeitungsrichtung, steigt die Gefahr von unerwünschten Verwerfungen stark an und die erzeugte Oberflächengüte ist deutlich ungleichmäßiger. Alternativ dazu kann ein gezielter Kreuzschliff mit einzelnen Arbeitsschritten, jeweils im 90°-Winkel zueinander, durchgeführt werden. Durch Anwendung eines Kreuzschliffes ergibt sich eine möglichst homogene Oberfläche. Hierzu ist die Wahl der angewendeten Körnung des Schleifmittels sowie die Anzahl der nötigen Arbeitsschritte anzupassen.

Im Rahmen der konventionellen Bearbeitung beim Schleifen erfolgt die Orientierung der erzielten Oberfläche primär an der eingesetzten Körnung. Um allerdings durch den finalen Bearbeitungsschritt mittels Schleifen eine homogene Oberfläche mit der gewünschten Rauheit oder dem gewünschten optischen Erscheinungsbild zu erzeugen, sind in vielen Fällen mehrere Schleifschritte erforderlich. Klassisch erfolgt die Erzeugung der gewünschten Oberfläche beim Schleifen durch ein abgestuftes Vorgehen mit unterschiedlicher Körnung, beispielsweise 80 – 120 … 240 und ggf. 320 bzw. 400. Die Festlegung der finalen Körnung ergibt sich vorwiegend aus optischen Gesichtspunkten. Für einzelne Anwendungen, beispielsweise in der chemischen Industrie oder im Anlagenbau für die Herstellung pharmazeutischer Produkte wird die anzuwendende Körnung auch durch spezifische Normen und Vorgaben und passend für die nachgeschalteten Oberflächenbearbeitungsverfahren (beispielsweise Elektropolieren) festgelegt.

Die Bearbeitung von nichtrostenden Stählen kann als Trockenschliff und unter Zuhilfenahme von Kühlschmierstoffen erfolgen. Diese können sowohl der Kühlung während der Bearbeitung als auch der Beeinflussung der Spanbildung und somit der erzeugten Oberfläche dienen. Insbesondere bei automatisierten industriellen Prozessen kann durch die Wahl des Kühlschmierstoffes auch eine Beeinflussung des optischen Erscheinungsbildes, aber auch der Wirtschaftlichkeit des Verfahrens im Einzelfall erzielt werden. Während bei sehr kurzer und somit meist wirtschaftlicher Schleifdauer die unterschiedlichen Arten von Kühlschmiermedien bezogen auf die erzielte Oberflächenrauheit stark differenzieren, nimmt deren Unterschied bei zunehmender Bearbeitungszeit ab, siehe Abbildung 5.

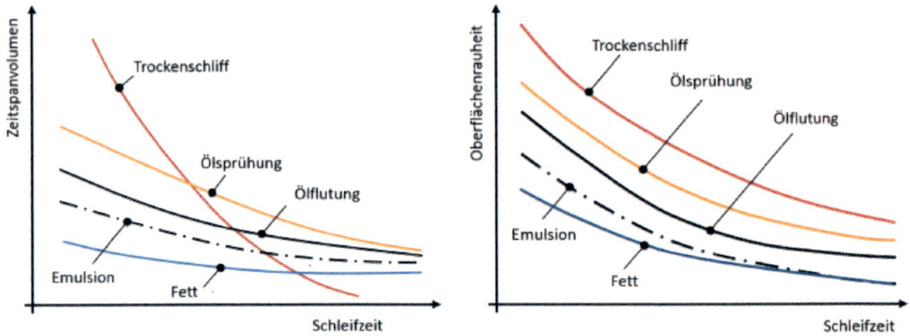

Abb. 5: Schematische Darstellung der Beeinflussung der Oberflächenrauheit durch unterschiedliche Kühlschmierstoffarten [5]

Für die Bearbeitung durch Schleifen, Bürsten oder Polieren von nichtrostenden Stählen sind nachfolgende Hinweise zu beachten:

- Das Werkstück sollte möglichst kalt gehalten werden. Durch lokale Erhöhung der Anpresskraft oder der Schleifgeschwindigkeit kann es zum örtlichen Überhitzen und damit zum Verziehen des Werkstückes und zur Bildung von Anlauffarben kommen
- Beim Wechseln der Schleifkorngröße müssen Werkzeug und Werkstück ordentlich gereinigt werden, sodass kein Übertrag (Verschleppen) von gröberem Korn aus dem vorherigen Arbeitsschritt erfolgt
- Beim Schleifen ist die Schleifrichtung möglichst parallel oder gezielt als Kreuzschliff zu wählen. Nach Möglichkeit sind die Schleifrichtungen für die gesamte Oberfläche gleich zu wählen
- Das gröbste Schleifkorn, mit dem sich die gewünschte Oberflächengüte erzielen lässt, erfordert den geringsten Bearbeitungsaufwand und ist somit am wirtschaftlichsten
- Schleif- und Poliermittel, mit denen vorher andere Metalle, insbesondere un- und niedriglegierte Stahlsorten bearbeitet wurden, dürfen nicht weiter für nichtrostende Oberflächen genutzt werden

Aufgrund der hohen Oberflächenanforderungen seitens der blechverarbeitenden Industrie sowie der Kunden erfolgt die Herstellung von Halbfabrikaten mit nichtrostenden Oberflächen in der Regel mit einer sehr hohen Güte bei nur sehr geringen Schwankungen im erzeugten optischen Erscheinungsbild oder der Oberflächentopografie. Das Ziel besteht darin, dass durch den Endverarbeiter keine Nachbearbeitung, allenfalls nur noch ein letztes Oberflächenfinish, notwendig ist. Um den damit verbundenen Kostenvorteil zu ermöglichen, sollte bei der Weiterverarbeitung besonders Wert auf einen möglichst schonenden Umgang mit den Blechen bzw. den Oberflächen gelegt werden.

Im Rahmen der industriellen Oberflächenbearbeitung, die nach Möglichkeit direkt am Coil oder an Blechtafeln erfolgt, wird vorwiegend Bandschleifen als besonders wirtschaftliches Verfahren eingesetzt. Der Abrasivstoff ist mittels Binder auf einem Schleifband, meist bestehend aus einem textilen Gewebe, aufgebracht. Um eine effiziente Bearbeitung zu erzielen, wird nach Möglichkeit direkt vom Coil über mehrere hintereinandergeschaltete Schleifmaschinen der gewünschte finale Oberflächenzustand erreicht und anschließend mit Schutzfolie versehen und wieder als Coil aufgewickelt.

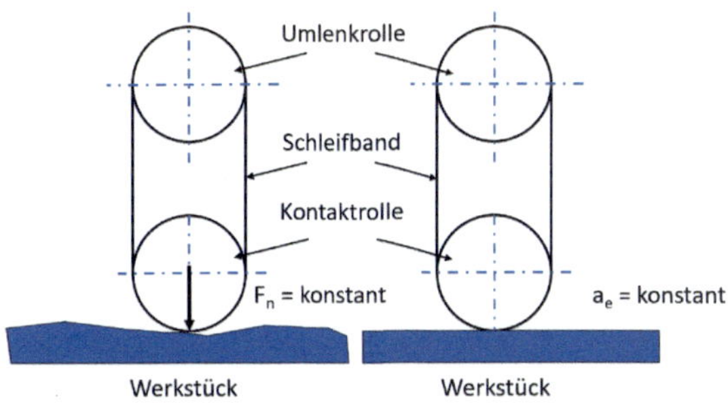

Abb. 6: Unterteilung der Arbeitsweisen beim Bandschleifen; links: Schleifen mit konstanter Anpresskraft; rechts: Schleifen mit konstanter Zustellung [6]

Wie Abbildung 6 schematisch zeigt, kann das Verfahren grundsätzlich sowohl kraftgesteuert, mit konstanter Anpresskraft, als auch mit konstanter Zustellung, angewendet werden. Für die kraftgesteuerte Bearbeitung hängt die Zustellung von der Anpresskraft und somit auch von der ursprünglich vorliegenden Werkzeugtopografie ab. Das Werkzeug folgt somit der Werkstückoberfläche. Beim Schleifen mit konstanter Zustellung wird durch das Schleifen primär eine gewünschte Maßgenauigkeit erzielt. Die vorliegende Anpresskraft kann sich somit über den Prozess verändern und die Oberflächeneigenschaften beeinflussen.

Das ist insbesondere von Bedeutung, da beim Bandschliff über die Schleifzeit der Verschleiß am Schleifband auch eine Veränderung der erzeugten Oberflächenrauheit bewirken kann. Hintergrund ist, dass mit wachsender Normalkraft auch ein Anstieg des Zeitspanungsvolumens vorliegt, da das wirkende Korn tiefer in das Material eindringt. Somit resultiert daraus eine Zunahme der Oberflächenrauheit. Über die Nutzungsdauer des Bandes fällt aber bei konstanter Normalkraft das Zeitspanvolumen degressiv ab, da immer weniger schneidfähige Körner im Eingriff sind. Dies liegt daran, dass anfänglich die im Eingriff befindlichen Schneidkörner noch viele scharfe Kanten aufweisen. Über die Nutzungsdauer nimmt die Anzahl der optimal schneidfähigen Körner ab, sodass die Oberflächenrauheit des bearbeiteten Bleches über die Schleifzeit infolge von zunehmendem Verschleiß des Schleifbandes abnimmt. Um eine möglichst gleichbleibende Oberflächenqualität über einen Produktionsprozess zu erzielen, empfiehlt es sich somit, eine gezielte Kombination aus kraft- und weggesteuertem Prozess vorzunehmen. Hierzu zeigt Abbildung 7 den schematischen Verlauf von Zerspanungsvolumen und erzeugtem Mittenrauwert beim Schleifen mittels Schleifbands bei einer längeren Nutzungsdauer. Der idealisierte Verlauf kann durch eine gezielte Anpassung der Prozessparameter zumindest für begrenzte Zeit erreicht werden. Eine weitere Steigerung der Standzeit ist in Verbindung mit darauf optimierten Schleifbändern (z. B. durch Nutzung von sogenanntem Multikorn) möglich.

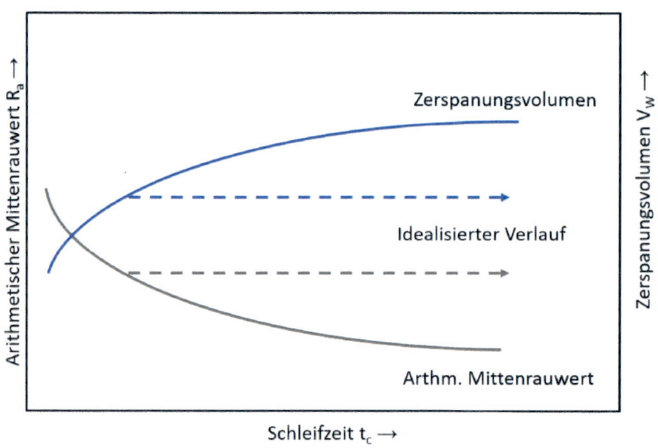

Abb. 7: Realer und idealisierter Verlauf von erzeugtem Mittenrauwert und Zerspanungsvolumen beim Bandschleifen über eine längere Anwendungsdauer des Schleifbandes [6]

Die am Markt verfügbaren Schleifmittel unterscheiden sich neben der Korngröße insbesondere anhand des Kornwerkstoffes, dem verwendeten Binder und der Porigkeit und für Schleifbänder insbesondere auch nach dem Trägermaterial. Neben den wirtschaftlichen Gesichtspunkten spielt bei der Auswahl die gewünschte Standzeit, das erzielbare Zeitspanvolumen und das anzuwendende Schleifverfahren eine wichtige Rolle. Im Gegensatz zur Auswahl der Schleifmittel für das Schleifen von Coils und Blechen spielt der Verschleiß und die Abnutzung des Korns und somit die Veränderung des optischen Erscheinungsbildes über die Standzeit des Schleifmittels für die Anwendung in der manuellen Oberflächenbearbeitung nur eine untergeordnete Rolle. Bei der manuellen Tätigkeit kann diesem Einfluss durch den Werker im Einzelfall entgegengewirkt werden. Ergänzend hierzu kann durch eine finale Nachbearbeitung mittels Schleifvlies diesem Effekt begegnet werden.

Als gängige Abrasivstoffe werden Aluminiumoxid, Siliziumkarbid und Zirkonoxid für die Bearbeitung von rostfreien Stählen angewendet. Zirkonoxid zeichnet sich insbesondere durch eine hohe Standzeit bei einer Körnung bis zu 120 aus. Für höhere Körnungen und feinere Oberflächenausführungen weisen Aluminiumoxid und Siliziumkarbid bessere Eigenschaften auf.

Die Abrasivstoffe können in verschiedener Form zur Anwendung kommen: als Schleifband oder auch aufgebracht auf flexiblen Tüchern zum Polieren. Die Art des vorliegenden Trägermaterials wirkt sich auf die Leistung und die Abtragsrate aus, es sollte auf die Körnung, den Binder und den Kornwerkstoff abgestimmt sein. Durch eine Anpassung des Trägermaterials kann ebenfalls die Wärmeabfuhr verbessert werden, wodurch die Lebensdauer des Bandes und die Abtragsrate positiv beeinflusst werden können.

Je nach Anwendung und Geometrie des zu bearbeitenden Werkstückes kommen zudem Sonderformen zur Anwendung. Dabei handelt es sich beispielsweise um Schleifvlies, Fächerscheiben oder andere Formen von Trägermedien, die den Abrasivstoff gezielt in Kontakt mit der Bauteiloberfläche bringen.

4.3.2 Schleif- und Poliermittel

Eine metallisch reine Oberfläche ist eine unabdingbare Voraussetzung für die Korrosionsbeständigkeit von nichtrostenden Stählen. Aus diesem Grund ist bei der finalen mechanischen Oberflächenbearbeitung eine besonders hohe Sorgfalt gefordert.

Beim Schleifen von nichtrostenden Stählen kommen überwiegend künstliche Schleifmittel zum Einsatz, da hiermit die Forderungen nach Güte und Gleichmäßigkeit erfüllt werden können. Zu den beiden am häufigsten eingesetzten Schleifmitteln gehören Aluminiumoxid (Korund bzw. Al_2O_3) und Siliziumkarbid (SiC). Hochharte Schleifkornwerkstoffe wie kubisches Bornitrid (CBN) oder (synthetischer) Diamant stellen beim Schleifen von nichtrostenden Stählen eher die Ausnahme dar. Diese Kornwerkstoffe zeichnen sich insbesondere durch eine deutlich höhere Härte bei ausreichender Zähigkeit aus, was für die Oberflächenbearbeitung bei den meisten rostfreien Stählen allerdings nicht erforderlich ist.

Aluminiumoxid bzw. Korund wird vorwiegend für langspanende Werkstoffe mit höherer Zugfestigkeit eingesetzt, während Siliziumkarbid effizient für die Bearbeitung von kurzspanenden Werkstoffen eingesetzt wird. Daher wird beim Schleifen von nichtrostenden Stählen vorwiegend Al_2O_3 als Schleifmittel verwendet.

Korund als kristallines Aluminiumoxid Al_2O_3 existiert sowohl als natürlicher und als synthetischer Kornwerkstoff. Der natürliche Korund besteht aus makrokristallinem Aluminiumoxid mit einem Al_2O_3-Gehalt von 80 bis 95 %. Als zusätzliche Komponente kann dieser allerdings noch in geringen Mengen Fe_2O_3 beinhalten, was dessen Anwendung für rostfreie Stähle ausschließt. Synthetisch hergestellter Korund ist in unterschiedlichen Sorten verfügbar. Je nach Herstellverfahren wird zwischen Schmelz- bzw. Elektrokorund und Sinterkorund unterschieden. Elektrokorund kann je nach Reinheitsgrad zwischen Edel-, Halbedel- und Normalkorund unterteilt werden. Neben Sonderformen wie Einkristall- und Zirkonkorund werden des Weiteren Sinterbauxit- und Sol-Gel-Korunde eingesetzt.

Siliziumkarbid SiC wird ebenfalls synthetisch hergestellt und besitzt unabhängig von der Kristallorientierung den konventionellen Schleifmitteln die höchste Härte.

Im direkten Vergleich zwischen Siliziumkarbid und Korund weist Siliziumkarbid eine deutlich bessere Wärmeleitfähigkeit auf, was zu einer deutlich besseren Temperaturverteilung und somit geringeren Temperaturspannungen im Korn führt. Auch zeichnet sich Siliziumkarbid durch einen geringeren Wärmeausdehnungskoeffizienten aus, was mit einer besseren Temperaturbeständigkeit im Bearbeitungsprozess gegenüber Korund gleichzusetzen ist. Wie Abbildung 8 schematisch zeigt, nimmt die Kornzähigkeit sowohl bei Siliziumkarbid als auch bei Normalkorund mit steigender

Korngröße bzw. sinkender Körnung ab. Bei kleinerer Korngröße weist Siliziumkarbid tendenziell eine höhere Kornzähigkeit auf.

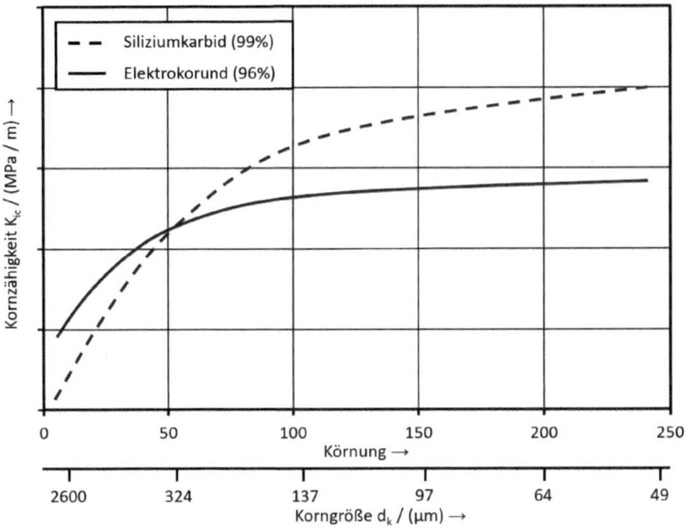

Abb. 8: Zähigkeit von Al_2O_3 und SiC in Abhängigkeit von der vorliegenden Korngröße nach Klocke [6]

Die einzelnen Faktoren wie Härte, Wärmeleitfähigkeit und Wärmeausdehnungskoeffizient und Kornzähigkeit werden bei Schleifwerkzeugen darüber hinaus durch das Zusammenspiel von Bindemittel und Porosität erweitert. Ebenfalls zu beachten ist der Einfluss eines möglichen Kühl-Schmierstoffes bei der Bearbeitung. Je nach Anlagentechnik und Verfahren kann sowohl trocken als auch nass geschliffen werden. Neben der Einflussnahme auf die Oberflächentemperatur wirkt sich der Kühl-Schmierstoff auch auf den Mechanismus der Spanbildung und in weiterer Folge auf das optische Erscheinungsbild der Oberfläche aus. Beispielsweise für dekorative Anwendungen kann durch die Variation von Trocken- und Nassschliff ein unterschiedliches Schliffbild erzeugt werden. Die einzelnen Faktoren zeigen, dass bei der Gestaltung eines technisch stabilen und ökonomisch sinnvollen Schleifprozesses eine Vielzahl von Einflussfaktoren berücksichtigt werden müssen. Werden Änderungen- oder Verbesserungen eines bestehenden Prozesses angestrebt, ist eine strukturierte bzw. systematische Vorgehensweise bei der Variation der Parameter anzuwenden.

Das Polieren, das zur Herstellung von hochglänzenden Oberflächen ohne visuell erkennbare Schleifriefen verwendet wird, nutzt Poliersuspensionen, die zwischen Werkzeug und Werkstück eingebracht werden. Diese Suspensionen, in der Regel auf Wasser-Basis, beinhalten feinkörnige Abrasivpartikel, die bei metallischen Werkstoffen meist aus Tonerde bzw. Korund Al_2O_3, kolloidalem Siliziumdioxid (SiO_2), Chromoxid (Cr_2O_3) oder auch Diamant bestehen. Die Auswahl erfolgt in der Regel je nach Anwendung und gewünschter Oberfläche, beispielsweise ob die Oberfläche optisch hochglänzend oder seidenmatt wirken soll. Für die Bearbeitung von nichtrostenden Stählen kommen vorwiegend Tonerde und Siliziumoxid zur Anwendung. Zur finalen Feinstpolitur von Oberflächen wird sehr feines, weiches Polierpulver, meist als Mischung aus Calcium- und Magnesiumoxid („Wiener Kalk") verwendet.

Die Polierflüssigkeit kann unterschiedliche Aufgaben erfüllen. Neben der Aufnahme der Abrasivpartikel können zudem chemische Reaktionen beeinflusst und die auftretende Wärme durch die Bearbeitung reguliert werden. Eine weitere Aufgabe besteht in der Minderung der Adhäsion zwischen Werkstück und Abrasivstoff. Durch die Reibung könnte im trockenen Zustand ein Aufbrechen der Oberfläche mit einer rauen und ungleichmäßigen Oberfläche entstehen. Dies wird durch die Polierflüssigkeit vermieden.

Um ein einwandfreies Polierergebnis zu erzielen, müssen beim Wechsel der Partikelgröße zwischen den Prozessschritten Werkstück und Werkzeug unbedingt gereinigt werden, sodass ein Verschleppen von gröberen Abrasivpartikeln hin zur nächsten Prozessstufe verhindert wird.

In diesem Zusammenhang stellt das Bürsten eine Sonderform dar. Das Bürsten von Oberflächen wird im Maschinen- und Anlagenbau vorwiegend zum Entgraten von Kanten, beispielsweise nach Stanzprozessen, verwendet. Das Verfahren zeichnet sich dadurch aus, dass ein bürstenförmiger Schleifmittelträger eingesetzt wird. Im Rahmen der Oberflächenbearbeitung von rostfreien Stählen wird Bürsten aber auch häufig eingesetzt, um spezifische optische oder haptische Eigenschaften der Oberfläche zu erzielen. Wie auch beim Schleifen und Polieren handelt es sich dabei um eine Methode zur finalen Oberflächenbearbeitung, wobei unter dem Begriff des Bürstens von einem Verfahren zur Auf- bzw. Einbringung einer Textur in die Oberfläche ausgegangen wird. Bei der Oberflächenbearbeitung von nichtrostenden Stählen wird das Bürsten häufig angewendet, um ein satiniertes Erscheinungsbild der zuvor geschliffenen Oberflächen zu erzeugen. Häufig findet dies somit in Form einer kombinierten Bearbeitung, bestehend aus Schleif- und Bürstvorgängen statt. Infolge der wirkenden Kraft und der Beanspruchung der Oberfläche wird vermehrt von einem Verschieben und weniger von einem Abschneiden bzw. Abschleifen der Oberfläche gesprochen. Der abrasive Effekt auf die Oberfläche des rostfreien Stahls ist dabei sehr gering. Bei den Bürstwerkzeugen handelt es sich häufig um Polymerschäume oder -textilien, die mit Abrasivpartikeln bzw. Fasern imprägniert sind. Die Einteilung erfolgt dabei in der Regel nicht nach der Körnung des Abrasivstoffes, sondern nach herstellspezifischen Abstufungen. Für ausgesuchte Anwendungen kommen auch metallische Bürsten zur Anwendung.

4.4 Strahlen von rostfreien Stählen

Eine weitere Möglichkeit zur Erzeugung von dekorativen und funktionalen Oberflächen ist das Strahlen. Während Strahlen bei dynamisch hochbelasteten Bauteilen häufig zur Erhöhung der Dauerschwingfestigkeit angewendet wird, ist der Nutzen im Zusammenhang mit dem Korrosionsschutz auf das Abtragen von Verunreinigungen und unerwünschten Oxidationsprodukten zurückzuführen. Die damit erzeugten Oberflächen unterliegen in der Regel keiner Richtungsorientierung und zeichnen sich durch eine meist vergleichsweise raue, aber metallisch blanke Oberfläche aus.

Bei nichtrostenden Stählen ist von maßgeblicher Bedeutung, dass das Strahlmittel eisenoxidfrei ist und auch nur sortenrein, also jeweils nur für die Bearbeitung von nichtrostendem Stahl angewendet wird. In diesem Zusammenhang gilt zu beachten, dass das Strahlmedium nach Möglichkeit nicht für unterschiedliche Güten von nichtrostenden Stählen genutzt wird.

Als Strahlgut kommen metallische Strahlmittel und nichtmetallische Strahlmittel zur Anwendung. Je nach Strahlmedium und Geometrie ergibt sich hieraus eine unterschiedliche Beeinflussung der Oberfläche.

In der praktischen Anwendung kann zwischen Kugelstrahlen, Glasperlenstrahlen und Sandstrahlen differenziert werden. Beim Kugelstrahlen haben die Abrasivkörper eine sphärische Geometrie, wodurch sich hauptsächlich eine plastische Verformung der Oberfläche bzw. des oberflächennahen Grundmaterials ergibt. Das Glasperlenstrahlen stellt eine Sonderform des Kugelstrahlens dar, bei dem sphärische Glaskörper anstelle von metallischen Kugeln zur Oberflächenbearbeitung eingesetzt werden. Vorliegende Verunreinigungen werden abgetragen bzw. mit möglichen Oberflächendefekten überlagert. Die spanabhebende Wirkung von Kugelstrahlen ist grundsätzlich zu vernachlässigen. Durch die lokale Erhöhung der Druckeigenspannung ergibt sich allerdings eine Steigerung der Lebensdauer von Bauteilen gegenüber dynamischen Belastungen. Je nach Ausführung gilt zu beachten, dass durch lokale Oberflächeneffekte die Korrosionsbeständigkeit beeinflusst werden kann, da kleinste Zunderpartikel in die Oberfläche eingearbeitet werden können und lokale Mikrospalte bzw. Überlappungen an der Oberfläche begünstigt werden. Eine so erzeugte Oberfläche kann zwar ein optisch einwandfreies Erscheinungsbild haben, unter Einfluss von korrosiver Belastung aber dennoch verstärkt zu Lochfraß neigen.

Das Sandstrahlen unterscheidet sich mitunter durch die Geometrie des Strahlmittels vom Kugelstrahlen, wodurch sich aus der eingetragenen Energie ein signifikant höherer abrasiver Anteil gegenüber der plastischen Deformation an der Bauteiloberfläche ergibt.

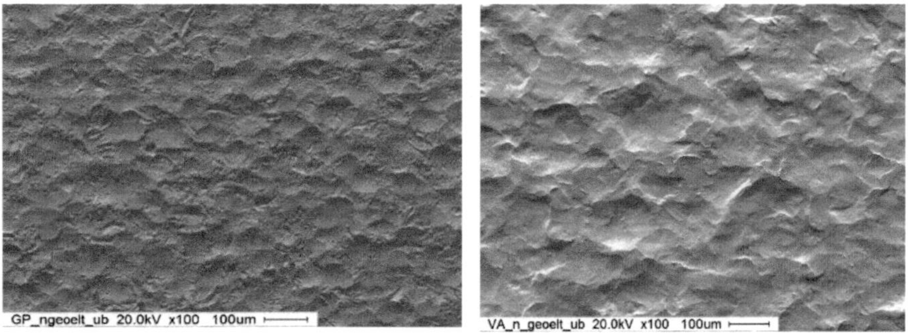

Abb. 9: Vergleich der erzeugten Oberflächen anhand von REM-Aufnahmen; Werkstoff 1.4301, jeweils mit gleichen Prozessparametern, aber unterschiedlichem Strahlmedium bearbeitet; links: Oberfläche gestrahlt mit Glasperlen; rechts: Oberfläche gestrahlt mit Kugeln aus rostfreiem austenitischem Stahl

Die beim Strahlen erzielte Oberfläche und insbesondere die Rautiefe hängen stark von den Strahlbedingungen, dem Strahlmedium und dem Grundwerkstoff ab. Als entscheidende Eigenschaften sind neben dem Strahldruck die Härte bzw. der E-Modul des Strahlmediums, der Winkel und die Dauer der Bearbeitung sowie der Kugel- bzw. der Partikeldurchmesser zu nennen. Abbildung 9 zeigt zwei REM-Aufnahmen von Oberflächen des Werkstoffes 1.4301. Beide Oberflächen wurden mit vergleichbaren Prozessparametern, aber unterschiedlichem Strahlmedium bearbeitet. Wie zu erkennen ist, unterscheidet sich die erzeugte Topografie. Auch wenn die Oberflächenrauheit mit Ra ≈ 0,3 µm (Glasperlengestrahlt) und Ra ≈ 0,4 µm (gestrahlt mit Kugeln aus austenitischem Stahl) vergleichbar ist, konnten signifikante Unterschiede in der Korrosionsbeständigkeit festgestellt werden. Das kritische Lochfraßpotenzial, erfasst nach ASTM G150, lag in diesem Fall bei der glasperlengestrahlten Oberfläche um 165 mV höher, was auf eine deutlich bessere Korrosionsbeständigkeit schließen lässt.

Bei längerer Bearbeitung ergibt sich bei gleichbleibenden Strahlbedingungen eine deutlich rauere Oberfläche, die aber in Bezug auf die Korrosionsbeständigkeit deutlich mehr Ungänzen aufweist. Hierzu zeigt nachfolgende Abbildung 10 exemplarisch den Einfluss von Strahldauer und Strahldruck auf die erzielte Rautiefe der gestrahlten Oberfläche. Zu beachten ist, dass insbesondere bei hohem Strahldruck und steigendem Korndurchmesser keine weitere Zunahme der Rautiefe mehr vorliegt. Dies ist darauf zurückzuführen, dass bei diesen Parametern eine sehr stark plastische Deformation der Oberfläche vorliegt. Diese plastische Deformation kann zu zahlreichen lokalen Verwerfungen und Mikrospalten an der Oberfläche führen, wodurch die Fähigkeit zur Bildung einer stabilen Passivschicht negativ beeinflusst und die Neigung zur Spaltkorrosion bzw. Lochfraß erhöht wird. Zudem kann es infolge der plastischen Deformation an der Bauteiloberfläche bei metastabilen austenitischen Werkstoffen, beispielsweise dem Werkstoff 1.4301, zur Bildung von Martensit kommen.

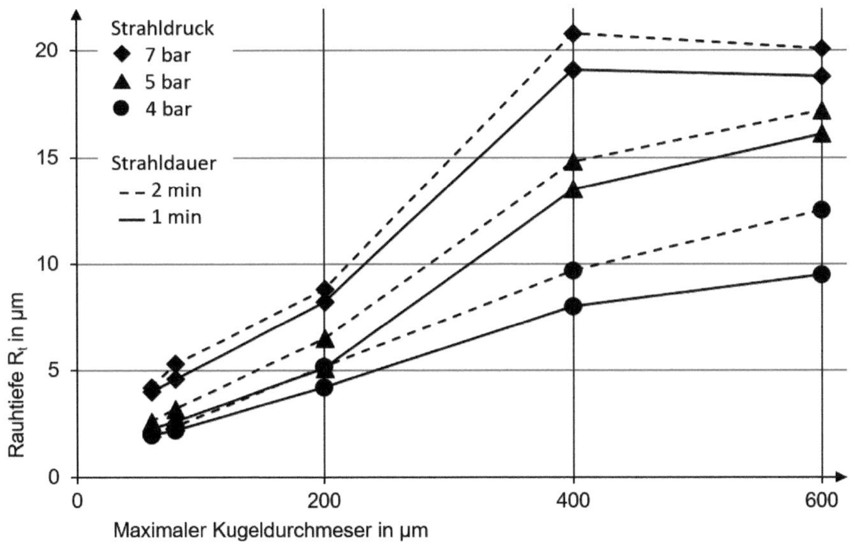

Abb. 10: Einfluss der Strahldauer und des Strahldruckes auf die erzielte Rautiefe [4]

4.5 Veränderung der Oberfläche durch die Verarbeitung

Eine Beeinflussung der Rauheit und der Topografie kann nicht nur durch die direkte Be- bzw. Verarbeitung der Oberfläche entstehen, sondern auch durch Umformprozesse. Dies kann eine unerwünschte Reduktion der Qualität in Form von Oberflächenfehlern mit sich bringen, welche aber in Ausprägung und Form je nach Werkstoff unterschiedlich sein können.

Ferritische rostfreie Stähle weisen nach dem Rekristallisationsglühen eine mehr oder weniger stark ausgeprägte Streckgrenze auf, was darauf zurückgeführt werden kann, dass im Gefüge gelöster Kohlenstoff, Versetzungsbewegungen blockiert. Nach Überschreiten der oberen Streckgrenze lösen sich in den am günstigsten orientierten Gleitsystemen die Versetzungen von den sie blockierenden Kohlenstoff-Atomen, und die weitere Verformung setzt sich auf dem Niveau der unteren Streckgrenze fort. Die Verformung im Bereich der Streckgrenze ist nicht homogen, sondern verläuft in Form eines schmalen Bereiches, der sogenannten Lüders-Dehnung bzw. dem Lüders-Band durch die Probe. In diesem Bereich raut die Probe auf und das optische Erscheinungsbild ändert sich meist von metallisch glänzend in metallisch matt. Die Zonen liegen in Schubspannungsrichtung, also unter 45° zur Zugrichtung. Durch die örtliche Verformung verfestig der Werkstoff in diesen Bereichen, sodass Nachbarbereiche in die weiteren Umformungen einbezogen werden. Die unterschiedlich verfestigten Zonen sind optisch an der Oberfläche zu erkennen und werden Fließkurven oder Lüderslinien genannt. Bei Umformungen an blanken Oberflächenausführungen, wie beispielsweise 2R, sind diese meist deutlich sichtbar und führen zu einer Beeinflussung des homogenen optischen Erscheinungsbildes.

Zur Vermeidung dieser störenden Erscheinung wird das Bandmaterial nach dem Glühen dressiert, wobei eine geringe Dickenabnahme von etwa 0,5 bis 8 % durch Walzen aufgebracht wird. In diesem Bereich der Dickenabnahme bilden sich noch keine erkennbaren Fließfiguren. Bei einer anschließenden Reckverformung entsteht eine einheitliche Oberflächenstruktur. Auch durch eine Stabilisierung mit Titan und/oder Niob kann diese Erscheinung gemildert werden.

Bei unstabilisierten ferritischen Chrom-Stählen zeigen sich neben den Fließfiguren noch weitere unerwünschte Oberflächenerscheinungen. Nach dem Glühen weist die Oberfläche von Kaltband ein mehr oder weniger ausgeprägt zeiliges Wellenprofil parallel zur Walzrichtung auf. Diese Erscheinung, die auch Rilligkeit genannt wird, tritt wegen einer plastischen Verformung des Materials in Richtung dieser Rillen auf. Das Resultat ist, dass dieser Effekt immer weiter verstärkt wird und darüber hinaus auch die sogenannte Zugrilligkeit entsteht. Es kann somit infolge der Umformung zu deutlich ausgeprägten Fließfiguren aufgrund des Fertigungsprozesses und der daraus resultierenden Textur im Werkstoff kommen.

Einen weiteren Effekt der Oberflächenveränderung bei der Umformung stellt die sogenannte Orangenhautbildung dar. Diese tritt insbesondere bei austenitischen Werkstoffen auf und ist stark von der vorliegenden Korngröße abhängig. Gefährdet sind Materialien mit verhältnismäßig groben Korn (vgl. Abbildung 11). Infolge der plastischen Umformung des Werkstoffes entstehen innerhalb eines Korns Gleitstufen, die sich bis an die Oberfläche hin fortsetzen. In der Oberfläche bilden die einzelnen Kristalle eine unebene Topografie, deren Ausprägung in einer vergleichbaren Größenordnung wie die der Korngröße liegt. Diese Erscheinung ist theoretisch bei allen Werkstoffen möglich, da ein direkter Zusammenhang zwischen Intensität und Korngröße besteht. In der Praxis sind aber nur die austenitischen Werkstoffe, gegebenenfalls auch stabilisierte ferritische Werkstoffe betroffen. Ein Grund hierfür ist beispielsweise, dass der Werkstoff 1.4016 durch seine vielen Chromkarbidausscheidungen kaum zur Grobkornbildung neigt.

Abb. 11: Oberfläche nach Umformung und durch Grobkorn aufgeraute Oberfläche (Orangenhaut) Werkstoff 1.4301

Alle diese Oberflächenerscheinungen sind also in gewissem Maß beeinflussbar, die möglichen Maßnahmen beinhalten aber zum Teil erhöhte Kosten bzw. Einschränkungen der Lieferspezifikationen sowie zusätzliche Fertigungsschritte. Es sollte daher in den jeweiligen Einzelfällen nach ökonomischen Gesichtspunkten entschieden werden, inwieweit Maßnahmen zur Beeinflussung von Oberflächenerscheinungen und Oberflächeneigenschaften notwendig sind.

4.6 Einfluss auf die Korrosionseigenschaften

So vielfältig die Anwendungsmöglichkeiten von nichtrostenden Stählen sind, so vielfältig sind auch die Möglichkeiten zur finalen Oberflächenausführung bei einem Endprodukt. Die häufig gängige Bewertung der Oberflächenausführung über eine Körnung des final angewendeten Schleifmittels oder über einen einzelnen Rauheitswert sind nicht ausreichend, um eine Oberfläche unmissverständlich zu beschreiben. Es existieren Vergleichswerte (Tab. 8), die als Anhaltswerte herangezogen werden können, um vorauszusagen, mit welchem Korn eines Schleifmittels welche Oberflächenrauheit möglicherweise erzielt werden kann. Allerdings hängt die erzielte Rauheit neben der Körnung auch von vielen weiteren Einflussfaktoren ab. Diese Einflussfaktoren, die neben den Prozess- und Maschinenparametern auch das Schleifmittel und den zu bearbeitenden Werkstoff beinhalten, wirken sich in weiterer Folge nicht nur auf die genormten Rauheitswerte, sondern in weiterer Folge auch auf die Mikrostruktur und somit auch die Beständigkeit der erzeugten Oberfläche aus.

Korn	Rq in µm	Ra in µm
80	2.02	1.80
120	1.47	1.32
150	1.20	1.06
180	0.86	0.76
240	0.43	0.38
320	0.36	0.30
500	0.20	0.18
600	0.15	0.13

Tab. 8: Vergleichstabelle zur Gegenüberstellung von Korngrößen beim Schleifen und Rauheitswerten als Näherungswerte

Die Schlussfolgerung, dass eine feinere Oberfläche grundsätzlich auch eine höhere Korrosionsbeständigkeit mit sich bringt, ist nicht allgemein bzw. nur begrenzt gültig. Nachfolgende Abbildung 12 nach Faller et al. [7] zeigt anhand unterschiedlich bearbeiteter Oberflächen, dass das erreichte Spaltkorrosionspotenzial nur bedingt mit der vorliegenden Oberflächenrauheit korreliert. Die Oberflächenrauheit allein ist somit als Parameter für die Beschreibung der Korrosionsbeständigkeit einer nichtrostenden Stahloberfläche unzureichend. Weitere Randparameter, z. B. Bearbeitungsparameter, Lagerungsbedingungen usw., haben ebenfalls einen Einfluss in diesem komplexen System und müssen mitberücksichtigt werden. Jegliche Imperfektionen in der Oberfläche und im oberflächennahen Gefüge können zu Störungen in der Passivschichtbildung und damit zu einer verringerten Korrosionsbeständigkeit führen. Wie bereits weiter oben ausgeführt wurde, nimmt auch das Gefüge im oberflächennahen Bereich, das durch jegliche mechanische Bearbeitung, aber insbesondere auch beim finalen Schleifen beeinflusst wird (Beilby-Schicht), einen Einfluss. Hierauf ist unter anderem auch der positive Einfluss der finalen Elektropolitur auf die Korrosionsbeständigkeit zurückzuführen, da beim Elektropolieren diese Schicht minimiert oder sogar beseitigt wird. Je weniger das oberflächennahe Gefüge bei der mechanischen Bearbeitung gestört wurde, umso besser lässt sich diese Beilby Schicht beim Elektropolieren abtragen.

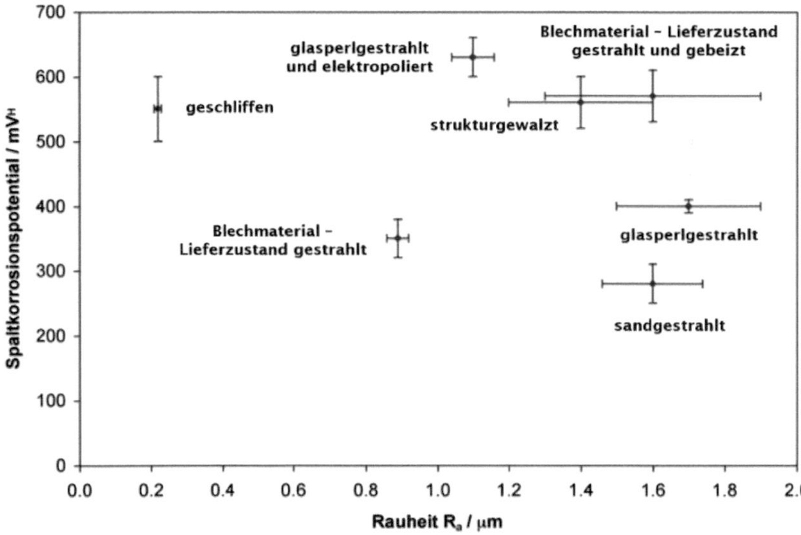

Abb. 12: Spaltkorrosionspotenziale gegen Oberflächenrauheit Ra von nichtrostenden Stahlproben (Werkstoff 1.4301/AISI 304) mit unterschiedlichen Oberflächen (Fehlerbalken stellen die Standardabweichung dar) nach Faller et al. [7]

Die Komplexität des Zusammenspiels der technischen Parameter wird bereits bei einer Übersicht des Lieferprogramms von sogenannten Edelstahl-Service-Centern ersichtlich. Service-Center haben sich auf die kundenspezifische Oberflächenbearbeitung von Bandmaterial spezialisiert. Durch die Kombination von Schleif- und Bürstprozessen können die Oberflächen nach Kundenwunsch erzeugt werden. Die Oberflächenbearbeitung erfolgt dabei teilweise direkt vom Coil, sodass große Flächen mit vergleichbarer Oberflächengüte erzeugt werden sollen. Die dafür eingesetzten Schleifbänder unterliegen einem intensiven Verschleiß, wodurch sich das erzeugte Schliffbild über die Standzeit des Schleifbandes verändert. Um diesem Effekt entgegenzuwirken, ist es beispielsweise erforderlich, die vorliegende Relativgeschwindigkeit zwischen Schleifband und Stahlband sowie die Anpresskraft kontinuierlich anzupassen. Einen ebenfalls erheblichen Einfluss hat die Anwendung von Kühlschmierstoffen. Untersuchungen der vorliegenden Oberflächenrauheit und der Korrosionsbeständigkeit von geschliffenem Bandmaterial aus nichtrostendem Stahl zeigten eine deutliche Abhängigkeit von der Abnutzung des angewendeten Schleifbandes, aber auch von dem angewendeten Schleifkorn. Als Abnahmekriterium für geschliffene Oberflächen wird meist das optische Erscheinungsbild oder die Oberflächenrauheit definiert. Weitere technische Anforderungen wie die erzielte Korrosionsbeständigkeit treten meist in den Hintergrund.

Wie sich die vorliegende Oberflächentopografie auf den Stromdichte-Potenzialverlauf auswirken kann, ist anhand von Abbildung 13 nach Faller et al. [7] zu erkennen. Während gestrahlte Oberflächen bereits einen sehr frühen und ungleichmäßigen Anstieg der Stromdichte aufweisen, weisen die Proben mit geschliffener, strukturgewalzter oder elektropolierter Oberfläche eine höhere Beständigkeit gegenüber Lochfraß auf.

Als Ursache hierzu kann mitunter die Beeinflussung der Topografie und der Morphologie in Abhängigkeit des eingesetzten Verfahrens gesehen werden. Während ein idealer Schleifprozess über mehrstufiges Schleifen mit steigender Körnung zu einem gleichmäßigen, linienförmigen Schliffbild führt, erfährt die Oberfläche beim Strahlen eine lokal stark plastische Deformation. Folge dieser Deformation können lokale Verwerfungen und Mikrospalte in der Oberfläche sein, die unter Einfluss von korrosiven Umgebungsbedingungen zu Spaltkorrosion bzw. zu Lochfraß bei rostfreien Stählen führen können. Die Gegenüberstellung des Querschliffes durch unterschiedliche erzeugte Oberflächen in Abbildung 14 illustriert diesen Effekt.

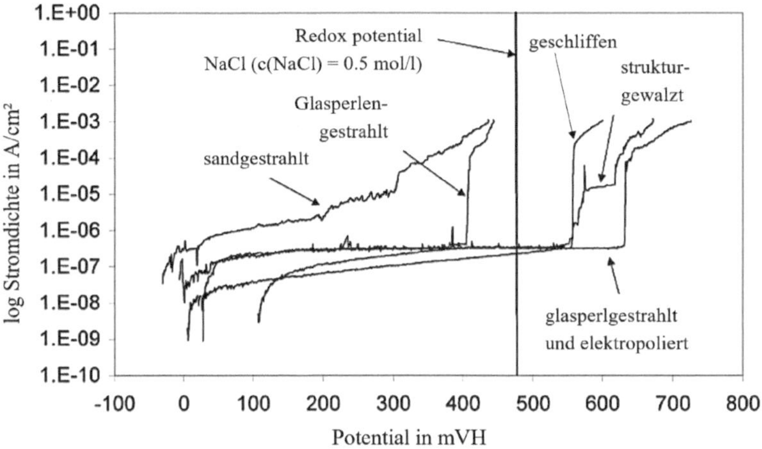

Abb. 13: Stromdichte-Potenzialverlauf für Proben mit unterschiedlichem Oberflächenfinish, Werkstoff 1.4301 / AISI 304 nach Faller et al. [7]

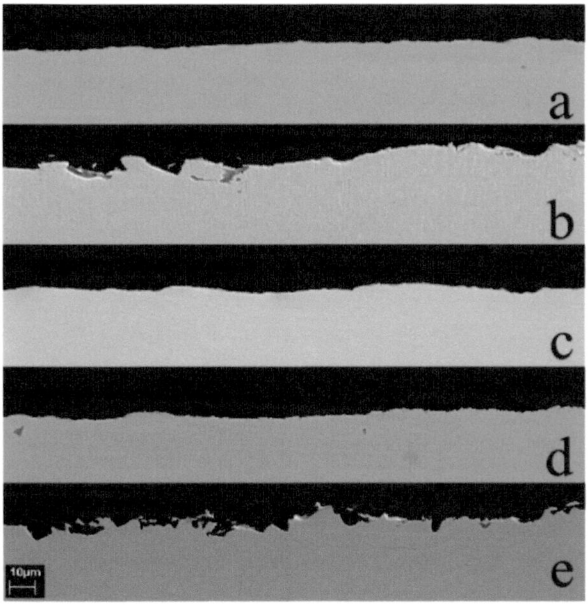

Abb. 14: Metallografische Querschliffe der nichtrostenden Stahlproben (Werkstoff 1.4301/ AISI 304); a) metallografisch geschliffen, b) glasperlengestrahlt, c) glasperlengestrahlt und elektropoliert, d) strukturgewalzt, e) sandgestrahlt [7]

Unterschiedliche wissenschaftlichen Arbeiten zeigen, dass eine pauschale Aussage zu Verarbeitungsverfahren in Anwendung von rostfreien Stählen für die mechanische Oberflächenbearbeitung nur eingeschränkt möglich ist. Lokale topografische oder morphologische Unregelmäßigkeiten der Oberfläche infolge der mechanischen Oberflächenbearbeitung beeinflussen allerdings weitestgehend das Korrosionsverhalten. Wird die Oberflächenbearbeitung so gewählt, dass sich eine möglichst homogene Oberfläche ergibt, die frei von Mikrospalten und Materialüberlappung ist, so wird stabiles bzw. metastabiles Lochwachstum nach Möglichkeit unterbunden. Wenn allerdings Mikrospalte oder ähnliche Strukturen, wie in Abbildung 15 dargestellt, vorliegen, ist mit einer schlechteren lokalen Korrosionsbeständigkeit zu rechnen.

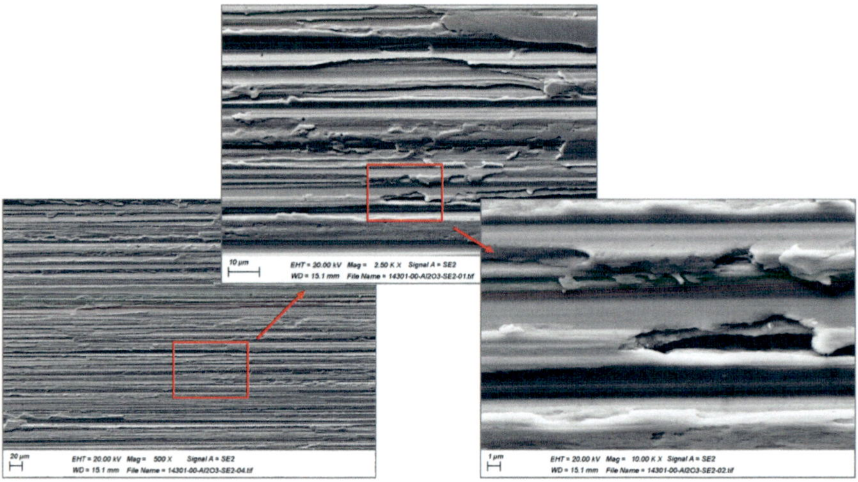

Abb. 15: REM-Aufnahme einer mit Korund industriell geschliffenen Oberfläche des Werkstoffes 1.4301 / 304 mit Darstellung eines Mikrospalts in unterschiedlichen Vergrößerungen

Erfolgen Oberflächenbearbeitungen an Bauteilen, die im Vorfeld bereits lokal umgeformt oder bearbeitet wurden, können unterschiedliche mechanische Eigenschaften, z. B. infolge von Kaltverfestigung oder Martensitbildung, vorliegen. Diese unterschiedlichen mechanischen Eigenschaften wirken sich auch auf den Bearbeitungsprozess der Oberfläche und die erzielte Topografie aus.

Wie sich eine unterschiedliche Oberflächenausführung auf die Korrosionsbeständigkeit auswirken kann, wurde bereits oben erläutert. Hierzu zeigt Abbildung 16 ergänzend, wie sich eine Veränderung des Umformgrades mittels Kaltwalzens exemplarisch bei dem Werkstoff 1.4301 auf die erzielte Korrosionsbeständigkeit auswirken kann. Während die Oberfläche im polierten Zustand im nicht umgeformten Zustand eine hohe Korrosionsbeständigkeit zeigt, nimmt diese mit Zunahme des Umformgrades ab. Die geschliffene Oberfläche hingegen weist grundsätzlich eine geringere Korrosionsbeständigkeit als die polierte Oberfläche auf. Allerdings führt eine Zunahme des Umformgrades bei dieser Oberflächenausführung auch zu einer Steigerung der Korrosionsbeständigkeit.

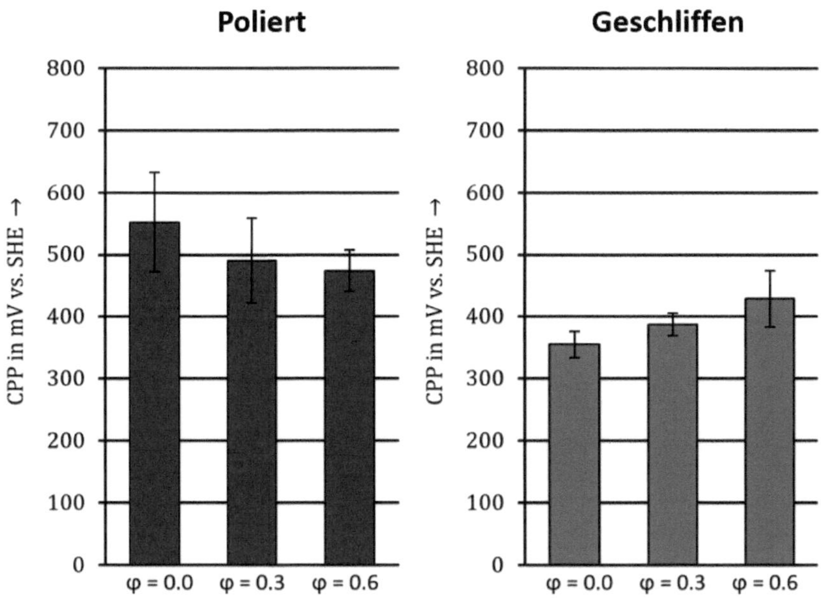

Abb. 16: Korrosionsbeständigkeit von polierten und geschliffenen Oberflächen des Werkstoffes 1.4301 mit unterschiedlichem Umformgrad, gemessen in Acetatpuffer mit pH 4,5 und 0,08 mol/l NaCl

Im vorliegenden Fall wurde die geschliffene Oberfläche mit manueller Anpresskraft auf einem Schleifteller, vergleichbar zu einer metallografischen Präparation, geschliffen, sodass die aufgebrachte Anpresskraft und die Bearbeitungszeit für die unterschiedlichen Umformgrade identisch sind. Der unterschiedliche Umformgrad führt allerdings zu einer Veränderung der Festigkeit und der Bruchzähigkeit des Werkstoffes, wodurch der Mechanismus der Spanbildung beim Schleifen maßgeblich verändert wird. Dies wirkt sich wiederum auf die Homogenität der Oberfläche und somit auf die Korrosionsbeständigkeit aus. Für das hier gezeigte Beispiel führt dies zu einer besseren Korrosionsbeständigkeit bei einer Zunahme des Umformgrades. Dieser Effekt spielt bei der polierten Oberfläche eine deutlich untergeordnete Rolle. Durch das Polieren wird im letzten Arbeitsschritt nur minimal Material abgetragen und es entsteht eine möglichst homogene Oberfläche, was in der Regel bereits zu einer besseren Korrosionsbeständigkeit führt. Abbildung 16 zeigt aber für den vorliegenden Fall, dass die Zunahme des Umformgrades zu einer Reduktion der Korrosionsbeständigkeit führt. Dieser Effekt wurde in verschiedenen wissenschaftlichen Arbeiten insbesondere zu metastabilen austenitischen Werkstoffen erfasst. [8,9,10] Als Ursache hierzu wird eine Begünstigung der Lochinitiierung als Ausgangspunkt für Lochfraß an den Scherbändern bei der Martensitumwandlung infolge der Kaltumformung angesehen. [11,12]

Vergleicht man unterschiedliche Kornwerkstoffe beim Schleifen von nichtrostenden Stählen, können ebenfalls Unterschiede in der Korrosionsbeständigkeit der so hergestellten Oberfläche festgestellt werden. Exemplarisch zeigten vorwettbewerbliche Forschungsarbeiten [13], dass deutliche Unterschiede der Korrosionsbeständigkeit für industriell gefertigte Oberflächen realisiert werden können. Hierzu zeigt Abbildung 17 den Einfluss von unterschiedlichen Kornwerkstoffen, angewendet als Nassschliff mit Schleifband. Die Bestimmung der Korrosionsbeständigkeit erfolgt mittels KorroPad-Prüfung. Dieses Prüfverfahren, das von der BAM entwickelt wurde, bietet die Möglichkeit, mit einem Gel-Pad direkt auf dem Bauteil die Anfälligkeit der Oberfläche gegenüber Korrosion sichtbar zu machen. Durch das im Gel enthaltene Kaliumhexacyanidoferrat(II) bilden durch Korrosion freiwerdende Eisenionen lokal ein Farbpigment, das ab einer ausreichenden Intensität mit freiem Auge sichtbar ist. Die Quantifizierung erfolgt durch Auswertung des Flächenanteils, an dem der Farbumschlag optisch festgestellt werden kann.

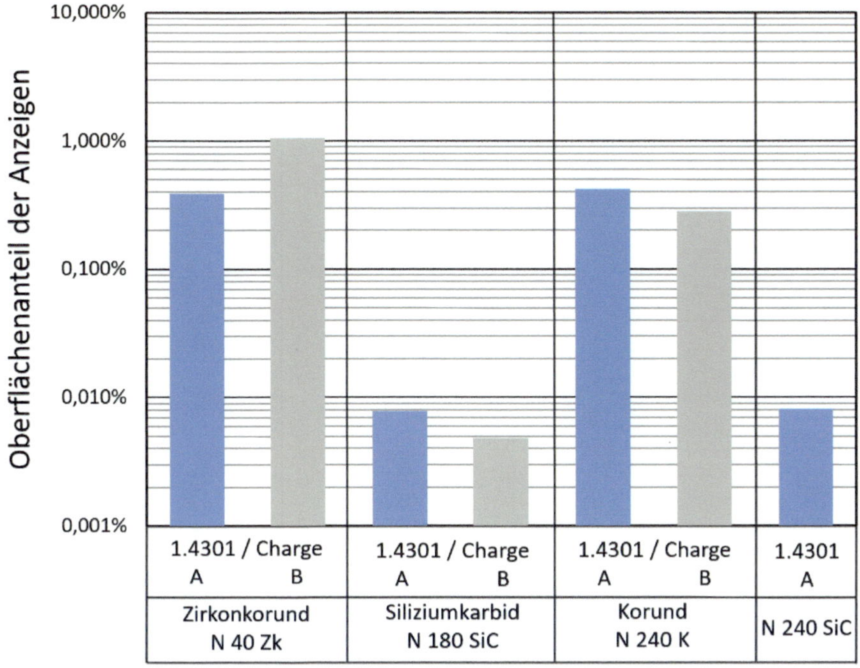

Abb. 17: Einfluss verschiedener Nassschliffvarianten auf den sich abbildenden Oberflächenanteil als Korrosionsanzeige im Rahmen der sogenannten KorroPad-Prüfung nach Burkert et al. [14]; - Auszug der Ergebnisse für den Werkstoff 1.4301

Unter Berücksichtigung, dass in Abbildung 17 der Oberflächenanteil mit erkennbaren Anzeigen logarithmisch aufgetragen ist, sind in Abhängigkeit der Korngröße und des Kornwerkstoffs erhebliche Unterschiede in der Korrosionsbeständigkeit nach dem Schleifen erkennbar. Als weiteres Ergebnis der Untersuchung zeigt sich, dass je nach angewendetem Kornwerkstoff in Abhängigkeit von der Versuchs- bzw. Schleifdauer ein unterschiedlich starker Oberflächenangriff infolge von Korrosion gemessen wird. Eine direkte Korrelation zu der taktil erfassten Oberflächenrauheit wurde im Rahmen dieser Untersuchungen nicht erfasst. Weitere Untersuchungen am Werkstoff 1.4301/AISI 304 bestätigen, dass es je nach angewendetem Kornwerkstoff zu Unterschieden in den erzielten Eigenschaften der Oberfläche und insbesondere auf die Korrosionsbeständigkeit kommen kann. Die Ergebnisse zeigen aber auch, dass weitere dominante Faktoren, beispielsweise die Anwendung von Kühlschmierstoff und Anpresskraft, einen signifikanten Einfluss auf die erzeugte Topografie und das Korrosionsverhalten der erzeugten Oberflächen haben [13,14,15].

Abb. 18: Industrielle Oberflächenpräparation der Probenkörper mittels Plan-Umfangs-Längsschleifen

Ähnliche Ergebnisse sind auch bei der Anwendung des Plan-Umfangs-Längsschleifen zu erkennen (vgl. Abbildung 18). Das Schleifkorn ist hier in einem organischen Binder mit einer definierten Porosität im Schleifwerkzeug gebunden. Die Oberflächenbearbeitung erfolgt weggesteuert mit definierter Zustellung, wobei mit vergleichbaren Prozessparametern Scheiben mit Siliziumkarbid und Korund angewendet wurden. Um den Einfluss von unterschiedlichen mechanischen Eigenschaften infolge einer vorausgegangenen Kaltumformung aufzuzeigen, wurden Bleche des Werkstoffes 1.4301 mit verschiedenen Umformgraden bearbeitet. Abbildung 19 zeigt hierzu, dass trotz vergleichbarer Schleifparameter und vergleichbarer Körnung die mit Siliziumkarbid geschliffenen Oberflächen gegenüber den mit Korund geschliffenen Oberflächen eine geringere Oberflächenrauheit aufweisen. Gleichzeitig ist zu erkennen, dass mit einer Zunahme des Umformgrades im Mittel die Rauheit ansteigt, aber insbesondere die Streuung der Messwerte zunimmt. Diese Zunahme der Inhomogenität der geschliffenen Oberflächen ist bei den mit Korund geschliffenen Oberflächen deutlich stärker ausgeprägt, was sich in weiterer Folge auch negativ auf die ermittelte Korrosionsbeständigkeit dieser Oberflächen auswirkt.

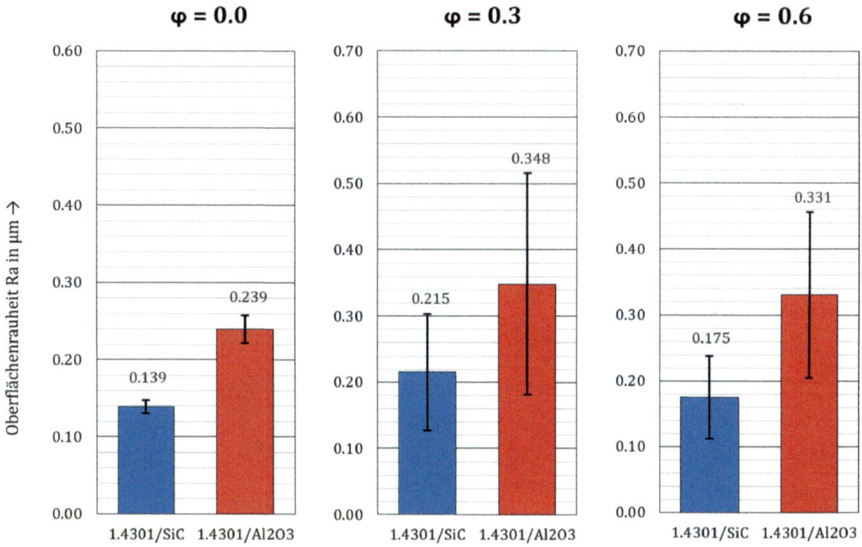

Abb. 19: Gegenüberstellung des erzielten arithmetischen Mittenrauwertes Ra für industriellen Flachschliff mittels SiC-Schleifkorn in Blau und mittels Al_2O_3 in Rot, bei unterschiedlichem Umformgrad (von links nach rechts φ = 0; φ = 0,3; φ = 0,6) des Ausgangsmaterials für den Werkstoff 1.4301/AISI 304

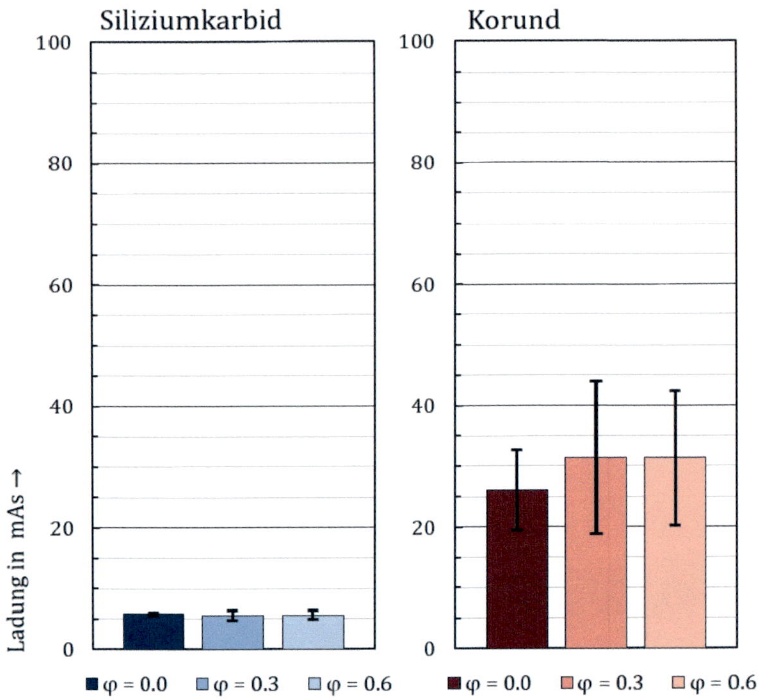

Abb. 20: Integrierte Rauschladungsmenge über die Zeit des Werkstoffes 1.4301 nach 30 Minuten in 1 mol/l NaCl-Lösung bei 20±1 °C; jeweils industriell geschliffen mit Siliziumkarbid dargestellt in Blau und mit Korund dargestellt in Rot sowie jeweils in unterschiedlichen Umformgraden

Der Einfluss des Schleifkornmaterials wird auch durch die in Abbildung 20 dargestellte Ladungsmenge deutlich, die für die jeweiligen Oberflächen mittels elektrochemischer Rauschmessung erfasst wurde. Hierzu wurde die gemessene Ladungsmenge über eine Messdauer von 30 Minuten integriert. Eine höhere Ladungsmenge deutet auf eine deutlich höhere Neigung zum metastabilen und stabilen Lochwachstum unter den vorliegenden Bedingungen hin. Dies wurde durch die Ermittlung des kritischen Lochfraßpotenzials für diese Oberflächen bestätigt. Eine nachträgliche Auswertung der durch die Messung lokal erzeugten Korrosionsangriffe an der Oberfläche zeigt, dass der Lochfraß an den mit Siliziumkarbid geschliffenen Oberflächen vorwiegend eine sphärische Ausprägung aufweist, während der Lochfraß an den mit Korund geschliffenen Oberflächen stark in die Länge gezogen ist (vgl. Abbildung 21). Dieser Effekt der Ausprägung des Korrosionsangriffs in die Hauptbearbeitungsrichtung bei geschliffenen Oberflächen kann bei Lochfraß auch mit freiem Auge erfasst werden. Er deutet in der Regel auf einen starken Einfluss der erfolgten Oberflächenbearbeitung auf die Erhöhung der Anfälligkeit gegenüber Lochfraß hin und wird durch Mikrospalte und Inhomogenitäten an der Bauteiloberfläche hervorgerufen.

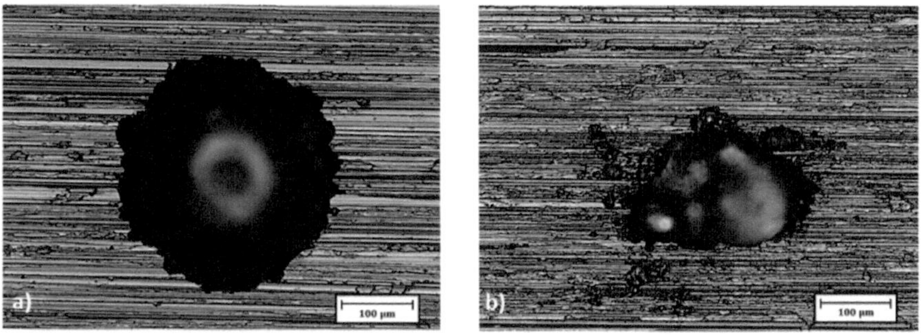

Abb. 21: Exemplarische Gegenüberstellung der geometrischen Ausprägung des Lochfraßes: a) mit Siliziumkarbid geschliffen und b) mit Korund geschliffen

Die in Abbildung 22 dargestellten REM-Aufnahmen von einer mit Siliziumkarbid und einer mit Korund geschliffenen Oberfläche aus den oben aufgeführten Untersuchungen lassen grundsätzlich bei beiden Oberflächen Inhomogenitäten erkennen. Allerdings sind deren Ausprägung und deren Anzahl an der mit Korund geschliffenen Oberfläche stärker.

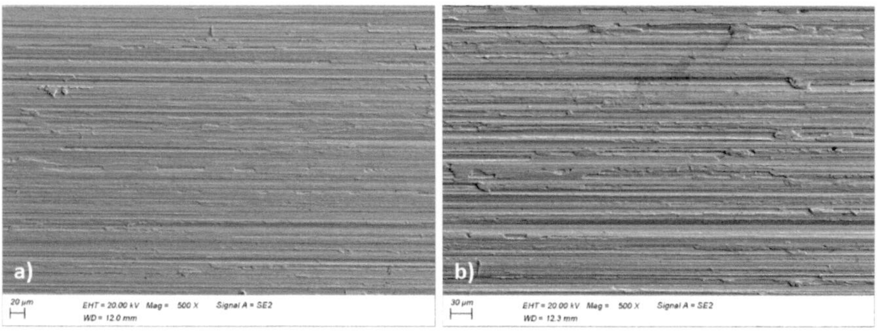

Abb. 22: Exemplarische REM-Aufnahmen industriell geschliffener Proben: a) mit SiC und b) Al_2O_3

Für die gewählten Prozessparameter zeigen mit Siliziumkarbid geschliffene Oberflächen eine bessere Korrosionsbeständigkeit. Es gilt allerdings zu beachten, dass das aufgrund der zahlreichen Einflussparameter bei der Oberflächenbearbeitung von rostfreien Stählen mittels Schleifen nicht als allgemeine Aussage aufzufassen ist. Für den Anwender hat die Wahl des Schleifmittels in der Praxis nach wirtschaftlichen Gesichtspunkten zu erfolgen, sodass Abtragsrate und Standzeit des Schleifwerkzeuges ebenfalls in die Betrachtung einfließen müssen. Spielt die erzielte Korrosionsbeständigkeit eine maßgebliche Rolle für die Produktqualität, kann durch eine Anpassung von Kornwerkstoff und Prozessparametern in vielen Fällen eine Steigerung erzielt werden.

4.7 Literatur

[1] Directive 2008/37/EC of the European Parliament and of the council; 1998.
[2] VDMA-Einheitsblatt Nr. 24 432; Komponenten und Anlagen für keimarme oder sterile Verfahrenstechniken – Qualitätsmerkmale und Empfehlungen; 1992.
[3] U. Bobe; Die Reinigbarkeit technischer Oberflächen im immergierten System; Dissertation; Technische Universität München, 2014.
[4] P. Gümpel; Grundwissen, Konstruktions- und Verarbeitungshinweise; expert Verlag, Renningen, 5. durchgesehene Auflage; 2018.
[5] Stahl-Eisen-Prüfblatt, Allgemeines und Grundbegriffe; Verlag Stehleisen mbH Düsseldorf, S. 1160–1169; 2014.
[6] F. Klocke; Fertigungsverfahren 2 – Zerspanung mit geometrisch unbestimmter Schneide; Springer Vieweg Berlin, Heidelberg; ISBN 978-3-662-58091-2; 2018.
[7] M. Faller, P. Gümpel; Einfluss einer mechanischen Bearbeitung auf das Korrosionsverhalten von nichtrostenden Stählen; Tagungsband 3-Länder-Korrosionstagung; Wien, 2008.
[8] A. Kurc-Lisiecka, M. Basiaga, M. Kciuk; Influence of cold rolling on the corrosion resistance of austenitic steel; J. A. in Materials and Manufacturing Engineering; Vol. 38, Issue 2, 2010, pp. 154–162.
[9] A. Barbucci, G. Cerisola, P.L. Cabot; Effect of Cold-Working in the Passive Behavior of 304 Stainless Steel in Sulfate Media; J. Electrochem. Soc. Vol. 149, Issue 12, 2002, pp. 534–542.
[10] P. Seemann; Einfluss der Kaltumformung auf die Korrosionsbeständigkeit metastabiler austenitischer nichtrostender Stähle; Dissertationsschrift an der RWTH Aachen; 2014.

[11] U.K. Mudali, P. Shankar, S. Ningshen, R.K. Dayal, H.S. Khatak, B. Raj; On the pitting corrosion resistance of nitrogen alloyed cold worked austeniticstainless steels; Corrosion Science, Vol. 44, Issue 10, 2002, pp. 2183–2198.
[12] L. Peguet, B. Malki, B. Baroux; Effect of austenite stability on the pitting corrosion resistance of cold worked stainless steels; Corrosion Science, 51, 2009, pp. 493–498.
[13] A. Burkert; Beeinträchtigung der Funktionalität nichtrostender Stähle durch unzureichende Passivschichtausbildung; Schlussbericht der Forschungsstelle BAM Bundesanstalt für Materialforschung und -prüfung; Berlin; 2010.
[14] A. Burkert; Detektion korrosionsempfindlicher Oberflächen nichtrostender Stähle durch die Verarbeiter; Schlussbericht der Forschungsstelle BAM Bundesanstalt für Materialforschung und -prüfung; Berlin; 2014.
[15] A. Burkert; Optimierung industrieller Korundschleifprozesse zur Sicherstellung der Korrosionsbeständigkeit nichtrostender Stähle; Schlussbericht der Forschungsstelle BAM Bundesanstalt für Materialforschung und -prüfung; Berlin; 2019.

5 Chemische und Elektrochemische Oberflächenbehandlung

Benedikt Henkel

Vorbemerkungen

Die technische Herstellung von Apparaten/Apparatekomponenten aus nichtrostenden Stählen, wie z. B. Behälter, Wärmetauscher, Rohrleitungssysteme etc., erfolgt stets aus sogenannten Halbzeugen, wie Blechen, Rohren, Profilen, Stäben etc., mittels einer Reihe von technischen Formgebungsverfahren, wie Walzen, Ziehen, Fräsen, Drehen, Schleifen, Schweißen, Glühen etc.

Dabei ist zu beachten, dass einerseits bereits die Halbzeuge entsprechende Bearbeitungshistorien vorzuweisen haben (z. B. Gussteile, Strangpressteile, Rohre) und andererseits auch die zusätzlichen mechanischen und thermischen Bearbeitungen zum Teil maßgebliche Eigenschaftsveränderungen des Werkstoffs verursachen können, sodass letztlich unter Umständen ein Bauteil zum praktischen Einsatz vorliegt, dessen medienberührende Oberfläche sich hinsichtlich Topografie, Morphologie und Energieniveau/elektrischem Ladungszustand nachteilig verändert hat und z. B. die Korrosionseigenschaft (lokal) erheblich geschwächt sein kann.

In diesem Zusammenhang kommt den chemischen und elektrochemischen Oberflächenbehandlungsverfahren oft eine bedeutende Rolle zu, da sie die grundsätzlichen Oberflächeneigenschaften Topografie, Morphologie und Energieniveau maßgeblich optimieren können und somit das Betriebsverhalten mitunter erheblich zu verbessern im Stande sind. Dabei bestimmen z. B. Topografie und Energieniveau der Oberfläche vorwiegend das CIP (Cleaning in Place)-Reinigungs- und Hygieneverhalten und die Morphologie maßgeblich die chemische Passivität der Oberfläche und damit vor allem das Korrosionsverhalten in der Betriebspraxis. Das Energieniveau und der elektrische Ladungszustand der Edelstahloberfläche wiederum beeinflussen das Adhäsions- und Desorptionsverhalten der Edelstahloberfläche gegenüber berührenden Gasen und Flüssigkeiten – und damit auch das Reinigungsverhalten – in wesentlichem Umfang. Von grundsätzlicher Bedeutung ist dabei, dass bisher kein formalistischer Abhängigkeitszusammenhang formuliert werden konnte, der gesamtheitlich die Eigenschaftsgrößen einer Edelstahloberfläche mit den Verhaltenseigenschaften im Praxisbetrieb verbindlich verknüpfen kann.

Die Oberflächenbeurteilungen von Bauteilen erfolgen diesbezüglich neben rein visuellen Gesichtspunkten der Gleichmäßigkeit der Oberfläche vor allem entsprechend der spezifisch vorgegebenen Ausführungskriterien in der zugehörigen Oberflächenspezifikation für ein betreffendes Bauteil. In einem derartigen Datenblatt wird jede spezifizierte Oberfläche hinsichtlich Kennwert/Messgröße und Prüfverfahren exakt definiert. Beispiele für derartige Prüfabnahmekriterien sind auszugsweise:

- Oberflächenrauheit Ra/Rz mittels Oberflächentastschnittmessgerät
- Riss- und Porenabsenz mittels Penetrationsprüfung
- Reflexionsgradmessung
- Partikelgenerationsmessung
- Ad- und Desorptionsgradmessung mittels Vakuumtest bzw. Gasspültest
- Korrosionswiderstandsbeurteilung mittels Ferroxyl-Test oder Lochfraßpotentialmessung
- Oberflächenenergiebestimmung mittels Prüftintentest oder Randwinkelmessung

5.1 Beizen als chemische Oberflächenbehandlung

Das chemische Beizen als definiertes Oberflächenbehandlungsverfahren für Bauteile und Komponenten aus nichtrostenden Stahllegierungen stellt aus chemischer Sicht prinzipiell einen kontrollierten Korrosionsprozess dar und dient der nachhaltigen Abreinigung der Edelstahloberfläche von meist korrosionsrelevanten Verunreinigungen aus der Vorbearbeitung wie z. B. eisenoxidischen Kontaminationen (z. B. Schweißanlauffarben), siehe Abb. 1. Der voll kontrollierte chemische Beizprozess ist dabei stets durch eine Reihe signifikanter Verfahrensparameter definiert und erfolgt – z. B. für austenitische Edelstahllegierungen wie 1.4404 o.ä. – meist mittels wässrigen Säureanmischungen aus Flusssäure (HF) und Salpetersäure (HNO_3) mit entsprechenden Additiven bei Raumtemperatur über 30 bis 90 Minuten, wobei der Fe-Gehalt der Beize erfahrungsgemäß unbedingt < 10 g/ltr. betragen soll, um eine Inhibierung der Beizwirkung sowie Rekombinationsrisken der Bauteiloberfläche mit Fe aus der Beizlösung bei der Entnahme der Bauteile aus dem Beizbad gesichert zu vermeiden, siehe Abb. 2.

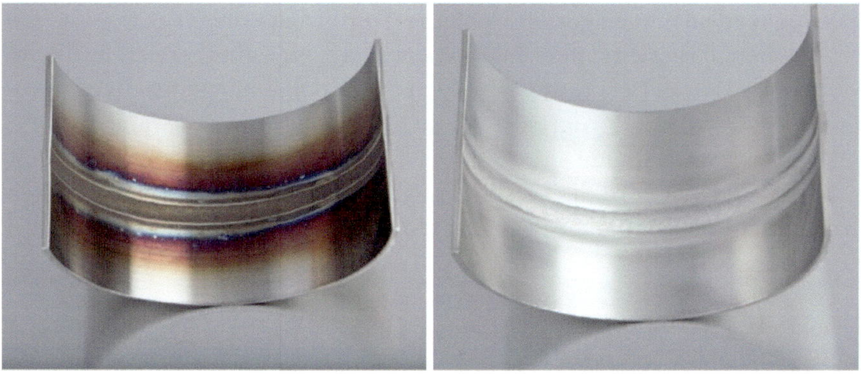

Abb. 1: Rohr 88,90 x 1,65 mm mit WIG(*Wolfram-Inertgas)-Orbitalschweißnaht, Werkstoff 1.4435/316L, Anlauffarben links (Restsauerstoffgehalt ca. 150 ppm) und rechts chemisch gebeizte Oberfläche nach VHC700*

Das chemische Beizen stellt aus chemischer Sicht stets einen zweistufigen Prozess dar:

1. Oxidation: Me + $HNO_3 \longrightarrow$ Metalloxid (Me-Oxid) und
2. Chemische Lösung: Me-Oxid + HF $\longrightarrow$ Metallsalz.

Das Metallsalz liegt – abhängig von der Konzentration in der Beizlösung – entweder gelöst in der Beizlösung vor oder aber fällt als Bodenschlamm am Beizwannenboden aus.

Beim chemischen Beizabtrag der Metalloberfläche handelt es sich zunächst grundsätzlich um einen Flächenabtrag (Flächenangriff). Nachdem jedoch die Metallatompackungsdichte in den Korngrenzen der Legierung gegenüber dem kompakten Korn deutlich reduziert ist, zeigt sich im Laufe der Abtragszeit im Korngrenzenbereich zunehmend eine merkliche Eintiefung gegenüber der Kornfläche. Bei zu intensiver Beizung / zu starkem Beizabtrag >> 1 ... 2 µm (zu lange Beizzeit, erhöhte Beiztemperatur, zu hohe Säurekonzentration der Beizlösung etc.) werden derart visuell erkennbare Korngrenzeneintiefungen (oft fälschlicherweise) als Korngrenzenangriffe bzw. beginnende interkristalline Korrosion bezeichnet und fallen aber tatsächlich in den Beizfehlerbereich „Überbeizung“.

In dem Sonderfall, dass im Korngrenzenbereich nicht nur eine geringere Packungsdichte sondern auch eine mehr oder minder morphologische Schwächung vorliegt (etwa durch lokale Sensibilisierung, überproportionale Mengen an eingelagerten (Schlacke-)Verunreinigungen etc.), ist davon auszugehen, dass sich an der Bauteiloberfläche im Mikrobereich in Anwesenheit der sauren Beizlösung eine typische Dipolbildung einstellt: elektrochemisch unedlere Korngrenze als sich auflösende Anode und (relativ) edleres Korn als Kathode.

In diesem Falle wird die verstärkte Auflösung der Korngrenze erheblich unterstützt und zeigt alle Anzeichen einer beschleunigten interkristallinen Korrosion.

Chemisches Beizen

- Sehr wirksame Reinigungsmethode
- Verunreinigungen und eine gewisse Menge an Metall werden von der Oberfläche gelöst (ca. 1-2 µm).
- Oxidation der Metallatome durch stark oxidierendes Agens, z.B. Salpetersäure HNO_3 (≈ 20-40%)
- Zusatz von Substanzen, die zusammen mit den entsprechenden Metallionen leichtlösliche Verbindungen bilden, z.B. $[FeF_6]^{3-}$ oder $[FeF_5(H_2O)]^{2-}$. Gebräuchlich ist Flusssäure HF (≈ 4-10%).

Abb. 2: Überblick chemischer Beizprozess für austenitische Edelstahlegierungen [1, S. 156]

Als praktisch gebräuchliche Beizverfahren kennt man z. B. das Badbeizen als Tauch- oder Rieselverfahren, das Sprühbeizen und das Streichbeizen etwa beim Beizen von Schweißnähten, siehe Abb. 3.

Abb. 3: Darstellung praktischer Beispiele für Beizvorgänge; Sprühbeizen (links) und Tauchbeizen (rechts) [1, S. 156]

Das Ergebnis aus der Sicht von Topografie, Morphologie und Energieniveau ist in Abb. 4 dargestellt und zeigt, dass das fachgerechte chemische Beizen v. a. die Betrachtungsfelder Morphologie und – in geringerem Maße – auch das Energieniveau verbessert.

Topographie

Keine Veränderung !

Morphologie

⊕ *Reinigung der Oberfläche in eine Tiefe von ca. 1,5 bis 2 µm ohne Gefahr der Korngrenzenattacke*

Tieferliegende morphologische Defekte werden aber nicht entfernt !

Energieniveau

⊕ *Minimale Reduzierung des Energieniveaus zu günstigeren Werten hin*

Abb. 4: Veränderung der Oberflächenparameter durch das chemische Beizen [1, S. 157]

In Abb. 5 wird am Beispiel der Innenoberfläche eines Rohres 12,7 x 1,65 mm (längsnahtgeschweißt, kalt nachgezogen und lösungsgeglüht) aus Werkstoff 1.4404/1.4435/316L das Ergebnis einer fachgerechten chemischen Beizoperation deutlich ersichtlich (Abb. 5 rechts), indem alle Verunreinigungen aus den Vorprozessen von der Edelstahloberfläche entfernt wurden und insofern eine morphologisch weitgehend reine und passivierbereite Edelstahloberfläche vorliegt.

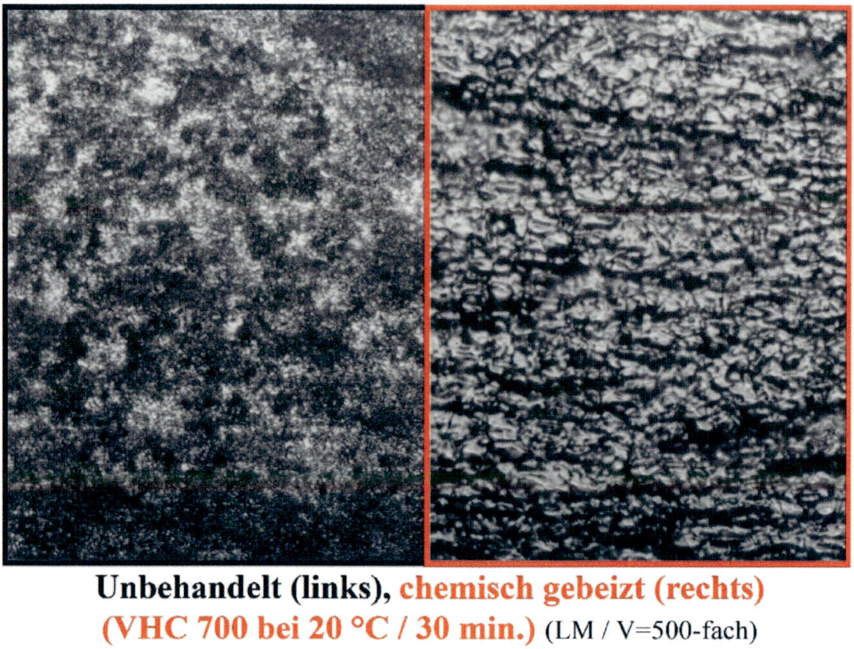

Abb. 5: Edelstahloberfläche vor (links) und nach (rechts) dem Beizprozess [1, S. 157]

5.2 Ergänzende Hinweise zum chemischen Beizen von rostfreien Stählen

Aus chemischer Sicht handelt es sich wie dargelegt beim Beizen von Edelstahllegierungen neben der Abreinigung von anorganischen und metalloxidischen Verunreinigungen um eine beschleunigte kontrollierte Korrosionsreaktion mit entsprechendem Materialabtrag. Der vorgenommene Materialabtrag während des spezifischen Beizprozesses (gekennzeichnet durch das Beizmittel in Art und Konzentration, Temperatur, inhibierendem Metallgehalt, Wirkzeit) ist dabei vorwiegend vom Korrosionswiderstand des Bauteilmaterials abhängig. Niedriger legierte rostfreie Werkstofftypen wie 1.4301 oder 1.4307 zeigen im Vergleich zu höher legierten Typen wie 1.4435 oder 1.4539 bei identischen Beizbedingungen deutlich stärkere Beizwirkungen (Materialabträge). Aus diesem Grunde ist es notwendig, für verschiedene Legierungstypen auch entsprechend abgestimmte Beizbedingungen speziell hinsichtlich Beiztemperatur und Beizzeit festzulegen und auch in einem Oberflächenbehandlungsprotokoll für die entsprechend behandelten Bauteile zu dokumentieren.

5.3 Elektropolieren als elektrochemische Oberflächenbehandlung

Das Prinzip des elektrochemischen Polierens (Elektropolieren) stellt prinzipiell den chemisch-physikalischen Vorgang der Elektrolyse dar, wobei die mikrogeometrisch selektive anodische Auflösung der Metall-/Metalllegierungsoberfläche durch elektrisch motivierte Ionisierung (anodische Oxidation) in einem geeigneten Elektrolyten unter Nutzung einer externen Gleichstromquelle erfolgt. Das zu polierende Bauteil bildet dabei die Anode, dem gegenüber steht im elektrischen Feld des Elektrolyten die Kathode als galvanisches Werkzeug. Dieser Aufbau stellt grundsätzlich die Anordnung einer elektrochemischen Zelle dar, siehe Abb. 6.

Beispiel für ein System Metall(-legierung) / Elektrolyt ist für austenitische CrNi-Stahllegierungen ein H_3PO_4+H_2SO_4-basierter Elektrolyt.

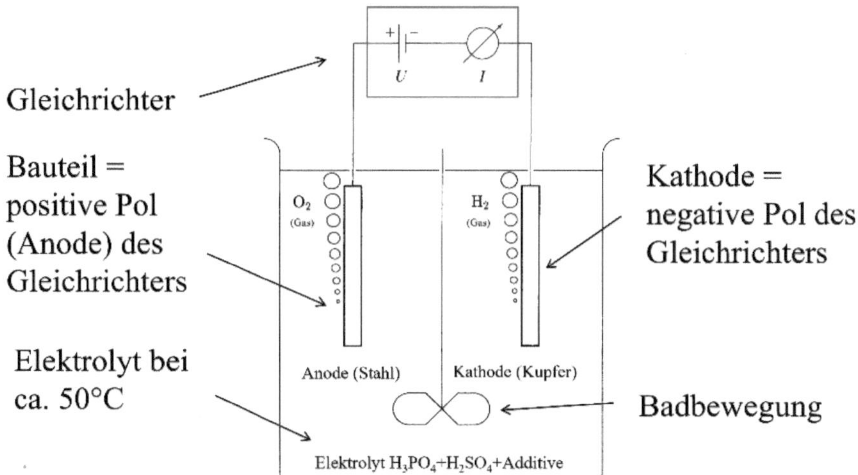

Abb. 6: Schematischer Elektropolieraufbau [1, S. 159]

Die Elektrolyse ist eine gezielte elektrochemische Metallauflösung infolge elektrisch motivierter anodischer Oxidation unter quasi paralleler Erzeugung von O_2 (an der Anode) und H_2 (an der Kathode), wobei der Hoffmannsche Apparat die prinzipielle Grundkonfiguration darstellt.

Elektrolyten sind elektrisch leitende, dissoziierbare Flüssigkeiten, wie z. B. wässrige Lösungen von Säuren, Laugen oder Salzlösungen.

Anode nennt man die Pluspolelektrode als „Abgabestelle“ der Elektronen, die bei der Ionisierung (= in Lösung gehen) infolge Oxidation von Metallionen aus jedem entsprechenden Legierungsmetallatom entstehen. Die Anode ist im elektrischen Feld die Anlaufstelle für alle elektrisch negativ geladenen Ionen (Anionen) wie z. B. OH^-.

Kathode oder Minuspolelektrode nennt man die Anlaufstelle für positiv geladene Kationen (H+, Me+), die dort durch die Übernahme von Elektronen wieder elektrisch neutral werden. Die Folge ist eine während des Polierprozesses zunehmende Belegung der Kathodenoberfläche mit Metallsalzen, wie z. B. $FeSO_4$ und $FePO_4$.

Der elektrochemische oder anodische Prozess als fertigungstechnisch uneingeschränkt nutzbare Verfahrenstechnik bedingt eine exakte Definition aller relevanten Verfahrensparameter und eine Festlegung der messtechnischen Kenngrößen, sowie der technisch-physikalischen Verfahrensgrenzen.

In diesem Zusammenhang bzw. nachfolgend soll grundsätzlich nur die elektrochemische Bearbeitung von austenitischen Edelstahllegierungen in einem sauren Elektrolyten aus Mineralsäuremischungen (H_3PO_4 + H_2SO_4 + Additive) betrachtet werden. Grundsätzlich ist allerdings eine Vielzahl von rostfreien Metalllegierungen elektrochemisch bearbeitbar, wobei dann diverse Elektrolytmischungen zum Einsatz kommen.

Abb. 7 zeigt die elektropolierte Innenoberfläche eines Rohres aus Werkstoff 1.4435/316L mit WIG(Wolfram-Inertgas)-Schweißnaht (linke Rohrhalbschale in Abb. 7) und einen Vergleich zwischen einer elektropolierten zu einer chemisch gebeizten Oberfläche (rechte Rohrhalbschale). Die rechte Rohrhalbschale in Abb. 7 ist halbseitig elektropoliert (links) und chemisch gebeizt (rechts).

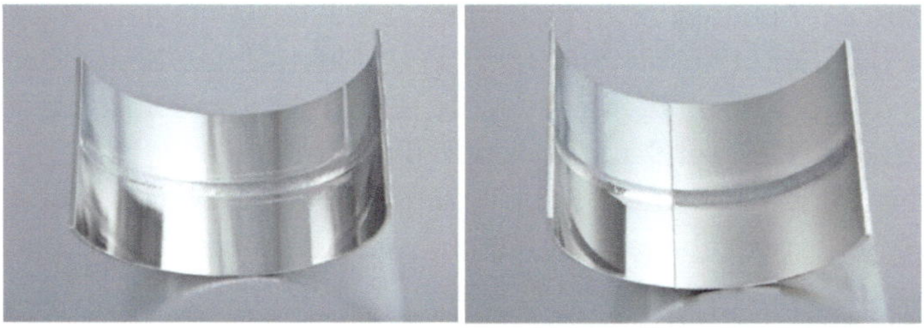

Abb. 7: Rohr 88, 90 x 1,65 mm mit WIG-Orbitalschweißnaht, Werkstoff 1.4435/316L, Rohrhalbschale elektropoliert nach VHE175 (links), Vergleich elektropoliert nach VHE175 und chemisch gebeizt nach VHC700 (rechte Rohrhalbschale)

Die Variation des physikalischen Versuchs mit einem definierten Bauteilwerkstoff bezüglich

- Elektrolytsäuremischung-/Konzentration
- Elektrolyttemperatur
- angelegte Spannung bzw. Stromfluss und Stromdichte und
- Abstand Anode/Kathode zueinander

sichert, dass stets ein stabiler Verfahrensparameterbereich definiert werden kann, der ein gesichertes Elektropolieren mit reproduzierbaren Ergebnissen erlaubt, wobei das Elektropoliererergebnis, wie in Abb. 8 schematisch dargestellt, durch den elektrochemischen Abtrag und den erwünschten Einebnungs- bzw. Glättungsvorgang im Mikrobereich der Oberfläche gekennzeichnet ist.

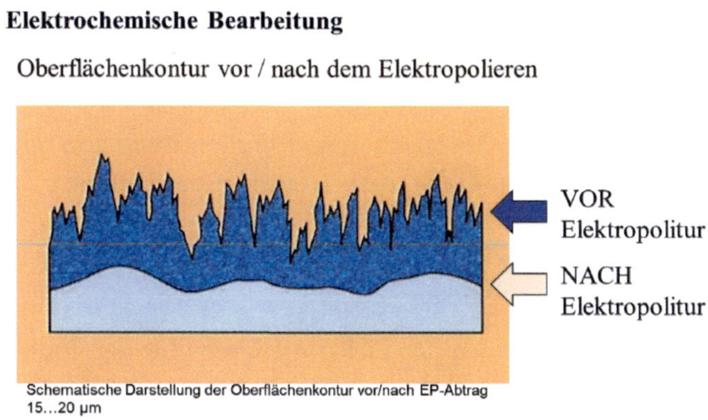

Abb. 8: Schematische Darstellung des elektrochemischen Abtrags und der Einebnung bzw. Glättung [1, S. 161]

Das elektrochemische Polieren von Bauteilen aus Edelstahllegierungen in Schwefelsäure (H_2SO_4) / Phosphorsäure (H_3PO_4)-Elektrolyten bei 50 bis 60 °C Badtemperatur bei Stromdichten von 10–25 Amin/dm² und einem Metallgehalt < 3 % im Elektrolyt mit Elektropolierabträgen von 200–350 Amin/dm² (~ 15 bis 30 µm) mit einem elektrochemischem Äquivalent von ~ 0,75 µm pro 10 Amin pro Flächeneinheit ist ein praxiserprobtes Verfahren zur Erzielung funktioneller Edelstahloberflächen hinsichtlich Topografie, Morphologie und Energieniveau / Ladungszustand der Oberfläche. Die verfahrenskennzeichnenden Parameter sind in Abb. 9 dargestellt.

Verfahrenskennzeichnende Parameter beim Elektropolieren

- Elektrolyt (Art, Dichte, Metallgehalt, Temperatur)
- Kathodenmaterial
- Anodischer Stromkontakt (zum Bauteil)
- Polierparameter (Stromdichte/Strom)
- Polierabtrag / Expositionszeit
- Vor-/Nachreinigung (Entfetten, Dekapieren, Passivieren)

Abb. 9: Zusammenstellung der Verfahrensparameter [1, S. 159]

Auswirkungen und besondere Vorzüge des Elektropolierens als Oberflächenbehandlungsverfahren sind:

- die Schaffung sehr hochwertiger funktioneller Oberflächen für das Bauteil infolge des kontrolliert belastungsfreien Abtragsverfahrens
- die Schaffung von partikelfreien, gasarmen, mikroglatten und geschlossenen Oberflächen
- die Schaffung kristallin reiner Oberflächen und Vorbereitung von optimalen Reinheitszuständen für die weitere Verarbeitung/Nutzung der Metalloberfläche
- bei Nutzung geeigneter Anlagen und Chemikalien ist ein kontrollierter Durchsatz nennenswerter Teilemengen möglich

Abb. 10 zeigt mögliche Anwendungen des Elektropolierens für den industriellen Anwendungsbereich.

Teilespektrum

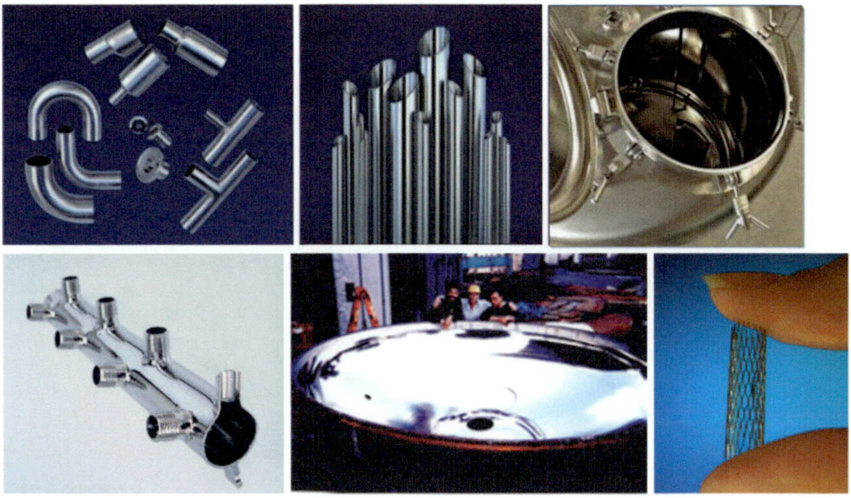

Abb. 10: Teilespektrum und Anwendungsbeispiele für das Elektropolieren (oben links und Mitte Formteile und Rohre, oben rechts Pharma-Tank, unten links CIP (Cleaning in Place)-Sprühlanze, unten Mitte Klöpperboden und unten rechts Stent) [1, S. 162]

Grenzen des Elektropolierens stellen notwendige Materialabträge > 100 µm dar. Hier ist eine Kombination mit mechanischen Abtragsverfahren zu empfehlen. Des Weiteren ist der final erzielbare Oberflächenrauheitswert Ra stets vom Vorzustand abhängig. Auch bei idealem Vorzustand ist eine finale Endrauheit Ra $< 0{,}05$ µm durch das Elektropolieren kaum realisierbar, weil eben im Mikrobereich die Kristallhauptebenen eine Polygonfläche darstellen, die die weitere Reduzierung der Rauheit – in Abhängigkeit von der Korngröße – physikalisch begrenzen. Somit ist z. B. keine verzerrungsfreie Metallspiegelfläche durch das Elektropolieren zu erzeugen.

Außerdem können Bohrungsdimensionen $< 0{,}5$ mm Innendurchmesser kaum erfolgreich innen elektropoliert werden.

5.4 Einfluss des Elektropolierens auf die Oberflächeneigenschaften

In Abb. 11 ist am Beispiel der Innenoberfläche eines Rohres 12,7 x 1,65 mm (längsnahtgeschweißt, kalt nachgezogen und lösungsgeglüht / Ra = 0,33 µm) das Ergebnis einer fachgerechten elektrochemischen Polierbearbeitung sehr deutlich ersichtlich.

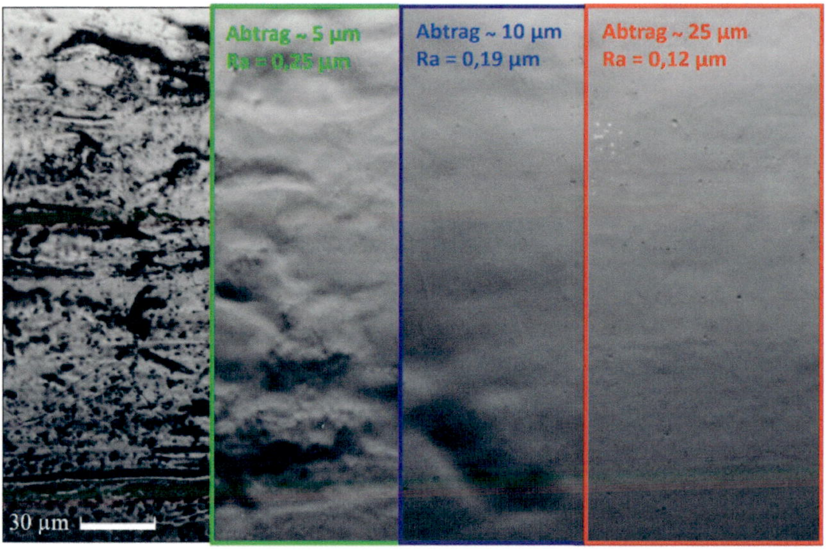

Oberflächenbehandlung: elektrochemisch poliert (VHE 100)
(LM / V=500-fach)

Abb. 11: Oberflächenzustandsentwicklung durch das elektrochemische Polieren (Elektropolieren) mit zunehmendem Materialabtrag (5, 10 und 25 µm), unbehandelt (links) [1, S. 167]

Eine mit einem Materialabtrag > 10 µm elektrochemisch polierte Edelstahloberfläche zeigt eine erhebliche Einebnung der mikrotopografischen Bereiche (siehe auch Abb. 12) sowie eine nachhaltige morphologische Reinigung durch den belastungsfreien Abtrag entsprechender Materialschichten und die dadurch erreichte Entfernung der allenfalls morphologisch gestörten, energiereichen Beilby-Schicht aus der mechanischen Vorbearbeitung der Edelstahloberfläche. Abb. 13 zeigt schematisch eine unmittelbar nach dem mechanischen Schleifen erzeugte Oberflächenschicht (Beilby-Schicht) sowie die Oberfläche nach dem elektrochemischen Polieren.

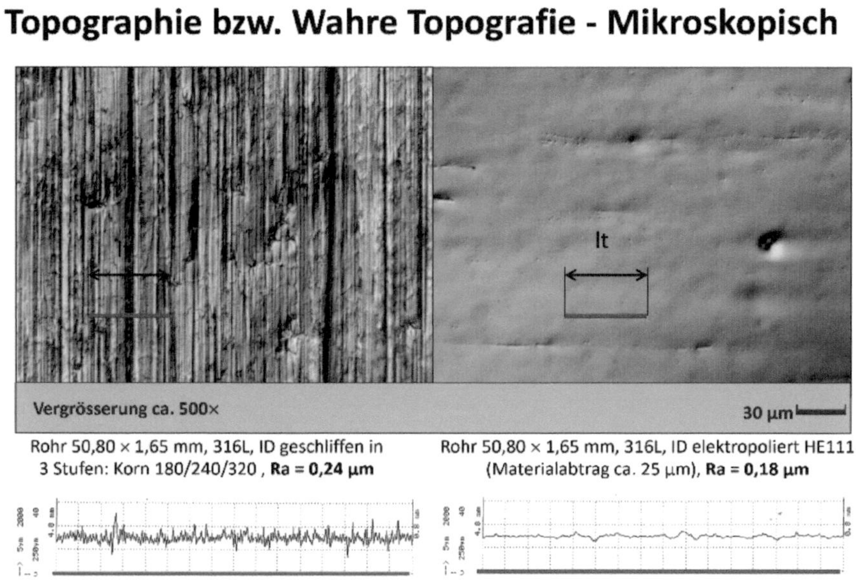

Abb. 12: Vergleich mechanisch geschliffen (links) zu elektrochemisch poliert (rechts) [1, S. 167]

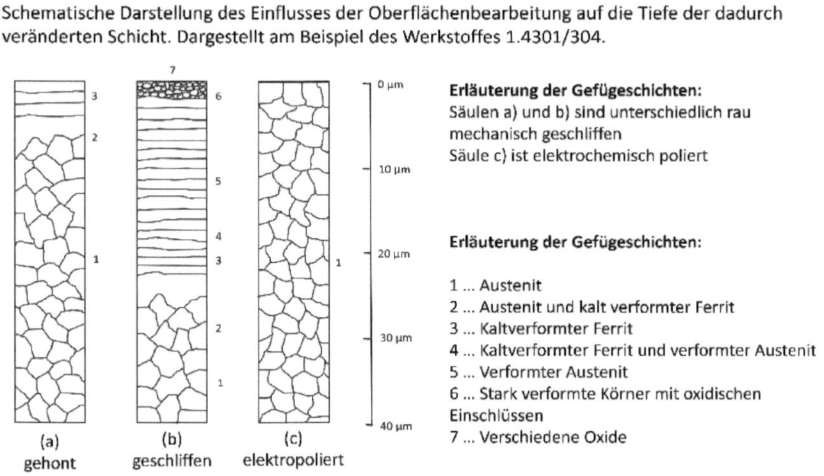

Abb. 13: Schematische Darstellung der unmittelbaren Oberflächenschicht (Beilby-Schicht) nach dem Honen und dem mechanischen Schleifen bzw. nach dem elektrochemischen Polieren [1, S. 168], [6]

Die fachgerecht elektropolierte Edelstahloberfläche bekommt – bei ausreichendem Materialabtrag > ca. 8 … 10 µm – durch den Einebnungsprozess im Mikrobereich einen typischen Glanz, d. h. sie wird (im Mikrobereich) glatter und zeigt ein erhöhtes Reflexionsverhalten. Grundsätzlich bzw. verfahrensspezifisch bedingt erfolgt beim Elektropolieren ein Materialabtrag an den Bergspitzen und an den Bergtälern der Oberfläche. Die Glättung im Mikrobereich erfolgt durch den mikrogeometrisch selektiven elektrochemischen Abtrag der Mikrospitzen, die bevorzugt abgetragen werden. Das Prinzip ist in der Abb. 14 a-c dargestellt.

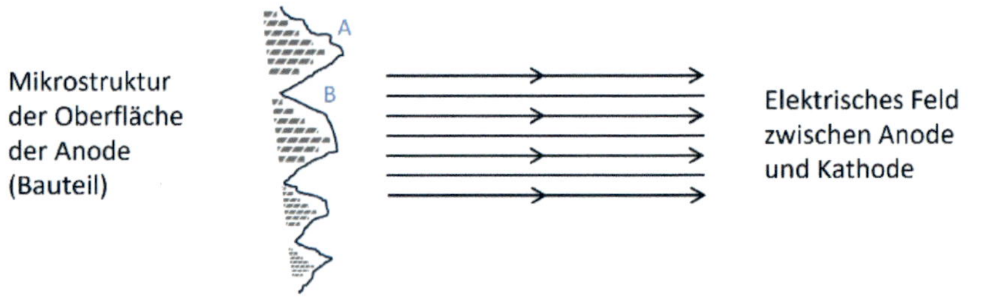

Abbildung 14a

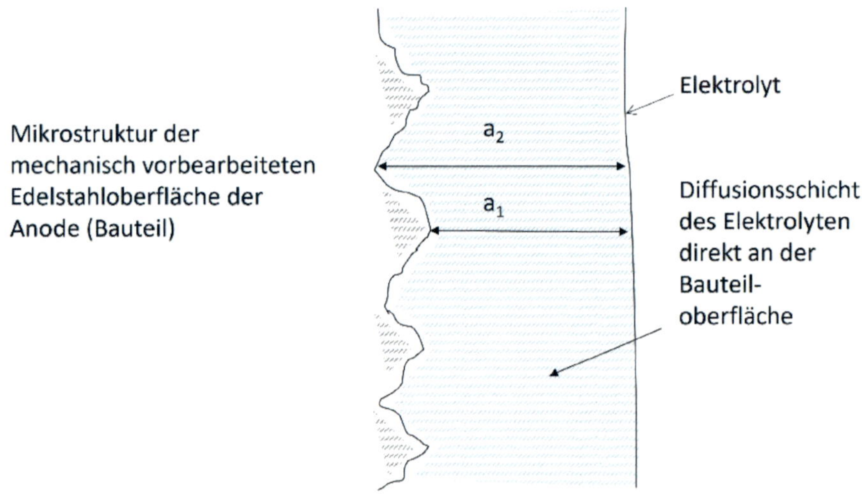

Abbildung 14b

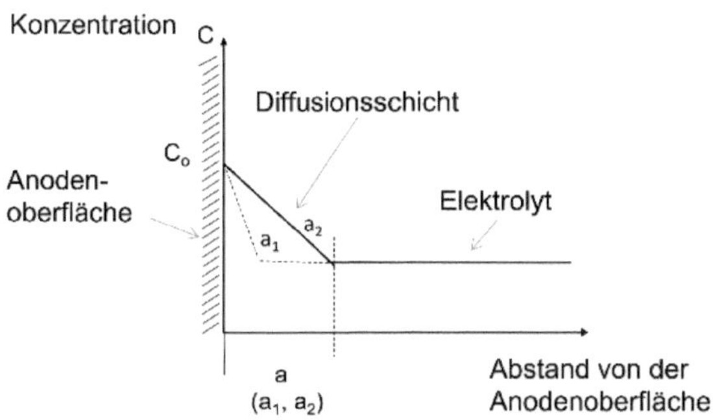

Legende
a_1 ... kürzerer Diffusionsweg
a_2 ... längerer Diffusionsweg
c ... Konzentration
a ... Abstände in der Diffusionsschicht (zum Berg a_1 bzw. zum Tal a_2, siehe Abb. 14 b)

Abbildung 14c

Abb. 14: Darstellung der anodischen Stromdichte (14 c) und des Glättungsvorgangs im Mikrobereich der Edelstahloberfläche (14 b) und Beschreibung der Metallionendiffusion durch die Diffusionsschicht des Elektrolyten in Abhängigkeit vom Konzentrationsgradienten (14 c) [1, S. 163, 164]

Abb. 14 a beschreibt die „bergige“ Bauteil- bzw. Anodenoberfläche mit schematischer Bergspitze A und Talsohle B. Im benetzenden Elektrolyten hat sich im geschlossenen Gleichstromkreis spontan ein elektrisches Feld zwischen Anode und Kathode aufgebaut.

Abb. 14 b beschreibt das verfahrenssignifikante Detail aus Abb. 14 a in unmittelbarer Nähe der Anodenoberfläche, wobei sich unmittelbar nach dem Schließen des Gleichstromkreises infolge spontaner anodischer Oxidation (= in Lösung gehen) der Anodenoberfläche positiv geladene Metallionen Me^{n+} (Kationen) im Elektrolyt nachweisen lassen, die in der Folge im elektrischen Feld Richtung Kathode gezielt (ab)transportiert werden.

Die Konzentration c der Metallionen im Elektrolyten ist unmittelbar an der Metalloberfläche am höchsten (c_o) und nimmt in dieser aktiven Randschicht (Diffusions- oder auch Polierschicht genannt) mit zunehmendem Abstand a von der Metalloberfläche ab, wobei das Konzentrationsgefälle in erster Näherung als linear angenommen werden kann. Die Diffusionsschicht a ist dabei in Relation zur Talsohle etwas breiter (a_2) als in Relation zur Bergspitze (a_1).

Außerhalb der Diffusionsschicht a ist der Gehalt (die Konzentration) an Metall-ionen im Elektrolyten mit c_E konstant.

Die metall- bzw. anodenoberflächennahe Diffusions- oder auch Polierschicht beschreibt also eine Elektrolytschicht mit (stark) erhöhtem Metallionengehalt, der vom unmittelbaren Wandbereich Richtung Kathode stetig abnimmt und im Elektrolyten mit c_E deutlich kleiner und konstant erkannt werden kann.

Verfahrensrelevant ist die Existenz der Diffusionsschicht insofern, dass innerhalb der Schicht ein deutlich unterschiedlicher und langsamerer Metallionentransportmechanismus zu erkennen ist im Vergleich zum ungestörten Metallionentransport im metallionenarmen Elektrolyten durch die ungestörte Wirkung des elektrischen Felds.

Abb. 14 c beschreibt die Zusammenhänge der sich einstellenden Diffusionsschicht zwischen unmittelbarer Anodenoberfläche und metallionenkonzentrationskonstantem Elektrolyten, wobei hier eine Vereinfachung vorgenommen wurde, sodass die Randkonzentration c_o in der Talsohle und auf der Bergspitze gleich ist. Streng genommen ist dieser Konzentrationswert allerdings unterschiedlich (c_o in der Talsohle ist kleiner als c_o auf der Bergspitze), weil die zeitgleiche Entstehungsmenge der Metallionen in der Talsohle kleiner ist als auf der Bergspitze, was sich anschaulich dadurch erklärt, dass die wirkende Stromdichte (in A/dm^2) auf der Bergspitze stets größer ist als in der Talsohle, wodurch letztlich auch der bekannte Einebnungseffekt im Mikrobereich erklärbar ist.

Die verstärkte Abtragswirkung (Einebnungseffekt im Mikrobereich) im Bergspitzenbereich in Relation zum Talsohlenbereich ist insofern der erhöhten Stromdichte im Bergspitzenbereich geschuldet und nicht der sich einstellenden Metallionenkonzentration c_o, die wiederum den Metallionentransport maßgeblich beeinflusst.

In diesem Zusammenhang ist auch auf verfahrenstechnische Störungen der Diffusionsschicht hinzuweisen – etwa durch verstärkten/konzentrierten lokalen Gasstrom. Derart gestörte Lokalbereiche, die bei Absenz einer steuernden Diffusionsschicht unter „ungestörter" anodischer Elektrolytwirkung elektrochemisch behandelt werden, zeigen typischerweise einen ungewöhnlich massiven Materialabtrag. Das Ergebnis sind dann in der Regel (lokal begrenzte) graue, matte Oberflächenbereiche, die u. U. auch eine erhöhte Oberflächenrauheit aufweisen können.

Der eigentliche elektrochemische Materialabtragsvorgang (Elektropolierprozess als anodischer Metalllösungsvorgang) ist einerseits dadurch gekennzeichnet, dass von der behandelten Bauteiloberfläche zeitabhängig kontrolliert Materialschichten abgetragen werden, die z. B. durch übliche geometrische Messtechniken (z. B. Messung der Reduzierung der Wanddicke eines Blechs mittels Mikrometerschraube) reproduzierbar erfasst und z. B. als W_{geom} in µm definiert werden können.

Gleichwertig erfolgt andererseits der elektrochemische Polierprozess unter Verwendung einer äußeren (Gleich-)Stromquelle als äquivalenter elektrischer Ladungsaustausch, wobei während des Prozessverlaufs elektrischer Strom fließt bzw. entsprechende elektrische Ladungsaustauschvorgänge ablaufen, die durch die korrespondierende Ladungsgröße $W_{ec} = I \cdot t$ in Amin beschrieben werden können, wobei I die Stromstärke in A und t die (Strom-)Wirkzeit in Minuten darstellt.

W_{geom} und W_{ec} sind grundsätzlich gleichwertige Materialabtragsgrößen und beschreiben ein und dasselbe Phänomen aus zwei unterschiedlichen aber stets äquivalenten Sichtweisen – rein geometrisch und rein nach dem elektrischen Ladungsaustausch, wie bereits von Faraday naturgesetzmäßig formuliert.

Zwischen den beiden Abtragsgrößen W_{geom} und W_{ec} besteht ein direkter bzw. linearer Zusammenhang über einen verfahrenskonstanten Proportionalitätsfaktor K:

$$W_{geom} = K \cdot W_{ec} \; [\, \mu m = \mu m/Amin \cdot Amin \,]$$

Der Proportionalitätsfaktor hat also die Dimension µm/Amin und stellt in der Geradengleichung W_{geom} über W_{ec} die Geradensteigung dar (siehe Abb. 15). Aus der elektrochemischen Sicht wird K auch als elektrochemisches Äquivalent bezeichnet, das für verschiedene Paarungen Metall bzw. Metalllegierung zu den entsprechenden Elektrolyten auch entsprechend variiert. Für die Paarung der austenitischen Edelstahllegierungen 1.4404/316L, 1.4435/316L, 1.4539/904L etc. in Elektrolyten aus H_3PO_4/H_2SO_4-Mischungen liegt K in einem Bereich von 0,70–0,75 µm/10 Amin. Die physikalische Herleitung des elektrochemischen Äquivalents K erfolgt mit Hilfe der Faradayschen Gesetze mit der Faradayschen Konstante F = 96.500 Cb/mol, der Avogadrozahl $P = 6{,}023 \,.10^{23}$ und der Wertigkeit der elektrochemisch oxidierten (gelösten) Metallatome der Legierung, wobei als Korrekturfaktor

(Ausbeutefaktor) auch die stets parallel ablaufende Wasserelektrolyse $H_2O \rightarrow H_2 + O_2$ zu berücksichtigen ist.

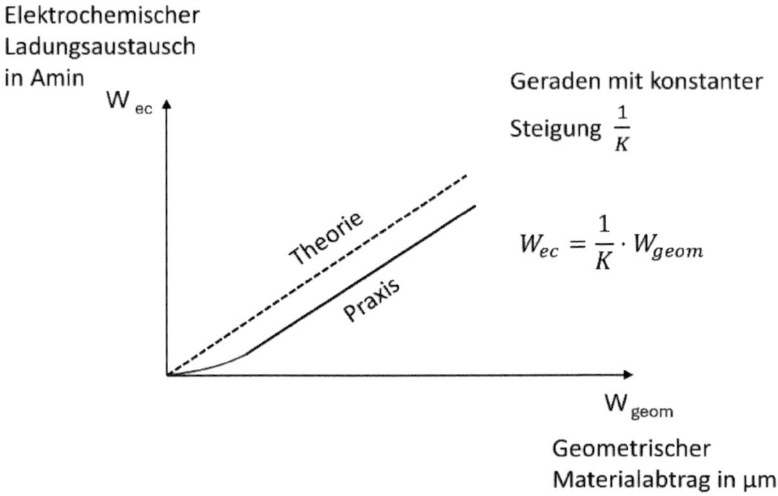

Ergänzende Hinweise:

K ... elektrochemisches Äquivalent in µm/Amin (errechnet aus der Faraday'schen Konstante und der „Ausbeuterelation" zwischen Metalloxidation und Wasserzersetzung in H_2 und O_2).

Theorie / Praxis-Geraden ... der verstärkte Abtrag im Anfangsbereich der „Praxisgerade" erklärt sich durch extreme Mikrospitzenbildung beim vorangegangenen mechanischen Schleifen.

Abb. 15: Zusammenhang von geometrischem Polierabtrag W_{geom} und elektrochemischem Ladungstransport W_{ec} über das elektrochemische Äquivalent K [1, S. 165]

Der Progressivbereich der „Praxiskurve" in Abb. 15 suggeriert zunächst einen überproportionalen Abtragsvorgang, ist aber den Mikrospitzen der mechanisch vorgeschilffenen Blechprobe geschuldet.

Ergänzend anzumerken ist an dieser Stelle, dass elektrochemisch zu polierende Metalloberflächen meist durch mechanische Verfahren (wie z. B. mechanisches Schleifen) vorbehandelt sind und daher z. B. bei mikroskopischer Prüfung typische Berg-Tal-Topografien zeigen, die auch die häufig definierten Rauheitswerte Ra/Rz der betreffenden Oberflächen stets maßgeblich bestimmen.

Beim Elektropolieren ist in diesem Zusammenhang zu beachten, dass der Materialabtrag in einem Elektrolytbad mittels elektrischem Gleichstrom durch anodische Oxidation erfolgt. Die dabei auf die anodische Oberfläche einwirkende Stromdichte (Gesamtstrommenge pro Flächeneinheit, A/dm^2) ist bei mikroskopischer Betrachtung in den Rauheitsspitzen merklich höher als in den Rauheitstälern, weshalb der zeitgleiche Materialabtrag der Bergspitze merklich größer ist als der Abtrag in der Talsohle.

Dieser Effekt bewirkt, dass innerhalb der ersten Minuten des Elektropolierprozesses, wenn vorwiegend die Rauheitsspitzen abgetragen werden, ein geometrisch überproportionaler Abtrag „vermutet“ werden könnte (siehe Abb. 15), was sich aber rasch wieder „linearisiert“, sodass sich stets ein merklicher Einebnungseffekt im Mikrobereich der Edelstahloberfläche einstellt.

Abb. 16 zeigt in diesem Zusammenhang die Abhängigkeit des elektrochemischen bzw. anodischen Materialabtrags von der anodischen Stromdichte und der Zeit bzw. vom Produkt Stromdichte · Zeit. Aus dieser Abbildung sind die Parameterkombinationen für das Elektropolieren für gleichen bzw. höheren (geometrischen) Abtrag gut erkennbar.

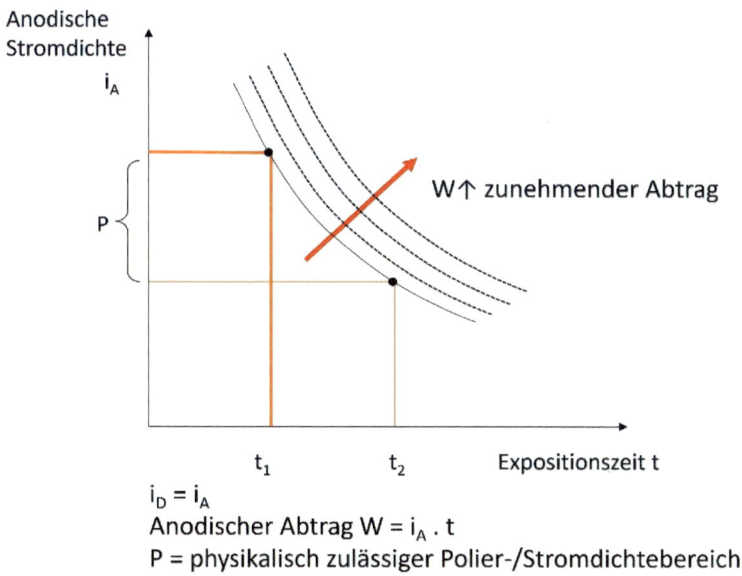

Abb. 16: Elektrochemischer bzw. anodischer Materialabtrag W in Abhängigkeit von anodischer Stromdichte und Zeit bzw. vom Produkt Stromdichte • Zeit [1, S. 164]

Der Abtrag beim elektrochemischen Polieren W (wie in Abb. 16 genannt) kann stets gleichwertig als W_{geom} in µm (gemessen z. B. mit Mikrometerschraube) oder aber als W_{ec} in Amin/dm² (definiert durch die exakten Strom-/Zeitdaten des applizierten Prozesses) angegeben werden.

Zu berücksichtigen ist, dass beim Elektropolieren grundsätzlich mit einem primären Aufrauhungseffekt nach ca. 3 ... 4 µm Materialabtrag zu rechnen ist. Dies erklärt sich aus der Öffnung singulärer Mikro-Topografien bei sehr geringen elektrochemischen Polierabträgen an der Oberfläche. Abb. 17 zeigt diesen Effekt schematisch.

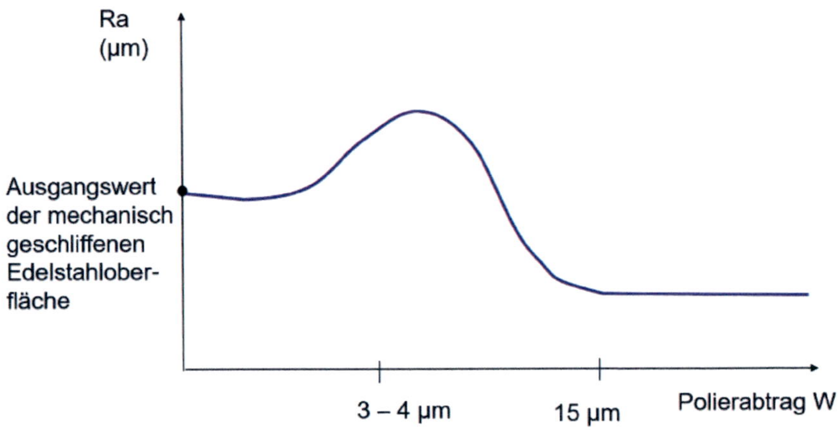

Abb. 17: Rauhigkeitsentwicklung über den elektrochemischen Polierabtrag [1, S. 165]

Ebenso gilt hier, dass der Abtrag beim elektrochemischen Polieren W (wie in Abb. 17 genannt) auch hier wieder gleichwertig als W_{geom} in µm (gemessen z. B. mit Mikrometerschraube) oder aber als W_{ec} in Amin/dm² (definiert durch die exakten Strom-/Zeitdaten des applizierten Prozesses) angegeben werden kann.

Das Ergebnis aus der Sicht von Topografie, Morphologie und Energieniveau zeigt, dass alle drei Betrachtungsfelder durch einen fachgerechten Elektropolierprozess eine erhebliche Qualitätsverbesserung erfahren.

Die Darstellung der Wirkung des Oberflächenbearbeitungsverfahrens Elektropolieren auf die typischen Oberflächeneigenschaften Topografie, Morphologie und Energieniveau ist in Abb. 18 dargestellt und zeigt, dass die Beeinflussung des Funktionalverhaltens der Oberfläche durch die elektrochemische Behandlungsmethode in jedem Falle sehr wesentliche Vorteile aufweist. Insoweit muss das Elektropolieren bei der Verfahrensbeurteilung im Vergleich z. B. insbesondere zur mechanischen Oberflächenbehandlung unbedingt gebührend berücksichtigt werden.

Einfluss des elektrochemischen Polierens (Elektropolieren) auf die Topografie, die Morphologie und das Energieniveau

Topografie (T)

- *Veränderung von Nachbarschaften durch belastungsfreien Materialabtrag*
- *Deutliche Reduzierung der Rauheit und des Flächenverhältnisfaktors f durch gezielte Mikroglättung*
- *Erhöhung des Glanzgrades*

Morphologie (M)

- *Entfernung aller geschädigten Oberflächenschichten durch gezielten, belastungsfreien Materialabtrag auf die ungestörte, reine Austenitschicht*
- *Ausbildung einer chromoxidreichen Passivschutzschicht*

Energieniveau (EN)

- *Reduzierung der Oberflächenspannung auf den spezifischen Werkstoffkennwert*

Abb. 18: Veränderung der Oberflächenparameter durch das elektrochemische Polieren (Elektropolieren) [1, S. 166]

5.5 Ergänzende Hinweise zum Elektropolieren von rostfreien Stählen

5.5.1 Elektropolieren von Ti/Nb-stabilisierten höher kohlenstoffhaltigen Edelstahllegierungen

Ein typisches Unterscheidungsmerkmal für austenitische Edelstahllegierungen ist die Einteilung in stabilisierte (wie z. B. 1.4541, 1.4571) und nicht stabilisierte bzw. gezielt niederkohlige Legierungstypen (wie z. B. 1.4301, 1.4401 oder aber 1.4306, 1.4404 etc.). Dabei ist zu berücksichtigen, dass die heute geläufigen niedrig gekohlten (low carbon) Legierungstypen, wie 1.4306, 1.4404/1.4435, 1.4539 etc., mit < 0,03 % C Anfang der 80er-Jahre noch kaum am Markt verfügbar waren und dafür die deutlich höher kohlenstoffhaltigen Legierungen wie 1.4301, 1.4401, 1.4436 etc. mit < 0,08 % C angeboten wurden. Speziell die schweiß- und auch die glühtechnische Verarbeitung der höher kohlenstoffhaltigen Legierungen hat dabei häufig Folgeprobleme durch die korrosionskritische Bildung von Chromcarbiden

(Sensibilisierung) verursacht. Eine Form der Abhilfe war die Stabilisierung dieser höher kohlenstoffhaltigen Legierungen durch den gezielten Zusatz von starken Carbidbildnern wie Ti oder Nb in die Schmelze, wodurch sich chemisch stabile Ti- oder Nb-Carbide in meist partikulärer Form gebildet haben, indem der „überschüssige“ Kohlenstoff gesichert und chemisch stabil abgebunden wurde und so die Bildung von Chromcarbiden während nachfolgender Wärmebehandlungen gesichert vermieden werden konnte.

Die entstandenen Ti- bzw. Nb-Carbide haben in der Legierung beim Erstarrungsvorgang meist mehr oder minder große Agglomerate bzw. Partikel gebildet, die quasi feindispers in der Legierung als „Verunreinigungen“ (ähnlich Schlackeverunreinigungen wie z. B. Al_2O_3) eingelagert wurden.

Bei der Oberflächenbearbeitung von Bauteilen aus einer stabilisierten Legierung zeigen sich die Nachteile in der Form, dass die mechanisch äußerst harten und chemisch inerten Partikel

- beim mechanischen Schleifen/Polieren als typische Hartstoffeinlagen zur „Fischchenbildung“ führen und
- beim elektrochemischen Polieren als fein verteilte „Verunreinigungen“ fühl- und sichtbar – und stark abhängig von der Partikelgröße und dem Verteilungsgrad – auf der Oberfläche erkennbar sind

Das Elektropolieren (bzw. auch das mechanische Polieren in Kombination mit einem nachgeschalteten Elektropolieren) von Bauteilen aus stabilisierten Legierungen wird aus diesem Grunde aber grundsätzlich nicht als unproblematisch bzw. nachteilig angesehen.

5.5.2 Beurteilung von elektropolierten Edelstahloberflächen

Edelstahloberflächen von Bauteilen sind stets das Ergebnis von nicht völlig verunreinigungsfreien technischen Werkstoffen, die durch technische Bearbeitungsverfahren im Rahmen zulässiger Toleranzen erstellt worden sind und aus diesem Grunde im Endzustand auch stets entsprechende Fehlstellen aufweisen, die anhand vorliegender Spezifikationen und Normen zu bewerten sind. Neben systematisch und reproduzierbar messbaren Größen wie z. B. den Rauheitswerten Ra/Rz, der Härte etc. ist vor allem hinsichtlich der visuellen bzw. mikroskopischen Beurteilung immer wieder das Problem der subjektiven Bewertung von speziellen Oberflächenerscheinungen wie z. B. Kratzer, Dellen, Mattstellen, Schleifriefen, Poren, Schlackeausschwemmungen, Einbrandkerben etc. als Hauptproblem im Rahmen von Oberflächenabnahmen vor Ort zu erkennen – insbesondere auch bei der Beurteilung von elektropolierten Edelstahloberflächen. In Anlehnung an Beurteilungskriterien z. B. der ASME BPE oder DIN 11865/66 für elektropolierte Oberflächen ist in diesem Zusammenhang auch eine Option, einen Katalog mit typischen Defektarten zu erstellen, der in „Gut-Schlecht"-Beispiele klassifiziert ist, um bei der Abnahme zwischen Auftragnehmer und Auftraggeber möglichst einvernehmliche Entscheidungen zu ermöglichen.

5.5.3 Passivieren und Dekapieren von elektropolierten Edelstahloberflächen

Unter Passivieren versteht man kontrollierte chemische Maßnahmen (Oxidation mit O_2) zum systematischen Aufbau einer chromoxidreichen Passivschutzschicht auf einer Edelstahloberfläche.

Unter Dekapieren versteht man die chemische Maßnahme, restliche Metallsalze aus chemischen Vorprozessen (z. B. Beizen) bzw. elektrochemischen Vorprozessen (z. B. Elektropolieren) kontrolliert mittels eines sauren Spülmediums gesichert zu entfernen.

Beide Prozesse werden z. B. bei typischen austenitischen Edelstahllegierungen wie 1.4301, 1.4401, 1.4404 etc. durch eine kontrollierte Spülung mit verdünnter HNO_3 + geeigneten Additiven erfolgreich erfüllt.

Insbesondere beim Passivieren handelt es sich um eine mehr oder minder kontrollierte Chemiesorption von Sauerstoff in die oberste Materialschicht zum Aufbau der ca. 5 ... 10 Molekküllagen (= 1,5...2,5 nm) dicken Passivschicht.

Als Passivierverfahren kennt man

- die einfache Luftpassivierung durch Luftsauerstoff O_2 (jedoch mit eher mäßigem Resultat)
- die einfache Wasserpassivierung mittels in konditioniertem (kalten) Wasser gelösten Luftsauerstoff O_2 (mit in der Regel ebenfalls eher mäßigem Resultat) und
- die technisch/chemisch kontrollierte Passivierung mit sauerstoffspendenden Chemikalien wie z. B. H_2O_2, HNO_3 etc., wobei grundsätzlich hochreaktiver atomarer Sauerstoff O angeboten wird

Entgegen vielen Behauptungen in halbwissenschaftlichen Werbeschriften zeigen wissenschaftlich fundierte Oberflächenuntersuchungen mittels Analysen mit AUGER/AES (Auger-Elektronenspektroskopie), ESCA/XPS (Photoelektronen-Spektroskopie), SIMS (Sekundärionen-Massenspektrometrie), GEDOS (optische Glimmentladungsspektroskopie) etc., dass die Wahl des Passivierverfahrens auch die erreichbare Qualität der Passivschicht hinsichtlich Schichtmorphologie (Cr/Fe-Verhältnis und Cr-Oxid/Fe-Oxid-Verhältnis) und Schichtdicke s maßgeblich und nachhaltig beeinflusst. Abschließende chemische Reinigungsverfahren der Passivschicht durch selektive Fe-/Fe-Oxidabreinigung erlauben eine zusätzliche Optimierung der Passivschichtverhältnisse und dadurch auch eine merkliche Verbesserung des Korrosionswiderstandsverhaltens der betreffenden Edelstahloberfläche im Praxiseinsatz.

Bei der simplen Luftpassivierung ist davon auszugehen, dass die Passivierungsreaktion (gezielte Metalloxidation) über ca. 35–45 h erfolgt und dabei sichergestellt werden muss, dass die Bauteiloberfläche während dieser „Reaktionszeit" entsprechend geschützt und „sauber" gehalten wird, um unerwünschte Zwischenreaktionen mit (korrosionsrelevanten) Verunreinigungsstoffen sicher zu vermeiden. Das sich einstellende Cr/Fe-Verhältnis liegt dabei meist bei < 1 und die erreichbaren chromoxidreichen Schichtdicken bei 2–4 Moleküllagen (< 1 nm).

Bei der Wasserpassivierung erfolgt die Passivierungsreaktion über ca. 8–16 h, wobei die Sicherung der Bauteiloberfläche unbedingt möglichst kalte und reine sowie sauerstoffreiche Wasserqualitäten benötigt. Das sich einstellende Cr/Fe-Verhältnis liegt ebenfalls meist < 1 und die erreichbaren chromoxidreichen Schichtdicken werden meist mit 2–4 Moleküllagen (< 1 nm) beschrieben.

Eine optimale Passivschichtausbildung ist nach den aktuell bekannten Reaktionsprinzipien also weder bei der Luft- noch bei der Wasserpassivierung zu erwarten.

Bei der Salpetersäurepassivierung erfolgt die Passivierungsreaktion dagegen innerhalb von 5–15 min und lässt stabile Cr/Fe-Verhältnisse von >> 1 ... 2 erreichen und zeigt chromoxidreiche Passivschichtdicken von 8 ... 12 Moleküllagen (> 2 nm). Die Ursache für die durchgehend vorteilhaften Verhältnisse betreffend der HNO_3-Passivierung ergeben sich aus chemischer Sicht im Einsatz von atomarem Sauerstoff, wodurch sich entsprechend rasche und tiefenwirksame Diffusions- und Reaktionsvorgänge chemisch-physikalisch anschaulich erklären lassen.

In Abb. 19 sind die grundsätzlichen Aspekte des Passivierens von Edelstahloberflächen zusammenfassend dargestellt und die Auswirkungen der Passivierungsbehandlung auf die Topografie, die Morphologie und das Energieniveau bzw. den Ladungszustand angeführt. Es ist festzuhalten, dass sich das Passivieren ausschließlich vorteilhaft auf die Morphologie der Edelstahloberfläche auswirkt, im Wesentlichen in der Sicherung einer ausgeprägten Chromoxidbildung. Die Zitronensäure – oft als Zusatz in nasschemischen Passiviermedien – wirkt hier in der Regel ausschließlich als chelatierendes Oberflächenreinigungsmedium und hat keine nachweisliche (chemisch) passivierende Wirkung.

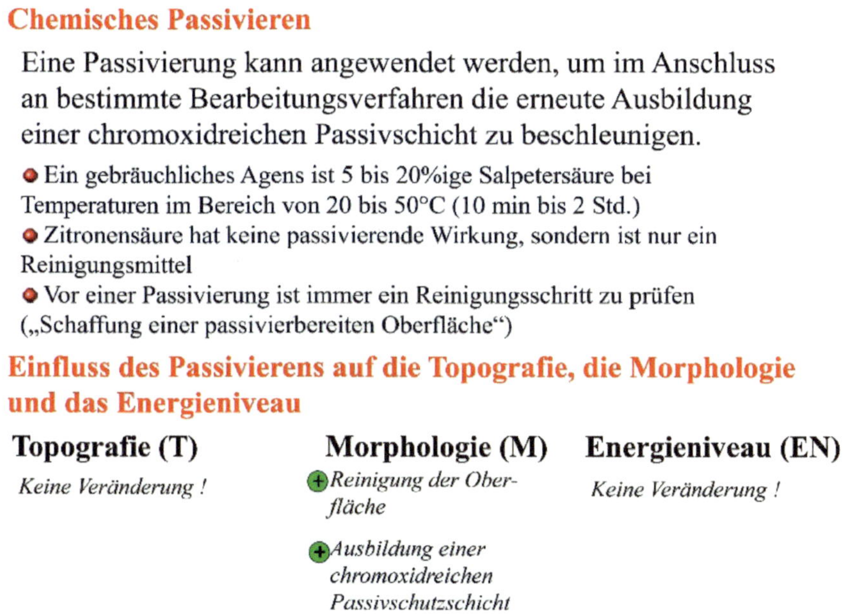

Abb. 19: Aspekte der Passivierbehandlung von Edelstahloberflächen [1, S. 168]

Bei der Prüfung der Passivschichtqualität kann zwischen einer quantitativen und qualitativen Prüfung unterschieden werden.

Die unterschiedlichen Methoden der Passivschichtprüfung sind in Abb. 20 zusammenfassend dargestellt.

Bei der quantitativen Prüfung werden mittels Oberflächenanalytik Kenngrößen der Passivschicht gemessen bzw. bestimmt (Cr/Fe-Verhältnis, Cr-Oxid/Fe-Oxid-Verhältnis und Schichtdicke s). Bei der qualitativen Prüfung erfolgt die Passivschichtprüfung indirekt in der Form, dass die Korrosionsbeständigkeit der Oberfläche geprüft wird und daraus auf eine intakte (vorhandene) oder eben nicht intakte (gestörte) Passivschicht geschlossen wird. Beispiel für eine elektrochemische Prüfung könnte die Bestimmung des Lochfraßpotentials (in mV) sein, für die chemische Prüfung sei z. B. der Ferroxyltest oder das Korropad angeführt, wobei diese beiden Tests auf die Prüfung auf „freies, reagierbares" Eisen auf der Edelstahloberfläche basieren. In diesem Fall würde die Lösung bzw. der Test einen Farbumschlag in „Berliner Blau" zeigen.

Passivschichtprüfungen sollten stets in einem Prüfprotokoll dokumentiert werden.

Abb. 20: Übersicht Passivschichtprüfungen

5.5.4 Spezifikation und Qualifizierung des Elektropolierprozesses

In der Betriebspraxis eingesetzte Oberflächenbehandlungen müssen aus einer Reihe von Gründen stets technisch ausreichend definiert werden – nicht zuletzt, um einerseits die Vereinbarung zwischen dem Hersteller und dem Nutzer einer entsprechenden Anlage auf ein rechtsverbindliches Niveau zu stellen, sowie andererseits den Anforderungen der Anwendung z. B. in der pharmazeutischen, biotechnologischen Industrie oder Halbleiterindustrie nachvollziehbar zu entsprechen.

Der Hersteller einer Anlage bzw. einer funktionalen Edelstahloberfläche hat dabei das Interesse, die fachgerechte Herstellungsprozedur durch eine ausreichende Verfahrensdefinition reproduzierbar zu machen und dadurch auch entscheidende Kalkulationsgrundlagen zu haben, wobei die Verfahrensdefinition grundsätzlich im Rahmen einer technischen Zeichnung und fallweise auch in einer ergänzenden Herstellungsbeschreibung erfolgt.

Der Anlagennutzer ist betreffend einer funktionalen Edelstahloberfläche neben Kostenaspekten meist an dem Zusammenhang Oberflächenzustand versus Verhalten der Oberfläche im Betriebszustand interessiert, wobei unter dem Begriff des „Verhaltens“ meist eine Summe von Einzelaspekten wie Korrosions-, Hygiene-, CIP-Reinigungs-, -Partikelabgabeverhalten etc. subsummiert werden kann.

Die Forderung der Verfahrensdefinition der jeweiligen Oberflächenbearbeitungsmethodik einschließlich einer Dokumentation der applizierten Oberflächenbehandlungsprozesse beinhaltet in diesem Sinne also eine entsprechende Verfahrensqualifizierung unter Nutzung der jeweils signifikanten Verfahrensparameter.

Fachgerecht elektropolierte Edelstahloberflächen werden dabei durch die möglichst exakte Definition der Verfahrensparameter in der Bearbeitungsdokumentation reproduzierbar festgelegt.

Die kennzeichnenden Parameter des applizierten Elektropolierprozesses sind:

- verwendeter Elektrolyt (Hauptbestandteile und deren Grundkonzentration) samt Elektrolytdichte, Eisengehalt und Betriebstemperatur
- angelegte elektrische Gleichspannung

- Gesamtstrom und mittlere Stromdichte und
- Abtragszeit als effektive Wirkzeit unter o. g. Stromdichte

Mit diesen Verfahrensdaten lässt sich der mittlere applizierte elektrochemische Abtrag mit Hilfe der Faradayschen Gesetze mit ausreichender Genauigkeit rechnerisch bestimmen/kontrollieren.

Ein weiterer Hinweis zur Qualifizierung einer fachgerecht elektropolierten Edelstahloberfläche (insbesondere von austenitischen Legierungen wie 1.4404 o.ä.) ist die Prüfung der Oberfläche auf ein verfahrenstypisches Glanzverhalten, welches sich infolge der Glättung der Oberflächenstrukturen im Mikrobereich einstellt. Kann diese typische Glanzausbildung nicht erkannt werden, deutet dies entweder auf Verfahrensanwendungsfehler und/oder aber auf Werkstoff- oder Oberflächenvorbearbeitungsfehler hin. Eventuelle Verfahrensfehler des Elektropolierprozesses können dabei mittels der dokumentierten Verfahrensanwendungsparameter erkannt werden.

5.6 Literatur

[1] Henkel, G., Rau, J., Henkel, B.: Topografie und Morphologie funktionaler Edelstahloberflächen, 2. Aufl., Kontakt & Studium Band 691, Renningen: Expert Verlag, 2015.

[2] Henkel, G., Stieneker, F., Wesch, M.: Lexikon der Pharma-Technologie – Werkstoffe und Verfahren, 2. Aufl., Aulendorf: Editio Cantor Verlag, 2013.

[3] Landolt, D.: Review Article Fundamental Aspects of Elektropolishing, In: Electrochemica Acta, Vol. 32, No. 1, 1987, pp 1–11.

[4] Henkel, B., Odwody, C.: Gesichtspunkte zur Beurteilung von austenitischen Edelstahloberflächen mit chemischer und elektrochemischer Oberflächenbehandlung, In: Schweiß- und Prüftechnik 11–12/2021, ÖGS (Österreichische Gesellschaft für Schweißtechnik), 2021, S. 180–183.

[5] Henkel, G., Henkel, B.: Passivieren von Edelstahlrohrleitungen, In: TechnoPharm 3, Nr. 1, Aulendorf: Editio Cantor Verlag, 2013, S. 40–44.

[6] Wulff, J.: Effect of surface contitioning on microstructure, Stainless Steel Conference in New York (USA), 1947.

[7] EHEDG Guideline Doc 18 (2014): Chemical Treatment of Stainless Steel Surfaces, Second Edition, Frankfurt 2014.

6 Oberflächenhärtung von nichtrostenden Stählen

Alexandra Bauer

Die Oberflächenhärtung umfasst eine Vielzahl von Techniken. Am häufigsten wird sie eingesetzt, um die Verschleißfestigkeit von Bauteilen zu verbessern, ohne das weichere, zähe Basismaterial zu beeinträchtigen. Dabei stellt das Härten von nichtrostenden Stählen eine besondere Herausforderung dar, da sich diese Werkstoffklasse nicht mit den konventionellen Verfahren wie Nitrieren oder Borieren härten lässt ohne die Korrosionseigenschaften zu beeinflussen.

6.1 Grundlagen

Nichtrostende Stähle vereinen eine Vielzahl von herausragenden Eigenschaften, die zum Einsatz in den unterschiedlichsten Industriebereichen wie der chemischen Verfahrenstechnik, Lebensmittel- und Getränke-Verarbeitung, Medizintechnik und Automobilbranche führen. Besonders hervorzuheben sind die austenitischen Güten, die durch eine außerordentliche Korrosionsbeständigkeit, biologische Kompatibilität, hohe Verformbarkeit mit ausgezeichneten Zähigkeitseigenschaften sowohl bei hohen als auch niedrigen Einsatztemperaturen, gute Schweißbarkeit und ein amagnetisches Verhalten charakterisiert sind. Das tribologische Verhalten von nichtrostenden Stählen ist jedoch durch einen hohen Reibkoeffizienten und damit ein limitiertes Verschleißverhalten gekennzeichnet, welche die Gefahr von Festfressen oder Materialverlust mit sich bringen [1]. Daher muss für Anwendungen, die neben den oben genannten Eigenschaften auch eine hohe Verschleißfestigkeit fordern, die Oberfläche von nichtrostenden Stählen gehärtet werden. Ein innovatives Oberflächenhärtungsverfahren, das Kolsterisieren® [2] wird im Folgenden genauer beschrieben und dessen Effekte auf die Verschleißbeständigkeit sowie geeignete Anwendungsbeispiele aufgezeigt.

6.2 Prozessbeschreibung

Bei dem Verfahren Kolsterisieren® handelt es sich um eine Behandlungsmethode, die mittels thermochemischer Reaktion bei niedrigen Temperaturen (kleiner 500 °C) enorme Mengen an Kohlenstoff interstitiell in das Werkstoffgitter einlagert. Der eingebrachte Kohlenstoff kann zu einer Steigerung der Oberflächenhärte um das 8-fache mit Härtewerten von 800 bis 1300 HV0.05 führen. Diese Randschichthärtung erfolgt üblicherweise über einen Bereich von ca. 10 bis 40 µm [2-5]. Die Gefügeausbildung als heller Randbereich exemplarisch an einem austenitischen CrNi-Stahl in Abb. 1 dargestellt, lässt erkennen, dass ein homogenes, ausscheidungsfreies Gefüge vorliegt. Es wird deutlich, dass es sich bei diesen Oberflächenhärtungsverfahren um einen diffusionsähnlichen Vorgang handelt. Die Gefügeausbildung in der Randzone wird nicht verändert, es ist sogar möglich die Korngrenzenverläufe in der Diffusionszone zu verfolgen, wobei die Anätzbarkeit dieser Zone gegenüber dem Grundmaterial deutlich verringert ist.

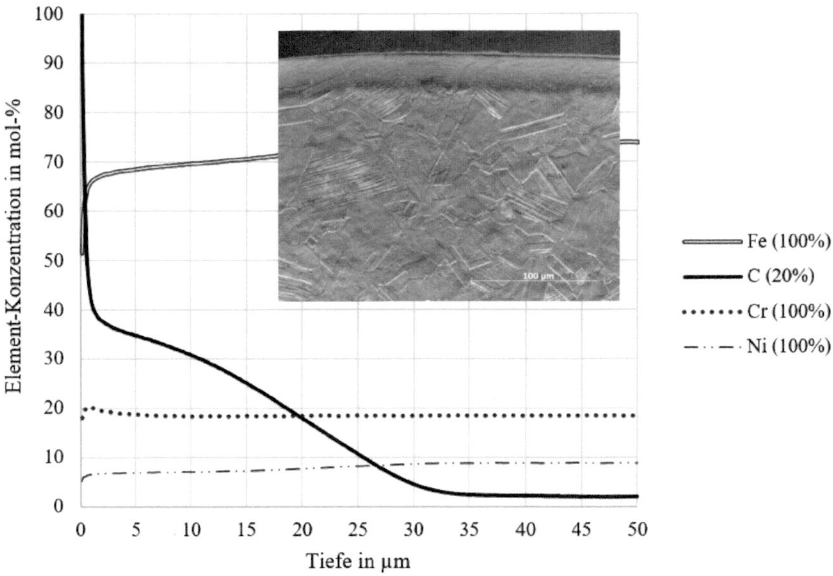

Abb. 1: Lichtmikroskopische Gefügeausbildung der Randzone und chemische Zusammensetzung (GDOES Tiefenprofilanalyse von Fe, Cr, Ni und C in mol%) eines kolsterisierten CrNi-Stahls X5CrNi18-10 (1.4301)

Die Grundzusammensetzung des Werkstoffes bleibt im Bereich der gehärteten Zone erhalten, lediglich der Kohlenstoffgehalt wird bei der Oberflächenhärtung in der Diffusionszone erhöht (Abb. 1). Die reine Anreicherung von Kohlenstoff in der Randschicht qualifiziert dieses Verfahren für einige der wichtigsten Einsatzbereiche der nichtrostenden Stähle, wie die Lebensmittel- und die Medizintechnik.

Der im Gitter gelöste Kohlenstoff führt zu einer deutlichen Härtesteigerung wie am Beispiel von Nano-Härteverläufen eines oberflächengehärteten austenitischen und Duplexstahles zu erkennen ist (Abb. 2). Die Härte an der Oberfläche erreicht in beiden Fällen um 14 GPa, was einer Härte von ca. 1200 HV entspricht, und fällt im weiteren Verlauf graduell auf die Härte des Grundmateriales ab. Je nach den gewählten Verfahrensparametern kann mit diesem Verfahren eine unterschiedliche Einhärtetiefe eingestellt werden. So werden Duplexstähle mit einem gesonderten Verfahren gehärtet, um auf die spezifische Temperatursensibilität dieser Werkstoffgruppe Rücksicht zu nehmen, weshalb die Einhärtetiefe etwas schwächer ausgeprägt ist als bei den austenitischen Stählen [5, 6].

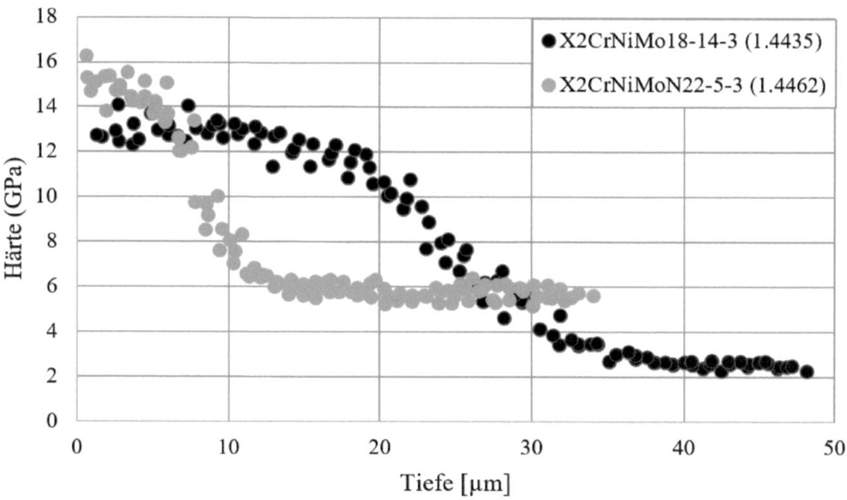

Abb. 2: Nano-Härteverlauf (Berkovich Eindringkörper, 100 mN Prüfkraft) an kolsterisierten Proben aus X2CrNiMo18-14-3 (1.4435) und X2CrNiMoN22-5-3 (1.4462)

6.3 Einfluss der Oberflächenhärtung auf die Verschleißbeständigkeit

Verschleiß ist der physikalische Abtrag von Material an einem festen Körper. Er kann in drei Kategorien eingeteilt werden: abrasiver, adhäsiver und ermüdender Verschleiß. Dabei hängt der Grad des Materialabtrags stets mit dem Widerstand der Werkstoffoberfläche zusammen. Je härter der Werkstoff ist, ohne dabei spröde zu reagieren, desto beständiger ist er. Daher stellt das Oberflächenhärten mittels Niedertemperaturdiffusion von Kohlenstoff eine ideale Kombination aus harter, verschleißfester Oberfläche und gleichzeitigem Erhalt der mechanischen Kerngrößen wie Zähigkeit und Festigkeit dar [1].

6.3.1 Abrasionsbeständigkeit

Abrasiver Verschleiß liegt vor, wenn zwei Oberflächen aneinander reiben und die härtere Oberfläche die weichere abträgt. Dieser Verschleißtyp zeichnet sich durch ein raues Aussehen der betroffenen Oberfläche aus. Mit der Oberflächenhärtung soll der Reibwiderstand konstant niedrig gehalten werden, um so der Abrasion vorzubeugen [1]. Dieses Ziel wird mit dem Kolsterisieren® deutlich erreicht, was anhand von Trockenreibversuchen mit einem rotierenden Tribometer nach dem Kugel-Scheibe-Prinzip bewiesen werden konnte. Bei diesem Test reibt eine eingespannte Aluminiumoxid-Kugel (Durchmesser 5 mm) mit einer definierten Normalkraft von 20 N auf einer Kreisbahn von 20 mm Durchmesser über eine rotierende Prüf-Scheibe. Die Temperatur (25 ± 2 °C) und Luftfeuchtigkeit (40 ± 3 %) werden konstant gehalten, sodass eine Vergleichbarkeit gegeben ist. Nach einer Strecke von 500 m wird der Verschleißzustand der Scheibe aus nichtrostendem Stahl sowohl optisch als auch profilometrisch verglichen. Die Ergebnisse, dargestellt in Abb. 3 und Abb. 4, zeigen eine deutliche Verringerung des abrasiven Verschleißes, wenn die Oberfläche zuvor durch Kolsterisieren® gehärtet ist.

Aus einem weiteren, vergleichenden Kugel-Scheibe-Versuch (Abb. 4) geht hervor, dass ein oberflächenbehandelter austenitischer Werkstoff sogar eine höhere Verschleißbeständigkeit als ein martensitischer, vergüteter Chromstahl X90CrMoV18 (1.4112) aufweist, der oftmals für verschleiß-beanspruchte Bauteile eingesetzt wird, dessen Korrosionsbeständigkeit in vielen Anwendungsfällen jedoch nicht ausreicht.

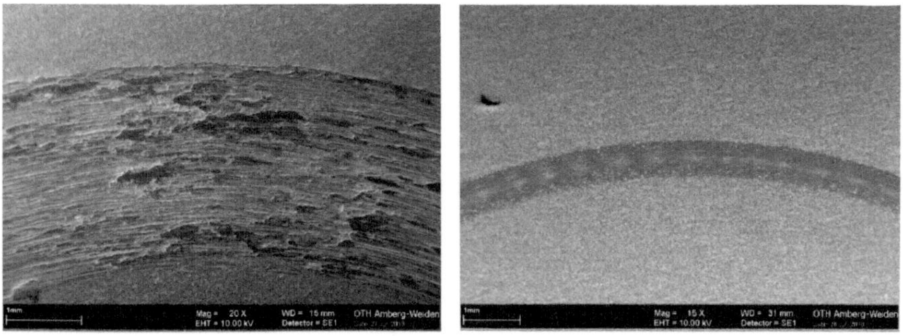

Abb. 3: Einfluss von Kolsterisieren®s auf das Verschleißverhalten im Kugel-Scheibe-Versuch. Werkstoff: X2CrNiMo17-12-2 (1.4404) Scheibe mit #600 geschliffen, gegen Al_2O_3-Kugel (d = 5 mm), Belastung: 20 N, Umdrehungsgeschwindigkeit: 100 UPM, Verschleißspurdurchmesser: 20 mm, Distanz: 500 m. Links: unbehandelt. Rechts: mit Kolsterisieren®

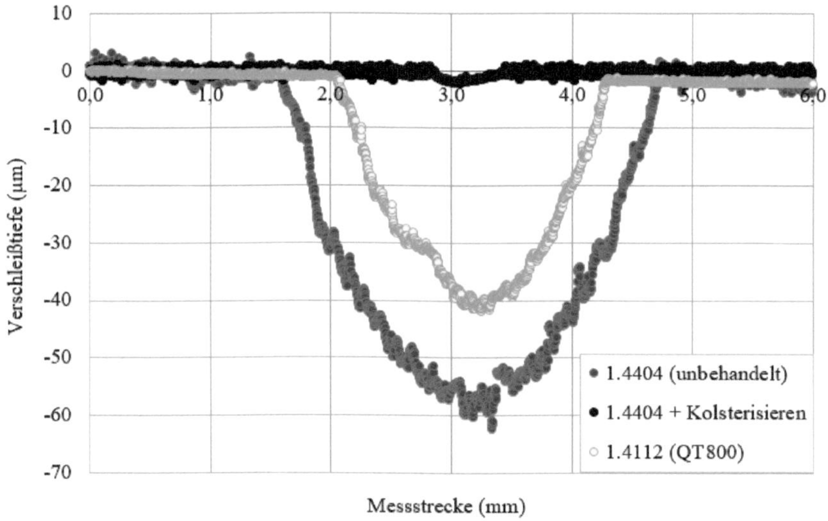

Abb. 4: Verschleißverhalten von X2CrNiMo17-12-2 (1.4404) im Kugel-Scheibe-Versuch; Al_2O_3-Kugel mit 5 mm Durchmesser, 20 N Normalkraft, 100 UPM, 20 mm Verschleißspurdurchmesser, 500 m Distanz. Unbehandelter und kolsterisierter Zustand vs. X90CrMoV18 (1.4112) vergütet zu QT800

6.3.2 Adhäsionsbeständigkeit

Adhäsiver Verschleiß wird wie abrasiver Verschleiß durch aufeinander reibende, unter Belastung stehende Oberflächen verursacht. Bei adhäsivem Verschleiß entstehen durch Reibung an den ersten Berührungspunkten (Materialerhebungen an gegenüberliegenden Flächen) hohe lokale Temperaturen. Diese Materialerhebungen können sich aufgrund des lokalen Temperaturanstiegs verformen und miteinander verschweißen. Sie brechen entweder ab und fallen als lose Partikel in die Reibflächen oder führen zum bekannten „Festfressen" [1, 2]. Bei einem standardisierten Laborversuch nach ASTM G98 im Button-Block-Prinzip hat sich gezeigt, dass der adhäsive Verschleiß durch eine Oberflächenhärtung erheblich reduziert und die maximal wirkende Flächenkraft, bekannt als „Galling threshold" (dt.: Grenzwert bis Kaltverschweißen) wesentlich höher angesetzt werden kann. Die Prüflinge bestanden jeweils aus einem unbehandelten und einem gehärteten Gegenpartner (Abb. 5) [7].

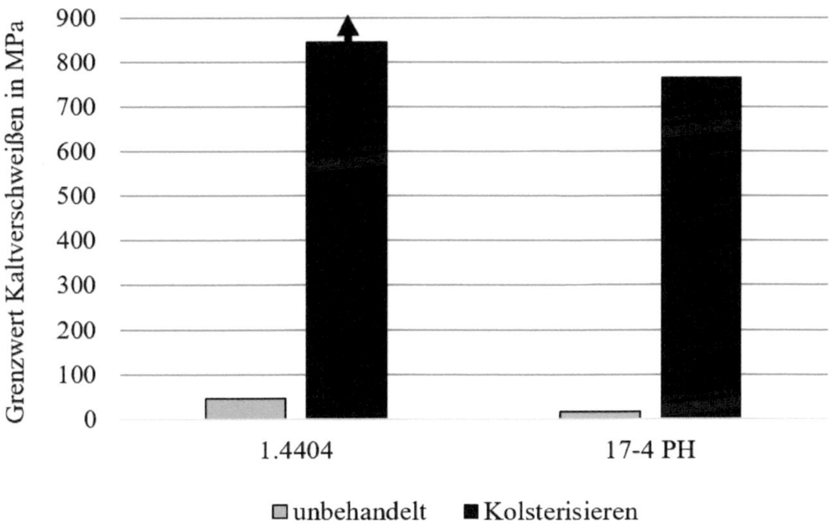

Abb. 5: Einfluss der Oberflächenhärtung auf die Beständigkeit gegenüber Festfressen nach ASTM G98; je höher der Fress-Grenzwert, desto verschleißbeständiger das Material. Ergebnisse für X2CrNiMo17-12-2 (1.4404) und X5CrNiCuNb16-4 (17-4PH) ohne (unbehandelt) und mit Kolsterisieren® [7].

Oftmals reicht es daher schon aus, nur einen der beiden Reibpartner mit einer Oberflächenhärtung zu versehen. Dies wurde in praxisnahen Tests an A4-Schraubverbindungen ohne Schmierung untersucht. Unbehandelte und kolsterisierte Schrauben wurden 100 Installationszyklen unterzogen, wobei der Gegenpart, die Mutter, unbehandelt blieb. Exemplarisch ist in Abb. 6 (links) erkennbar, dass die unbehandelte Schraube nach bereits einem Installationszyklus deutliche Verschleißerscheinungen auf der Gewindeflanke aufweist. Mit einem solchen Grad der Oberflächenzerrüttung wird die Schraube ein ungleichmäßiges Verhalten zeigen und die gewünschte Klemmkraft bei einem vorgegebenen Drehmoment nicht erreichen. Dahingegen zeigt die kolsterisierte Schraube in Abb. 6 (rechts) selbst nach 100 Zyklen und einem deutlich höheren Anzugsmoment keine Veränderung der Oberflächenstruktur [8, 9].

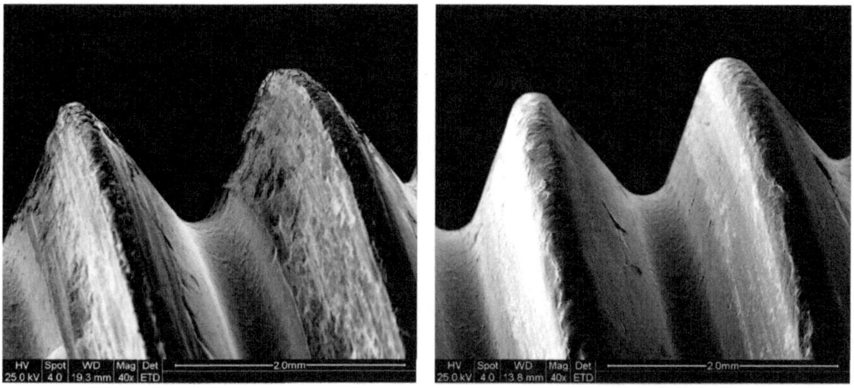

Abb. 6: Rasterelektronenmikroskopische Darstellung von A4-Schraubgewinden nach Trockeninstallation. Links: unbehandelte Schraube nach einmaliger Installation mit 73 Nm Anzugsmoment. Rechts: kolsterisierte Schraube nach 100 Installationszyklen mit 183 Nm Anzugsmoment ([9], S. 103)

6.3.3 Ermüdungsfestigkeit / Oberflächenzerrüttung

Ermüdungsverschleiß tritt immer dann auf, wenn eine zyklische Belastung (Druck, Zug, Biegung oder Torsion) einen lokalen und fortschreitenden strukturellen Schaden im Werkstoff verursacht. Hierdurch entstehen Mikrorisse, die durch weitere Belastungszyklen stetig wachsen bis es zum finalen Versagen kommt. Diese Schadensart kann auch schon dann auftreten, wenn die wirkende Last weit unter der statischen Werkstofffestigkeit liegt

[1, 10, 11]. In einem einfachen Biegeversuch zeigt sich die kolsterisierte Oberfläche eines austenitischen nichtrostenden Stahls als duktil und verformt sich mit der induzierten Belastung, wohingegen eine vernickelte Probe bei gleichem Biegewinkel eine intensive Rissbildung zeigt. Zwar sind Risse an der oberflächengehärteten Zone bei sehr hoher Biegebelastung nicht auszuschließen, dennoch sind hier keine Delaminationsprobleme, wie das Abblättern und Abplatzen einer Beschichtung, vorhanden (Abb. 7).

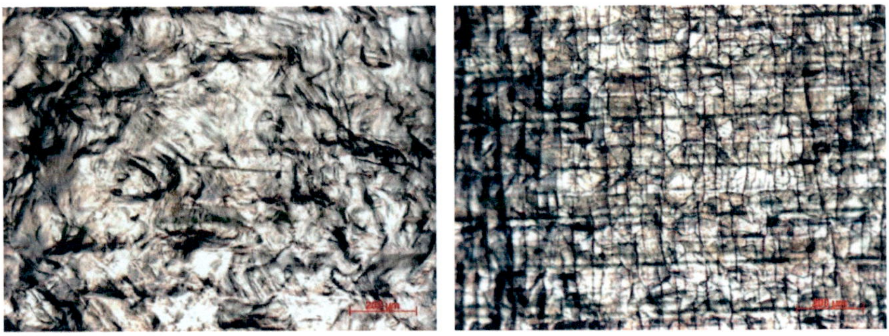

Abb. 7: Verhalten eines austenitischen CrNiMo-Stahlblechs mit 5 mm Dicke nach einmaliger Biegung um 70°. Links: Kolsterisieren® mit 25 µm Diffusionszone, duktiles Verhalten auch bei Biegebelastung. Rechts: vernickelt mit 20 µm Schichtdicke, Risse in der Beschichtung

Neben der einfachen Biegefestigkeit kann auch die Dauer(schwing)festigkeit von nichtrostendem Stahl durch das Kolsterisieren® gesteigert werden. Dies zeigten Umlaufbiegeversuche nach ISO 1143 mit 50 Hz Lastfrequenz an austenitischen Rundproben. In Abb. 8 ist erkennbar, dass das Oberflächenhärten die Dauerfestigkeit um mehr als 40 % (521 MPa) im Vergleich zum nicht gehärteten Zustand (366 MPa) erhöht. Die lokale Ungleichmäßigkeit des Gitters aufgrund der eingebetteten Zwischengitterelemente hemmt die plastische Verformung, indem sie die Versetzungsbewegung durch Druckeigenspannungsfelder behindert. Dadurch wird die Rissentstehung verzögert und die Rissbildung in das Materialinnere hinter die Diffusionszone verlagert [12].

6.4 Einfluss der Oberflächenhärtung auf die Korrosionsbeständigkeit

Offensichtlich sind die Verfahrensparameter so abgestimmt, dass es nicht zur Chromkarbidbildung kommt, die zwangsläufig eine Verminderung der

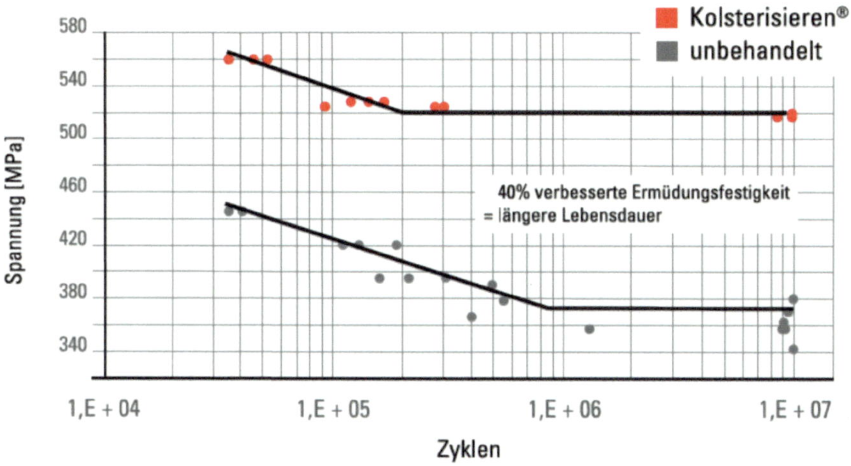

Abb. 8: Wöhler-Diagramm eines nicht gehärteten und kolsterisierten austenitischen nichtrostenden Stahls X2CrNiMo17-12-2 (1.4404) mit deutlicher Steigerung der Dauer(schwing)festigkeit um ca. 40 % mit Kolsterisieren ([12], S. 1782)

Korrosionsbeständigkeit zur Folge hätte. Zahlreiche Laborversuche zeigten eine gleichbleibende oder sogar verbesserte Lochfraßbeständigkeit in chloridhaltigen Medien, dies gilt insbesondere für hochlegierte austenitische Stähle wie dem X1NiCrMoCu25-20-5 (1.4539) (Abb. 9). Verbesserungen der Korrosionsbeständigkeit wurden in zahlreichen weiteren Medien, wie in NaOH, H_2SO_4 beobachtet. Ein Einsatz der Oberflächenhärtung erscheint allerdings nur im stabil-passiven Bereich sinnvoll. Sobald ein endlicher Metallabtrag vorliegt, würde die relativ dünne gehärtete Zone in kürzester Zeit abgetragen werden. Vor diesem Hintergrund erscheint besonders interessant, dass die Spannungsrisskorrosionsbeständigkeit in chloridhaltigen Medien durch das Kolsterisieren® verbessert wird [4]. Bei den zahlreichen durchgeführten Prüfungen zeigt sich allerdings, dass die Oberflächenhärtung in wenigen Fällen unter bestimmten Korrosionsbedingungen auch zu einer Verschlechterung der Beständigkeit führen kann. Als Beispiel hierfür ist der Huey-Test nach ASTM A262 mit kochender Salpetersäure zu nennen als eine gängige Methode zur Prüfung der interkristallinen Korrosion (Abb. 10). Bei der Prüfung in siedender Essigsäure (30 % und 50 %) wurde ebenfalls eine Verschlechterung der Beständigkeit durch das Kolsterisieren® festgestellt [13].

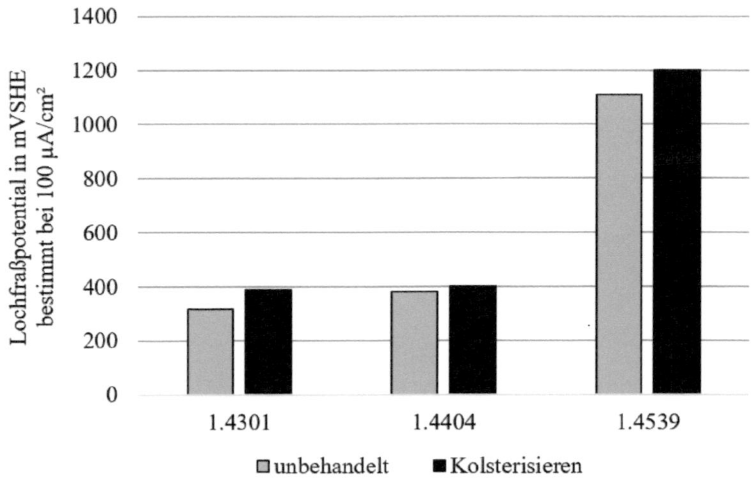

Abb. 9: Einfluss der Oberflächenbehandlung auf die Lochfraßbeständigkeit kolsterisierter Proben; Durchbruchspotential der Oxidschicht in mV und Entstehung von Lochkorrosion in 0,9 Gew.% NaCl-Lösung

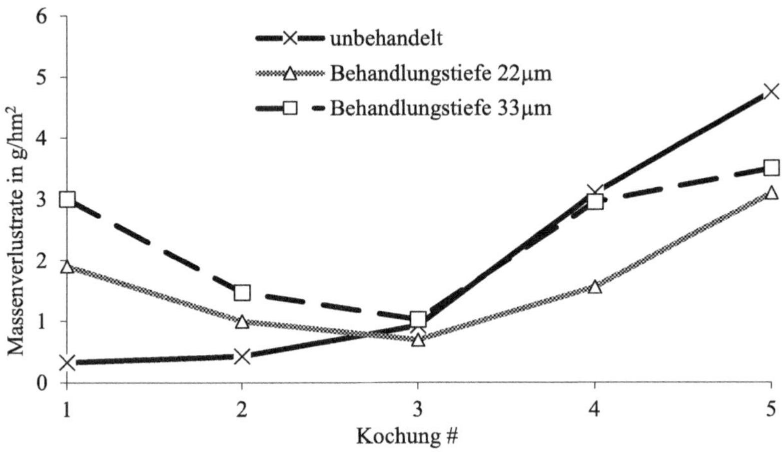

Abb. 10: Einfluss der Oberflächenbehandlung auf die Korrosionsbeständigkeit im Huey-Test nach ASTM A262 Practice C

Neben der Art des umgebenden Mediums stellt auch die Temperatursensitivität der kolsterisierten Zone eine Limitierung dar. Das gleichzeitige Vorliegen von Chrom und im Gitter gelöstem Kohlenstoff führt dazu, dass ein oberflächenbehandeltes Bauteil nicht mehr bis in den Temperaturbereich einer Chromkarbidbildung erwärmt werden sollte. Das Verhalten der kolsterisierten Zone bei erhöhten Einsatztemperaturen hängt stark von der Edelstahlsorte ab. Austenitische nichtrostende Stähle mit hohem Legierungsanteil (z. B. 1.4539) können auch bei Temperaturen über 500 °C dauerhaft genutzt werden, wohingegen einfachere Güten wie der 1.4301, nicht über 400 °C belastet werden sollten [6]. Das Verhalten bei kurzfristigen Temperaturspitzen muss je Anwendungsfall geprüft werden. Bei einem anschließenden Temperatureinfluss durch Schweißen sollte grundsätzlich mit einem geminderten Korrosionsverhalten an der Schweißstelle gerechnet werden. Es wird eine Schweißmethode mit möglichst geringem und präzisem Wärmeeinfluss, wie das Laserschweißen, empfohlen.

Zusätzlich zu den Umgebungsbedingungen und der mechanischen Belastung im Einsatz haben aber auch grundlegend die Werkstoff- und Herstellqualität des Bauteils einen signifikanten Einfluss auf die Korrosionsbeständigkeit des Bauteils nach dem Kolsterisieren®. Dies gilt ebenso für die Form- und Maßhaltigkeit und ist speziell dann relevant, wenn es sich um hochpräzise Bauteile handelt.

6.4.1 Materialqualität

Bei der Oberflächenhärtung von austenitischen Stählen ist es wünschenswert, dass der behandelte Stahl voll-austenitisch ist. Dies bedeutet:

- gleichmäßige Verteilung des Chroms im Gefüge
- frei von d-Ferrit
- frei von Einschlüssen, Seigerungen und Ausscheidungen
- frei von Umformmartensit und Eigenspannungen

Nur unter dieser Voraussetzung kann sich eine gleichmäßige passive Schutzschicht ausbilden und die vorab geschilderten Eigenschaften nach dem Kolsterisieren® können gewährleistet werden. d-Ferrit entsteht beim schnellen Abkühlen von austenitischen Legierungen, da diese je nach Legierungszusammensetzung teilferritisch erstarren und erst im Verlauf der Abkühlung mehr oder weniger vollständig austenitisieren. Da im Ferrit mehr Chrom und weniger Nickel als im Durchschnitt vorliegt, entstehen hierbei Seigerungen, die zu einer Stabilisierung der ferritischen Gefügebereiche führen und die im verformten Zustand dann zeilenförmig als sogenannte d-Ferritzeilen vorliegen. Treten d-Ferritanteile im Gefüge auf, so kann zwar eine Oberflächenhärtung durchgeführt werden, der d-Ferrit wird dabei allerdings korrosionsanfällig. Ähnlich verhält es sich mit Umformmartensit, der durch mechanische Bearbeitung induziert wurde und bereits im Ausgangszustand, d. h. vor dem Kolsterisieren® ein gemindertes Korrosionsverhalten aufweist. Diese Problematik wird im nachfolgenden Kapitel weiter aufgegriffen. Schwefel-legierte Werkstoffe, wie der X8CrNiS18-9 (1.4305), bilden Mangansulfid-Zeilen im Gefüge, vergleichbar mit d-Ferritzeilen. Diese führen zwar zu einer Verbesserung der Zerspanungseigenschaften, stellen jedoch eine korrosive und mechanische Schwachstelle dar. Ist eine Sulfid-Zeile an der Oberfläche eines bearbeiteten Teils vorhanden, bildet sich in diesem Bereich keine schützende Passivschicht aus. Dies führt zu einem bevorzugten Korrosionsangriff durch die Bildung eines galvanischen Elements zwischen der chemisch unbeständigen Sulfid-Zeile und dem deutlich edleren Grundmaterial (Abb. 11). Daher sind gut bearbeitbare Sorten meistens nicht für Anwendungen in korrosiven Umgebungen geeignet. In vielen Fällen wird empfohlen, vor dem Oberflächenhärten ein Homogenisierungs- oder Lösungsglühen durchzuführen, um Seigerungen und/oder Gefügedefekte zu reduzieren oder gleichmäßig globular eingeformt zu verteilen [14-16]. Wenn bei Automatenstählen Sulfideinschlüsse dicht unterhalb der Oberfläche liegen, stellen diese ein Hindernis für die Eindiffusion von Kohlenstoff dar und das Material zwischen Oberfläche und Einschluss kann an Kohlenstoff übersättigt werden. In der Folge können dort derartig hohe Eigenspannungen entstehen, dass es zu einem Aufreißen kommt.

Abb. 11: Stereomikroskopische und metallografische Darstellung eines Rastbolzens aus X8CrNiS18-9 (1.4305) nach dem Einsatz in korrosiver Atmosphäre; hoher Anteil an Mangansulfid-Einschlüssen im Werkstoffgefüge führt zu einem Korrosionsangriff entlang der Zeilen

6.4.2 Fertigungsverfahren

Bei nichtrostenden Stählen hat die Oberflächenbeschaffenheit einen großen Einfluss auf die Ausbildung der schützenden Chromoxid-Schicht. Eine glatte und gleichmäßige Oberfläche ohne Risse oder Kratzer wird als optimal angesehen. Die Bearbeitbarkeit von nichtrostenden Stählen unterscheidet sich jedoch erheblich von der von unlegierten Stählen. Insbesondere austenitische und Duplexstähle sind bekanntermaßen schwer zu bearbeiten. Die Zerspanbarkeit wird durch die Neigung zur Kaltverfestigung, schlechte Wärmeleitfähigkeit, hohe Zähigkeit und Neigung zum Fressen negativ beeinflusst.

Mit den Formgebungsverfahren Stanzen und Tiefziehen werden Teile aus nichtrostendem Stahl mit einer bestimmten Form oder bestimmten Innen- und/oder Außendurchmessern hergestellt. Beispiele hierfür sind Kinematiken, Unterlegscheiben und alle Arten von Ringen. Die hohe Zähigkeit, speziell austenitischer nichtrostender Güten kann während der Bearbeitung zum Verschmieren und Überlappen von Material in der Schneidzone führen. Darüber hinaus kann sich eine große Menge an Umformmartensit an der Oberfläche bilden, der das Diffusionsverhalten beeinträchtigt und die Korrosionseigenschaften nach der Oberflächenhärtung negativ beeinflusst (Abb. 12) [15, 16].

Abb. 12: Gestanztes Teil aus austenitischen nichtrostenden Stahl X1CrNiMoCuN20-18-7 (254 SMO) nach Kolsterisieren®; unregelmäßig und stark verformte Stanzkante führt zu geringerer Diffusionstiefe und verschlechterten Korrosionseigenschaften durch Bildung von Chromkarbiden im Umformmartensit (dunkler Randbereich) und überlapptem Stanzmaterial

Bei der **Bearbeitung mit geometrisch definierten Schneidkanten**, wie beim Drehen und Fräsen, als auch bei der weiteren **mechanischen Feinbearbeitung** via Schleifen, Strahlen und Honen können ähnliche Phänomene wie bei der Grobbearbeitung auftreten. Abb. 13 zeigt schematisch die Oberflächentopografie, wie auch mögliche Fehlstellen nach den verschiedenen Bearbeitungsmethoden. Solche Oberflächendefekte werden häufig durch unsachgemäß eingestellte, ungeeignete oder verschlissene Werkzeuge erzeugt, die zum Eingraben, Verdichten oder Verschmieren des Werkstoffs führen. Diese minder bearbeiteten Oberflächen weisen meist bereits optisch eine ungleichmäßige Topografie in Form von Zerrüttungen oder Abblätterungen der überschmierten Bereiche auf (Abb. 14.). Dies gilt speziell für austenitische nichtrostende und Duplexstähle, die zur Bildung von sogenannten Aufbauschneiden neigen. Dabei bleiben die Späne auf der Schneidkante kleben und werden beim Wiedereintritt der Schneide in das Werkstück mit in den Schnitt gezogen. Daher müssen alle Werkzeuge der Formgebung und Oberflächenbearbeitung sowie deren Prozessparameter passend zum Werkstoff und der späteren Anwendung ausgewählt werden [15-17].

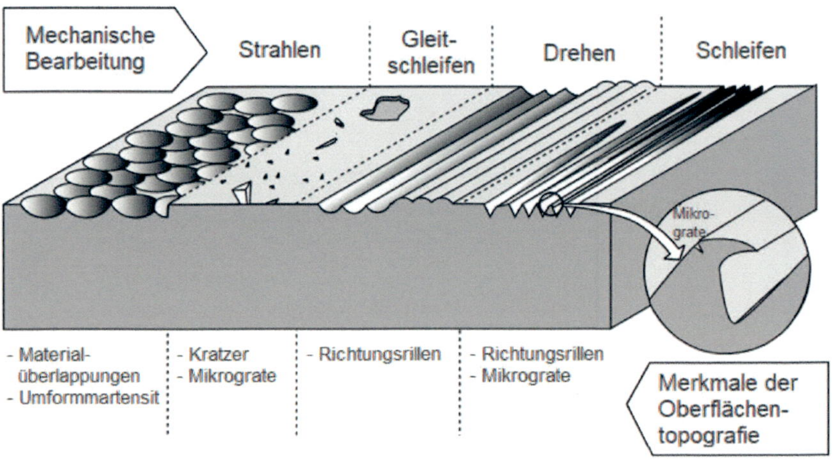

Abb. 13: Schematische Darstellung von mechanischen Bearbeitungsmethoden und deren Einfluss auf die Oberflächentopografie von nichtrostenden Stählen (in Anlehnung an [16], S. 18.1-19)

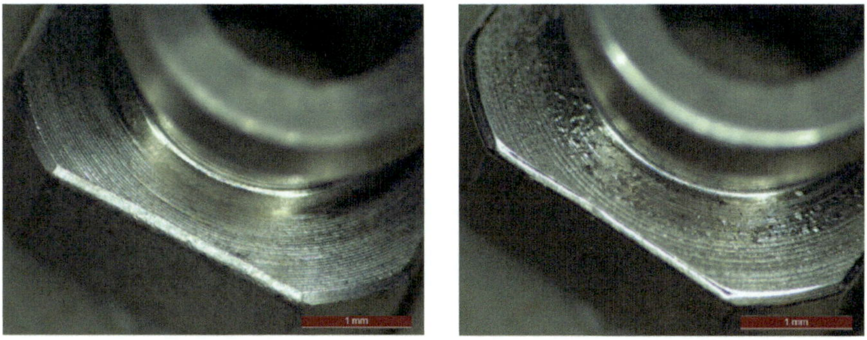

Abb. 14: Einfluss der Bearbeitungsparameters auf die Herstellqualität. Links: Geeignete Schneidwerkzeuge und -parameter führen zu einem gleichmäßigen Oberflächenzustand. Rechts: Abgenutztes Werkzeug und hohe Schnittkräfte führen zum Schmieren auf der Oberfläche und damit zu einem unregelmäßigen Finish mit verminderter Korrosionsbeständigkeit, Abblättern und schlechtem Diffusionsverhalten.

Taumel- oder Gleitschleifen gehören zu den kostengünstigen mechanischen Methoden zum Entgraten oder Polieren von bearbeiteten Teilen. Da nichtrostende Stähle relativ weich sind, sollten die verwendeten Verbindungen, Schleifmittel und Parameter auch hier angepasst sein. Anderenfalls bestehen dieselben Gefahren der Oberflächenzerrüttung und Bildung von Umformmartensit [15, 16]. Innerhalb von vergleichenden potentiodynamischen Korrosionsmessungen (Abb. 15) in einer wässrigen Chlorid-Lösung wird der Einfluss der Bearbeitung besonders deutlich: Eine fein bearbeitete Oberfläche (Zustand „fein" in Abb. 15) wie exemplarisch in Abb. 16, links, aufgezeigt, führt in manchen Fällen zu einer Erhöhung, mindestens aber zu einer gleichbleibenden Korrosionsbeständigkeit nach dem Kolsterisieren®. Dahingegen führt eine grobe Bearbeitung (Zustand „grob") wie in Abb. 16, rechts, zu einer Verschlechterung durch Mikrospalte und Bildung von Chromkarbiden im deformierten Randbereich. Als Alternative zur mechanischen Endbearbeitung können durch ein Elektropolieren als letzter Schritt vor der Oberflächenhärtung Mikrospitzen und -täler auf der Oberfläche geglättet werden. Der durch die Bearbeitung stark beeinflusste Oberflächenbereich (bis zu 50 µm) wird entfernt, womit eine optimale Oberflächengüte generiert und eine ungehinderte Diffusion von Kohlenstoffatomen in die Oberfläche ermöglicht wird.

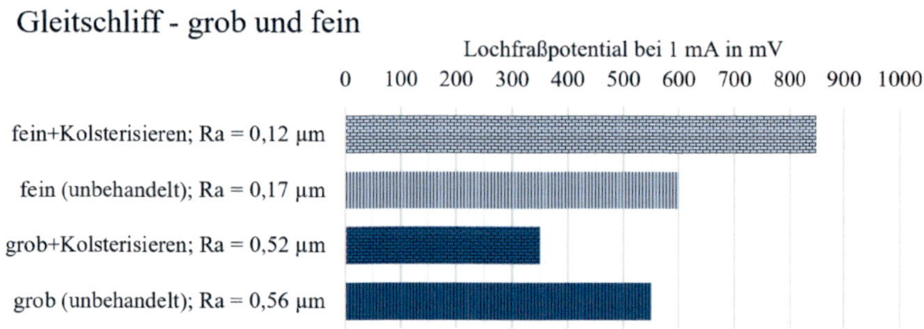

Abb. 15: Durchbruchspotential der Oxidschicht in mV und Entstehung von Lochkorrosion in 0,9 % w/v NaCl-Lösung. Einfluss der Oberflächenbearbeitung auf die Korrosionsbeständigkeit von X2CrNiMo17-12-2 (1.4404); je feiner die Oberfläche bearbeitet ist, desto höher die Korrosionsbeständigkeit vor und nach dem Kolsterisieren®.

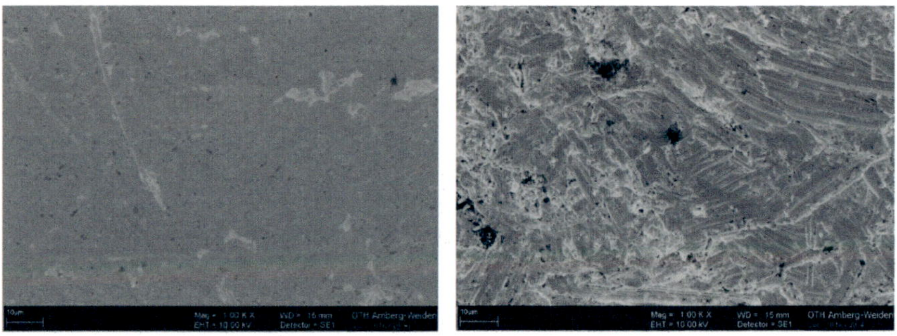

Abb. 16: Unterschiedliche Oberflächenzustände von X2CrNiMo17-12-2 (1.4404). Links: fein gleitgeschliffene Oberfläche mit Ra ~0,15 µm als idealer Ausgangszustand für ein optimales Oberflächenhärteergebnis und Korrosionseigenschaften. Rechts: Grob gleitgeschliffene Oberfläche mit Ra ~0,55 µm kann durch Mikrospalte und Umformmartensit zur Verschlechterung der Korrosionsbeständigkeit nach dem Oberflächenhärten führen.

Nach der Endbearbeitung ist auf eine ordnungsgemäße Reinigung (Spülung) und Trocknung zu achten. Rückstände von Endbearbeitungsprozessen (Stanz- und Ziehfette, Schmieröle, Kühlmittel, Compound und Schleifmittel) oder Trocknungsprozessen (organisches Material wie Nussschalen oder Mais) können die Diffusion bei Niedrigtemperaturprozessen weiter hemmen. Dies gilt vor allem für Bohrungen, Nuten und Hinterschneidungen. Daher müssen alle zu behandelten Oberflächen gereinigt, metallisch blank und frei von anhaftenden Rückständen sein [15].

Diese Beispiele zeigen, dass die Beständigkeit für den jeweiligen Anwendungsfall geprüft werden sollte, da unter ganz bestimmten Korrosionsbedingungen mit dem Kolsterisieren® auch eine Verringerung der Beständigkeit eintreten kann.

6.5 Einfluss der Oberflächenhärtung auf die Form- und Maßhaltigkeit

Die durch das Kolsterisieren® entstehende gehärtete Zone ist sehr gleichmäßig ausgebildet und passt sich ausgezeichnet den Konturen des Werkstückes an. Die Oberflächenhärtung ist damit von der Geometrie des Bauteiles nahezu unabhängig [18]. Versuche an Bohrungen und Sacklöchern haben gezeigt, dass die Härtung auch bei ungünstigen Geometrien gut durchgeführt werden kann (Abb. 17). Selbst bei einem Sackloch mit Gewinde und sehr ungünstigen Verhältnis vom Durchmesser zur Tiefe liegt die Einhärtungstiefe im Bodenbereich nur wenig niedriger als an der Oberfläche.

Abb. 17: Einhärtetiefe in einem Sackloch mit Gewinde (1.4404); feine, gleichmäßig ausgebildete Diffusionszone, selbst im Grund der Bohrung und den Gewindeflanken

Die Originaloberfläche bleibt in der vorhandenen Qualität in den meisten Fällen erhalten und es treten bei der Behandlung keine Maßänderungen auf. Je nach Oberflächenfinish kann es bei nichtrostenden Stählen jedoch zu einer gewissen Aufrauhung und damit verbunden zur Veränderung des Glanzes hin zu einer etwas matteren Oberfläche kommen. Dies gilt im Speziellen für höchstpolierte Oberflächen mit einer Oberflächenrauheit Ra kleiner 0,1 µm (Tab. 1). Unter dem Rasterelektronenmikroskop (Abb. 18) kann man erkennen, dass an der Oberfläche des Stahles geringste topographische Änderungen eintreten. Diese Veränderungen bzw. Verformungen sind zurückzuführen auf die außerordentlich hohen Druckeigenspannungen in der Randzone, die durch den im Gitter eingelagerten Kohlenstoff erreicht werden. Deutlich erkennbar sind die Gleitlinien, die auf Mikroverformungsvorgänge in der Oberfläche zurückzuführen sind.

Oberflächenbeschaffenheit	R_a vor Kolsterisieren® [µm]	R_a nach Kolsterisieren® [µm]
Gedrehte Oberfläche	0,22 – 0,25	0,21 – 0,26
Geläppte Oberfläche	0,04 – 0,05	0,06 – 0,08

Tab. 1: Vergleichende Messung technischer Oberflächen aus AISI 904L (1.4539) vor und nach dem Kolsterisieren®. Abhängig von der Bearbeitungsqualität können die Rauheitsmessungen aufgrund von Messunsicherheiten leicht variieren. Für hochpolierte Oberflächen (hier: Läppen) kann sich ein leichter Anstieg der Oberflächenrauheit Ra einstellen.

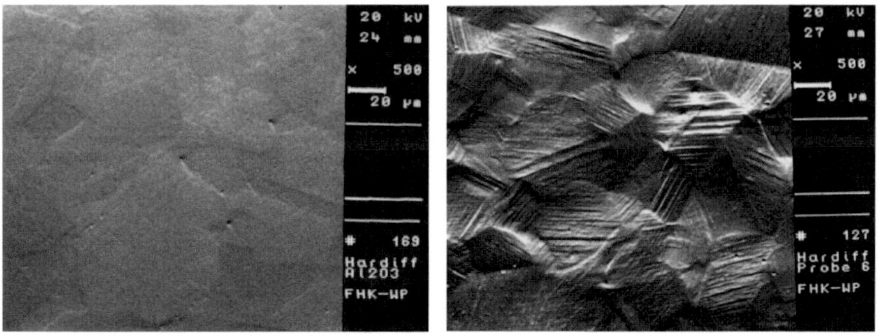

Abb. 18: Rasterelektronenmikroskopische Darstellung der Al_2O_3-polierten Oberfläche eines austenitischen CrNiMo-Stahles (1.4435) vor (links) und nach (rechts) dem Kolsterisieren®

Liegt die Rauheit nach dem Oberflächenhärten nicht mehr im spezifizierten Bereich, können unterschiedliche Nachbearbeitungen angewandt werden. Ist die Zunahme der Rauheit auf die mechanische Bearbeitung bspw. durch überlapptes Material zurückzuführen, sollte die allgemeine Bearbeitungsqualität vor dem Kolsterisieren®, wie in Kapitel 6.4.2 beschrieben, angepasst werden. Auch eine Nachbesserung mit Gleitschleifen, Polieren oder Elektropolieren kann die geringfügigen Rauheitszunahmen ausgleichen. Bei einer abtragenden Nachbearbeitung kann jedoch die Oberflächenhärte abnehmen, weshalb dieser Bearbeitungsschritt auf wenige Mikrometer nach dem Kolsterisieren® begrenzt werden sollte, je nach Material und Diffusionstiefe.

6.6 Beispiele aus der praktischen Anwendung des Kolsterisierens

Die Kombination aus Dauerfestigkeit, Korrosionsbeständigkeit und der Nichtmagnetisierbarkeit der austenitischen nichtrostenden Stähle mit der Erhöhung der Verschleißeigenschaften durch Kolsterisieren® hat zu zahlreichen Anwendungsfällen in der Automobilwelt geführt. Ein Beispiel stellt die Regelung des Waste-Gates am Turbolader dar, das zahlreiche Anforderungen an die Bauteile und die dafür gewählten Materialien stellt (Abb. 19). Der Schaltzyklus zum Öffnen und Schließen des Waste-Gates geschieht in Millisekunden, wodurch ein kontinuierlicher Verschleiß an den aneinander reibenden Komponenten (Koppelstab, Pins und Link Plates) einsetzt. Mit einer Oberflächenhärtung einiger relevanter Bauteile oder sogar des gesamten Systems kann die Lebensdauer erheblich verlängert werden und ein reibungsloser Schaltablauf erfolgen. Diese langfristige Nutzbarkeit findet sich auch in den aktuellen Automobilvorgaben wieder, die auf eine bessere Effizienz und geringere Emissionen abzielen. Zu diesem Zweck geht der aktuelle Trend in der Automobilindustrie in Richtung einer verbesserten Kraftstoffeinsparung durch Downsizing in Kombination mit der Einführung technischer Lösungen wie Turbolader und direkter Kraftstoffeinspritzung. Darüber hinaus nimmt der Einsatz korrosiverer Biokraftstoffe sowie zusätzliche Abgasbehandlungen für geringere Emissionen zu. Auch in der Wasserstoff-Technologie finden sich ähnliche herausfordernde Anforderungen wieder, wie Abrasions- und Adhäsionsbeständigkeit unter Trockenlaufbedingungen, da oftmals keine Schmierungen erlaubt sind.

Auch das Beispiel eines Hochdruckhomogenisators zeigt, dass durch die Anwendung dieses Verfahrens eine rund 18-fache Standzeitverlängerung erreicht werden kann. Ersetzt wurde hierbei ein Funktionsteil aus hochverschleißfestem, aber kostenintensivem Stellit durch eine Oberflächenhärtung des Austenits (Abb. 20). Dieses Verfahren ermöglicht weiterhin Gleitpaarungen aus austenitischem nichtrostendem Material, wodurch auf Dichtringe verzichtet werden kann. Dies führt in der Lebensmittelverarbeitung zu einer Verbesserung der Hygiene, auch bei aggressiven Medien und Reinigungs-

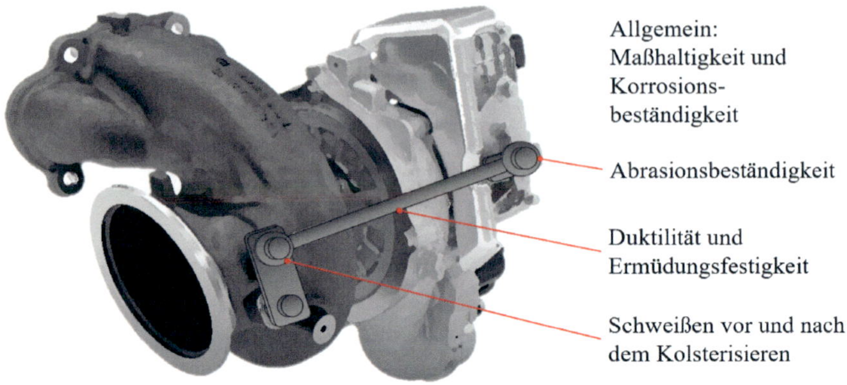

Abb. 19: Schematische Darstellung der Komponenten eines Waste-Gates im Turbolader. Unterschiedliche Anforderungen an die einzelnen Komponenten können nur mit austenitischen nichtrostenden Güten in Kombination mit Kolsterisieren erfüllt werden.

prozeduren. Dadurch, dass keine anfälligen Kunststoffringe ersetzt werden müssen, ist diese Dichtungsmethode als wartungsfrei anzusehen.

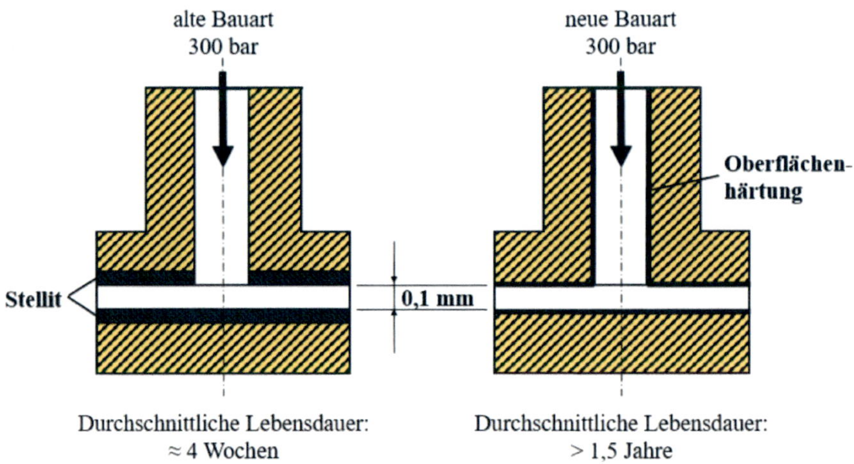

Abb. 20: Homogenisator für Schokoladenmilch. Mit Stellit-Beschichtung als Verschleißschutz (links) Gefahr von Abplatzungen. Mit angepasstem Fertigungsmaß und Kolsterisieren® (rechts) deutliche Steigerung der Lebensdauer, ohne Gefahr von Kontaminationen und besserem CIP (Cleaning in Place)

6.7 Literatur

[1] Euro Inox, „Surface Hardening of Stainless Steels“, Materials and Applications, Vol. 20, 2015.

[2] Bodycote, „S³P – Speciality Stainless Steel Processes”, Firmenbroschüre Bodycote, 2015.

[3] R. H. v. d. Jagt, B. H. Kolster und M. Gillham, „Anti-wear/corrosion treatment of finished austenitic stain-less steel components: the Hardcor process“, Materials & Design, Vol. 12, S. 41, 1991.

[4] U. H. S. Gramberg, „Erfahrungen mit einer Oberflächenveredelung austenitischer Stähle“, VDI-Berichte Nr. 506, 1984.

[5] O. Rey und P. Jacquot, „Kolsterising: Hardening of austenitic stainless steel“, Surface Engineering, Vol. 6, S. 412–414, 2002.

[6] J. Bührle und P. Gümpel, „Einfluss erhöhter Einsatztemperaturen auf die Verschleiss- und Korrosionseigenschaften von randschichtgehärteten austenitischen Stählen“, FORUM Das Forschungsmagazin der Hochschule Konstanz, S. 28–36, 2014.

[7] T. Lesage, S. Bouvier, P.-E. Mazeran, Y. Chen, P. Jacquot und M. Risbet, „Understanding galling mechanism of stainless steels and effect of surface treatments: ASTM G98 galling test and microstructural characterization“ in 24. IFHTSE Congress, Nice, Frankreich, 2017.

[8] K. P. Clark, „The effect of low temperature carbon diffusion treated fasteners on thread galling resistance“ in ASME Pressure Vessels and Piping Conference, Hawaii, USA, 2017

[9] D. Dandy, „Bolted jount consistency with stainless steel fasteners“, Fastener+Fixing, Vol. 117, S. 102–104, 2019.

[10] A. Rossmann, Probleme der Maschinenelemente erkennen verhüten und lösen – Band 1, Teil A: Maschinenelemente, Leichtbau, Problemanalysen, hochfeste Werkstoffe, Rissverhalten, Bruchflächen Restlebensdauer, Karlsfeld: Turbo Consult, 2010.

[11] Y. Peng, Z. Liu, C. Chen, J. Gong und M. A. J. Somers, „Effect of low-temperature surface hardening by carburization on the fatigue behavior of AISI 316L austenitic stainless steel“, Materials Science & Engineering, Vol. 769, 2020.

[12] L. Ceschini und G. Minak, „Fatigue behaviour of low temperature carburised AISI 316L austenitic stainless steel“, Surface & Coating Technology, Vol. 202, S. 1778–1784, 2008.

[13] P. Gümpel, „Erfahrungen mit einem neuen Oberflächenhärtungs-Diffusionsverfahren bei nichtrostenden austenitischen Stählen“, Korrosionsschutz durch

Beschichtungen und Überzüge 2: Metallische Überzüge und Konversionsschichten (DIN-Taschenbuch), 2008.

[14] Labom, „Delta-Ferrit Gehalt medienberührter Materialien“, Firmenbroschüre Labom Mess- und Regeltechnik GmbH, 2001.

[15] Nickel Institute IMOA, „Verarbeitung austenitischer nichtrostender Stähle – Ein praktischer Leitfaden“, Broschüre der Informationsstelle Edelstahl Rostfrei, 2021.

[16] A. Rossmann, Probleme der Maschinenelemente erkennen verhüten und lösen – Band 4, Teil B: Qualitätssicherung: Strategien und Vorgehen, Karlsfeld: Turbo Consult, 2010.

[17] S. Scherbarth, „Rostfreie Stähle effektiv zerspanen,“ 2000. [Online]. Available: https://mav.industrie.de/allgemein/rostfreie-staehle-effektiv-zerspanen/, letzter Aufruf: 05.05.2022

[18] A. Bauer, „Dimensional Stability of Low Temperature Surface Hardened Stainless Steel Components“, HTM Journal of Heat Treatment and Materials, Band 77, Heft 1, S. 16–28, 2022.

7 Betriebssimulation

Lazar Bošković, Jörg Straub, Torsten Bogatzky

7.1 Einleitung

Beim Einsatz rostfreier Stähle ergibt sich zwangsläufig auch die Frage, inwieweit die Bauteile den Betriebsbedingungen standhalten können. Falls die Beanspruchungen, denen der Werkstoff ausgesetzt ist, kritische Bereiche im Sinne der Lebensdauer erreichen, kommt man meist nicht ohne eine Abschätzung letzterer aus. Im Grunde genommen gelten die gleichen Regeln wie bei anderen Werkstoffen mit der Erweiterung, dass hier nicht mit Korrosionszuschlägen gearbeitet werden kann, sondern das potentielle Auftreten von selektiven Korrosionserscheinungen zu berücksichtigen ist.

Einfache Bauteilstrukturen lassen sich gegebenenfalls mittels händischer Berechnungen bemessen. Hierzu gibt es zahlreiche Informationen, von denen hier nur beispielhaft die Bemessungshilfen zu nichtrostenden Stählen im Bauwesen [1] erwähnt werden sollen. Bei komplexeren Rahmenbedingungen in Form von miteinander in Wechselwirkung stehender Bauteile, mehraxialer Lasteinwirkungen usw. kommt man meist nicht ohne eine Betriebssimulation aus, um verlässliche Aussagen bezüglich eines sicheren Betriebs treffen zu können.

Eine Betriebssimulation umfasst das Nachbilden realer Betriebsbedingungen und kann durch geeignete experimentelle und numerische Simulationen erfolgen. Die Wahl der Vorgehensweise, inwieweit durch Versuche oder Berechnungen alleine oder in Kombination miteinander vorgegangen wird, ist vom Anwendungsfall aber auch von zeitlichen und finanziellen Bedingungen abhängig.

Im Blick sollte stets auch die Bewertung der Simulationsergebnisse behalten werden. Während experimentelle Simulationen mit geeigneten Auswerteverfahren versehen werden müssen, ist bei der numerischen Simulation von Relevanz, welche Beanspruchungsgrößen nach welchen Kriterien, Richtlinien oder Normen ausgewertet werden sollen.

Während es durchaus zahlreiche Anwendungsfälle gibt, in denen die Auslegung der Konstruktion durch branchenspezifische Richtlinien, Normen oder sonstige Festlegungen vorgegeben ist, bedarf es im ungeregelten Bereich ebenso einer sinnvoll gewählten Vorgehensweise.

Im Weiteren werden hierzu ein paar allgemeine Hinweise bezogen auf die numerische Simulation, insbesondere die strukturmechanische Berechnung gegeben. Darüber hinaus wird auch auf die Möglichkeiten einer Betriebsfestigkeitsbewertung eingegangen. Ein Augenmerk wird auf die Besonderheiten, die den Einsatz rostfreier Stähle beinhalten, gerichtet.

7.2 Hinweise zur numerischen Simulation

Das Feld der numerischen Simulationen erstreckt sich über vielfältige Anwendungsbereiche. Neben Strömungssimulationen, Mehrkörpersimulationen u.v.m. kommt insbesondere die strukturmechanische Simulation in der Praxisanwendung sehr oft zum Einsatz. Strukturmechanische Simulationen kommen bei der Berechnung von Beanspruchungen, die wiederum für den Festigkeitsnachweis von Bedeutung sind, zum Tragen. Die Grundlage der numerischen Struktursimulation, auf welcher die meisten nichtkommerziellen und kommerziellen Programme basieren, bildet in aller Regel die Finite Elemente Methode (FEM).

Bei der FEM wird die Bauteilstruktur durch eine Vielzahl von Elementen vernetzt, welche wiederum aus Elementknoten zusammengesetzt sind. Die Verschiebungen an den Elementknoten sind die primären Ergebnisgrößen einer FEM-Berechnung. Zwischen den Elementknoten sind die Verschiebungsverläufe durch vorgegebene Ansatzfunktionen angenähert. Aus den Verschiebungen abgeleitete Größen sind Verzerrungen (d. h. Dehnungen und Gleitungen) und Spannungen.

Folglich ist die FEM eine elementbasierte Näherungsmethode und für den Anwender spielt das Konvergenzverhalten in Abhängigkeit der Elemente- und Knotenanzahl eine sehr wichtige Rolle.

Insbesondere muss darauf geachtet werden, dass das Steifigkeitsverhalten der Struktur durch eine ausreichend feine globale Vernetzung hinreichend genau abgebildet wird, damit konvergente Verschiebungsergebnisse erzeugt werden. Bei der Auswertung der Verzerrungen und Spannungen ist, da diese meist an lokalen Stellen Maximalwerte erreichen, darauf zu achten, dass durch eine hinreichend feine lokale Vernetzung konvergente Ergebnisgrößen ausgewiesen werden.

Ein FEM-Modell beinhaltet neben der Lasteinleitung auch geometrische Randbedingungen, welche sorgsam auszuwählen sind, damit die physikalische Realität möglichst nah durch das numerisch mathematische Modell erfasst wird.

Durch Plausibilitätsüberprüfungen zum Beispiel in Form einer Überprüfung eines nachvollziehbaren Verschiebungsverhaltens, der Reaktionskräfte und -momente als auch mittels Handrechnungen auf Grundlage der Technischen Mechanik und Festigkeitslehre lässt sich dieser Anforderung entgegenkommen.

Bei einer linear-elastischen Simulation, wie es in den meisten Anwendungsfällen in der Regel ausreichend sein dürfte, kommt bei der Wahl der Materialparameter lediglich der Elastizitätsmodul und die Querkontraktionszahl zum Tragen. Bei gegebenenfalls notwendiger Berücksichtigung nichtlinearen Materialverhaltens ist bei der Zuweisung entsprechender Kennwerte ein besonderes Augenmerk notwendig. Gegebenenfalls müssen Werkstoffkennwerte erst erzeugt bzw. durch Versuchsabgleiche plausible Annahmen getroffen werden.

Welche Ergebnisgrößen aus der Simulation für einen Festigkeitsnachweis hergenommen werden, hängt im Wesentlichen von der weiteren Vorgehensweise in der Betriebsfestigkeitsbewertung ab. Bei entsprechend hoher Werkstoffausreizung unter Berücksichtigung von Materialnichtlinearitäten müssen gegebenenfalls Verzerrungsgrößen verwendet werden. In aller Regel gehen Spannungsgrößen in Form von Haupt- und Vergleichsspannungen in die Auswertung ein.

Zum Themengebiet der FEM gibt es eine Vielzahl an Literatur, in welcher die Grundlagen aber auch Besonderheiten tiefgehender verarbeitet und erläutert werden. An dieser Stelle sei, um einen ersten guten Überblick zu erhalten, beispielhaft nur auf eine Auswahl [2] – [4] verwiesen.

Im Zusammenhang mit der Interpretation von FEM-Ergebnissen findet man in der beispielhaften Auswahl [5] – [7] hilfreiche Hinweise, mit denen man Simulationsergebnisse kritisch hinterfragen und auf Grundlage von Handrechnungen gegebenenfalls besser nachvollziehen kann.

Alle Literaturverweise sollen lediglich Möglichkeiten aufzeigen und entbinden den Anwender nicht davon, sich weiterführende Gedanken zu machen und unter Umständen weitere Quellen hinzuzuziehen.

Während der erfahrene Anwender Ergebnisse und Besonderheiten bei der FEM-Simulation gut einschätzen kann, erscheinen für eine Vielzahl Beteiligter und auch Entscheidungsträger Simulationsergebnisse nur bedingt interpretierbar.

Die folgenden Hinweise sollen insbesondere Letzteren zusammenfassend eine grobe Hilfestellung im Zusammenhang mit der Nutzung und Hinterfragung von strukturmechanischen Simulationen geben:

- Nutzen der FEM-Simulation
  - Ob durch eine FEM-Simulation ein Mehrwert erzeugt werden kann und mit welchem Aufwand gegebenenfalls in Kombination mit experimentellen Untersuchungen zu rechnen ist, sollte vorab eingeschätzt werden
  - Ob und welche Simulationsergebnisse für einen Festigkeitsnachweis hergenommen werden, sollte überlegt sein und hängt auch von der weiteren Vorgehensweise bezogen auf eine nachfolgende Betriebsfestigkeitsbewertung ab
- Physikalische Abbildung durch FEM-Modell
  - Abbildung durch CAD-Geometrien (welche Vereinfachungen, Ausnutzung von Symmetrien usw. wurden gegebenenfalls vorgenommen)
  - Wahl des Werkstoffs (bei linear-elastischen Simulationen hängt das Ergebnis im Wesentlichen vom Elastizitätsmodul und der Querkontraktionszahl ab)
  - Gewählte Randbedingungen (last- und geometriespezifische Annahmen sollten mit der physikalischen Realität möglichst nah übereinstimmen)
  - Möglichkeiten zur Plausibilitätsüberprüfung (durch Handrechnungen, Vergleiche mit Messungen usw.)
- Konvergenz von FEM-Ergebnissen
  - Verschiebungskonvergenz (durch feine globale Vernetzung, d. h. auf das gesamte FEM-Modell bezogen)
  - Spannungskonvergenz (durch feine lokale Vernetzung, d. h. auf mögliche kritische Auswertestellen bezogen)

7.3 Hinweise zur Betriebsfestigkeitsbewertung

Betriebsfestigkeit im weitgefassten Sinn beinhaltet neben der statischen Festigkeit und Ermüdungsfestigkeit auch weitere Betriebsbedingungen wie zum Beispiel Verschleiß, Kriechen oder Instabilitätsverhalten (d. h. Knicken und Beulen). Letztere müssen, je nach Anwendungsfall, gesondert betrachtet werden.

Neben der konstruktiven Ausführung, den Last- und Fertigungsbedingungen spielt der Werkstoff eine entscheidende Rolle beim Festigkeitsnachweis. Während die in der strukturmechanischen Simulation ermittelten Beanspruchungen aus den Belastungen resultieren, ist neben der Wahl adäquater Sicherheitsfaktoren die Beanspruchbarkeit des Werkstoffs eine wichtige Kenngröße, um einen Nachweis erbringen zu können. Beim Ermüdungsfestigkeitsnachweis fließt darüber hinaus die Anzahl und Art der Betriebslastwechsel entscheidend in die Bemessung mit ein.

Die verschiedenen Zusammenhänge, Einflüsse und die Komplexität des Themengebiets Betriebsfestigkeit werden in entsprechender Fachliteratur wie zum Beispiel [8] – [9] vertiefend erläutert.

An dieser Stelle sollen lediglich ein paar Orientierungshinweise vermittelt werden, insbesondere welche Möglichkeiten für eine Betriebsfestigkeitsbewertung offen stehen, wenn nicht anderweitig geregelt, und auf welche Besonderheiten im Zusammenhang mit rostfreien Stählen zu achten ist.

Wenn nichtkorrosive Umgebungsbedingungen vorliegen, können Bauteile aus rostfreiem Stahl mit der FKM-Richtlinie „Rechnerischer Festigkeitsnachweis für Maschinenbauteile“ [10] (FKM-Richtlinie) oder auch mit der FKM-Richtlinie „Richtlinie Nichtlinear“ [11] (FKM-Richtlinie Nichtlinear) unter Berücksichtigung der in den Richtlinien ausgewiesenen Geltungsbereiche statisch als auch auf Ermüdung ausgelegt werden. Den Richtlinien liegen unterschiedliche Bemessungskonzepte zugrunde. Während bei der FKM-Richtlinie Spannungskonzepte zum Tragen kommen, ermöglicht die FKM-Richtlinie Nichtlinear die explizite Erfassung eines nichtlinearen Werkstoffverformungsverhaltens. Letztere kann zum Einsatz kommen, wenn ein Nachweis nach ersterer nicht erbracht werden kann oder eine etwas realistischere Festigkeitsabschätzung erforderlich ist.

Bei der Ermüdungsauslegung nach der FKM-Richtlinie zeigt sich eine wesentliche Besonderheit für rostfreie Stähle mit austenitischem Gefüge (siehe nachfolgende Abbildung).

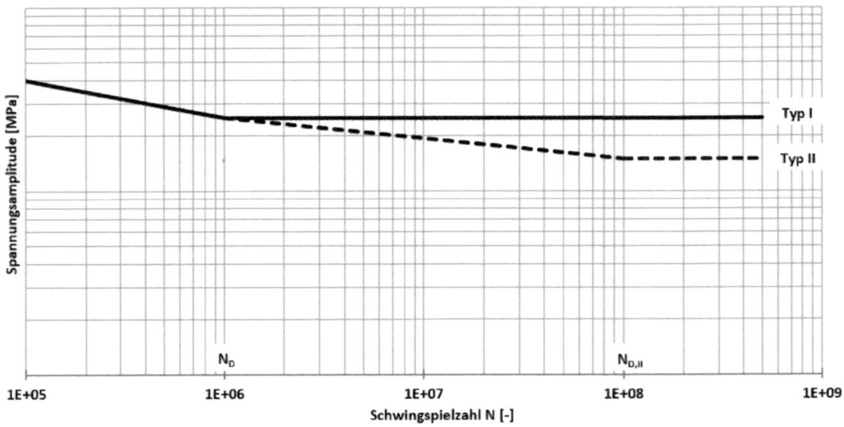

Abb. 1: Wöhlerlinienverlauf unter nichtkorrosiven Umgebungsbedingungen (in Anlehnung an [10, S. 34])

Dargestellt ist der Wöhlerlinienverlauf für Typ I und Typ II, welche der Bemessung nach der FKM-Richtlinie zugrunde liegt. Während Stähle allgemein mit einer ausgewiesenen Dauerfestigkeit (bei $N_D = 10^6$) in Rechnung gehen, ist bei austenitischen Stählen ein weiterer Abfall im Wöhlerlinienverlauf bis hin zur Grenzspannungsamplitude (bei $N_{D,II} = 10^8$) zu berücksichtigen.

Falls Bauteile kritischen korrosiven Umgebungsbedingungen ausgesetzt sind, muss dieser Sachverhalt zwingend in der Bemessung berücksichtigt werden. Kommt neben einer mechanischen Beanspruchung noch der korrosive Einfluss, vorausgesetzt dieser kann nicht durch entsprechende konstruktive Maßnahmen ausgeschlossen werden, zum Tragen, hat dieser unter Umständen eine erhebliche Auswirkung auf die Lebensdauerbewertung.

Die Ergebnisse eines FKM-Forschungsvorhabens, welche den Einfluss der Korrosion bei der Ermüdungsauslegung auf Grundlage von Literaturauswertungen quantifizieren, sind im Abschlussbericht [12] zusammengestellt. Darin ist auch ein Berechnungsansatz als Erweiterung zur FKM-Richtlinie hinterlegt, wobei nicht ausgeschlossen werden kann, dass der vorgestellte Ansatz unter Umständen zu stark konservativen Ergebnissen führt.

Bei der mechanisch-korrosiven Ermüdungsauslegung nach [12] zeigt sich eine wesentliche Auswirkung auch für rostfreie Stähle (siehe nachfolgende Abbildung).

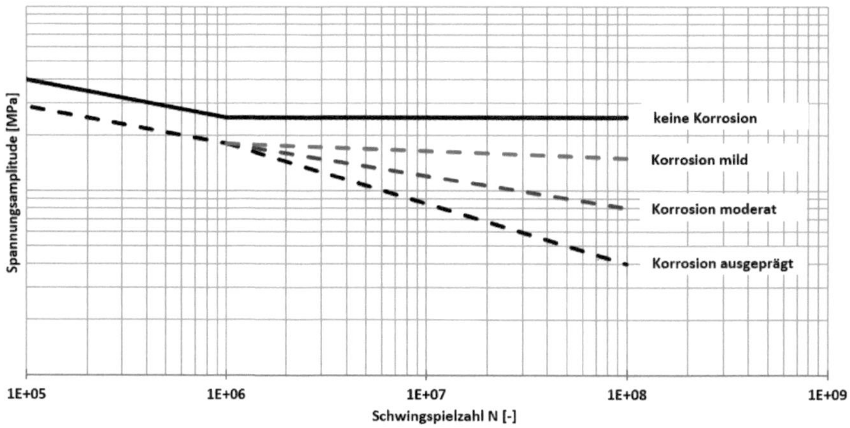

Abb. 2: Schematische Darstellung des Korrosionseinflusses auf die Korrosionszeitfestigkeit (in Anlehnung an [12, S. 27])

Dargestellt ist der schematische Wöhlerlinienverlauf für verschiedene Umgebungsszenarien in Form nichtkorrosiver Umgebungsbedingungen gemäß FKM-Richtlinie als Referenz und insbesondere der Einfluss milder, moderater und ausgeprägter Korrosion auf das Ermüdungsverhalten. Der Einfluss der Korrosion führt zu einer Grundabminderung im Zeitfestigkeitsbereich ($N \leq 10^6$) und einer in Abhängigkeit der Korrosionsausprägung weiteren potenziellen Abminderung für den Schwingspielzahlenbereich ($N > 10^6$). Es zeigt sich, dass unter korrosiven Umgebungsbedingungen keine Dauerfestigkeit mehr zugrunde gelegt werden kann.

Im Abschlussbericht des FKM-Forschungsvorhabens [12] wird außerdem anhand einer Abschätzung der Spannungsrisskorrosionsgefährdung dem Anwender eine Entscheidungshilfe, mittels derer kritische Werkstoff-Umgebungs-Systeme erkannt und vermieden werden sollen, zur Verfügung gestellt. Spannungsrisskorrosion kann auftreten, wenn Werkstoffe statisch auf Zug zum Teil weit unterhalb der Streckgrenze beansprucht werden und gleichzeitig ein kritischer korrosiver Umgebungseinfluss vorherrscht.

Die mechanisch-korrosive Betriebsfestigkeitsbewertung ist weiterhin Gegenstand der Forschung und die damit einhergehenden Phänomene und Zusammenhänge sind bei Weitem nicht alle erfasst. Beispielhaft wird in [13] das Schwingungsrisskorrosionsverhalten von austenitischen Stählen der Legierungsgruppen CrNiMo und CrMnN in hoch Cl^--haltigen Lösungen und bei erhöhten Temperaturen untersucht. Die rechnerische Bestimmung der Ermüdungsfestigkeit eines durch Lochkorrosion vorgeschädigten Bauteils und die Ableitung einer Versuchsmethode zur Materialparameterbestimmung für ein neu entwickeltes Kerbwirkungsmodell wird in [14] vorgestellt.

Zusammenfassend kann festgehalten werden, dass es für eine Betriebsfestigkeitsbewertung von Bauteilen aus rostfreiem Stahl unter nichtkorrosiven Umgebungsbedingungen Auslegungsrichtlinien wie die FKM-Richtlinie und die FKM-Richtlinie Nichtlinear gibt, welche herangezogen werden können, insbesondere wenn keine anderen branchenspezifischen Regelungen zur Verfügung stehen.

Der Einfluss der Korrosion hat eine nicht zu vernachlässigende abmindernde Auswirkung auf das Festigkeitsverhalten und wird sehr überschaubar im Abschlussbericht des FKM-Forschungsvorhabens [12] dokumentiert, in welchem unter anderem ein Berechnungsansatz für die Ermüdungsauslegung und Hinweise bezogen auf eine Spannungsrisskorrosionsgefährdung vorgestellt werden. Inwiefern die Ermüdungsauslegungsergebnisse im Einzelfall zu stark konservativen Ergebnissen führen, kann nicht abschließend beantwortet werden, auch weil viele Fragestellungen der mechanisch-korrosiven Betriebsfestigkeitsbewertung weiterhin Gegenstand der Forschung sind.

7.4 Literatur

[1] N. N.: Bemessungshilfen zu nichtrostenden Stählen im Bauwesen. 4. Auflage. Sonderdruck 863 der Informationsstelle Rostfrei, Düsseldorf 2017

[2] Y. Deger: Die Methode der Finiten Elemente – Grundlagen und Einsatz in der Praxis. 8. Auflage. Renningen: expert verlag, 2017

[3] K. Knothe, H. Wessels: Finite Elemente – Eine Einführung für Ingenieure. 5. Auflage. Berlin, Heidelberg: Springer-Verlag, 2017

[4] B. Klein: FEM – Grundlagen und Anwendungen der Finite-Element-Methode im Maschinen- und Fahrzeugbau. 10. Auflage. Wiesbaden: Springer Vieweg Verlag, 2015

[5] V. Läpple: Einführung in die Festigkeitslehre. 4. Auflage. Wiesbaden: Vieweg+Teubner Verlag, 2016

[6] W. C. Young, R. G. Budynas, A. M. Sadegh: Roark's Formulas for Stress and Strain. 8. Auflage. New York: McGraw-Hill Education, 2012

[7] W. D. Pilkey, D. F. Pilkey: Peterson's Stress Concentration Factors. 3. Auflage. Hoboken, New Jersey: John Wiley & Sons, 2008

[8] E. Haibach: Betriebsfestigkeit – Verfahren und Daten zur Bauteilberechnung. 3. Auflage. Berlin, Heidelberg: Springer-Verlag, 2006

[9] D. Radaj, M. Vormwald: Ermüdungsfestigkeit – Grundlagen für Ingenieure. 3. Auflage. Berlin, Heidelberg: Springer-Verlag, 2007

[10] FKM-Richtlinie, Rechnerischer Festigkeitsnachweis für Maschinenbauteile. 7. Auflage. Frankfurt a. M.: VDMA-Verlag, 2020

[11] FKM-Richtlinie, Richtlinie Nichtlinear – Rechnerischer Festigkeitsnachweis unter expliziter Erfassung nichtlinearen Werkstoffverformungsverhaltens. 1. Auflage. Frankfurt a. M.: VDMA-Verlag, 2019

[12] Breining, R.: Rechnerischer Festigkeitsnachweis für korrosionsbeanspruchte Maschinenbauteile. Heft 303, Vorhaben Nr. 278. Frankfurt a. M.: VDMA-Verlag, 2009

[13] C. Vichytil: Beitrag zum Verständnis der Schwingungsrisskorrosion austenitischer Stähle. Dissertation, Montanuniversität Leoben, 2012

[14] J. Höhbusch: Ermüdungsfestigkeit von Bauteilen unter dem Einfluss der Lochkorrosion. Dissertation, Ruhr-Universität Bochum, 2018

Autor:innen

Paul Gümpel

geb. 1951, Studium Metallkunde an der TU Clausthal, Dipl.-Ing., Promotion an der RWTH Aachen zum Dr.-Ing., Ernennung zum Dr.h.c. von der Universität Transsilvanien in Brasov/Rumänien
von 1978-1989 Tätigkeit in der Forschung bei den Thyssen Edelstahlwerken in Krefeld auf den Bereichen Werkzeugstähle, Nichtrostende Stähl und Sonderwerkstoffe
Ab 1989 Proffessur für Werkstoffkunde an der HTWG in Konstanz mit Pensionierung in 2017
von 2001 bis 2020 Tätigkeit als wissenschaftlicher Leiter des Instituts für Werkstoffsystemtechnik Thurgau an der Hochschule Konstanz

Alexandra Bauer

geb. 28.11.1990 in München
Studium Chemische Verfahrenstechnik, B. Eng., an der HM
Studium Material Science, M. Sc., an der Universität Augsburg
2011 – 2015 Wissenschaftliche Mitarbeiterin bei Linde Engineering bei München
2016 – 2020 Entwicklungs- und Anwendungsingenieur bei Bodycote S³P
seit 2020 Technische Leiterin der Entwicklung und Anwendungstechnik bei Bodycote S³P

Torsten Bogatzky

geb. 02.05.1970
Berufsausbildung zum Werkstoffprüfer an der TU Clausthal
Studium allgemeiner Maschinenbau an der Fachhochschule Konstanz, Dipl.-Ing. (FH),
1995 – 2000 Wissenschaftlicher Mitarbeiter an der Fachhochschule Konstanz
2000 – 2002 Leitung des Steinbeistransferzentrums „Werkstoffe im System" Konstanz
seit 2002 Operativer Leitung des Instituts für Werkstoffsystemtechnik Thurgau an der Hochschule Konstanz

Lazar Bošković
geb. 1973, Studium Bauingenieurwesen an der TU München und Allgemeiningenieurwesen an der Ecole Nationale des Ponts et Chaussées in Paris, Dipl.-Ing., Promotion an der TU München zum Dr.-Ing.
von 2003-2012 Tätigkeit im Bereich der Festigkeitsauslegung von Wasserturbinen bei der VA Tech Escher Wyss GmbH bzw. Andritz Hydro GmbH als auch in der Forschung und Entwicklung bei der ZF Friedrichshafen AG
Seit 2012 Professur für Konstruktion und Berechnung an der HTWG in Konstanz
Seit 2018 Tätigkeit als wissenschaftlicher Leiter des Instituts für Werkstoffsystemtechnik Thurgau an der Hochschule Konstanz

Matthias Sorg
Geb. 10.08.1978
Studium Oberflächentechnik und Werkstoffkunde an der Fachhochschule Aalen
2005-2012 wissenschaftlicher Mitarbeiter an der Fachhochschule Aalen
Seit 2012 Mitarbeiter am Institut für Werkstoffsystemtechnik Thurgau an der Hochschule Konstanz

Jörg Straub
geb. 17.12.1990
Berufsausbildung zum Industriemechaniker bei Schmid Maschinen, Biberach a. d. Riss
Studium Maschinenbau an der Fachhochschule Konstanz, Master of Engineering
seit 2019 CAE-Koordinator des CAE-Labors an der Fachhochschule Konstanz
seit 2021 Berechnungsingenieur im Feld der FEM und Betriebsfestigkeit am Institut für Werkstoffsystemtechnik Thurgau an der Hochschule Konstanz

Benedikt Henkel
geb. 23.05.1973 in Wien (A),
Studium Allgemeiner Maschinenbau an der TU Wien, Dipl.-Ing.,
seit 1998 tätig im Bereich der chemischen und elektrochemischen Oberflächentechnik von Bauteilen aus Edelstahl und
Verfasser einer Vielzahl von technischen Aufsätzen und Buchbeiträgen,
seit 2013 geschäftsführender Gesellschafter der Firmengruppe HENKEL Beiz- und Elektropoliertechnik mit Niederlassungen in Österreich, Deutschland, Ungarn und der Schweiz.

Arnulf Hörtnagl
geb. 1983, Studium des Maschinenbaus an der HTWG Konstanz, M.Eng., Promotion an der TU Ilmenau zum Dr.-Ing.,
von 2016-2021 Tätigkeit in Forschung und Projektmanagement am Institut für Werkstoffsystemtechnik Thurgau an der Hochschule Konstanz mit Schwerpunkt auf Korrosion und rostfreie Stähle
von 2021-2023 Leiter des Geschäftsfeldes für Werkstofftechnik der Swiss Safety Center AG
Ab 2023 Professur für Werkstofftechnik und Wasserstoffsicherheit an der Technischen Hochschule Würzburg-Schweinfurt